유전자 전쟁의

현대사 산책

KB092233

유전자 전쟁의
현대사 산책

한 생물학자의 회고

이병훈

사이언스
SCIENCE
BOOKS 북스

항상 청렴(日淸)하고 부지런하며(日勤) 신중(日愼)을 기할 것을

교훈으로 남겨 주신 할아버님과 나에게 온전한 몸과 지능을

물려주어 아름답고 흥미로운 이 세상을 경험하게 해 주신

부모님께 감사하며 이 책을 바칩니다.

나는 왜 이 책을
쓰게 되었나?

우리는 현재 '유전자 문명' 시대를 살고 있다(Gros, 1989). 잡종 옥수수(hybrid corn)를 비롯해 여러 가지 유전자 변형 식품(GMO)을 생산해 먹거나 가축의 사료로 쓰고 있으며(Tautz, 2013) 장차 낳을 아기의 유전병 방지를 위해 갖가지 예방책을 쓰고 있다(Testard, 1992). 최근엔 미토콘드리아성 유전 질환을 방어하기 위해 '3부모자 배아(Three-Parent Embryo)'를 통한 신생아 출산을 허용했다(Vogel, 2014). 뿐만 아니라 태아의 DNA에 '우수한' 각종 유전자를 삽입하여 게놈을 새로 조합함으로써 성능이 탁월한 '슈퍼맨'을 창조할 조짐을 보이고 있다(Stock, 2002; Potter, 2010). 더 나아가 줄기 세포 조작술로 각종 조직과 장기(臟器)를 만들 수 있어 이식 수술을 기다리는 수많은 환자들에게 희망을 던져 주고 있다. 하지만 이제 부분적이나마 자연 선택의 시대가 끝나고 인간의 기술이 우리의 미래를 결정짓는 인위 선택이 고도로 발달하면서 인간과 개인의 정체성에 관한 윤리 문제가 심각하게 대두되고 있다. 그런가 하면 인간의 수명을 한층 연장함으로써 '행복'과 '불행'을 기약하는 야누스적 양면의 후기 인간(post-human) 시대를 열어 가고 있다(Fukuyama, 2002). 더 나아가 유전자의 기세는 이에 그치지 않는다. 여러 가지 항생 물질을 비롯한 생리 활성 물질이 지구상 생물다양성에 숨어 있어 이를 찾아내 약물 치료에 기여하고 있으니 이는 곧 유전자 산물의 이용이고 그 막대한 상업적 이득을 위해 거대 다국적 기업들이 이러한 유전 자원 탐색에 혈안이 되어 있다.

그러나 유전자에 대한 해석은 이러한 '복리 증진' 차원에 그치지 않는다. 유전자는 자기 복제자(自己複製子, self-replicator)로서 무한 자가 증식(無限自家增殖)을 꾀하는 프로그램으로 '이기적 유전자(selfish gene)'로서의 모습을 드러내고 있다(Dawkins, 1976). 생명체는 유전자의 탈것(vehicle)에 불과하며 유전자의 생존 기계(survival machine)일 뿐이다(Wilson, 1975). 다시 말해 개체인 '탈것'이나 '기계'는 죽어도 그 '주인'인 유전자는 계속 복제되어 영생 불사한다. 그래서 자연 선택되고 진화하는 것은 자기 복제자로서 유일한 '유전자'다. 이러한 유전자에 '이기적'이란 꼬리표가 붙은 것은 경쟁 관계의 대립 유전자나 다른 유전자를 희생시키면서 자기 증식만을 꾀하는 성질 때문이다. 인도의 랑구르원숭이(Langur monkey) 집단에서 우두머리 수컷이 늙으면 젊은 수컷의 도전을 받고 이에 늙은 수컷이 쫓겨나면 젊은 수컷이 새 우두머리가 되어 첫째로 하는 일은 먼저 우두머리의 새끼들을 모조리 죽이는 것이다(Hrdy, 1977). 이렇게 '영아 살해(嬰兒殺害, infanticide)'를 함으로써 먼저 우두머리의 유전자를 제거하고 암컷의 발정을 앞당겨서 새 우두머리인 자신과의 교미를 유도하여 자신의 유전자를 퍼뜨린다.

그러나 유전자들 사이의 경쟁은 여기에 그치지 않는다. 생명체 내에서 생식 세포를 만들기 위해 감수 분열을 할 때 부모로부터 받은 대립 유전자 중에 어느 한쪽이 상대적으로 더 많이 생식 세포에 옮겨 감으로써 상대 대립 유전자의 대물림을 막는 현상(分離歪曲, segregation distortion)이 일어나는 것이다(Burt and Trivers, 2006). 이것은 킬러(killer) 대립 유전자가 상대방 대립 유전자를 죽임으로써 일어난다. 결국 성비(性比, sex ratio)의 불균형이 일어나는 원인이 되며 초파리, 거저릿과의 딱정벌레와 포유류 등에서 보고되었다.

이러한 유전자들 간의 다툼은 암·수 성염색체 사이에서도 그리고 미토콘드리아, 플라스미드 같은 세포질 속의 소기관들에서도 일어난다. 이뿐만이 아니다. 여러 수컷과 교미한 암컷 곤충이 특정 유전자만 선택하여 수정시키는 '암컷의 은밀한 선택(cryptic female choice)'이 있어 교미 후 생식기 내에서도 유전자들 간의 경쟁이 일어난다(Birkhead, 2000). 이러한 유전자 경쟁은 집단 사이의 경쟁 형태로 대행(代行)된다는 사실이 외래성 개미들 사이에서도 최근에 밝혀졌다. 60여 년 전에 남아메리카로부터 미국으로 들어온 열마디개미(fire ant, *Solenopsis invicta*)의 영토에 최근에 갈색미친개미(tawny crazy ant, *Nylanderia fulva*)가 역시 남아메리카로부터 들어왔는데 이 둘이 만나면 앞의 열마디개미가 알칼로이드 물질 방출로 공격하고 이를 맞은 미친개미는 포름산(formic acid)을 분비해 표피에 바름으로써 독성의 알칼로이드 물질을 해독시키고 상대를 죽인다는 것이 밝혀졌다(LeBrun et al., 2014). 그야말로 유전자 전쟁이자 화학적 무기 경쟁을 벌이는 셈이다.

따라서 이와 같은 유전자들 간의 경쟁은 유전 자원의 형태로뿐 아니라 세포 내, 염색체 사이, 암컷의 정자 선택에 더해 동물의 행동 차원에서도 치열하게 일어나고 있으며 현대 분자생태학은 생물권(生物圈, biosphere)을 하나의 유전자 네트워크로 보고 있다. 인간의 유전체(genome, 게놈)을 밝혀낸 크레이그 벤터(Craig Venter)는 해양 미생물이 자연의 기초적 과정에서 발휘하는 역할을 구명하고자 해양 탐사에 나섰다. 그래서 해양 미생물의 유전자 다양성과 순환 고리를 밝히기 위해 2003년부터 유전자 분석 사업에 뛰어들어 작업 결과를 여러 논문으로 발표하기도 했다(J. Craig Venter Institute: www.jcvi.org). 이러한 관점은 유전자의 수평 이동이 의외로 활발해 인체 미생물 게놈 분석을 통해 지구적 네트워크를 이룰 만큼 보편화되어 있다는 보고(Smillie et al., 2011)로 뒷받침되고 있다.

한편 리처드 도킨스의 '이기적 유전자'라는 표현은 주관적인 표현이라는 이유로, 그리고 '유전자 중심설(gene-centrism)'이나 유전자 결정론으로 치부되어 곧잘 공격받는다. 또 생물의 형태와 기능은 '유전자 네트워크'의 발현으로 이뤄지므로 유전자 중심의 생각은 부정되는 측면이 있다. 더욱이 환경이 개입되는 후성유전학(後成遺傳學, epigenetics, 발생 과정에서 DNA 변화 없이 환경의 영향이 유전자 발현에 변화를 주고 이 변화가 다음 대로 대물림되는 현상)의 등장으로 유전자 위주의 관점은 많이 흐려졌다. 또 DNA뿐 아니라 RNA도 역전사를 통해 단백질을 만드는 원천이 됨이 밝혀짐에 따라 DNA→RNA→단백질의 과정도 분자생물학의 도그마로서의 의미가 퇴색되었다. 그러나 모든 형질의 기초는 결국 DNA에 있음에 변화가 없음으로 유전자 중심 개념은 여전히 유효하며 이모저모로 세계는 바야흐로 유전자 조작과 쟁탈 시대에 돌입해 '유전자 전쟁'이 시대의 특성을 이루고 있다.

나는 지난날에 톡토기를 연구하는 과정에서 그 생물의 여러 가지 형태적 형질의 변이, 거대 염색체의 다형 현상, 집단 동태, 탈피 주기, DNA 상의 변이성 등을 조사, 분석, 관찰했다. 결국 이 유전자들의 발현 결과로 나타나는 표현형(phenotype)과 행태를 계통분류학적으로 분석, 관찰함으로써 진화의 작동과 증거를 관찰한 셈이다(Huxley, 1940). 이러한 바탕은 진화생물학의 최신판이면서 '이기적 유전자'로 상징되는 사회생물학을 공부하고 번역하며 강의하는 데로 연결되었고 이는 나에게 생명 현상을 바라보는 새로운 눈과 지평을 열어주었다. 결과적으로 나는 부족하게나마 '유전자의 궤적'을 따라 공부하고 연구한 셈이다.

이 책은 이 궤적을 따라 산책하며 내가 보고 듣고 읽고 성찰한 유전자 전쟁의 현대사를 회고한 것이다. 하나의 학문이 나서 자라고 한 지식 생태계에서 다른 지식 생태계로 전파되어 적응하고 진화하는 과정을 필자 나름대로 목격한 역사인 셈이다. 필자의 회고 속에서 이 과정을 읽어 내는 눈 밝은 독자가 있다면 글쓴이로서는 지복(至福)일 것이다.

2015년 입춘을 앞두고

차
례

책을 시작하며   7

1장   톡토기 다양성 연구   13

2장   유전자 전쟁의 현장, 사회생물학   84

3장   가르치고 연구하며 함께 배운 시절들   168

4장   정년 퇴임 이후에도 학문은 계속된다   244

5장   생물학사상연구회와 관산곤충연구회 활동   294

책을 마치며   349

감사의 글   355

참고 문헌   363

톡토기 다양성 연구

내가 서울대학교에서 생물학으로 학사와 석사를 마치고 고려대학교 박사 과정에 입학할 당시(1966)에는 '생물다양성(biological diversity, biodiversity)'의 개념도, 용어도 존재하지 않았다. 계통분류학(systematics)은 '생물학적 다양성과 그 기원을 연구하는 과학'으로 정의되기도 하므로(Society of Systematic Biologists. www.systbiol.org) 바로 생물다양성의 정의, 즉 '유전자에서 종과 생태계에 이르는 모든 생명 형태가 나타내는 변이(Stanford Encyclopedia of Philosophy, 2008: http://plato.stanford.ed)'를 연구하는 것과 거의 같은 뜻이라 할 수 있다. 그러나 오늘날 '계통분류학'은 학술 용어인 반면 후발 주자인 '생물다양성'이 오히려 일상 용어가 되었다. 지구상 생물의 빠른 멸종 사태 때문이다.

나는 우선 연구 생활의 준비로 박사 과정 이수가 필수였다. 그러나 계통분류학 공부를 위해 곤충을 전공으로 택한 것은 곤충계 가운데서 우리나라에 미개척인 무리가 많았기 때문이다. 당시 고려대학교에는 한국 곤충분류학의 선구자인 관정(觀庭) 조복성(趙福成) 교수와 규산(奎山) 김창환(金昌煥) 교수가 계셨다. 관정은 평양고등보통학교 시절에 박물 담당의 일본인 교사인 도

이 히로노부(土居寬暢) 선생을 만나 곤충분류학의 기초를 닦고 그 후 경성제
국대학 예과의 모리 다메조(森爲三) 교수의 발탁으로 이 대학의 조수(오늘날
의 전임 강사)로 일했다. 나는 일제하에서 조선박물학회가 냈던《조선박물학회
잡지(朝鮮博物學會雜誌)》(1924~1944)를 모두 조사한 적이 있는데(이병훈·김진태,
1994) 발표 논문 저자 91명 가운데 83명(91퍼센트)이 일본인이고 조선인은 불
과 7명(8퍼센트)이었으나 논문 발표 건수에 있어서 저자 전체를 통틀어 조복
성이 22편으로 3위였고 석주명(石宙明)이 17편으로 5위였음을 보고 과연 이
두 분의 학문적 열정이 얼마나 뜨거웠나에 탄복하지 않을 수 없었다. 더욱
이 관정 조복성 교수는 「울릉도산 인시목(鬱陵島産 鱗翅目)」이란 논문(趙福成,
1929)으로 한국인으로는 근대 생물학 논문을 처음 발표한 문자 그대로 한국
생물학계의 개척자였다.

한편 규산은 경성제일고등보통학교(경기중학교의 전신)와 일본의 제8고등학
교를 거쳐 동경제국대학 농학부를 다녀 정통 엘리트 코스를 밟았다. 그는 일
본의 패전을 전후로 약간의 굴곡을 겪은 후 서울 홍능의 임업시험장과 부산
수산대학을 거쳐 고려대학교에 부임해 초기에 주로 기생봉(寄生蜂, 기생벌)을
중심으로 벌목의 분류에 전력했다. 그러나 고등학교 시절부터 동물의 발생
에 흥미를 느껴온 그는 영국 케임브리지 대학교에서 연구하면서(1958~1959)
나비의 다리 발생에 관한 분화 중심설(分化中心說)을 제창하였고 이것이 학계
에 널리 수용되어 세계적인 생물학자 반열에 우뚝 올랐다. 그 후 규산은 관
정을 고려대학교로 초빙하고 부설 한국곤충연구소를 창설하여(1963) 연구
와 제자 훈련에 매진했다.

내가 고려대학교 박사 과정에 입학했을 당시(1966. 9.) 지도 교수는 조복성
교수였다. 고려대학교 안암동 이공대 캠퍼스 4층에 자리 잡은 조 교수 연구
실 옆에는 방대한 양의 곤충 표본들이 보존되어 있었는데 교수님은 그 옆방
한쪽에 나를 위한 책상과 의자를 마련해 주셨다. 그러나 교수님은 몇 년 후
정년 퇴임하고 곧이어 타계하시니(1971. 3. 19.) 65세의 아까운 나이였고 한국

곤충학계의 큰 별이 진 것이었다. 이렇게 되자 나의 박사 과정 지도는 자연히 김창환 교수님께 옮겨졌다. 바로 이렇게 해서 나는 한국 곤충학계의 태두이신 두 분과 접하고 가르침을 받는 행운을 안게 되었다.

당시는 한반도의 휴전선이 있는 비무장 지대(DMZ)가 생태학 연구의 호재로 각광을 받아 미국의 스미스소니언 국립자연박물관(이하 일부 고유 명사를 제외한 모든 '자연사박물관'은 '자연박물관'으로 통칭하고 그 이유는 후술할 것이다.) 인사들이 대거 방한하여 현지 시찰을 하고 앞으로의 연구 계획을 논의하던 때였다(1967. 12. 추정). 그때 미국 측 인사들은 당시의 실세인 공화당 김종필 의원을 예방하는 등 한미 간 공동 연구를 추진했다. 당시 한국 측에서 박만규, 김창환, 강영선 교수 등이 참여했는데, 그 주역으로 활동한 분은 강영선(姜永善) 교수였다. 이와 아울러 한국 전쟁 당시 불타 버린 문교부 산하의 국립과학관을 대거 확충하여 국립자연박물관을 만드는 계획이 진행 중이었다. 그 과정에서 국립과학관의 최낙구(崔洛久) 관장은 영어에 능통한 사람이 필요하다며 강 교수에게 추천을 의뢰했고 강 교수님은 나를 천거하여 나는 결국 국립과학관의 '통역사'로 일하게 되었다(1967. 1.).

나는 통역사라는 어쭙잖은 직분으로 일당 270원의 임시직으로 국립과학관에 출근하기 시작했다(1967. 1. 30.). 그런데 5개월이 지나자 국립과학관 연구부 동물학실의 '교육연구사' 발령을 받아 정식 직원이 되었다(1967. 6. 15.). 당시 국립과학관은 본래 남산에 있다가 한국 전쟁 중 타 버리고 나서 종전 후에 재건이 되지 않고 창경원(현재의 창경궁) 동북쪽 끝자락의 허름한 건물 하나로 목숨만 부지한 상태였고 연구 기자재라고는 현미경 하나도 없었다. 그저 앞으로 국립과학관이 확충되어 재건되기만을 기다리는 형편이었다. 어쨌든 이러한 확충 사업을 돕기 위해 미국 측에서는 조지프 패터슨(Joseph A. Patterson)이라는 사람을 보내 우리 연구진을 지도하였다. 그러나 이분은 연구원인 우리에게 전시 관련 작업만 독려했고 연구에는 무심했다. 당시 동물학실에는 나와 함께 남궁준(南宮埈, 거미 전공), 백남극(白南極, 파충류 전공, 후에 강

사진 1. DMZ 생태 조사와 국립과학관 확충 사업을 위해 내한한 미국 스미스소니언 국립자연박물관 연구팀과 국내 인사들의 합동 회의. 1967년 12월경. 맞은편 좌장 자리의 강영선 교수와 그 왼쪽의 저명한 해럴드 쿨리지(Harold Jefferson Coolidge, Jr.) 박사가 각각 한국 측과 미국 측 대표로 앉아 회의를 주관하고 있다(강영선, 1982).

사진 2. DMZ 생태 조사와 국립과학관 확충 사업을 위해 내한한 미국 스미스소니언 국립자연박물관 연구팀이 당시 한국 정계의 실세인 김종필 의원(왼쪽에서 세 번째)을 예방했다. 왼쪽 끝이 인류학자 유진 크네즈(Eugene Irving Knez) 박사, 다음이 쿨리지 박사, 오른쪽에서 두 번째가 이두현(서울대, 인류학) 교수이다. 1967년 12월경.

릉대학교 교수), 이우철(李愚喆, 식물전공, 후에 강원대학교 교수) 등 몇 분이 있었으나 모두들 전시에는 관심이 없었고 장비와 시설이 없는 형편에서나마 연구에 전념하던 터였다.

이때 한국자연보전연구회와 미국 스미스소니언 연구소가 학술 조사단을 꾸려 비무장 지대에 대해 2년간(1966. 10.~1968. 9.) 예비 조사를 시행하면서(문화재관리국, 1972; 한국자연보전협회, 2003) 본 조사를 위한 준비에 들어갔다.

스미스소니언 연구원이 주도한 이 DMZ 생태계 연구에는 국내의 많은 학자들이 연구 계획서를 내 심사를 받았는데 스미스소니언에서 파견된 에드윈 타이슨(Edwin L. Tyson) 박사와 펜실베이니아 주립 대학교의 김계중(金啓中) 교수가 심사의 주역을 담당한 결과 나에게도 5년간 2만 달러라는, 당시로선 엄청난 연구비가 책정되어 나로 하여금 큰 꿈에 부풀게 하였다. 그러나 북한군 31명의 청와대 기습 시도 사건(1968. 1. 21., '1·21 사태' 또는 '김신조 사건')으로 말미암아 이러한 우리의 모든 희망과 기대가 물거품처럼 사라져 그 아쉬움이 이만저만이 아니었다.

이러한 일을 겪으면서 나의 박사 과정을 되돌아보면 석사 과정 때처럼 그저 덤덤하게 지나갔다. 곤충학, 계통분류학, 유전학, 생태학 등이 개설되어 여러 교수님들이 담당했으나 강의는 없고 연구 리포트로 대치되었기 때문이다. 모두 4년간 9개 과목 38학점을 땄는데 과목 중에 '유전진화학' 5학점이 들어 있었으나 내가 모든 생물학의 의미와 그 종합이라고 생각하는 진화생물학을 특별히 공부하는 계기는 되지 못하였다.

왜 하필 톡토기였을까?

나는 그간 무엇을 연구하며 지냈나? 바로 자연과 생물을 상대로, 그것도 절지동물(節肢動物)로서 몸의 크기가 불과 5밀리미터 이하인 작은 톡토기를

사진 3. 한미 합동 DMZ 생태계 연구 사업으로 필자에게 2만 달러를 배정하고 하와이 동서센터의 박물관 관리 과정에 추천해 준 김계중 교수와 함께 강원대학교에서. 1993. 5. 14.

다루면서 살아왔다. 그런데 하고많은 생물 중에 왜 하필이면 이렇게 작은 톡토기였을까?

1966년 가을에 고려대학교 대학원 박사 과정에 들어간 나는 지도 교수 김창환 교수님으로부터 연구 주제로 흙 속에 사는 생물을 다뤄 보라는 지시를 받았다. 문득 많은 곤충류 중에 왜 하필이면 흙 속의 것을 짚어 주시는 걸까 의아하기도 했으나 지도 교수님의 지엄한 분부라 그대로 따르고 그 방법을 찾아 사방을 헤맸다. 처음에는 지렁이를 할까 생각했으나 배울 곳도, 방법도 막연했다. 경북대학교에 지렁이를 연구하던 송민자(宋敏子) 교수가 계셨으나 현장에 가 보니 미국으로 가셨고 먼지가 덮인 표본병들만 덩그러니 놓여 있었다. 그때 마침 일본학자들이 한국에 와서 남한의 동굴들을 샅샅이 뒤지며 여러 가지 희귀종을 잡는다는 소문이 파다했다. 당시 나는 국립과학관에서 일했는데 이 과학관에서도 동굴 조사단을 만들어 강원도 일부 동굴을 탐사하기 시작했다. 지금은 생물학계의 원로이신 남궁준(작고) 선생과 백남극(강릉대, 작고) 교수 그리고 이우철(강원대) 교수 등이 일행이 되었다.

그런데 이 톡토기가 어느 동굴에서나 많이 보였다. 톡토기는 주로 토양 속에서 사는데 낙엽과 죽은 나뭇가지 밑에 많이 산다. 하지만 동굴에 들어와 적응하면서 눈도, 몸의 색소도 없어지고 그 대신 몸털(剛毛)이 길게 발달했다. 동굴은 온도, 습도가 연중 일정하고 빛이 없는 데다 먹을거리도 매우 희박한 곳이다. 그러니 몸의 형태뿐 아니라 행동, 생리, 산란 면에서 외부 지표(地表)의 토양 생물과는 사뭇 다르다. 특수한 환경에 적응되어 그리된 것이니 동굴은 그야말로 환경 변화에 따라 진화가 어떻게 일어났는가를 생생하게 보여 주는 '진화의 산 실험실'이기도 하다. 따라서 내가 이 분야를 택한다면 공부하고 싶은 분류학과 진화생물학을 하면서 동시에 흙 속의 생물을 다루게 되어 지도 교수의 지시를 따르는 셈이 될 터였다.

그러나 배울 곳도, 방법도 막막하기는 지렁이의 경우와 같았다. 오히려 몸이 훨씬 작은 벌레인지라 다루기가 까다롭고 힘들었다. 하지만 일단 결정한 이상 혼자서 헤쳐 나갈 수밖에 없었다. 문헌부터 모으기 시작했다. 더러 입수된 문헌을 보니 톡토기를 관찰하기 위해 표본을 어떻게 탈색하고 슬라이드로 영구 표본을 어떻게 만드는가가 나왔다. 그래서 문헌에 나와 있는 대로 탈색제를 만들어 봤다. 톡토기 표본을 이 탈색제에 담가 됐다가 슬라이드에 올려놓은 후 광학 현미경에 놓고 들여다봤다. 그러나 보이는 상(像)은 마치 비눗물 속에 실타래를 풀어놓은 것처럼 뿌옇기만 했다. 그런 대로 검색표를 봐 가며 분류를 시도했지만 도대체 어떤 모양이 톡토기의 어느 부분에 해당하는지조차 가늠할 수 없었다. 다시 말해 갈피를 잡을 수 없었다. 그러고는 한 발짝도 나아갈 수 없었다. 결국 분류조차 이렇게 안 되면 표본이라도 모아야 했다. 그래서 시작한 것이 경기도 일원의 채집이었고 그다음엔 먼 곳 어디에 가도 채집 도구를 챙겨 가서 표본 채집에 주력했다. 학술적으로 발전이 없는 이러한 채집만 하는 생활과 방황이 수년간 계속되었다.

아울러 문헌 수집도 계속되었다. 세계 곳곳의 이 분야 전문가들에게 편지를 보내 논문 별쇄를 보내 달라고 했다. 어느 날 프랑스 국립자연박물관의 생태학연구소에서 프랑스에 오지 않겠느냐는 편지가 날아왔다. 나는 전문가도 아닌 초보자인데 웬일인가 하여 어리둥절했다. 이 편지를 보내온 생태학연구소의 클로드 들라마르(Claude C. Delamare) 소장은 프랑스에 올 수 있는 방법을 알아보기 위해 주한 프랑스 대사관에 들러 보라는 친절도 잊지 않았다. 그러나 그때 나는 내가 근무하던 국립과학관에서 하와이 '동서센터(The East-West Center)'가 주최하는 박물관 요원 훈련 프로그램에 파견키로 내정되어 있었다. 당시에 국립과학관에는 앞에 언급한 대로 휴전선 생태계 조사와 한반도 설치류 연구를 목적으로 미국 국립자연박물관의 에드윈 타이슨 박사가 와 있었는데 이분이 나를 하와이의 연수 프로그램에 추천한 것이다. 이때 미국 펜실베이니아 주립 대학교의 김계중 박사도 나를 추천해 주어 나의 미국 연수 준비가 순조롭게 진행되었다. 미국행이 이렇게 확실해지자 프랑스 측에는 미국에 다녀온 후에 가겠다고 전했다.

하와이에서의 곤충학 훈련

1968년 9월에 드디어 나는 32세의 나이에 처음으로 외국행 길에 올랐다. 당시 일본에서 비행기를 갈아타야 했기 때문에 어차피 도쿄에서 내려 도쿄 대학교에 유학 중인 나의 사촌동생 이병일(李炳駟)의 집에 머물며 그의 안내로 도쿄 대학교를 둘러보고 시내도 구경했다. 당시 일본은 활발한 경제 성장으로 농촌에도 자가용들이 여기저기 보이는 등 높은 생활 수준을 누려 이제 겨우 전후 복구에 허덕이는 한국과는 너무나 큰 대조가 되었다. 나보다 불과 한 살 아래인 이병일은 그 후 서울대학교 농대 원예학과 교수로 있다가 정년 퇴임하여 지금은 대한민국학술원 회원으로 활동 중이다.

드디어 미국 땅 하와이에 도착했다. 비행장에 마중 나온 동서센터 직원들은 나에게 꽃목걸이인 라이를 둘러 주었다. 풍광이 아름다운 이곳은 넓은 녹색 잔디 사이로 울타리 없이 여유 있게 들어선 목조 단층 가옥들, 그리고 길가에 핀 열대성 꽃식물들이 원주민들의 연갈색 피부와 어울려 미국이 아닌 남태평양 폴리네시아의 풍토를 그대로 드러내고 있었다.

초청 기관인 동서센터에서는 나를 다른 훈련생 5명과 함께 일주일의 반은 각자 전공에 따라 하와이 대학교 대학원에 청강을 하게 하고 나머지 반은 호놀룰루에 있는 박물관에 가서 실습과 이론 공부를 하게 했다. 현지에 가 보니 한국에서는 나뿐 아니라 국립박물관에서 이난영(李蘭瑛) 씨도 와 있었다. 필리핀에서 둘, 브루나이에서 하나, 일본에서 하나, 그래서 모두 여섯이었다. 한국에서 온 이난영 씨는 그 후 국립경주박물관 관장을 지낸 후 퇴임하여 지금은 한국 박물관계의 원로로 활동 중이다.

나는 하와이 대학교 대학원 곤충학과에서 1학기에 의용곤충학을 수강하여 파리 분류학자인 엘모 하디(Elmo Hardy) 박사를 임시 지도 교수로 만나 다소나마 미국의 대학원 교육을 경험하게 되었다. 그러나 강의도 강의려니와 원체 곤충학의 기초가 부실한 나는 학부 강의를 유심히 살펴보고 일반곤충

사진 4. 하와이 대학교에서 곤충학 수강 기간 중의 필자(맨 왼쪽)와 일본, 필리핀, 부르나이에서 온 박물관 관리 연수생들.

학 실험 담당인 케네스 가네시로(Kenneth Y. Kaneshiro) 강사에게 특청을 했다. 당신의 곤충학 실습 강좌를 들을 수 있게 해 달라고. 그가 흔쾌히 받아 주어 한 학기 동안 강행군을 하게 되었다. 실험이 오전 9시에 시작하여 12시에 끝났는데 이 3시간 동안 현미경을 뚫어지게 들여다보는 실습을 마치고 나서 점심을 먹으러 구내 식당으로 가다 보면 땅이 오르락내리락 춤을 추었다. 그만큼 온 신경을 곤두세워 표본 관찰에 집중한 나머지 탈진 상태에 빠진 것이다.

시험을 보면 실험 테이블 위에 20~30가지의 곤충이 나열되는데 한 종씩 작은 네모 상자에 각각 들어 있다. 그러면 학생들은 한 상자씩 가져다가 현미경으로 관찰하면서 무슨 종인지 알아내 답안을 써내야 한다. 한국에서는 생각지도 못한 방식이었다. 나는 이 밖에 곤충의 '유충학(幼蟲學)'을 신청해서

들었는데 숙제로 유충 200종을 채집하여 제출해야 했다. 이 과목을 신청한 대부분의 학생이 각자 차를 갖고 있어서 이리저리 다니며 채집을 했는데 나는 도저히 그럴 수 없어서 수강을 취소하고 말았다. 그러나 다른 과목들 숙제를 하느라 역시 동분서주해야 했다. 마침 의용곤충학 강의를 같이 듣던 학생 중에 갈색 머리의 친한파(親韓派) 미국 여학생을 한 명 알게 됐는데 우리는 한 팀이 되어 주로 호놀룰루의 시내 전차를 타고 다니며 교외로 나가 채집을 했다.

이렇게 이론, 실험, 야외 채집에서 모두 고강도의 훈련을 한 학기 동안 받으면서 과연 미국 대학생들이 얼마나 높은 경쟁력을 갖추게 되는지 어림할 수 있었다. 실로 돈으로 살 수 없는 소중한 경험을 한 셈이다. 이와 같은 나의 연수 기간은 원래 6개월이었다. 그러나 이것이 끝날 즈음에 나는 기왕 온 김에 한 학기 더 듣고 가야겠다고 생각했다. 지도 교수인 하디 교수를 찾아가 그 뜻을 말했다. 그는 더 물어보지도 않고 즉시 추천서를 써 주었다. 그날로 나는 같은 연수생들 중에 혼자 떨어져 1학기 더 체류할 수 있는 특혜를 받았다. 교수의 추천서가 이렇게 강력한 것인지 당시 '후진국'에서 온 나로서는 상상도 하지 못했다. 이렇게 해서 나는 한 학기를 더 머물며 '고등계통분류학(Advanced Systematics)' 강의를 들을 수 있었고 그래서 한국에서 학부 때 불과 몇 시간밖에 맛보지 못한 곤충학의 기초와 계통분류학을 어느 정도나마 만회할 수 있었다. 지금 생각하면 그때 그렇게 공부하지 않았더라면 아마 평생 곤충학이나 분류학을 대학에서 가르친다고 나설 수도, 논문을 써낼 수도 없었을 것이다. 생각만 해도 아찔하고 금쪽같은 행운의 기회였다.

그러나 그곳 하와이엔 내가 전공하고자 하는 톡토기 전문가가 없었다. 하와이에서의 연수를 마친 나에게 록펠러 3세 재단에서는 캐나다와 멕시코를 포함한 북미의 여러 도시의 자연박물관을 견학할 수 있게 주선해 주었다. 그리하여 나는 미국 본토와 캐나다, 멕시코의 13개 도시를 돌면서 자연박물관을 둘러본 후 호놀룰루로 돌아와 '아시아 태평양 박물관 관리자 프로그램

수료장'을 받고 귀국했다. 그것이 출국한 지 11개월 되는 1969년 8월이었다. 공항에서 그간 나를 기다리며 고생한 아내와 새로 태어난 아들 범을 본 다음 집에 와서 두 딸 푸른메와 꽃메를 보았다. 그러자 그동안 쌓였던 피로와 허탈감이 풀리고 안도의 한숨과 함께 벅찬 감격에 빠져들었다.

이 연수 과정에서 잠시나마 일본을 보고 미국 본토와 남태평양의 폴리네시아 문화를 맛보는 등 갖가지 문화적 이질성과 다양성을 직·간접적으로 접한 것은 장차 나의 세계관을 구축하는 데 단초가 되었다. 하와이 대학교에서의 짧지만 1년간의 강도 높은 공부는 나의 앞길을 닦아 나가는 데 새로운 각오와 학문적 자세를 가다듬는 발판이 되었다.

그런데 귀국해 보니 또 다른 놀라움이 나를 기다리고 있었다. 나의 직장에서 나를 요원 훈련으로 미국에 파견해 놓고는 그사이 변두리의 한 중학교(의정부여자중학교)로 발령해 놓은 것이었다. 내가 속했던 국립과학관은 종래 문교부 산하 기관이었으나 그사이에 과학기술처 소속으로 이관되면서 생물 분야 연구원 4명이 모두 중·고등학교로 쫓겨났다. 나는 부지런히 과학기술처의 김기형(金基衡) 장관을 찾아가 면담하고 진정(陳情)하여 곧 국립과학관으로 복귀했다. 그리고 미국에서의 연수 생활 중 북미의 13개 도시의 자연박물관과 과학 박물관들을 살펴본 바를 영문으로 써서 스미스소니언 국립자연박물관에 보냈더니 흔쾌히 출판하겠다고 하여 책자로 출간되었고(Lee, 1973a) 여행기를 우리말로 쓴 것은 국내의 두 월간지에 실렸다(이병훈, 1970a, 1970b).

그리고 귀국한 그 이듬해에(1970) 나는 직장을 아예 한양대학교로 옮겼다. 국립과학관이라는 직장을 믿을 수도, 앞으로의 비전도 보이지 않았기 때문이다. 이때 한양대학교 의예과부 전임 강사로 옮길 수 있었던 것은 은사 조완규(趙完圭, 후에 서울대학교 총장, 문교부 장관) 교수님의 추천 덕분이었다. 나는 국내 각처로 가서 톡토기 채집에 열중하였다. 한 여름에는 송상용(宋相庸, 한림대 사학과, 과학사) 교수와 함께 의예과부 학생 몇을 데리고 덕유산에 톡토기를

사진 5. 한양대학교 의예과부 시절 학생들과 친구 송상용 교수(오른쪽에서 두 번째)와 함께 나선 곤충 채집. 맨 오른쪽이 필자이고, 왼쪽에서 두 번째는 엄경일 조교(현재 동아대 교수). 1971, 여름, 덕유산.

비롯한 곤충 채집에 나섰다.

톡토기 분류 공부는 프랑스에서

그런데 나는 이미 약속한 대로 다시 프랑스행을 준비해야 했다. 한양대학교 본부에 말하니 가려면 사직서를 내고 가라고 했다. 내가 이 대학교에 부임할 당시에 전임 강사이긴 했지만 '대우(待遇)'라는 꼬리표가 붙었기 때문이라고 했다. 나는 고려대학교 학위 과정의 논문을 빨리 진행시켜야 할 급박한 상황이어서 사표를 내고 출발을 서둘렀다. 프랑스 외무성 장학금(월 750 프랑)을 받게 되었고 드디어 파리행 비행기에 오른 것은 1972년 9월. 나의 짐 속에는 한국 각지에서 채집한 톡토기가 들어 있었다. 프랑스 국립자연박물관 본부는 파리에 있으나 이 박물관 산하의 생태학연구소는 파리의 동남쪽 기차로 30분 거리인 브뤼뇌(Brunoy)에 있었다. 나는 그곳의 톡토기 전문가 자에 마수드(Zaher Massoud) 박사와 장 마리 베치(Jean Marie Betsch) 박사의 지도를 받으며 한 걸음 한 걸음 나아가게 되었다. 문헌을 찾는 데도, 톡토기의 형태를 알아보는 데도 문제가 없었다. 톡토기는 몸길이 5밀리미터 이내의 작은 벌레지만 눈, 제3절감기(第3節感器), 촉각후기(觸角後器), 의안(擬眼), 강모(剛毛) 등 여러 가지 감각 기관을 가지고 있고 암수딴몸이어서 생식도 하고 탈피도 한다. 그러나 배에서 뒤쪽으로 긴 돌기 모양의 도약기(跳躍器)와 배쪽에 복관(腹管)이 나 있는 점이 다른 동물과 달라 절지동물 문에서도 곤충과 다른 육각류(六脚類, Hexapoda)로 분류된다. 배 쪽에 붙어 있는 이 도약기를 갑자기 펴서 뒤쪽으로 뻗치면 몸은 그 반작용으로 튀어 나가게 된다. 이렇게 톡톡 튄다고 해서 '톡토기'가 되었고 영어로는 튀는 꼬리를 가졌다는 뜻으로 'springtail'이라고 부른다.

톡토기는 주로 토양에 살지만 나무 위, 버섯류 등에도 서식하고, 깊은 동굴 속에 사는 종류는 눈, 몸의 색소 등이 사라졌다. 이들은 겨울의 눈 위나 히말라야 고지뿐 아니라 남극에서도 서식해 그 분포가 광범위하다. 박테리아, 곰팡이, 꽃가루, 버섯, 낙엽 등을 먹는데 다시 노래기, 거미, 응애 따위에게 먹혀 생태계의 에너지 순환에 참여하므로 '육지의 플랑크톤'이란 별명을 가지고 있다.

더욱이 동굴산 톡토기는 감각 기관이 사라지고 색소도 없어지는 등 동굴 환경에 적응해 지표산(地表産) 톡토기와는 사뭇 다르다. 따라서 분류와 생태는 물론 유전, 발생, 생리, 그리고 특히 진화 면에서 흥미진진한 연구거리이다. 톡토기는 현재 전 세계적으로 8,000여 종이 알려져 있고(www.collembola.org) 내가 연구를 시작했을 당시(1972) 우리나라엔 60여 종만 보고되어 있었다(Lee, 1973).

톡토기 신종 24종을 발견한 환희와 경탄

이렇게 톡토기를 관찰하며 분류학 공부를 한 지 약 6개월이 지나자 드디어 꿈에도 그리던 신종(新種)들이 눈에 들어오기 시작했다. 아침마다 연구실에 들어서 현미경 앞에 앉으면 가슴이 두근두근해 흥분을 감출 수가 없었다. 오늘은 과연 어떤 톡토기를 보게 될까? 어떤 때에는 신종이 매일 연달아 나와 매일 1종씩 기재하기도 했다. 이렇게 한 연구의 첫 결과는 우선 혹무늬톡토기, 어리톡토기 그리고 마디톡토기 과의 1종씩 모두 3종의 신종을 기재하면서 당시까지 한반도산으로 보고된 60여 종의 톡토기 명단과 함께 이 연구소가 주관해서 발행하는 잡지에 실렸다(Lee, 1973). 나의 이 톡토기 연구의 첫 논문은 내가 고려대학교 대학원에 입학한 이후 5~6년을 벼르고 별렀던 것이어서 그 감회는 이루 말할 수 없었다. 이 가운데 혹무늬톡토기과의 한 종은 나를 프랑스로 초청해 준 들라마르 연구소장의 이름을 따서 *Crossodonthina delamarei*로 명명(命名)하고 어리톡토기과의 한 종은 나의 학위 과정 지도 교수인 김창환 교수에게 헌정하여 *Onychiurus kimi*(김어리톡토기)라 명명했다. 이 두 종 모두 서울 근교의 금곡릉(남양주시) 부근 숲에서 채집한 것이다. 이중에 김어리톡토기는 현재 고려대학교 생명과학대학 환경생태공학부의 조기종 교수가 대량 사육에 성공하여 농약 등 여러 가지 화학 제제의 독성에 대한 내성 실험 재료로 활발하게 이용하고 있고, 건국대학교 환경과학과의 안윤주 교수도 마찬가지 목적으로 다른 톡토기를 이용하고 있다. 또한 이 논문은 한반도산 톡토기에 대해 일본 교토 대학교의 요시이 료조(吉井良三) 교수가 경북대학교의 이창언(李昌彦) 교수와 공동으로 10년 전에 발표한(Yosii and Lee, 1963) 이래 한국인이 단독으로 발표한 첫 논문이고 내가 프랑스어로 쓴 첫 논문이기도 하다.

두 번째 논문은 보라톡토기과에 대한 것으로 4종의 신종과 1종의 한국 미기록종(未記錄種, 한반도에 서식하는 것으로 보고된 적이 없는 종을 말한다.)을 포함

사진 6. 맨 왼쪽이 나에게 톡토기 분류법을 가르쳐 준 티보 박사, 그 옆이 순서대로 들라마르 소장과 마수드 박사, 맨 오른쪽이 필자. 프랑스 국립자연박물관 생태학연구소(파리 교외 브뤼놔), 1972. 12.

한 모두 7종을 보고했다(Lee, 1974a). 모두 설악산, 경남 상주(남해군) 그리고 서울 근교 금곡릉에서 채집한 것이다. 이번 역시 같은 연구소에 근무하는 보라톡토기과 전문가인 장마르크 티보(Jean-Marc Thibaud) 박사의 지도를 받았다. 그는 톡토기의 분류뿐 아니라 알이 부화된 후 성충이 되기까지의 성장에 따르는 형태 변화와 탈피 주기도 연구했다. 또 온도 저항성 등 생태적 기능도 다루고, 특히 동굴산 톡토기와 외부 토양산 톡토기의 비교 연구로 톡토기의 생활과 적응에 대해 포괄적으로 접근해 박사 학위를 받았다. 계통분류학이란 형태 위주에서 벗어나 생리, 생태, 발생 등 '전 생물학적(全生物學的, holobiological)' 연구를 통해 이뤄져야 한다는 나의 평소 신념에 비춰 볼 때 배울 게 많은 학자였다.

그다음에는 어리톡토기과와 혹무늬톡토기과에 속하는 8종의 신종을 보고했는데(Lee, 1974b) 역시 대개가 설악산에서 채집되었다. 단, 그 가운데 2신종은 서울의 복판에 있는 창덕궁 비원(秘苑)에서 나왔다. 그야말로 신종이 무소부재(無所不在)하여 한반도 도처에서 나오는 형국이었다.

네 번째 논문에서 나는 한국의 동굴산 톡토기를 다루게 되었다. 강원도 정선군 북면 남평북굴의 입구에서 채집된 가시톡토기과의 1종이 신종으로 밝혀져 *Tomocerus vigintiferispina*(스무가시톡토기)로 명명했는데 배의 마지막 마디 끝부분에 난 한 쌍의 강모가 길게 발달해 몸길이의 3분의 1에 이를 만큼 뻗어 있어 관찰하던 나를 놀라게 하였다(Lee, 1974c). 동굴산 톡토기에서 강모가 긴 것은 보통 볼 수 있는 현상이나 이처럼 긴 것은 처음 보기 때문이다. 그 후 강원도 정선군 북면에 소재한 산호동굴에서 채집한 참굴톡토기(*Gulgastrura reticulosa* Yosii, 1966)도 강모가 발달한 점은 같았으나 강모의 길이보다는 수적으로 많은 다모성(多毛性)을 보였을 뿐이다. 그러나 이두 종 모두가 동굴의 입구에서 나왔다는 점이 진화적으로 수수께끼가 되어 자못 흥미로웠다. 이 논문은 프랑스 국립동굴연구소에서 출간하는 동굴학 잡지《동굴학 연보(*Annales de Spéléologie*)》에 발표되었는데 국제동굴학연맹(International Union of Speleology, IUS)의 후베르트 트리멜(Hubert Trimmel) 사무총장이 이를 보고 나에게 연락해 한국이 이 연맹에 가입하게 된 계기가 되었으며 이에 대해서는 후술한다.

그다음 발표한 논문은 북한산 톡토기에 대한 것이었다. 내가 프랑스에 머무는 동안 체코의 프라하에서 톡토기 학회가 열리게 되어 연구소 사람들이 같이 가자고 했지만 나는 부득이 포기해야 했다. 당시만 해도 한국에서는 '공산', '북한'이란 말만 해도 서슬이 시퍼런 분위기였기 때문이다. 갔다가는 후에 어떤 곤욕을 치르게 될지 몰랐다. 그런데 다행히도 그 후 폴란드의 안드레스 셰프티츠키(Andrez Szeptycki, 폴란드 과학원 크라코프 동물 계통 및 진화 연구소) 박사가 북한에 가서 채집한 톡토기를 보내와 그것들을 관찰할 수 있었다. 북한의 모란봉이니 사리원이니 하는 평소에 익숙한 지명에서 채집된 것이어서 재미와 흥분이 더했다. 표본 가운데 보라톡토기과만을 골라 관찰한 결과 한국 미기록 1종과 아시아 미기록 1종을 포함해 모두 6종을 보고하게 되었다. 이 과정에서 보라톡토기 전문가인 티보 박사가 공동 연구자가 되어 주었는데 그는 나에게 일방적인 지시만 하는 게 아니고 스스로 나와 함께 일했다. 다시 말해 지도하는 입장이라 해도, 몇 마디 말만 던지고 논문의 공저자로 이름이 들어가는 게 아니라 실제로 같이 일함으로써 문자 그대로의 '공동 연구자'가 되는 모습을 보인 것이다. 이런 면에서 이번 작업은 후일 나의 연구에 큰 본보기가 되었다. 이렇게 나온 나의 톡토기 논문은 프랑스 잡지에 「한국산 톡토기 연구: 북한산 보라톡토기과(Etude de la Faune Corèenne des Insectes Collemboles. VII. Hypogastruridae de Corèe du Nord)」라는 제목으로 나왔다(Lee et Thibaud, 1975). 당시 한반도에서 남북이 철의 장막으로 분단된 상황에서 이렇게 북한산 생물을 연구해 발표했다는 것은 결코 예사로운 일이 아니어서 자못 감개무량했다. 그리고 이 연구를 통해 나와 티보 박사는 좀 더 친밀한 사이가 되었고 그 후 나의 연구를 꾸준히 도와줌으로써 학문적 후원자가 되기도 했다.

이어 다음에 발표한 것은 한국에서 채집한 가시톡토기과의 신종 4종과 신아종(新亞種) 1종이었다(Lee, 1975b). 이렇게 나의 신종 보고 행진은 계속되었다. 그런데 이전까지는 모두 프랑스 잡지에 발표해서 나는 영어권 잡지에도 발표해야겠다고 생각했다. 그래서 투고해 발표된 논문이 마디톡토기과의 신종 5종에 대한 것으로, 하와이에서 발행되는 《태평양 곤충(Pacific Insects)》(나중에 《국제곤충학잡지(International Journal of Entomology)》로 개칭)에 실렸다. 바로 내가 1969년부터 1년간 머물며 박물관 훈련을 받은 호놀룰루의 비숍 박물관(The Bishop Museum)의 곤충부에서 발행하는 잡지였다. 곤충부장인 린슬리 그레싯(J. Linsley Gressitt) 박사는 딱정벌레 연구로 명망 있는 학자였으며 당시 파푸아뉴기니에 열대곤충생태연구소(Wau Ecology Institute)를 개설하고 있었다. 그런데 나의 원고를 받아 본 그는 논문을 잠정적으로 수락하되 신종의 기준 표본을 권위 있고 인정받는 연구 기관에 기증해야 한다는 조건을 내세웠다(1974. 2. 26. 서신). 그러면서 표본을 비숍 박물관에도 기증해 달라고 했다. 즉 개인이 소장해서는 안 되며 국립자연박물관 같은 곳에 보관토록 해야 한다는 것이었다. 제일 좋은 방법은 한국의 국립자연박물관에 기증하는 것인데 당시 우리나라엔 이런 박물관이 없어 결국 일부 표본들을 프랑스 국립자연박물관과 비숍 박물관에 기증하기로 했다. 그런데 약 1년 후에 나는 이 잡지의 부편집인 셜리 새뮤얼슨(Shirley Samuelson) 여사로부터 일곱 가지 사항을 지적하는 장문의 편지를 받았다(1975. 3. 7. 서신). 우선 기준 표본에 대해 암수를 밝히고 채집 지역, 일시 등을 명시하라고 했다. 이전에 프랑스 잡지에 논문을 낼 때에는 결코 들어보지 못한 지적들이었다. 나는 이 종들에 대한 기초 데이터를 다시 들춰 보며 답변 자료를 만들어 보냈다. 이러한 지적 사항들을 두고 네댓 차례 편지가 오갔다. 이렇게 지적받는 사이에 내가 느낀 것은 미국의 과학 전문 잡지들의 철저함이었고 또 이러한 지적들이 바로 전문가가 되는 훈련 과정이라는 점이었다. 그리고 이렇게 일일이 검토해서 지적해 주는 것이 여간 고맙지 않았다. 이처럼 꼬치꼬치 들춰내는 일이 얼마나 큰 수고겠는가! 이럭저럭 시간이 흘러 이 논문이 출간된 것은 1977년 11월이었으니 원고를 보낸 지 3년 반이 넘어서였다(Lee, 1977). 요즘의 인터넷 시대에는 상상도 할 수 없는 일이다.

이렇게 프랑스에 머물며 신종 보고를 계속하기를 1년 9개월, 그동안 내가 발견한 한국산 톡토기 신종은 24종에 이르렀고 1973년에 첫 논문이 나간 후 1974년 귀국하기까지의 프랑스 체류 기간 중 연구한 결과가 논문으로 나온 것이 프랑스와 미국 잡지에 모두 7편이었다. 모두 형태적 형질에 기초한 '알파 분류(주로 체내와 체외의 형태적 특징을 기반으로 한 분류)'였다. 그래도 톡토기 곤충에 대한 기초 분류의 기법과 분류 전반에 대한 개념을 얻게 된 것은 단연 프랑스 체류 덕분이었고 나에겐 더 없이 귀중한 경험이었다.

어디 그뿐인가? 프랑스의 문화, 유럽의 전통과 다양성, 그들의 삶의 방식

등 프랑스 체류는 나에게 암시하고 깨우쳐 준 바가 적지 않았다. 따라서 나에게 새로운 인생관과 세계관을 구축하는 데도 심대한 영향을 끼쳐 나에게 새롭게 '눈을 뜨게' 한 귀중한 체험이었다.

전북대학교에 자리 잡다

프랑스에서 하루하루 힘든 생활을 해 나가던 어느 날 고려대학교의 지도 교수인 김창환 교수님으로부터 귀국해서 학위 논문을 준비하라는 편지가 날아왔다. 내가 논문이 출간되는 대로 보내 드린 것을 보고 판단하신 것이다. 연구도 연구지만 홀아비 생활로 거의 2년을 지낸 나에게는 꿈같은 전갈이었다. 그때의 감회를 지금도 잊을 수 없다. 드디어 귀국을 서둘렀고(1974. 6.) 나는 돌아온 후 맞이한 겨울 내내 논문을 준비했다. 어느 날 경북대학교의 이창언 교수님으로부터 연락이 왔다. 전북대학교에서 교수 공모를 하니 응모해 보라는 말씀이었다. 당시 어떤 분이 부산대학교에도 자리가 나니 응모해 보라는 권유를 했지만 나는 전북대를 택했다. 서울에서 부산보다 가깝기도 하거니와 전주 이씨의 발원지로 할아버님과 큰아버님이 제사 참례차 자주 다니던 곳이어서 친근감이 갔기 때문이다. 그래서 처음으로 전주에 가서 시험을 치렀다. 영어와 전공 두 가지 시험을 봤으나 결과는 낙방이었다. 그러나 그 후 전북대 사범대 송현섭(宋顯燮) 학장님이 나에게 박사 학위를 취득한 후에 다시 응모하라는 간곡한 말씀을 전해 오셨다. 그리고 어느 날엔가 서울로 오셔서 나의 모교 은사인 조완규 교수와 하두봉(河斗鳳) 교수를 직접 만나 내가 전북대로 오도록 권유해 달라며 적극적인 뜻을 나타내셨다. 이유는 내가 치른 영어와 전공 시험에서 영어 성적이 좋았기 때문이라고 했다. 그 후 사범대 교무과장인 장대운(張大雲) 교수님도 서울에 오셔서 나의 은사들을 만나셨다. 나로선 그저 고맙고 감동할 뿐이었다.

그 후 나는 학위 논문 「한국산 톡토기에 관한 연구(A Study of Korean Fauna of Collembola)」를 만들었다. 돈이 없어 영문 타자기로 77쪽짜리 원고를 직접 쳤다. 제본만 맡겨 완성된 논문을 대학원에 제출하고 학위 심사에 임했다 (Lee, 1975a). 당시 심사 위원으로는 김창환 교수님을 위원장으로 하여 김훈수(金熏洙, 서울대), 이창언(경북대), 정용재(鄭瑢載, 이화여대), 박상윤(朴相允, 성균관대) 교수님 등 다섯 분이었다. 1차 심사를 마치고 나는 약간의 돈을 김창환 교수님께 드렸다. 학교에서 나오는 돈이 워낙 적어 멀리서 오신 심사 위원께 식사 대접할 돈조차 없던 때여서 이렇게 논문 제출자가 돈을 마련하는 것이 당시 관행이었다. 그런데 3차 심사가 모두 끝나자 김 교수님이 내가 처음에 드렸던 돈을 도로 나에게 주시는 게 아닌가! 받기도 황송했지만 다시 드려도 굳이 사양하셨다. 여기서 나는 김 교수님의 나의 경제적 사정에 대한 배려와 함께 고고히 지켜 나가시는 학자적 양심에 감동하고 또 다른 값진 가르침을 배웠다.

이렇게 해서 나는 이듬해 봄에 이학 박사 학위를 받았다(1975. 2. 25.). 가족들이 모두 기뻐했고 나는 감동이 북받쳤다. 그다음 달에 전북대학교에 부임했다. 이번엔 시험을 보지 않았으니 학위 소지자에 대한 특채였다. 이처럼 무시험으로 조교수 임명을 받게 되니(1975. 3. 23.) 서류 전형, 강의 평가, 면접 등 3단계를 거치는 요즈음으로서는 생각도 할 수 없는 특혜였다. 이렇게 부임하니 나의 학문과 인생이 다시 시작됐고 처음으로 안정된 직장을 갖게 됐다.

당시 전북대학교에는 생물학과가 없었고 불과 수년 전에 사범대학 과학교육과가 생겼기 때문에 나는 부득이 사범대학 과학교육과 생물 전공 조교수로 오게 되었다. 그러나 역시 신생 과인지라 기자재라곤 거의 없었다. 맨주먹으로 가르치는 거나 다름없었다. 그래서 내가 부임한 후에도 내 손에 연구용 현미경 한 대가 들어오기까지 꼬박 1년을 기다려야 했다. 당시 대학 구내에는 논과 밭이 많았고 달구지와 소들이 오갔다. 참으로 시골 냄새가 풀풀 나던 때였다. 그리고 나의 연구 재료인 톡토기는 대학 구내에서 덤불 속이면 어

사진 7. 고려대학교에서 이학 박사 학위를 받은 날의 가족들(아내 김정애, 큰딸 푸른메, 작은딸 꽃메, 아들 범)과 함께. 1975. 2. 25.

디서나 흔하게 발견되었다. 아니 오히려 톡토기가 "무더기로 쌓여 있다."고 해도 과언이 아니었다. 왜냐하면 지금은 "눈을 비비고 보아도" 찾을 수 없기 때문이다. 인근의 뒷산에서조차도 잡기가 힘들다. 후에 알았지만 이러한 생물의 희귀 현상은 비단 톡토기뿐 아니라 바다 생물을 포함한 거의 모든 생물에서 일어났다. 환경 변화의 영향이 이렇게도 큰 것인가! 이러다가 지구는 과연 어떻게 될까? 소름이 끼치는 일이다.

톡토기 침샘의 거대 염색체와 씨름한 시간들

나는 신종 기재(記載)만으로 만족할 수 없었다. 물론 기재는 분류의 시작이고 이러한 기초 분류 작업이 진행되어 어떤 지역의 종의 구성과 분포를 밝히는 동물상(fauna) 조사가 이뤄진 연후에야 종들의 분포와 전파를 따지고 진화를 추적할 수 있다. 그러한 점에서 이른바 종 동정(種 同定)을 말하는 알파 분류(α taxonomy)는 필수적인 기초 단계이며 이것을 거쳐야 다음 단계인 계통 수립(phylogeny, β taxonomy)으로 옮겨 갈 수 있고 또 종 분화 연구(speciation, γ taxonomy)로 발전할 수 있다. 따라서 신종 기재 보고는 지속적으로 이뤄져야 할 기본 과제다. 다시 말해 이러한 기본 작업을 토대로 모종의 계통 진화와 종 분화 연구를 하고 또 고등한 진화적 연구를 해야 한다. 그래서 나의 경우 관심은 우선 염색체 수준에서 계통 분화의 패턴을 찾는 일로 쏠렸다.

톡토기의 세포학적 연구로는, 인도의 프라부(N. R. Prabhoo)가 1961년 초반에 침샘에서 다사 염색체(多絲染色體 또는 巨大染色體)를 발견한 이후 프랑스의 폴 카사뇨(Paul Cassagnau) 교수가 몇 종의 혹무늬톡토기의 침샘에서 다사 염색체를 관찰하고 그 핵형(核型, 염색체의 수와 형태)과 변이를 연구한 바 있다. 그렇다면 한국산 혹무늬톡토기에서도 그런 연구가 가능하지 않을까? 우선 침샘 관찰이 문제였다. 나는 석사 과정에서 동물생리학을 공부했지만 염색체 연구는 처음이었다. 천생 문헌을 뒤지면서 장님 코끼리 더듬기 식으로 해 보는 수밖에 없었다. 그러던 중 지리산에서 채집한 혹무늬톡토기과의 종들 가운데 뽕무늬톡토기(Morulina) 속을 확인하고 혹시 이 표본에서 침샘의 발달과 다사 염색체를 관찰할 수 있지 않을까 의심해 봤다. 왜냐하면 프랑스의 카사뇨 교수가 이 속의 1종(Morulina verrucosa Börner)에서는 다사 염색체가 발견하지 못했다고 보고한 바 있었기 때문이다. 나는 지리산에서 온 이 표본을 해부하여 오르세인(aceto-lactic orcein)으로 염색한 후 압착을 해 봤다. 그러고 나니 현미경하에서 무언가 띠 비슷한 것들이 드문드문 보였는데 도대체 이것이 무엇인지 확인할 수 없었다. 나는 당시 같은 과의 세포유전학 전공자인 임낙룡(林洛龍) 교수에게 물었다. 그가 와서 현미경을 보더니 무릎을 탁

쳤다. 바로 다사 염색체라는 것이다(1979. 9. 12.). 아닌 게 아니라 다사 염색체
의 띠들이 여기저기 보였다. 이제 됐다 싶었다. 재료가 되었으니 한 발짝 한
발짝 더 나아가 볼 차례였다. 그러나 이것이 어떤 종인지가 문제였다. 분류를
해 보니 바로 1년 전에 일본에서 보고된 뽕무늬톡토기(*Morulina triverrucosa*
Tanaka, 1978)로, 한국 미기록종이었다. 아울러 흥미로운 것은 앞에서 말한
*Morulina verrucosa*에서는 그렇지 않았으나 같은 속이지만 이 종에서는
침샘이 발달하고 다사 염색체가 관찰된다는 점이었다. 마음속으로 쾌재를
부르며 나는 이 일에 매달렸다. 그래서 이들을 재료로 침샘의 비대(肥大) 현
상을 진화적 관점에서 논의하고 정리하여 논문을 만든 다음 은사이신 김창
환 교수님 회갑 기념 논문집에 실었다(Lee, 1980a). 나중에 알고 보니 이 종뿐
아니라 한국산의 다른 톡토기 종들에서도 다사 염색체가 관찰되었다.

그 후 몇 년간 나의 관심은 오직 다사 염색체에만 쏠렸다. 프랑스의 카사
뇨 교수에게 가야겠다고 생각했다. 그곳엔 젊고 유능한 루이 다르방(Louis
Deharveng) 박사도 있었으니까. 1981년 9월에 나는 다시 프랑스로 향했다. 이
번엔 프랑스의 서남쪽 스페인 접경에 가까운 툴루즈 시에 있는 폴사바티에
대학교에 갔다. 여기서 6개월 있으면서 카사뇨 교수와는 히말라야산 혹무늬
톡토기과의 일종(*Paleonura spectabilis*)이 지닌 다사 염색체의 핵형을 연구, 보
고했다(Cassagnau et Lee, 1982). 반수체(半數體, haploid, 두 벌의 염색체가 아니라 외
벌의 염색체 또는 그것만 지닌 개체)의 염색체 수가 4인 이 톡토기의 염색체들의 띠
모양을 그려 나갔다. 동원체(動原体, centromere, 세포 분열 때 방추사(紡錘絲)가 붙
어 두 개의 딸세포 쪽으로 끌고 가는 실의 부착점)와 퍼프(puff, 다사 염색체에서 염색체의
일부가 풀려 DNA가 복제되는 부분)도 처음 관찰하고 그렸다. 결국 이 종은 외부 형
태는 원시형이면서 세포 수준에서 다사 염색체가 매우 발달하여 마치 은밀
한 종 분화(cryptic speciation, 겉으로 나타나지 않는 내적 변화의 진화)를 보이면서 형
질에 따라 조상형(원시형)과 파생형(진화형)이 혼재하는 모자이크 진화의 양
상을 띠는 것으로 드러났다. 그런데 다사 염색체는 적응 형질을 나타내어 계

사진 8. 제2차 국제 무시류 곤충 세미나에서. 이탈리아 시에나, 1986. 9. 왼쪽부터 프랑스의 안 베도스, 루이 다르방(필자와 톡토기 침샘 거대염색체 변이성 공동 발표), 폴란드의 마리아 스테르진스카(필자와 한국·폴란드 공동 세미나 주관) 박사, 필자(한복 모시옷 차림). 모두 톡토기의 분류와 생태 전문가들이다.

통 진화를 밝히는 데 곧바로 쓰여서는 안 될 것이라는 점에 주의했다.

한편 젊은 다르방 박사와는 지중해 연안에 분포하는, 역시 흑무늬톡토기과의 일종(*Bilobella aurantiaca*)을 관찰했다. 이 종에 대해서는 스페인산과 프랑스산 사이에 어떤 다사 염색체 변이가 나타나는지 조사했다. 이 종의 경우 프랑스산과 스페인산이 같은 종이면서 다사 염색체의 분화 정도가, 특히 이질염색질(異質染色質, heterochromatin, DNA가 불활성인 부분)의 분포와 발달 정도가 차이가 나고 또 두 개체군 안에서 나타나는 변이성도 달랐다. 뿐만 아니라 기타 새로 채집한 다른 종들도 살펴보니, 종마다 다사 염색체가 달랐는데 침샘 조직과 침샘 세포의 크기도 속간에 다르게 나타났다. 그러자 이제 외부 형태상의 변이뿐 아니라 세포 수준에서도 다사 염색체가 과연 어떤 변이(變異, variation)와 변이성(變異性, variability, 변이의 정도)을 나타내는가에 대해

어느 정도 감(感)이 잡히는 듯했다. 이러한 변이와 변이성에 대한 연구 결과
를 이탈리아의 세포학 잡지《핵형(*Caryologia*)》에 실었다(Deharveng and Lee,
1984). 참으로 생물이 환경에 따라 나타내는 변이가 이렇게 정교하고 다양할
수가 있을까! 이 반년간의 프랑스 체류는 참으로 나로 하여금 생물의 계통
분화와 진화의 역동성을 들여다보게 하는 계기가 되었다. 그리하여 나의 분
류학 공부는 좀 더 생생하고 흥미롭게 다가왔다.

톡토기 침샘의 유전체 총량 측정, 그러나 실패

귀국한 후에도 나의 일은 당분간 침샘과 다사 염색체에 대해 계속되었다.
그리고 이번엔 침샘의 유전체 총량, 즉 게놈 사이즈(genome size)에 관심이 갔
다. 다시 말해 좀 더 정량적으로 추구해 보고자 했다. 여기에는 염색체 전문
학자로서 나의 자문 요청에 늘 응해 준 박은호(朴殷浩, 한양대) 교수의 도움이
컸고 이어 이 분야의 전문가인 독일 카이저슬라우테른 대학교의 발터 나글
(Walter Nagl) 교수와의 교신도 한몫했다. 그리고 이윽고 1986년 10월에 그의
연구실을 잠시 찾은 후 1989년에 다시 두 달간의 기회를 얻었다. 나글 교수
는 DNA 복제와 다사 염색체에 대해 책을 내는 등(Nagl, 1978) 이 분야의 대가
로 알려져 있었다. 톡토기의 침샘 세포에서 무언가 얻을 수 있지 않을까 기대
되었다. 내가 첫 번째로 그를 찾아 카이저슬라우테른 기차역에 도착했을 때
그가 마중 나왔다(1986. 10. 26.).

만나기 전에 나는 대학자로서의 근엄하고 우람한 풍채를 예상했으나 막
상 만나 보니 바싹 마른 몸매에 그야말로 초췌하기 그지없었다. 알고 보니 그
는 새벽 5시에 연구실에 나와 종일 일하고 밤 10시가 넘어서야 집에 돌아가
는 일벌레로, 거의 일 중독자였다. 어쨌든 내가 톡토기의 침샘을 재료로 한
예비 관찰에서, DNA 증가의 수단으로 세포의 부피 증가뿐 아니라 핵의 수

적 증가에도 의존하는 전략이 있는 것으로 보인다고 하자 그가 매우 큰 흥미와 관심을 나타냈다. 나는 매우 고무되지 않을 수 없었다. 그를 잠시 만나 예비적으로 대화를 나눈 나는 다음을 기약하고 일단 파리로 돌아와 귀국길에 올랐다.

그 후 다시 나글 교수의 연구실을 방문한 것은 3년 후다. 그에 앞서 프랑스 툴루즈 대학교의 폴 카사뇨 교수의 연구실을 찾아 루이 다르방 박사의 도움으로 툴루즈 쪽으로 30킬로미터 떨어져 있는 '부콘 숲'으로 갔다. 거기서 나는 실험 재료로 쓸 흑무늬톡토기의 일종인 모노벨라 그라세이(*Monobella grassei*)를 여러 마리 채집하였다. 그러고 나서 독일의 나글 교수 연구실로 가져가 연구에 들어갔다(1989. 11. 30.).

이제 나에게는 톡토기의 침샘의 수와 크기 증가뿐 아니라 이들에 포함된 DNA의 양적 증가 패턴도 정량적으로 확인하는 일이 필요했다. 나는 이미 여러 종의 톡토기에서 종에 따라 침샘의 형태적 분화와 다사 염색체의 발달 정도가 다름을 관찰한 바 있었다. 침샘은 대개 세포의 수적 증가나 부피 증가 또는 이 두 가지를 완만하게 조합한 방식을 취하는 것으로 나타났다. 그러나 태국산 톡토기인 람부타누라(*Rhambutanura*)에선 침샘의 세포가 수적으로도 많을 뿐 아니라 다사성도 매우 발달된 모습을 보여 이미 관찰된 패턴을 벗어나는 유형인 관계로 이를 수량적으로 규정하는 일이 흥밋거리가 되었다. 그러기 위해서는 포일겐(Feulgen)이나 DAPI 염색을 하여 분광측정계로 DNA 양을 재야 했다. 여기서 닭의 적혈구를 기준 재료(standard)로 사용했다. 우선 여러 가지 톡토기 종의 침샘을 적출하여 DAPI로 염색함으로써 형광으로 파랗게 빛나는 아름다운 침샘 세포들을 얻었다. 그러나 이 연구실의 연구원들은 새로 들여온 유세포 분석기(fluorocytometer 또는 microdensitometer)를 작동시키지 못하고 테스트하는 데만 시간을 보냈다. 새로 들여온 기계가 정착되지 못한 상태에 있어서 나로서는 매우 안타까웠다. 결국 나의 톡토기 재료에 대한 제대로 된 데이터를 얻지 못하고 시일을 허비

한 것이 천만 유감이었다.

그런데 이러는 사이 나글 교수는 나보고 대학원생들에게 세미나를 해 달라고 제안해 왔다. 나는 뜻밖의 일이어서 놀라기도 했지만 한국 교수의 자존심을 살려 잘해야겠다고 벼르고 제목을 "톡토기의 침샘과 다사 염색체(Salivary Gland and Polytene Chromosome of Collembola)"로 잡았다. 드디어 당일이 되어(1989. 12. 13.) 강의실에 들어서니 앉아 있던 사람들이 일제히 책상을 주먹으로 두드리는 게 아닌가! 대학원생 열대여섯 명과 교수 몇 사람이 있었는데 이 갑작스런 소동에 나는 어안이 벙벙했다. 그러나 나는 톡토기에 대한 간단한 소개를 시작으로, 종에 따라 침샘의 형태와 다사 염색체들이 다르며 톡토기의 진화 정도에 따라 일정한 유형을 나타냄을 슬라이드와 판서를 곁들여 설명하였다. 스페인 및 프랑스산 톡토기가 같은 종이라도 거대 염색체들의 변이성에 차이가 있음을, 특히 히말라야산 톡토기 침샘의 핵형 모습을 보여 주었다. 그러던 중에 거대 염색체 군데군데에 보이는 퍼프에 대해 한 학생이 질문을 하면서 DNA 조사를 하면 흥미롭겠다며 비상한 관심을 나타냈다. 이렇게 발표를 끝내고 나니 학생들이 또 일제히 책상을 두드렸다. 그제야 나는 이것이 박수라는 것을 알아차렸다.

이와 같은 독일 체류 연구는 그다음 해 가을 10월에 들어서 되풀이되었다. 김포공항을 출발해 방콕을 향했고(1990. 10. 13.) 치앙마이와 방콕 태국 국가과학위원회에서 일을 본 후 독일의 나글 교수 연구실로 다시 갔다(1990. 10. 22.). 나글 교수는 마침 출장 중이었고 슈만(Schumann) 박사의 말을 들어보니 새로 들여온 비디오-덴시토미터(video-densitometer)는 아직 시험 중이어서 일주일은 더 있어야 구입 여부가 결정된다는 말에 약간은 실망하지 않을 수 없었다. 미리 다 연락을 하고 온 것인데 이런 일이 일어나니 어이가 없었다. 그런데 어차피 프랑스에 가서 실험 재료인 톡토기를 채집해 와야 했다.

며칠 후 새벽에 파리행 기차를 탔다(1990. 10. 25.). 그리고 비행기로 툴루즈로 돌아왔다. 다음 날 다르방 박사와 작년에 갔던 부콘 숲으로 가서 보니 찾

사진 9. 독일 카이저슬라우테른 대학교에서 "톡토기의 침샘과 다사 염색체"를 주제로 세미나 발표를 하는 필자. 1989. 12. 13.

사진 10. 카이저슬라우테른 대학교의 발터 나글 교수 연구실에서 톡토기의 게놈 사이즈를 측정하던 중. 맨 왼쪽이 나글 교수, 오른쪽이 슈만 박사, 가운데가 필자. 1990. 11. 12.

던 흑무늬톡토기가 많이 나왔다(1990. 10. 26.). 오랫동안 비가 안 오다가 지난 며칠 사이 와서 때가 잘 맞았다고 다르방 박사가 말해 주었다.

이제 톡토기를 잡았으니 실험을 하러 독일로 가야 한다. 이틀 후 툴루즈를 떠나 파리에서 하루를 묵은 후 다음 날 급히 기차로 독일의 카이저슬라우테른 대학교로 달려갔다. 그리고 다음 날 나글 교수 실험실에 가서 작업을 시작했다(1990. 10. 30.). 그런데 나글 교수는 한국으로부터 팩스가 날아왔다며 나에게 축하한다는 말을 건넸다. 내가 그해 '하은생물학상(夏隱生物學賞)' 수상자로 결정되어 곧 귀국해야 한다는 사연이었다. 좋은 소식이긴 했으나 그러자니 일할 시간이 닷새밖에 남지 않았다.

재료는 흑무늬톡토기의 일종인 네아누라 몬티콜라(*Neanura monticola*)이다. 에탄올과 빙초산 3:1의 혼합액 속에 30분간 담가뒀다가 끝을 예리한 칼처럼 간 바늘로 톡토기의 촉각과 복부를 제거했다. 그리고 남은 머리 부분을 슬라이드글라스에 올려 빙초산 50퍼센트 용액 속에 다시 30분간 고정했다. 다음에는 양손에 쥔 바늘 칼로 머리 부분 양쪽에 있는 침샘 조직을 적출해 냈는데, 그동안 탈색이 진행되어 침샘 세포가 보이기 시작했다. 침샘 이외의 부스러기 조직들을 제거하니 슬라이드글라스 위에는 적출된 침샘 조직만 남았고 여기에 커버글라스를 조심스럽게 덮었다. 커버글라스 가장자리에 여과지를 가져다대어 빙초산 용액을 흡수하자 커버글라스가 슬라이드글라스 위에 밀착된다. 다시 말해 침샘 세포가 압착되어 세포들이 얇게 분포하는 상태가 되었다. 이제 측정으로 들어갈 차례다. 그러나 슈만의 말은 뜻밖이었다. 비디오-덴시토미터 테스트가 끝났으나 참조 표본이 준비되지 않아 기다려야 한다고 한다. 다시 말해 농도 비교로 DNA 양이 측정되는데, 표준 농도 표본(보통 닭의 적혈구로 만든다.)이 준비되어 있지 않다는 이야기였다. 기가 막혔으나 어쩔 수 없었다. 다음 날은 그곳 명절이라 쉬는 날이어서 나는 실험실에 나가 침샘 조직 상태가 더 좋은 것을 표본으로 만들어 보려고 해부를 거듭했다. 그런데 이날이 목요일이어서 금요일까지 포함한 긴 주말이 이어졌다. 나는 그 연휴 중에 귀국 비행기 편을 앞당겨야 했다. 내가 그간 묵고 있던 치츠만(Dr. Zitsman, 화학 교수) 박사 댁에서는 그의 부인(한국인)이 친절하게도 나의 수상을 축하하는 파티를 열어 주었다(1990. 11. 3. 토요일). 그런데 파리에서 강광일 씨 부부가 멀리까지 와 주는 바람에 현지의 김정곤 씨 부부 등과 함께 푸짐한 잔치상을 벌여 먼 타국에서 뜻밖의 큰 선물을 횡재한 기분이었다. 치츠만 박사 부부와 모든 분께 감사할 따름이다. 강광일 씨는 그 후 파리 대학교에서 분자생물학으로 박사 학위를 받은 후 현재 부산과학영재학교 교수로 재직 중이다.

그 후 참조 표본이 마련되어 측정에 들어갔다. 그러나 슈만 박사는 시료 표본을 DAPI로 염색해 보니 염색 정도가 너무 약해 측정이 잘 안 된다고 하면서 포일겐 염색을 해 보자고 했다(1990. 11. 6.). 이 염색법은 염산으로 시료를 가수분해한 다음 포일겐 염색을 1시간 하고 나서 SO_2 용액 속에 5~10분씩 세 번 갈아 담군 후 증류수 속에 15분간 담가 완성한다. 그래서 톡토기 3종(*Morulina triverrucosa, Monobella grassei, Crossodonthina koreana*)의 침샘 조직으로 측정에 들어갔다(1990. 11. 11.). 그런데 염색된 핵과 염색되지 않은 핵에 대해 농도값이 같은 수치로 나타났다. 순간 이것이 웬일인가 하고 놀라지 않을 수 없었다. 이제까지 기다리고 기다린 결과가 이것인가! 이곳 교실원들이 새로 들여온 기계의 사용법을 숙지하지 못한 탓이었다. 다음 날 아침 나는 일찍 나글 교수를 만나 연구 상황을 검토했다. 그는 우선 염색된 검은 점(dark spot)과 흰 배경(white background) 사이에 근사값이 나온 데 대해 검토하고 아울러 닭의 적혈구들 사이에 농도값 차이가 크게 나는 이유가 백혈구나 퇴화 중인 적혈구가 끼어든 때문이 아닌지 다시 살펴보겠다고 했다. 그러면서 내가 다음에 다시 시간을 내서 올 수 있으면 체류비와 비행기 삯을 독일 연구재단(DFG)에 다시 신청해 보겠다고 했다.

나글 교수는 이렇게 끝까지 호의적으로 말해 주었으나 몇 번이나 다녀간 결과가 겨우 이것인가 생각하니 허탈감만 들었다. 나는 짐을 싸서 그곳을 떠나 프랑크푸르트에서 방콕으로 간 다음 서울행 비행기로 갈아타고 다음 날 새벽 6시에 김포공항에 내렸다. 간밤을 꼬박 지샌 탓인지 나는 녹초가 되었다(1990. 11. 15.).

나 나름대로 많은 시간과 경비를 투자해 애써 봤지만 '야심적이었던 DNA 정량 측정'은 이렇게 실패로 돌아갔다. 물론 그처럼 짧은 기간(두 번 각각 1개월)에 침샘 조직에서 세포를 분리하여 이 작업을 제대로 해낸다는 것이 무리였던 게 사실이다. 그러나 이러한 실패작도 나의 역사이므로 이렇게 적어 둔다.

분류학의 새 물결, '분지계통학'의 도입 과정

그 앞서 몇 년 전부터일까? 미국에서는 분류학의 새로운 방법론으로서 분지계통학(分枝系統學, cladistics 또는 phylogenetic systematics)의 바람이 거세게 일고 있었다. 원래 이 이론을 동독의 빌리 헤니히(Willi Hennig)가 1950년에 책으로 냈으나 오랫동안 알려지지 않고 있다가 1966년에 영어판 『분지계통학(*Phylogenetic Systematics*)』(Hennig, 1966)이 나오면서 그야말로 맹위를 떨치며 퍼져 나갔다. 종래와는 달리 한 공통 조상과 그로부터 파생된 다음 세대 전체를 하나의 계통분류군(clade)으로 보아 검증 가능한 분류 체계를 수립한 것이다. 즉 이 방법이야말로 이제까지의 주관적 판단이 농후하게 개입되는 진화분류학이나 수리분류학보다 객관적이고 논리가 체계화되어 가장 과학적인 방법론으로 평가되었다. 나는 영어판 책을 읽으면서 개념을 잡아 나갔다.

이것을 익혀 나가는 데는 에드워드 올랜도 와일리(Edward Orlando Wiley)의 『계통분류학의 이론과 실제(*Phylogenetics: The Theory and Practice of Phylogenetic Systematics*)』(Wiley, 1981)가 더 큰 도움이 된 것 같다. 더욱이 내가

구독하던 프랑스의 한 월간 과학 잡지에 이 이론이 그림들과 함께 자세하게 설명되어 있어 그 원리 파악이 수월했다(Janvier, 1980).

나는 곧 이 방법을 흑무늬톡토기과에 적용시켜 계산기를 두드리며 계통수의 일종인 분지도(分枝圖, dendrogram, 계통도, 계통수라고도 한다.)를 만들었다. 그리고《동물분류학회지》창간호에 발표했다(Lee, 1985a). 그런데 이것은 적어도 톡토기를 재료로 해서 세계 최초로 발표된 분지계통학 논문이었다. 이 논문이 나가고 난 후에 안 일이지만 내가 전에 있던 프랑스의 연구소에서 화제가 되었다고 한다. 그 후 나는 이 분지계통학을 한국생물과학협회 주최 심포지엄에서 소개하였다(이병훈, 1985).

어쨌든 이 분지계통학은 오늘날 어느 분류학적 연구에서나 쓰지 않으면 안 되는 기본이요 필수가 되었고 이에 관한 전산 프로그램들이 쏟아져 나왔다. 더욱이 이 방법론은 오늘날 인류학, 언어학, 천체물리학 등 여타 인문·사회과학 분야에도 영향을 미쳐, 어떤 객체들이 발생 순서상 조상이냐 후손이냐, 후손이라면 어떤 이웃과 현재부터 가장 가까운 과거에 있던 공통 조상으로부터 갈라져 나왔느냐를 가려내 근연 관계를 추정하고 계통수를 만드는 방법으로 쓰인다. 이러한 분지계통학을 내 혼자 공부해 가며 톡토기 분류에 적용하고 그래서 한국의 동물분류학에 처음으로 도입하고 또 국제적으로도 톡토기 분류에 처음으로 적용한 점이 내 스스로도 대견하고 뿌듯하게 생각되었다. 후에 나는 이 '공로'로 하은생물학상을 타게 되었다(자세한 것은 후술할 예정이다.).

낫발이의 분류

이제까지 나는 톡토기를 다뤄 왔으나 교육대학원 학생으로 임미경(林美京) 양을 받아들이면서 그의 석사 논문 주제로 낫발이(原尾目, Protura)를 잡아 표본 관찰에 들어갔다. 몸 크기가 톡토기보다 더 작은 낫발이는 톡토기, 좀

(돌좀, 좀), 좀붙이와 함께 곤충강에서도 날개가 없다는 점에서 무시아강(無翅亞綱, Apterygota)에 들었고 턱이 몸속에 갇혀 있다는 뜻으로 내악류(內顎類)로 분류되었다. 그러나 지금은 앞에 말한 분지계통학에 의해 톡토기와 마찬가지로 6지상강(六肢上綱, Hexapoda)에 속하는 하나의 강(綱, class)으로 분류되어 낫발이강이 되었다.

원래 중다맹이, 낫발이, 원꼬리 등으로 불리던 것을 서울대 농대의 백운하(白雲夏) 교수님이 '낫발이'라 못박고 분류했으나 백 교수가 작고하신 후 국내에 전문가가 없는 터였다.

한반도산 낫발이는 일본의 이마다테 겐타로(今立源太郎) 교수와 폴란드의 셰프티츠키 박사 그리고 덴마크의 쇠렌 루드비 툭센(Søren Ludvig Tuxen) 교수와 한국의 백운하 교수에 의해 16종이 보고되어 있었으나 일본에 상당수의 종이 이미 알려져 있는 점으로 미뤄 한반도산으로 신종과 미기록종이 더 보고될 여지가 컸다. 따라서 우리는 우선 토양 표본에서 낫발이를 추출해 기초 분류를 시도했다. 그런데 무엇을 시작하든 관계 문헌을 먼저 보아야 한다.

사실상 내가 낫발이 문헌을 모으기 시작한 것은 오래전에 토양 동물에 관심을 갖고 톡토기와 함께 낫발이가 토양 미소 절지동물의 주요 구성원이라는 사실을 알고부터였다. 그때 일본 도쿄의 의과치과대학에 낫발이 학자 이마다테 겐타로 교수가 있다는 것을 알고 그분에게 나의 관심 분야를 소개하면서 문헌을 보내 달라는 편지를 썼다(1968. 7. 12.). 그런 지 두 달 후에 답장과 논문이 왔다. 그 후 여기저기서 모인 문헌을 보아 가며 분류를 시작했다. 다행히 임 양은 눈썰미가 좋아 불과 1.5밀리미터 내외의 작은 이 벌레를 잘 다루었고 현미경하에서 미세한 구조와 모서식(毛序式, chaetotaxy, 강모의 배열식)도 잘 구별해 나갔다. 여기에 결정적인 도움을 준 것은 역시 이마다테 교수의 일본산 낫발이 총론인 『일본의 낫발이(*Fauna Japonica Protura*)』(Imadate, 1974)라는 두꺼운 책이었다. 그런데 나름대로 종을 동정(同定, identification)했다고는 하나 역시 확신이 서지 않아서 학회지에 발표하기 전에 전문가의 검증이 필요했다. 그래서 나는 이마다테 교수에게 다시 네댓 가지 질문과 함께 표본을 보내며 확인을 해 달라고 요청했다(1986. 5. 12.). 얼마 후 종 동정이 대체로 잘 되었다는 답신과 함께 중국 상해곤충연구소의 인웬잉(尹文英, Yin Wen-Ying) 박사와 체코슬로바키아의 요세프 노세크(Josef Nosek) 박사의 문헌을 구해 참조토록 하라며 깨알 같은 글씨로 두 쪽에 걸쳐 문헌 목록을 써서 보내왔다. 개인용 컴퓨터가 보급되기 전이라 일일이 쓴 성의에 실로 감탄했다. 그에 대한 보답으로 일을 잘해야겠다는 책임감도 생겼다.

나는 다시 이들 문헌 수집에 나섰고 중국의 인 박사는 당시 공산권과의 교류가 막혀 있던 때인데도 여러 가지 문헌을 보내왔다. 이들을 종합해 표본 분류에 다시 들어갔다. 다음 해가 되자 나는 8월에 서울에서 있을 '태평양 과학자 대회(Pacific Science Congress)'(1987. 8. 20.~30.)의 곤충 분야의 한 분과 장을 맡아 매우 바빴다. 그런데도 다시 이마다테 교수에게 편지와 우리가 동정한 낫발이 8종의 표본을 보내면서 확인을 요청했다(1987. 5. 7.). 이때 보낸 질문서 2쪽이 8비트짜리 컴퓨터로 인쇄된 것으로 보아 이때가 내가 컴퓨터를 사용한 초기였던 것 같다. 당시의 컴퓨터를 생각하면 기계 자체와 프로그램 그리고 이것을 쓰는 사람이 오늘에 비해 매우 초보적이어서 금석지감(今昔之感)이 든다. 그 후 이마다테 교수는 답신뿐 아니라 일본산 낫발이 표본 여러 종도 보내 주고 우리가 쓴 원고도 수정해 주었다. 실로 이처럼 전심전력으로 도와준 데 대해 충심의 감사를 드리지 않을 수 없다.

한국의 몇 지역에서 채집한 표본들을 동정한 결과 전남 순천 송광사 숲과 홍도에서 채집한 표본이 신종으로 확인되었고(깔쭈기낫발이(*Filientomon bipartitei* Lee et Rim, 1988); 이마다테 낫발이(*Filientomon imadatei* Lee et Rim, 1988)) 그 외 한반도 미기록종 2종을 포함해 모두 8종이 확인되었다(Lee and Rim, 1988). 그러나 신종과 미기록종 모두가 근연종이 일본에 있거나 처음으로 발표되었던 표본의 채집 장소(模式産地, type locality)가 일본인 것으로 나타나 남한산이 북한산보다 일본산에 가깝다는 소견을 얻게 되었다. 이 점은 나의 그 후 북한산 톡토기 연구에서도 확인되었고 생물지리학적으로 의미 있는 중요한 정보가 되었다. 왜냐하면 남한의 일부 담수어류가 중국의 양자강 이하의 종류들과 유사하다는 발표를 들은 바 있어 남한산 생물이 남방계인 일본산과 근연성이 클 수 있었기 때문이다. 어쨌든 이 논문을 《한국동물분류학회지》에 실었으니(Lee and Rim, 1988) 내가 낫발이 논문을 모으기 시작한 지 20년 만의 첫 결실이어서 감개무량하지 않을 수 없었다.

'제3차 국제 무시류 곤충 세미나'에서

나의 분지계통학에 대한 관심이 이번엔 원시형 곤충류인 낫발이 강(原尾綱, Protura)으로 이어졌다. 톡토기에 대한 경험을 토대로 베르베렌툴루스(Berberentulus) 속을 비롯한 근연 4개 속에 드는 49종의 기재 보고에서 20개 형질 상태를 분석해 전산의 분지계통학 프로그램에 적용해 보니 일부 종들이 다른 속으로 이동해 감을 볼 수 있었다. 더욱이 이들 속 가운데 어느 것도 파생 공유 형질을 갖고 있지 않아 단계통성(單系統性, monophyly)을 나타내지 못한 것으로 드러났다. 따라서 이 네 가지 속을 Berberentulus의 단일 속으로 통합하는 것이 타당하다는 결론에 이르렀다. 나는 이 연구 결과를 이탈리아의 시에나에서 있은 제3차 국제 무시류 곤충 세미나에서 발표했다(Lee and Rim, 1989). 이때 나는 중국의 인 교수가 자기의 분류 체계를 수정한 나의 발표에 대해 반론을 펴면 어쩌나 하고 약간 걱정했으나 오히려 그녀가 고개를 끄덕이며 '수긍'하는 태도를 보고 나는 안도하는 한편 한 대가의 도량을 엿보는 듯해 감동을 받았다. 이 연구로 임 양은 논문을 제출하고 석사 학위를 받게 되었다. 연구 당사자인 임 양의 열성과 능력은 물론 일본의 이마다테 교수의 전적인 도움의 결과였다. 따라서 이처럼 헌신적이었던 그분이 그 후에 타계한 것은 우리에게 참기 어려운 아픔이 되었다. 과연 학문과 인간미에는 국경이 없었다.

사진 11. 맨 왼쪽이 노르웨이의 아르네 피엘베르그(Arne Fjellberg) 박사, 가운데가 필자의 톡토기 공부 초기에 일본산 톡토기 논문을 많이 제공하여 크게 도와준 일본의 요시이 료조 교토 대학교 교수, 오른쪽이 필자. 모두 톡토기 계통분류학 전문가들이다. '제3차 국제 무시류 곤충 세미나'에서. 이탈리아 시에나, 1989. 9.

　당시만 해도 낫발이와 톡토기 그리고 좀을 다루는 이 분야에는 분지계통학을 쓰는 학자가 없어 1985년에 내가 혹무늬톡토기과에 대해 발표한 이후 두 번째로 나온 분지계통학 논문이어서 나로서는 다소 자긍심을 느끼게도 되었다.

　돌좀의 분류

　그 후 역시 교육대학원 석사 과정에 최금희(崔錦姬) 양이 들어왔다. 나는 최 양에게 곤충 가운데 톡토기와 함께 날개가 없는 무리, 즉 무시아강으로 취급되는 좀을 다루도록 했다. 그런데 종래의 좀(Thysanura)이 당시 좀목(Zygentoma)과 돌좀목(Microcoryphia)으로 나뉘어져 당시 분지계통학으로 볼 때 곤충강에서 별개의 강으로 분리된 톡토기와는 달리 턱이 몸 밖으로 나오는 외악류(外顎類, Ectognatha)의 곤충으로 분류됐다.

그러면서 돌좀은 초기 발생 단계에서 전할(全割, total cleavage)을 한다는 점에서 톡토기나 다족류(지네류, 노래기류 등)를 닮아 마치 계통상 곤충류와 다족류의 중간 위치를 차지하는 듯해 분류와 진화상 매우 흥미로운 재료였다. 내가 최 양에게 연구하도록 한 것은 바로 이 돌좀이었다. 이들은 보통 야생하는 데 반해, 우리가 흔히 '좀'으로 부르는 것은 집 안의 옷과 책을 갉아먹는 종류다. 그런데 이 돌좀은 한반도산은 이탈리아 학자 필리포 실베스트리(Filippo Silvestri)에 의해 고려돌좀(*Pedontotus coreanus*) 1종만이 알려져 있었다. 하지만 이웃 일본에 3속 14종이 알려져 있었던 점으로 보아 한반도에서도 더 밝혀질 가능성이 있다.

그런데 이처럼 돌좀을 연구하려 했지만 역시 국내에 선배 학자가 없어 문헌을 보고 익혀 나가는 수밖에 없었다. 다행히 내가 국제 무시류 곤충 세미나에서 늘 만나던 포르투갈의 좀 분류 전문가인 루이스 멘데스(Luis F. Mendes) 박사가 좀류의 논문을 항상 보내 줘 예비 지식을 갖출 수 있었다. 특히 그가 극동 러시아산을 비롯한 동아시아 쪽의 좀류를 연구한 것이 다행이었다. 그 밖에 일본의 톡토기 학자인 우치다 하지메(內田一, Uchida Hajime) 교수가 좀류도 다룬 바 있어 대체적인 상황을 살필 수 있었다. 그러나 일이 그렇게 간단치 않았다. 좀을 어떻게 다뤄 표본을 만들고 어떻게 해부하며 어떤 부분을 보고 어떤 형질 상태를 알아내야 하는지가 막막했다. 다시 말해 실제 테크닉 면에서 기초와 노하우가 없었던 것이다. 그러던 중 1986년 9월에 이탈리아 시에나 대학교에서 '국제 무시류 곤충 세미나'가 열렸는데 여기에 참가한 나는 멘데스 박사로부터 일본에 좀류 전문가로 마치다 박사가 있다는 사실을 알았다. 그 후에 알아보니 쓰쿠바 대학교의 마치다 류이치로(町田龍一郞) 씨는 일본의 곤충 잡지인 《곤충(昆蟲)》과 일본동물학회 잡지에 돌좀의 분류에 대해 발표했다. 또 그는 단순한 형태적 분류에 그치지 않고 알이 부화하여 성장하는 발생에 관한 뛰어난 논문들을 발표하고 있었다. 나는 그에게 문헌을 보내 달라는 편지를 썼다(1987. 2. 2.). 곧 문헌들이 왔고 나는 다시 나의 톡토기 논문들을 보내면서 좀류를 슬라이드 표본으로 만드는 방법을 알려 달라고 하고 초보자가 분류하는 데 도움이 되는 여타 문헌들을 보내 달라고 했다. 10여 일 후에 답장이 왔는데(1987. 2. 16.) 슬라이드 표본을 만드는 기술을 포함해 기본 문헌들을 나열한 것까지 모두 7쪽이었다. 당시 그곳에 아직 컴퓨터 워드프로세서가 보급되지 않아서 그랬는지 종래의 타자기로 일일이 타자한 데다 그림까지 그려 넣었으니 그 성의와 꼼꼼함에 감탄하지 않을 수 없었다. 후에 안 일이지만 그는 학문적 열정에 한참 불타고 있는 박사 후 과정의 신진 학자였다.

마치다 박사로부터 이렇게 기초 정보를 얻긴 했으나 실제 기술이 문제였다. 결국 최 양을 일본 현지로 한 달간 보내기로 하고 마치다 박사에게 편지를 보내니 흔쾌히 받아 주겠다는 답장이 왔다(1988. 6. 19.). 그러나 실제로 떠나는 준비 단계에서 어려움이 많았다. 최 양이 소속된 교육대학원에서 보증을 서 줄 수 없다고 하고 일부 주위에선 갔다가 무슨 사고라도 나면 누가 책임 질 거냐는 볼멘소리도 나왔다. 사실상 당시만 해도 석사 과정에서 논문 준비를 위해 학생을 외국에 보낸다는 것은 거의 전례가 없는 일이기도 했다. 그러나 나와 최 양은 그대로 진행했다. 만약의 경우를 걱정하기만 하면 무슨 일을 해낼 수 있겠는가! 바로 나의 평소 생각이었다. 결국 7개월 후 최 양은 현지로 떠나 마치다 박사 연구실로 갔다. 한 달이라는 짧은 기간만 머물렀지만(1989. 1. 10.~2. 10.) 좀류의 슬라이드 표본 만드는 법, 해부의 기술 그리고 기초 분류와 사진 촬영법 등을 배우고 돌아왔다. 최 양이 영특하고 근면해서 가능한 일이었다.

결국 이렇게 해서 그간 채집된 표본들을 분류할 수 있었고 우리는 한국의 4개 지역에서 채집한 돌좀과(Machilidae) 신종 2종과 미기록종 1종을 발표했다(Lee and Choe, 1992). 사전에 마치다 박사가 원고를 꼼꼼히 읽어 준 것은 물론이다. 그리하여 한국산 돌좀은 종래의 1종(*Pededontus coreanus* Silvestri, 1943)을 포함해 모두 2속 4종이 되었다. 최 양은 그 후 연구를 계속해 3종의 신종을 포함하여 6종을 발표함으로써 한반도산 돌좀은 북한산 3종(Mendes, 1990, 1991)을 포함하여 모두 4속 10종에 이르게 되었다(최금희, 2002). 기초 훈련과 조언을 아끼지 않은 일본의 마치다 박사의 도움 덕분이다. 그 후 마치다 박사는 좀과 톡토기의 배(胚) 발생에 기초한 계통분류학적 연구로 국제적으로 유명한 학자가 되었다. 그는 최근 대구에서 개최된 '제24차 국제곤충학회'(2012. 8. 19.~25.)에서 육각류(六脚類, Hexapoda)의 초기 진화에 관한 발생학 논문을 발표하여 나는 그와 그의 제자들을 만날 수 있었다. 그와 처음 교신을 시작한(1987) 지 25년 만에 이뤄진 '극적 상봉'이었다. 반가운 것은 물론 감회가 새로웠다.

이렇게 하여 나의 교실에서, 한국에서는 처음으로 톡토기를 비롯해 낫발이와 좀 등 종래의 곤충, 이른바 무시류(無翅類)에 대한 분류의 새로운 장(章)이 열린 셈이었다. 그러나 좀붙이(Diplura)가 남아 있었고 또 이렇게 시작된 분류와 진화적 연구를 어떻게 확대, 발전시켜 나가느냐가 문제였다.

톡토기의 신종, 신속, 신아과를 창설하다

이제까지 톡토기의 신종들을 보고해 왔으나, 1981년 초여름에 설악산 비선대(飛仙臺)로부터 200미터 떨어진 쌍천(雙川) 부근의 잡목림 토양에서 채집된 표본들(1981. 6. 8.)에서 특이한 종을 만나게 되었다. 머리 중앙 부분과 복부 말단 부분에 혹들이 유합되어 있고 뒤쪽으로 4개의 주머니 모양이 보였다. 이 종은 기존의 어떤 종에도 소속시킬 수 없는 특징을 나타냈다. 나는 잠시 프랑스에 가 있는 동안 주사 전자 현미경으로 이 표본의 이런 특징들을 확인했다. 침샘을 염색해 압착하여 현미경으로 관찰하니 다사 염색체도 보였다.

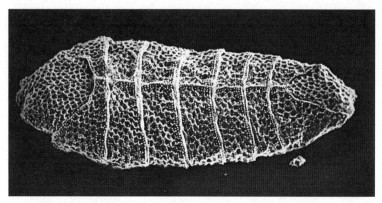

사진 12. 필자가 전북 고창 선운사 부근 숲에서 채집한 표본이 신종으로 밝혀져 납작그물톡토기(*Caputanurina serrata* Lee, 1983)로 명명했다. 추가 연구에서 그물톡토기 신아과(新亞科)로 밝혀져 이 신아과의 기준 표본으로 지정했다.

그러나 막상 신속으로 보고하려니 다소 용기가 필요했다. 특징을 재확인하고 검토한 후에 나는 이를 신종, 신속 *Tetraloba seolagensis*(설악네잎톡토기)로 발표했다(Lee, 1983b).

  역시 같은 장소에서 채집된 표본에서 길이 0.5밀리미터 내외의 작은 톡토기도 관찰되었다. 후두부와 전흉부가 유합된 점과 몸의 전후 말단부가 모두 복측(腹側)으로 말려 들어간 점이 특이했다. 그런데 유합된 정도와 모서식에서 두 가지의 다른 종들로 구분됐다. 이들을 *Caputanurina serrata*(납작그물톡토기)와 *Caputanurina nana*(예쁜이그물톡토기)로 각각 명명했다. 그러나 이들은 기존의 어떤 혹무늬톡토기과의 아과(亞科)에도 속하지 않는 특징이 두드러져 이들을 토대로 Caputanurinae라는 신(新)아과(그물톡토기 아과)를 보고했다(Lee, 1983a). 나는 이 논문에서 두 종의 형태가 진화적으로 상호 인접해 있으며 기존의 미크라누리다(*Micranurida*) 속에서 출발하여 눈과 촉각 후기가 복측으로 말려 들어가는 경향이 일선상에 있다고 봤다. 그래서 '은안 현상(隱眼現像, cryptophtalmy)'과 '양극성 이동 진화(兩極性移動進化, bipolar migratory evolution)'라는 용어를 제안하고 진화의 모식도를 넣어 설명했다.

이처럼 신속과 신아과를 발표하더라도 다른 학자들의 지지를 받지 못하면 아무 의미가 없었다. 다행히 앞에 말한 설악네잎톡토기 속이나 그물톡토기 아과 모두 국제 학계의 인정을 받아 톡토기 공식 홈페이지(www.collembola.org)에 올랐다. 그 후 그물톡토기 아과의 경우 프랑스의 쥐디트 나슈트(Judith Najt) 박사와 폴란드의 반다 바이네르(Wanda Weiner) 박사가 북한산 표본에서 역시 이 아과에 속하는 5종을 발견했는데 그중 4종은 내가 창설한 *Caputanurina*(그물톡토기) 속에 소속시켰고 나머지 1종의 신종에 대해서는 나의 성(Lee)을 따 *Leenurina*라는 신속을 창설하여 발표했다(Najt and Weiner, 1992). 바로 *Leenurina jassi* Najt and Weiner(그물이납작톡토기)를 말하며 이렇게 명명한 데 대해 나는 계통분류학자로서 명명자인 두 사람에게 감사는 물론 남다른 감회를 느꼈다. 그 훨씬 후 중국 학자들이 만주 지방에서 이 속의 신종을 보고한 데(Donghui and Yin, 2007) 이어 최근 프랑스의 다르방과 베도스(Anne Bedos) 그리고 폴란드의 바이네르 박사가 극동 러시아의 연해주에서 이 속에 드는 2종의 신종을 채집해 발표하여(Deharveng et al., 2011) *Leenurina*의 속으로서의 타당성을 다져 주었다. 최근 내가 회원으로 있는 일본토양동물학회로부터 받은 잡지《에다폴로기아(*Edaphologia*)》에 북해도 북동쪽의 가까운 한 섬(Ishiri Is.)의 해변 초지(草地)에서 그물톡토기 아과에 속하는 1신종(*Caputanurina koban* n. sp.)이 발견, 보고되어(Tanaka et al., 2014) 놀라웠다. 이것은 일본에서는 그물톡토기 아과로는 처음 보고된 종이다. 요컨대 내가 처음 한국의 설악산에서 채집한 두 종을 기초로 신아과를 창설한(Lee, 1983a) 이후 30년 사이에 러시아 연해주, 만주, 일본에서도 발견되는 등 극동아시아에 넓게 분포한다는 점이 밝혀졌다.

분류학을 하는 재미와 보람은 이런 데서도 느끼는 게 아닌가 생각된다. 나의 이름을 영원히 남길 수 있기도 하지만 인간의 원초적인 분류 능력과 행위를 즐길 수 있기 때문이다. 사람뿐 아니라 모든 생물은 살아 나가기 위해서 먹을 수 있는 것과 없는 것, 무슨 풀이 약이 되고 독이 되는지 그리고 누가 동지이고 적인지 끊임없이 분류해야 한다. 그래서 고생물학자 조지 심프슨 (George G. Simpson)은 "분류란 존재하고 살아 나가는 데 최소한의 절대 요건 이다."라고 말하지 않았던가(Simpson, 1961)!

북한산, 타이완산, 태국산 톡토기 연구

우여곡절 얽힌 북한산 톡토기 연구

내가 남한이라는 영역을 벗어나 처음으로 분류한 다른 곳의 톡토기는 북한산이었다. 이미 앞에서 말한 바와 같이 내가 프랑스 연구소에 체류할 당시 폴란드 과학원 산하의 '동물분류학 및 진화 연구소(Institute of Animal Systematics and Evolution)'(폴란드 크라코프 시에 있다.)의 안드레스 셰프티츠키 박 사가 1971년에 북한에서 채집한 톡토기를 보내와 관찰할 수 있었던 것이다.

북한산 톡토기에 대한 나의 두 번째 연구는 헝가리 국립자연박물관의 머 훈커 샨도르(Mahunka Sándor) 박사와의 인연으로 가능했다. 사실 그를 알게 된 것은 내가 프랑스에서 돌아와 전북대학교에 자리 잡은 지 반년이 지난 즈음 머훈커 박사로부터 편지 하나(1974. 11. 8.)를 받았을 때였다. 공산권과는 철의 장막으로 가려져 있던 당시에 그는 북한산 톡토기 표본을 스위스의 제네바 자연박물관을 통해 보내오겠다고 했다. 그러나 어떤 이유에선지 그 표본이 도착하지 않았다. 나중에 알고 보니 그동안 그가 나에게 부친 편지가 북한으로 잘못 갔다가 헝가리로 되돌아간 후 다시 남한으로 발송되어 지구 반 바퀴를 오가면서 종국에 나에게 배달된 황당한 일이 벌어진 것이다. 동유럽에 한창 자유화 물결이 일던 무렵인 1989년에 나는 제10차 국제동굴학연맹 총회가 부다페스트에서 열려 이에 참가하는 기회에 그를 찾아갔다(1989.

8.). 그의 박물관에서는 지난 20여 년간 북한에 조사팀을 15차례 파견하여 그동안 북한산 생물에 대해 발표한 논문만 해도 100여 편에 달했다. 나는 그 해 12월에 독일의 카이저슬라우테른 대학교에 잠시 방문하는 길에 부다페스트에 들러 다시 그를 만났고 공동 연구를 협의하면서 그가 북한에 원정하여 채집한 북한산 톡토기 표본을 받아올 수 있었다. 제네바 자연박물관을 통해 보내오겠다던 바로 그 표본들을 실로 15년 만에 받은 셈이니 황당하고도 감격스럽지 않을 수 없었다.

나는 대학원의 석사 과정에 들어온 박경화(朴慶華, 학부 6회 졸업) 양과 함께 연구 작업에 들어갔다. 박 양은 영어 실력이 좋아 톡토기 공부를 해 나가는 데 문제가 없었다. 우선 털보톡토기과와 가시톡토기과 표본에서 2종의 신종과 2종의 한반도 미기록종을 포함해 모두 18종을 가려내 헝가리 곤충학회지에 발표했다(Lee and Park, 1992b). 흥미로운 것은 한반도산 털보톡토기 28종의 분포를 북한, 일본, 중국과 비교해 보니 그중 8종인 3분의 1이 바다 건너 일본에도 분포한 반면 북한에는 불과 5분의 1인 6종만이 남북한 공통으로 분포했다는 점이다. 다시 말해 남한산 털보톡토기는 북한보다 일본에 더 가까운 근연성을 나타낸 것이다. 확정적인 결론을 내리기에 이르긴 했으나 남한산 톡토기가 북한산보다 남방계의 일본산에 가까울 가능성을 점칠 수 있었다. 이 점은 앞서 낫발이에서도 확인된 바 있었다. 이러한 경향은 타이완산 톡토기와 지의류(地衣類)에서도 보고되고 한국의 담수산 어류에서도 마찬가지라고 들은 바 있다.

나의 북한산 톡토기에 관한 세 번째 연구는 역시 대학원 석사 과정의 김진태(金辰泰, 나중에 이학 박사 학위를 받음) 군과 함께 마디톡토기과 표본에 대해 이루어졌다. 김진태 군은 끈기와 집념이 강해 톡토기 분류 공부를 착실히 해 나갔다. 우리는 이 북한산 표본에서 4종의 신종을 기재하여 보고했다(Lee et al., 1993).

어쨌든 나는 이렇게 북한산 표본을 나에게 건네주어 연구하도록 도와준

헝가리 국립자연박물관의 머훈커 박사를 한국으로 초청하여 1990년 12월
에 한국동물분류학회에서 특강을 하게 하는 등 적극적인 교류의 길을 텄다.
이듬해 1991년 1월에 열린 헝가리 곤충학회에서 나는 명예 회원으로 선출되
었고 또 몇 년 후인 1994년 2월에는 한국과학재단의 위촉을 받아 모두 6명
의 한국 과학자를 인솔하고 부다페스트에 가서 한국-헝가리 공동 세미나
를 개최하기에 이르렀다. 나의 이런 북한산 톡토기에 대한 연구는 후에 나에
게 한국과학기술단체총연합회가 수여하는 우수 논문상을 받게 했다(후술할
예정이다.).

신종 9종을 발견한 타이완산 톡토기 연구

그러나 내가 한반도 이외의 외국산 톡토기를 처음 연구한 것은 타이완산
이라 할 수 있다. 1982년 12월에 나는 타이완의 다이중(台中)에 있는 퉁하이
(東海) 대학교에 거점을 두고 대학 구내 대숲과, 거기서 1시간 30분 거리에 있
는 시토우(溪頭)에서 동쪽으로 5시간 떨어진 해발 2,500미터의 다위링(大禹
嶺)에 가 톡토기를 채집한 후 타이완 남단의 컨딩(墾丁)으로 이동해 그곳 국
립공원에서도 채집했다. 그 5년 후인 1988년 3월에는 당시 대학원생인 김진
태 군이 타이완에 가서 핀퉁(屏東), 난터우(南投), 우라이(烏來) 등지에서 채집
하고 이 두 번의 채집에서 확보된 표본들에서 털보톡토기과를 골라 관찰에
들어갔다. 그런데 이번 연구에서는 종래 주로 털보톡토기과를 다뤄 온 박경
화 박사로 하여금 관찰하게 했다. 그 결과 7속 11종을 확인했고 이 가운데 4
종은 신종으로, 그리고 3종은 타이완 미기록종으로 밝혀졌고 이는 타이완
곤충학회지에 발표되었다(Lee and Park, 1989). 타이완산 털보톡토기과 16종
가운데 9종이 타이완에만 서식하는 종들이니 고유도(固有度, endemism)가 매
우 높은 셈이었다. 타이완 미기록종 가운데 털보톡토기과의 일종인 윌로시
아 야코브소니(*Willowsia jacobsoni*)에는 두 가지 변종이 있다고 보고되어 있

으나 자세히 보니 그중 한 가지는 암컷들뿐이었고 다른 한 가지는 수컷이었다. 즉 나의 톡토기 분류상 처음으로 성적이형(性的二型, sexual dimorphism)을 만나게 된 것이다. 그러나 이와 같은 소견은 멕시코의 호세 마리 무트(José A. Mari Mutt) 박사가 이 종의 푸에르토리코산에서 이미 관찰한 바여서 새로울 것이 없었다. 그래도 이렇게 작은 벌레에서 암수가 몸 무늬를 서로 달리하여 마치 서로 다른 종처럼 보이는 경우를 직접 대하니 신기하고 흥미로웠다. 또한 아열대산 톡토기를 처음 다루게 된 것도 재미있었다.

아울러 이와 같은 타이완산이 한국, 중국, 일본에서는 어떻게 분포하는지 알아보니 한반도와의 공통종은 1종뿐인 데 비해 일본에서는 보고된 종이 6종이나 되어 역시 쿠로시오(黑潮) 난류를 통해 타이완산과 일본산이 근연성을 나타냄을 알 수 있었다. 이와 같은 소견은 이미 지의류와 나의 북한산 톡토기에서 얻은 바다. 어쨌든 내가 처음으로 타이완을 방문했을 때 나의 채집 활동을 도와준 다이중 시 소재 중싱(中興) 대학교 곤충학과의 지싱(Chi Hsing) 박사와 퉁하이 대학교의 곤충학자 마(Maa T. C.) 박사, 그리고 역시 같은 대학의 지의류학자 라이(Lai M. J.) 박사의 진솔한 친절과 협조는 지금도 잊을 수 없다. 또 마 박사는 다위링으로 떠나는 나에게 그곳이 고도가 높아 춥다며 스웨터를 건네주는 등 자상함으로 노학자의 관록과 인간미를 물씬 풍겨 주었다.

이와 같은 타이완산에 대한 나의 톡토기 연구는 혹무늬톡토기과로 이어져 이번엔 채집차 현지에 다녀온 김진태 군이 다뤘다. 그 결과 6속 8종이 확인됐고 그 가운데 5종은 신종으로, 2종은 타이완 미기록종으로 밝혀졌다 (Lee and Kim, 1990). 당시까지의 신종 출현도를 볼 때 톡토기가 불과 50여 종이 밝혀진 타이완에서는 앞으로 연구에 따라 수백 가지의 신종이 쏟아져 나올 가능성이 높았다. 비록 면적이 우리 남한의 절반도 안 되는 3만 6000제곱킬로미터의 작은 섬이지만 해발 3,000미터 고지가 200여 개나 되어 지형과 기후 그리고 식생이 두루 복잡하고 다양하기 때문이다.

사진 13. 타이완 다이중에 있는 퉁하이 대학교에서 다위링 채집 준비를 도와준 마 박사(오른쪽)와 함께. 1982. 12.

태국 학자와의 공동 연구로 17종의 신종 발표

이렇게 타이완의 아열대산 톡토기를 경험한 나는 좀 더 남쪽으로 관심이 갔다. 바로 태국산 톡토기였다. 그런데 그곳에 처음 가게 된 데에는 다른 동기가 있었다. 나는 1990년 초에 한국과학재단 국제협력위원회의 위원으로 위촉되었다(1990. 2. 5.). 당시 과학재단은 동유럽의 공산권이 무너지면서 정근모(鄭根模) 이사장의 지휘하에 국제 교류의 폭을 차츰 넓혀 가고 있었다. 재단 국제협력과의 정병옥 과장과 실무자 호병완 씨가 나보고 태국과의 협력 관계를 맺고자 하니 협동 연구가 필요한 일선 과학자로서 방콕의 태국 국가 연구위원회(National Research Council of Thailand, NRCT)를 방문해 달라고 종용해 왔다. 나는 그해 10월에 독일의 카이저슬라우테른 대학교에 가는 길에 방콕을 들렀고 NRCT의 사무부총장인 수빗 비불세스(Suvit Vibulsresth, 나중에 사무총장이 된다.) 박사를 만나 방콕 소재 카세삿(Kasetsart) 대학교의 곤충학자 발룰리 로짜노봉세(Valuli Rojanovongse) 박사와의 공동 연구 필요성을 설명했다(1990. 10. 18.). 그 후 두 기관 사이에는 양해 각서가 교환되어 협력이 시작되었다. 나로서는 이처럼 일선 과학자가 외교상 쓸모가 있다는 데 놀랐고 이를 계기로 아마도 나의 태국산 톡토기 연구가 한국-태국 과학 공동 연구의 효시가 되지 않았나 생각된다.

태국은 면적이 51만 제곱킬로미터나 되어 한반도의 2배가 넘는 큰 나라지만 육서 곤충으로 알려진 것은 7,000여 종에 불과했다. 그나마도 이 나라 농림부에 수집된 곤충 표본의 불과 10분의 1을 조사한 결과였다. 따라서 앞으로 신종이 밝혀질 여지가 매우 큰 나라라고 볼 수 있다. 더욱이 톡토기는 종래의 겨우 126종이 알려졌을 뿐이었다. 이렇게 시작된 나의 채집은 태국 국가연구위원회와 한국과학재단의 지원하에 발룰리 박사와의 공동 연구로 이어졌으며, 이 연구는 1994년 2월과 1995년 2월에 연달아 현지를 방문하는 것으로 시작되었다. 1995년 2월에 나는 전북대학교의 식물분류학자인 선병윤(宣柄崙) 교수와 톡토기를 연구하는 김진태 대학원생을 동반하고 본격적인 답사에 들어갔다. 발룰리 박사의 연구실 학생들과 함께 소형 버스로 방콕을 아침 7시에 떠나 남쪽으로 저녁 5시까지 10여 시간을 달려 수랏타니에 이르는 강행군을 하기도 했다.

이해 9월 24일에 이번엔 태국 팀(Dr. Valuli Rojanovongse, Dr. Praparat Hormchan, Mr. Dechat Wiwatwitaya, Mr. Nantask Pinkaew)이 한국에 와 1주일을 묵으며(1995. 9. 24.~9. 30.) 전북대학교에서 세미나에 참석했는데 발룰리 박사가 자연대학에서 태국의 곤충상에 대한 일반적 발표를 한 다음 날 프라파랏 호름찬(Praparat Hormchan) 박사는 농과대학에서 "면화 기생 곤충에 대한 저항성 면화 식물 변종들(Cotton Plant Varieties Resistant to Cotton Insects)"을 주제

사진 14. 한국과학재단의 의뢰로 필자가 태국과 협동 연구 사업 추진차 방콕의 태국 국가연구위원회를 방문해 부총장 비불세스(후에 총장) 박사 및 행정원들과 협의하고 있다. 1990. 10. 18.

로 발표했다. 그다음에 우리 측 교수들(필자, 선병윤 교수, 서영배 교수)은 학생들과 함께 일행 15명을 이뤄 무주리조트에서 2박 3일의 채집과 함께 상호 친목의 즐거운 시간을 보냈다. 교류는 이듬해에도 이어져 내 연구실의 박경화, 김진태 두 대학원생이 태국에 가 마침 이 나라 북부의 치앙라이에서 개최된 국제생물다양성회의에 참가하고 방콕으로 돌아온 나와 합류하여 1주일간 채집을 하였다(1996. 1. 23.~1. 28.). 이때 발룰리 박사의 안내로 방콕에서 동북쪽으로 3시간 거리에 있는 카오야이(Khaoyai) 국립공원과 방콕에서 동남쪽으로 3시간 거리에 있는 차마오(Chamao) 국립공원 등지를 돌아다녔다. 우리 측 김진태, 박경화 두 학생이 얼마나 열심히 그리고 진지하게 채집을 하던지 발룰리 박사가 감동하여 혀를 내두르며 찬사를 아끼지 않았다. 이 기간 중에 나는 방콕의 카세삿 대학교 곤충학과에서 "한국산 참굴톡토기를 위주로 한 톡토기의 계통생분류학(系統生分類學)과 다양성(Biosystmatics and Diversity of

사진 15. 한국·태국 공동 연구로 톡토기 채집차 태국 남부 수랏타니를 방문한 일동. 앞줄 맨 오른쪽이 필자, 그 왼쪽은 필자의 공동 연구자 로짜노봉세 박사, 앞줄 맨 왼쪽은 김진태 석사, 뒷줄 맨 오른쪽은 선병윤 교수. 1992. 2.

사진 16. 방콕의 카세삿 대학교 곤충학과에서 필자가 "한국산 참굴톡토기를 위주로 한 톡토기의 계통생분류학(系統生分類學)과 다양성"을 제목으로 세미나 발표를 하고 있다. 1996. 1. 25.

Collembola with Special Reference to *Gulgastrura reticulosa* from a Korean Cave)"을 주제로 특강을 했다(1996. 1. 25.). 이처럼 두 나라 사이의 교류 협력은 문자 그대로 활발히 시작되었다.

이제 협동 연구의 결과물이 문제였다. 지난 몇 년 동안 태국의 10여 장소에서 채집한 표본 중에 털보톡토기과와 열대 지방에만 나는 Paronellidae 과만을 골라 동정해 보니 8종이 신종으로 밝혀져 방콕의 '시암 학회(The Siam Society)' 회지에 발표했다(Kim et al., 1999b). 그 가운데 디크라노켄트로이테스 오리엔탈리스(*Dicranocentroides orientalis*)로 명명한 종은 크기가 5밀리미터에 이르고 몸이 암갈색인 데다 더듬이에 강모가 수북하게 나 있어 마치 영국 버킹엄 궁전의 근위병을 연상시켰다.

다시 이번엔 Paronellidae 과에서 *Callyntrura* 속을 관찰해 본 결과 9신종이 밝혀졌다(Kim et al., 1999a). 이 과의 톡토기는 말레이시아, 수마트라, 태국에 한해서 분포한다고 알려져 있다. 대체로 열대산 곤충들이 화려한 나비들처럼 색상과 무늬를 뚜렷하게 나타내는 실례를 이 톡토기 표본들에서도 볼 수 있다. 일찍이 프랑스의 다르방 박사는 필리핀에서 이제까지의 톡토기 중에 채색이 가장 화려한 종을 채집하여 보고했는데 혹무늬톡토기 과의 이종(*Paralobella orousetii*)은 몸 앞쪽은 노란색, 가운데는 빨간색, 뒤쪽은 흰색이 선명해 마치 프랑스의 삼색기를 연상시키는 참으로 신기한 무늬를 갖고 있다. 열대 지방의 생물이 왜 이렇게 화려한 색상과 무늬를 나타내느냐에 대해서는 별도의 진화적 설명들과 가설들이 있다.

어쨌든 이 두 편의 한국·태국 공동 연구 논문을 통해, 톡토기의 종 수로 말하면 종래 26속 126종만이 알려졌던 태국에 17종의 신종과 2종의 미기록종이 추가되어 태국산 톡토기는 모두 145종이 되었다. 그 후 공동 연구자였던 발룰리 박사가 남편과 함께 관광차 한국을 방문할 기회가 있었는데 나는 이때 아내와 함께 이들이 묵고 있는 서울 송파구 방이동의 올림픽파크텔에서 점심 대접을 했다. 또 그 자리에 김진태 박사가 와서 태국산 톡토기 신종 17종의 부모식(副模式) 표본들(종을 기재할 때 기준으로 사용한 한 개체, 즉 완모식(完模式) 표본에 곁들여 보조적으로 관찰된 기타의 여러 개체)을 가져와 발룰리 박사에게 직접 인도했다(2000. 2. 22.). 공동 연구의 결실을 구체적으로 매듭짓는 순간이었다.

효소 유전자 분석 연구: 전기 영동법을 응용한 연구들

나의 분지계통학적 연구와 거의 같은 시기에 내가 시작한 두 번째 작업은 전기 영동법을 써서 동위 효소를 조사하여 대립 유전자들이 나타내는 빈도가 종과 개체군에 따라 어떻게 다른가를 보고 이들 사이의 근연 관계를 분지도로 나타내는 일이었다. 즉 비록 간접적이긴 하지만 유전자 수준에서 종과 개체군의 성격과 동태를 알아보는 것이다. 이것을 위해서는 전기 영동법을 습득하고 각종 시약을 준비해야 한다. 여기에는 대학 선배 김영진(金英眞, 충남대) 교수의 도움이 컸다. 나는 나의 연구실에 들어온 대학원생 박경화 양을 충남대학교에 보내 관련 테크닉을 익히게 했다. 그래서 이 기법을 털보톡토기 과에 처음 적용하여 발표하고(Lee et al., 1985) 털보톡토기과와 가시톡토기과에 대한 적용 결과를 분지 분석하여 국제곤충학회에 발표(Lee and Park, 1992a)함으로써 유전자의 각 좌위(locus)에 들어 있는 대립 유전자들의 다양성과 빈도에 대한 개념을 터득하게 되었다. 이것은 앞서 다사 염색체의 연구와 더불어 생물이 유전자 수준에서 나타내는 변이성과 나아가 소진화(小進化: 유전자의 빈도 변화로 일어나는 진화)의 양상을 이해하는 데 한발 더 다가서게 했다.

이러한 세포학적, 생화학적 그리고 분지계통학적 시도가 나름의 성과를 거둬 1984년에 다사 염색체의 변이성을 바탕으로 개체군을 조사한 첫 논문이 나왔고(Deharveng and Lee, 1984) 1985년에는 분지계통학 논문(Lee, 1985a)

사진 17. 필자의 실험실에서. 1987. 9.

과 전기 영동으로 효소 유전자를 조사한 논문이 나왔으며(Lee et al., 1985) 다시 2년 후인 1987년에는 참굴톡토기의 탈피 주기와 온도 저항성에 관한 논문이 영국에서 출간되었다(Lee and Thibaud, 1987). 지금 생각하면 이 모두가 나로서는 방법론과 테크닉 면에서 새로운 것을 시도한 도전이었으며 결국 1985년을 전후하여 알파 분류에서 계통 간 유연 관계를 좀 더 다각적으로 추적하는 베타 분류학으로 넘어갔다. 그리고 외부 형질뿐만 아니라 탈피 주기라는 생물학적 형질과 염색체라는 세포학적 형질 그리고 효소라는 생화학적 형질을 활용한 '전 생물학적' 또는 통합적(integrated) 접근을 시도한 셈이다.

참굴톡토기의 재발견과 그 생태 및 계통 연구

이제 다시 1984년으로 되돌아가 본다. 왜냐하면 나에겐 또 다른 두 가지 사건이 시작되었기 때문이다. 그 하나는 일본인 학자가 1966년에 강원도 영월의 고씨동굴에서 잡은 이후 절멸되었다고 생각되었던 참굴톡토기가 우연히 정선군의 한 동굴(북면 여량리 반륜산 산호동굴)에서 채집된 것이다. 당시 눈이 많이 내린 추운 겨울이었다. 가파른 눈길을 3시간 올라가 당도한 어느 작은 동굴에서 우리 일행은 동굴 입구에 쌓인 낙엽과 토양을 수집한 후 동굴 안쪽으로 가파른 내리막을 80미터 이상 내려갔다. 거기에는 수평으로 공간이 뻗어 있었다. 탐조등으로 동굴 벽을 비추니 작은 톡토기들이 오물오물 기어 다녔다. 이들을 채집해서 실험실로 돌아와 관찰했다. 여기에서 모두 어리톡토기과에 속하는 3개의 신종들을 확인하고 이들을 기재하여 보고했다(Lee and Park, 1986). 한편 이 동굴의 입구에서 토양과 낙엽을 비닐 주머니에 담아 대학의 실험실로 가져온 후 특수 깔때기(툴그렌 깔때기)에 올리고 그 위에 전구를 켜서 벌레들이 밑으로 빠져나오게 했다. 그런데 여기에서 얻은 톡토기 한 종을 현미경으로 관찰하던 나는 소스라치게 놀랐다. 내가 그렇게 찾던 참굴톡토기가 아닌가! 바로 30여 년 전에 강원도 영월군의 고씨동굴에서 일본 학자에 의해 채집되고 보고되었으나 이 동굴이 관광지가 되면서 사라졌던 바로 그 톡토기였다. 나는 순간 흥분을 감출 수 없었다. 이 사실을 안 한 일간지는 "멸종 추정 곤충 톡토기 발견. 전북대 교수 이병훈. 강원도 여량굴서 채집"이라는 제목으로 소개했다(《동아일보》, 1984. 5. 22.).

이 벌레는 동굴 환경에서 눈이 퇴화되어 없어지고 몸에는 강모가 많이 나 있다(多毛性, polychaetosis). 그런데 특이하게도 더듬이 끝에 있는 함입 부분에 100여 개의 돌기가 차 있어 마치 콩나물시루를 방불케 한다. 이것은 다른 어떤 톡토기에서도 관찰되지 않는 감각 기관으로, 일본 교토 대학교의 요시이 료조 교수는 이를 첨단 기관(尖端器官, apical organ)이라 불렀다. 그러나 얼핏

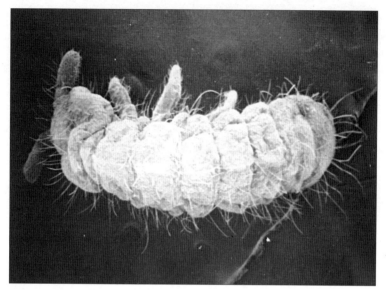

사진 18. 참굴톡토기 신과로 밝혀진 참굴톡토기의 주사 전자 현미경 사진. 강원도 정선군 여량면.

보면 이 종은 보라톡토기과 같기도 하고 어리톡토기과 같기도 하다. 그래서 그는 이 종을 임시로 보라톡토기과(Hypogastruridae)에 소속시켰다. 즉 어떤 과에 소속시켜야 할지 그 분류학적 위치가 모호한 상태였다.

나는 이 문제의 참굴톡토기에 대해 좀 더 종합적인 검토와 접근이 필요하다고 생각했다. 우선 이 종의 탈피 행동과 온도 저항성을 알아보고자 이 분야의 전문가인 프랑스의 티보 박사에게 연락했다. 그리고 그가 사육하면서 실험할 수 있도록 표본을 보내 주었다. 조사 결과 이 종은 탈피 주기가 평균 110일로 그 기간이 전 세계 톡토기의 기존 기록의 두 배에 가까웠다. 즉 탈피와 탈피 사이의 기간이 이미 조사된 톡토기 가운데 가장 길었다. 이렇게 긴 탈피 주기가 동굴 환경과 무슨 관계가 있을까? 물론 동굴산 생물은 일반적으로 대사 속도가 느리다. 그렇다면 동굴 입구에서만 서식하는 이 종의 탈피 주기는 어떻게 이렇게 길어진 것일까? 풀리지 않는 수수께끼였다. 어쨌든 이 톡토기가 기존의 어떤 톡토기보다 크게 분화(分化, divergence)된 종임에 틀림 없었다.

나는 이렇게 얻은 연구 결과들을 정리해 나의 프랑스 친구인 티보 박사를 공동 저자로 하여 런던 왕립 곤충 학회지인 《곤충계통분류학(Systematic Entomology)》에 투고했다. 그런데 이번에도 하와이의 《태평양 곤충》에 투고했을 때와 같이 여러 가지를 지적받았다. 그때마다 답변을 보내고 다시 지적을 받고 하는 데 서신이 10여 차례 오갔다. 원고 내용을 꼼꼼히 살펴 가며 문제점을 들추는 성의도 성의려니와 그들은 논문을 퇴짜 놓으려는 것이 아니라 어떻게든 내가 논문을 제대로 꾸며 내도록 도와주고 있다는 인상을 주었다. 나는 거듭 감동받지 않을 수 없었다. 어쨌든 간난신고(艱難辛苦) 끝에 논문이 나왔고(Lee and Thibaud, 1987) 당시 영국에 유학 중이던 권용정(경북대) 교수와 문태영(현재 고신대 교수) 박사가 이 논문을 보고 반가웠다는 전갈을 보내왔다. 나는 만강의 기쁨을 감출 수 없었다.

그 후 1990년대에 접어들면서 나는 참굴톡토기에 대한 다각적 접근의 일환으로 이 종이 어떠한 생식 주기를 나타내는지 알고 싶었다. 왜냐하면 이 종이 만약 진동굴성(眞洞窟性, troglobiontic)이라면 생식 주기를 나타내지 않아야 했기 때문이다. 다시 말해 동굴 속 깊은 곳에는 빛이 없으므로 생체 리듬을 일으킬 자극원이 없었다. 만약 연중 동태를 조사한다면 개체군으로서의 계절적 변동을 알 수 있고, 아울러 몸의 크기별 수도(數度) 변화를 보면 간접적으로나마 생식 주기의 순환 여부와 기간을 알 수 있을 터였다. 이러한 집단 동태 조사는 비록 단기간이었지만 1982년 당시 한국자연보전협회 회장이었던 김준민 교수님의 재정 지원으로, 선충(線蟲, Nematoda)을 전공하는 경북대 최영언 교수와 함께 지리산 피아골의 토양을 조사하여 발표한 적이 있다(이병훈 · 최영언, 1982). 아마도 짧으나마 이러한 경험이 굴톡토기에 대한 생태적 조사를 감행하게 한 동기가 되었을 것이다.

이윽고 2년에 걸쳐 매월 반류산의 산호동굴 현지에 올라가 동굴 입구의 토양을 정량 채집하는 강행군에 들어가게 되었다(1988~1991). 이때 나의 연구실에 들어온 대학원생 김진태 군이 이 작업에 꾸준히 수고했다. 그러나 조사를 마친 결과 2년 연거푸 7~8월에 개체수 전멸(?)의 양상이 나타났다. 조사 첫해 여름에 나는 프랑스의 한 연구소에 단기 체류하고 있었는데 참굴톡토기가 나타나지 않는다는 소식을 듣고 속이 상한 나머지 밤에 잠을 이룰 수가 없었다. 서식 현장에 화재 같은 무슨 재난(?)이 일어나 참굴톡토기들이 모두 없어진 게 아닌가 걱정된 것이다. 서식 현장은 동굴 입구이고 언제나 낙엽이 수북이 싸여 있었기 때문이다. 그 후 귀국해서 안 일이지만 다행히 9월이 되자 몸이 작은 어린 개체들이 나타나 1년 단위로 생식 주기가 작동하고 있음을 알 수 있었다.

요컨대 이 굴톡토기는 장님이면서 더듬이 끝에 다른 톡토기에 없는 '첨단 기관'을 가져 진동굴성을 나타내면서 동시에 외부의 지표(地表) 생물들에서와 같이 생식 주기가 나타나는 이율배반의 양상, 즉 모자이크 진화를 보이는게 아닌가 하고 생각되었다. 어쨌든 이러한 데이터에 입각해 이 종의 진화에 관해 상상할 수 있는 두 가지 가능성, 즉 굴톡토기의 조상들이 부근 토양 내에서 우선 전적응(前適應, pre-adaptation)한 형태로 발전했다가 동굴 입구로 진입하여 정착했거나, 아니면 동굴 깊은 내부에서 진화한 종이 우연히 동굴 입구로 이동한 것이 아닌가 하는 가설들을 상정했다. 나는 마침 일본 동굴생물학의 대가이며 딱정벌레 전문가인 국립과학박물관의 우에노 슌이치(上野俊一) 박사의 정년 퇴임 기념 논문집 편집 위원회로부터 투고 요청이 와서 이와 같은 연구 결과를 정리하여 논문으로 발표했다(Lee and Kim, 1995). 참굴톡토기에 대한 나의 관심과 연구는 그 후에도 계속되어 분자생물학적으로 다뤄지고 그 최종 결론은 후술할 신과(新科) 창설로 이어졌다.

분자분류학의 적용으로 드러난 참굴톡토기 신과의 가능성

참굴톡토기를 둘러싼 계통 간의 유연 관계를 조사하고자 형태 형질의 분지 분석에 이어 효소 분석과 탈피 주기 조사가 끝나자 이번엔 분자분류학적 연구가 필요했다. 앞선 연구들에서 얻은 참굴톡토기의 계통적 위치를 확고히 검증하기 위해서였다. 나는 분자분류학을 전공한 김원 교수(서울대)와 고흥선 교수(충북대)와 한 팀을 이뤄 한국과학재단에 3년간 연구 지원을 신청한 결과 다행히 채택되어 18S rDNA를 조사 분석하는 실험에 착수할 수 있었다.

우리는 이 공동 연구의 대상으로 역시 어리톡토기 상과와 뿔톡토기 상과에 속하는 6개 과의 6종에 참굴톡토기를 보태 모두 7종에다 외군(外群, outgroup)으로 낫발이를 잡았다. 그리고 갑각류에서 목(目, order) 내 수준에서 해상력이 알려진 18S rDNA를 분석 대상으로 삼았다. PCR 복제와 Taq 서열 분석법을 사용한 결과, 조사된 7종에서 염기 총 연장이 각각 1805 내지 1811로 변이가 근소했다. 그리고 여기에서도 분지적 방법인 PAUP 프로그램 분석 결과, 참굴톡토기는 보라톡토기가 아닌 어리톡토기에 가까운 것으로 나타났다. 다만 이 두 종 사이의 결합률(bootstrap value)은 50퍼센트라는 비교적 낮은 값을 나타냈다. 그리고 혹무늬톡토기가 마디톡토기와 멀리 떨어져 나타난 것은 추가 조사를 요하는 문제로 남았다.

이 실험이 한창 진행되어 마무리 단계에 들어선 1994년 9월에 나는 그 중간 보고를 검증받기 위해 이탈리아와 폴란드에서 열린 학회에서 발표하게 되었다. 마침 그해(1994) 9월엔 공교롭게 '제11차 국제 동굴생물학회 심포지엄'이 이탈리아에서, '제4차 국제 무시류 곤충 세미나' 모임이 폴란드에서, 그리고 '계통분류학회'가 프랑스 파리에서 열리게 되어 있어 나는 한 번의 여행으로 세 가지 일을 다 볼 생각이었다. 그러나 소요 경비가 만만치 않아 한국과학재단에 이탈리아 시에나 대학교 방문 연구 지원을, 그리고 한국학술진

홍재단에는 폴란드 세미나 발표 지원을 각각 신청했는데 다행히 모두 수락되어 우선 이탈리아로 떠나게 되었다(1994. 8. 23.).

　에어프랑스 비행기로 파리에 도착한 후 이탈리아 비행기로 갈아타고 로마에 도착한 것은 저녁 9시였다. 그다음 날 세계 문화 유산으로 유명한 중세의 도시 시에나에 도착했다. 인구가 5만에 불과한 작은 도시지만 1240년에 세워진 유서 깊은 시에나 대학교에 재학생이 2만 명이나 되어 하나의 대학 도시라 할 수 있다. 대학 근처의 토스카나 호텔에 투숙하여 하룻밤을 자고 다음 날 아침에 대학으로 찾아가 로마노 달라이(Romano Dallai) 교수를 만났다(1994. 8. 25.). 사실은 8년 전인 1986년에 내가 프랑스의 툴루즈 대학교에 머물렀을 때 이곳에서 제2차 국제 무시류 곤충 세미나가 있어 잠시 다녀갔고 또 당시에 달라이 교수를 만난 바 있어 초행길도, 초면도 아니었다. 달라이 교수는 낫발이와 톡토기 곤충의 분류, 조직학, 진화를 연구해 왔는데 젊은 연구원인 파올로 판치울리(Paolo Fanciulli)와 프라티 프란체스코(Frati Francesco) 박사가 들어오면서 근래엔 분자계통학을 시작했다. 정오에 이 두 젊은 친구들이 점심을 내기에 같이 먹으며 서로의 여러 가지 진행 중인 일들을 이야기했다. 그들이 톡토기에 대한 형태학적 연구를 기초로 전기 영동을 이용한 동위 효소 연구와 DNA 분자계통학을 하고 있었으니 나의 실험실 연구와 같은 셈이었다. 그런데 그들의 실험실에 가 보니 여러 가지 장비와 시설이 어마어마하게 갖춰져 있었고 모든 게 풍요로워 보였다. 다만 행태학(行態學, ethology)을 가르치는 과가 새로 생겨 학생들이 그곳으로 몰리면서 생물학과로선 큰 문제라고 했다. 행태학은 유럽식 동물행동학으로, 재미가 흘러넘치는 분야임을 아는 나로선 그러한 학생들의 선택에 이해가 갔다.

'제11차 국제 동굴생물학 심포지엄' 발표

　다시 나는 제11차 국제 동굴생물학 심포지엄(XI International Symposium of

Biospeleology, 1994. 8. 28.~9. 2.)에 참가하기 위해 피렌체로 발길을 재촉했다. 이태 전에 대서양의 카나리아 군도에서 열렸던 제10차 심포지엄에 이은 후속 모임이었다. 회의 장소는 피렌체 서남방 약 20킬로미터에 위치한 13세기의 고색창연한 몬테구포니 성으로, 내부에 들어가 보니 구불구불한 계단이 압도하는 제법 을씨년스러운 분위기의 석조 고성(古城)이었다. 나에게 배정된 객실은 거의 15평은 되어 보이는 천장 높은 넓은 방에다 옆에 부속 방까지 딸려 있었다. 한가운데 침대엔 머리 위로 커튼이 둘러쳐져 있어 영화에서 나 본 옛 성주들의 호화 침실 같은 모습이다. 아! 이런 성도 있구나 하고 놀라며 두리번거렸다.

도착한 날 심포지엄 등록을 하고 나서 저녁에 만찬이 있었다. 낯익은 얼굴들이 보였다. 프로그램을 보니 기조 강연에서 함부르크 대학교의 야코프 파르제팔(Jacob Parzefall) 교수가 "동굴산 동물의 행동생태학(Behavioral ecology of cave-dwelling animals)"을, 로마 대학교의 발레리오 스보르도니(Valerio Sbordoni) 교수가 "멕시코 치아파스 동굴 시스템은 진화적 희곡과 생물다양성 형성을 보여 주는 극장(Cave systems of Chiapas (Mexico): a theatre for evolutionary plays and the shaping of biodiversity)"이라는 멋진 주제를, 그리고 오스트리아 과학원 호소 연구소의 단 다니엘로폴(Dan L. Danielopol) 박사가 "저산소의 지하수 동력학: 그 생태학 및 진화적 함의(Dynamics of hypoxic groundwaters: ecological and evolutionary implications)"를 각각 발표할 예정이었다. 그 외에 이 분야의 고참인 저명 학자로 크리스티앙 쥐베르티(Christian Juberthie, 프랑스 국립과학연구센터 동굴연구소), 호르스트 빌켄스(Horst Wilkens, 함부르크 대학교 동물학박물관), 보리스 스켓(Boris Sket, 슬로베니아 류블랴나 대학교) 등이 논문 발표에 참여하고 있었는데 이들을 포함해 회원들의 논문 51편이 나흘에 걸쳐 발표될 예정이다.

동굴 생물의 분류가 주종이었지만 계통진화학과 생태학 그리고 유전학적 연구가 각각 여러 편 있었다. 눈에 띈 것은 마지막 날(1994. 9. 2.)에 발표된 것처럼 16S rRNA, mtDNA, RAPD 등 분자생물학을 계통과 진화 연구에 도입한 연구가 그전보다 늘어난 점이었다. 나 역시 마지막 날에 황의욱, 김원, 박경화, 김진태와 공저한 논문의 연구 성과를 "참굴톡토기의 18S rDNA 뉴클리오티드에 기초한 계통학적 위치(Systematic position of *Gulgastrura reticulosa* (Insecta, Collembola) based on 18S rDNA nucleotide sequences)"라는 제목으로 발표했다(Lee et al., 1995a). 바로 앞에 언급한 3개년 연구의 결과 가운데 일부로서 참굴톡토기의 신과(新科) 창설 가능성을 시사한 발표였다.

이 모임이 끝나자마자 나는 다음 세미나 참가를 위해 폴란드의 바르샤바로 향했다. 이탈리아를 떠나기 전에 시에나 대학교의 달라이 교수에게 전화를 걸었다. 동굴생물학 심포지엄 참석을 끝내고 떠난다고, 그간 감사했다고. 초청자인 달라이 교수의 연구실에서 겨우 하루를 보내고 다른 데로 돌아다니니 미안하고 염치가 없었다. 그러나 이것은 내가 미리 양해를 받아 초청장에 명시된 사항이었다. 한 번 여행으로 여러 개의 일정을 소화하려니 어쩔 수 없었다.

'제4차 국제 무시류 곤충 세미나' 발표

나는 폴란드의 수도 바르샤바를 거쳐 동부 벨라루시와의 접경 지대에 위치한 비아워비에자(Białowieza) 국립공원을 찾아갔고, 그곳의 한 호텔에서 세미나가 열렸다(1994. 9. 6.). 프로그램을 보니 20여 개국에서 70여 명이 참가해서 논문 35편과 포스터 23편이 발표될 예정이었다. 앞서 이 세미나의 제2차와 제3차 모임이 이탈리아 시에나에서 1986년과 1989년에 각각 열렸을 때 나도 모두 참석한 터라 이번에 온 사람들도 대개 낯익은 얼굴이어서 반갑게 인사하기 바빴다. 첫날에는 오전, 오후 모두 톡토기와 좀 등의 형태학과 분류학에 관한 발표가 있을 예정이었는데, 지난주 이탈리아 시에나에서 만났던 달라이 교수 연구실의 연구원들이 좀과 톡토기의 유전적 분화 탐색과 분류를 하는 데 분자 표지(molecular marker)를 사용한 실험을 발표해 돋보였다. 이 분자 표지 방법은 오늘날 넓게 보급되고 있는 바코드 기법의 모체가 되었다.

다음 날엔 모두 생태에 관한 논문들이 발표되었다. 톡토기를 포함한 미소 절지동물들이 탄소 강화 환경에서 어떻게 반응하고 자라는지를 실험적으로 조사한 이탈리아 모데나 대학교와 파르마(Parma) 자연박물관 팀의 발표는 앞으로의 기후 변화를 염두에 둔 실험 같아 역시 눈길을 끌었다. 세미나 사흘째는 발표가 없이 이곳의 숲을 견학하는 순서였는데(1994. 9. 8.) 후술하기로 한다. 나흘째는 오전에 생태, 계통, 동물지리학 순서로 진행되고 오후에 포스터 발표와 원탁 토론으로 이어졌다. 오전에 나의 프랑스 친구인 티보 박사가 유럽과 지중해 지역의 내륙과 연안에 서식하는 톡토기의 분류에 대해 발표했고 이어 내가 "톡토기 곤충의 분절아목(分節亞目)의 형태학적 및 18S rDNA 염기 서열 분석에 의한 계통학적 연구(Phylogenetic Study of the Suborder Arthropleona (Insecta:Collembola) Based on Morphological Characters and 18S rDNA Sequence Analysis)"라는 주제로 발표했다(Lee et al., 1995b). 나의 발표는 참굴톡토기를 포함해 톡토기의 한 큰 분류군에서 과들 간에 유연 관계가 어떻게 되는가를 살핀 것으로 앞서 이탈리아 피렌체의 국제 동굴생물학 심포지엄에서 한 발표의 확대판이었다. 공교롭게도 내 다음 순서가 미국의 소토 어데임스(Felipe N. Soto-Adames)의 "18S rDNA 유전자의 염기 서열에 기초한 톡토기 과들의 계통 발생"이어서 연구 주제와 방법이 나와 비슷해 과연 어떤 결과가 발표될지 사뭇 기대되고 주목되었다. 그러나 발표 요지를 수합한 발표록에도 연구 결과가 나와 있지 않아 답답했다. 어떤 식으로든 그의 연구 결과가 나의 것과 비슷하다면 '다행'이었고 다르다면 논쟁거리가 될 참이었다. 그러나 그만 발표자의 결석으로 들을 수 없었던 것이 유감이고 또한 '다행'이었다. 이렇게 보면 나도 결국 요행을 바라는 범인(凡人)에 불과한가 생각되어 스스로 한심했고 씁쓸함을 감출 수 없었다.

그런데 이 세미나가 마무리될 때쯤 나에겐 중요한 일거리가 하나 남아 있었다. 지난 봄에 한국과학재단의 정병옥(鄭炳玉) 부장이 나에게 전화를 걸어 한반도에서 남북 교류가 열리면 생물상 조사 문제가 급진전될 가능성이 있으니 그에 대비해 연구해 주기 바란다고 했다(1994. 3. 3.). 전해에 헝가리와 공동 세미나를 했듯이 이번 폴란드 출장에서도 같은 사업 준비에 유념해 달라는 뜻이었다. 1991년에 남북 화해 불가침이 합의된 이후 1994년에 북한의 김일성이 사망하고 아들 김정일에게 권력이 승계되었다. 그 후 남북 실무 접촉 회담이 연달아 열리면서 장차 교류 전망이 밝아 보였다. 따라서 나는 이번 모임이 끝나기 전에 세미나의 조직 위원인 마리아 스테르진스카(Maria Sterzynska) 박사와 역시 톡토기 분류학자인 안드레스 셰프티츠키 박사를 만나 2년 후에 한국-폴란드의 '한반도 생물다양성 공동 세미나'를 폴란드에서 개최할 것과 제반 준비에 대해 합의하였다.

이날 오후 포스터 발표가 있은 후 원탁 토론이 있었는데 미국의 케네스 크리스티안센(Kenneth Christiansen) 교수가 좌장으로 나섰다. 토론 주제로 여섯 가지가 걸렸는데 지역마다의 톡토기의 분류 현황 그리고 분류에 있어서 고전적 방법, 분지계통학, 세포유전학 그리고 유전학적 방법 사이에 어떠한 관계가 성립하고 문제가 되는지, 그리고 속(屬, genus)들을 인지하는 데 어떤 보편적 기준의 적용이 가능한지 등 새로운 방법론과 기법의 발전에 따라 발생하는 문제와 가능성을 짚어 보는 시간이었다. 여러 이야기가 나온 토론 중간에 나는 앞으로는 고전 분류학을 써서 발생하는 문제에 대해 분자적 기법으로 검증하는 접근 방식을 쓰지 않고는 설득력 있는 논리와 결론을 얻어 낼 수 없을 것이라고 말했다. 즉 분자적 기법의 중요성에 대해 주의를 환기시키려 했다. 그러나 이 원탁 토론의 좌장인 자신이 분자계통분류학과는 거리가 먼 고전 분류학만 하는 사람이어서인지 별 반응이 없었다. 내가 그야말로 '속도 위반'을 한 셈이 되었다. 세미나 마지막 날엔 생리학 및 미세 구조적 연구물들이 발표되었다. 그리고 오후에 자유 시간을 가진 뒤 다음 날 모두들 떠났다(1994. 9. 11.).

이제 세미나 중간에 있었던 현장 답사 순서인 비아워비에자 숲 방문(1994. 9. 8.)에 대해 쓰고자 한다.

바르샤바에서 동쪽으로 190킬로미터 떨어진 국경 지대에 위치한 비아워비에자 숲은 동서가 55킬로미터, 남북이 51킬로미터에 이르는 광대한 숲으로, 벨라루시와의 국경선으로 양분되어 있다. 이 공원은 폴란드 측 숲의 중앙에 자리 잡고 있으며 보호림으로 지정된 것은 1921년으로 거슬러 올라간다. 폴란드에서 가장 오래된 국립공원이며 유럽에서도 원시림으로 남은 가장 큰 숲의 하나로 생물권 보호 구역은 물론이고 유네스코 세계 유산으로도 등록되어 있다.

아침에 나선 세미나 참석자들은 마차 한 대마다 대여섯 명씩 타고 숲길을 따라 긴 행렬을 이루며 천천히 들어갔다. 우거진 숲에서 풍기는 싱그러운 향기 속에서 시야는 물안개가 피어오르듯 뿌얘졌다. 아름드리 나무들 사이로 큰 나무들이 아무렇게나 쓰러져 있었고 진녹색의 이끼들이 나무 표면을 덮어 헝겊처럼 늘어졌고 여기저기 버섯들이 붙어 있었다. 이것들이 진짜 고목(枯木)이고 이것이 원시림이로구나 하는 감탄이 절로 나왔다. 이런 숲을 본 적이 없었기 때문에 더욱 그랬던 듯싶다.

이 국립공원에서는 약 40가지의 식물 군락을 볼 수 있는데 나무들의 67퍼센트가 활엽수이고 침엽수가 33퍼센트를 이루고 있다. 꽃식물(유관속식물)로는 나무 26종을 포함해 632종이 밝혀진 바 있다. 500종의 버섯과 함께 균류가 2,000종 이상 알려져 있고 지의류 250종에 이끼류가 200종이 넘게 보고되어 있다. 한편 동물은 거의 1만 종에 이르는데 포유류 44종, 조류 120종, 곤충 6,500종이다. 그런데 이곳에 고유종(固有種)이 없다는 게 특징이라면 특징이다. 생물종의 고유도가 높은 타이완이나 한국과는 사뭇 다르다. 빙하가 쓸고 가기도 했거니와 그 후에도 생태적 장벽이 없어 생물종들이 자유롭게 유통했기 때문일 것이다.

이 숲에는 한때 유럽들소(European bison)가 많았으나 단 몇 마리로 줄어

들어 거의 멸종에 이르렀던 것을 차츰 복원시켜 지금은 약 600마리가 숲 속에 살고 있다고 한다. 그러나 우리 일행은 야생의 들소는 보지 못하고 '유럽 들소 번식 센터(European Bison Breeding Center)'를 방문해서야 그 우람하고도 신비감마저 느껴지는 유럽들소들을 볼 수 있었다. 그런데 한국인으로서 잠시 생각난 게 있었다.

1921년 마지막으로 포획된 이후 한반도에서 사라진 한국호랑이를 복원할 방법은 없을까? 실상 씨가 말랐으니 불가능하고, 대안으로 극동 연해주에 사는 시베리아 호랑이가 유전적으로 비슷하다니 시도해 봄직하다. 그러나 남한의 경우 도로가 사통팔달로 나 있어 국토가 지나치게 단편화(斷片化, fragmentation)되어 있는가 하면 북한엔 민둥산이 많아 역시 어려울 것 같다. 그저 우울한 생각이 들 뿐이다.

'제13차 국제 동굴생물학 심포지엄' 발표

다시 톡토기의 계통 연구 이야기로 돌아와서, 나의 분자적 연구 결과는 더욱 진행됨에 따라 '제13차 국제 동굴생물학 심포지엄'(1997. 4. 20.~4. 27. 마라케시, 모로코)에서도 발표되었다.

김포공항에서 에어 프랑스를 타고 정오에 떠나 파리 샤를 드골 공항에 도착한 것은 비행 14시간 만인 현지 시각 오후 5시 30분경이었다. 장시간 여행이었으나 항공사가 나의 좌석을 이코노미급에서 비즈니스급으로 올려 주는 뜻밖의 호의를 베푼 덕택에 나는 훨씬 편하게 비행했다. 그러나 모로코의 카사블랑카에 가자면 드골 공항에서 같은 파리에 있는 올리(오를리) 공항으로 이동해서 역시 에어 프랑스를 타고 2시간 40분 비행해야 했다. 파리에서 공항을 이동하는 리무진에서 옆자리에 모로코의 스타일리스트 수아드(Souad) 양을 만나 말을 주고받았다. 베이징에서 패션쇼에 참가하고 돌아가는 길이라고 했다. 그런데 버스에 오르기 전에 그녀는 큰 여행 가방을 들다가 떨어뜨렸다. 가방이 열려 땅바닥에 풀어졌다. 어쩔 줄 몰라 하기에 마침 나에게 있는 가방끈을 주며 묶으라고 했다. 이렇게 해서 무사히 비행기에 오른 그녀가 나와 함께 2시간 40분 비행을 하고 카사블랑카 공항에 도착하니(1998. 4. 18.) 그녀의 부모와 자매가 마중 나와 반색을 했다. 그러더니 남자들이 나를 태워 시내에 예약된 나의 투브칼 호텔까지 데려다 주는 게 아닌가! 게다가 나보고 회의를 마치고 돌아가는 길에 자기 집에 꼭 들르란다. 이모저모로 뜻밖의 친절을 받았다. 호텔에서 일박을 한 다음 날 아침 나는 기차로 약 200킬로미터 남쪽에 있는 마라케시까지 5시간 남짓 동안 허허벌판 사막 위를 달렸다. 출발 시각이 늦긴 했지만, 차장에게 도착 시각을 물어도 모른다고 한다. 아차! 과연 이것이 아프리카였다.

모로코는 아프리카 서북단의 면적 약 71만 제곱킬로미터를 차지하는 대서양 연안 국가이다. 사하라 사막의 서쪽과 연결되어 있으나 동북–서남쪽으로 비스듬히 뻗은 아틀라스 산맥으로 인해 높은 곳은 해발 4,000미터가 넘는다. 고등 식물이 3,680여 종, 포유류가 105종, 조류가 206종, 양서·파충류가 116종(파충류 103종), 어류 136종이 알려져 있다(2003년 기준. http://earthtrends.wri.org). 면적이 한반도의 3배가 넘으나 고등 식물과 포유류 종 수는 비슷하다. 양서·파충류가 한반도의 52종보다 2배가량 많다는 것이 눈에 띄는 반면, 조류는 한반도 500여 종의 절반에 불과하고 어류는 한반도 1,130여 종(2008)의 8분의 1에 불과한 것은 흥미로운 대조가 된다.

나는 현지 도착 다음 날(1997. 4. 20.) 심포지엄 참가 등록을 했다. 이 모임에는 13개국에서 87명이 왔다. 3년 전 피렌체 심포지엄에서 봤던 낯익은 얼굴들이 보였다. 발표자들 중엔 로마 대학교의 스보르도니 교수, 브라질의 트라야노(Trajano) 박사의 발표가 익숙하고 흥미로웠다. 나는 사흘째에 "한국 동굴산 참굴톡토기 신과(New Family Gulgastruridae from a Korean Cave)"라는 제목으로 발표했다(Lee and Thibaud, 1997). 역시 형태와 분자적 데이터를 분지분석하여 계통수를 세우고 집단 변동을 분석하여 종합 해석한 것이다.

심포지엄이 끝나고 돌아가는 길에 마찬가지로 카사블랑카에서 파리행 비행기를 타게 되었는데 나는 그 전날 수아드 부모로부터 저녁 식사에 초대를 받았다. 가 보니 호화 저택이었다. 국민 소득 3,000달러 미만의 나라에서 부유층은 온갖 호사를 누리고 있다. 낮에 무슬림들의 회당인 이 도시 최대의 모스크에 가 보고 과연 회교도가 대부분인 이 나라에서 회교가 누리는 호사의 극치를 보는 듯했다. 나는 수아드의 친구인 청년들과 다과실에서 이야기를 나눌 기회가 있었다. 그래서 그들에게 하루에 5번씩 기도를 하면 시간 소비가 많아 언제 발전할 수 있겠느냐고 약간 비아냥 섞인 질문을 던져 봤다. 이를 들은 청년들은 즉시 "사람이 밥만 먹고 살 수 있느냐."라며 당연하다고 했다. 이슬람의 '힘'이 느껴졌다. 참으로 극명한 인생관, 가치관의 차이가 드러났다. 그래서 종교는 무섭다는 생각이 든다.

통합적 접근으로 참굴톡토기의 신과를 창설하다

그 후 나의 연구 목표는 이 굴톡토기의 계통 진화를 밝히면서 톡토기목 중에 참굴톡토기가 속하는 분절아목(分節亞目)의 계통수를 세우는 일이었다. 그러는 가운데 아마도 굴톡토기의 신과로서의 독립과 계통적 위치가 확립된 듯하다.

그러나 굴톡토기의 계통적 위치를 재검토하고 밝히는 데는 종래의 분류 방식을 벗어나 좀 더 객관적이고 체계화된 방법론의 적용이 필요했으며, 이러한 관점에서 분지계통학을 적용할 필요가 있었다. 더욱이 분자 수준 조사로 직접 들어가기에 앞서 우선 형태 형질에 대한 분지적 분석을 해 보는 것이 순서라고 생각되었다. 그래서 분절아목에 들어가는 2개 상과의 6개종을 재료로 삼아 28개 형질에 대한 형질 평가를 한 다음 PAUP이라는 분지계통학 프로그램을 써서 분지도를 얻어 냈다. 그 결과 종래의 어리톡토기 상과

(Poduroidea)와 뿔톡토기 상과(Entomobryoidea)의 분류가 여전히 유효함이 확인되었다. 그러나 요시이 교수가 참굴톡토기(*Gulgastrura reticulosa*)를 임시로나마 보라톡토기과(Hypogastruridae)에 가깝게 본 것(Yosii, 1966)과 달리, 사실은 어리톡토기과(Onychiuridae)에 가까운 것으로 나타났다. 이러한 결과는 그다음에 수행한 효소 분석에서도 마찬가지였음은 이미 말한 바와 같다. 즉 19개 유전자 좌위를 포함하는 12개 효소(allozyme)를 전기 영동법으로 전개해 본 결과를 UPGMA 프로그램을 써서 계통도(분지도)를 얻어 보니 이미 말한 대로 2개의 상과 수준에서 종래의 분류와 일치를 보였고 문제의 참굴톡토기는 어리톡토기과에 가깝게 나타났다. 흥미로운 것은 혹무늬톡토기 *Crossodonthina koreana*는 75퍼센트가 조사된 유전자 좌위에서 다형 현상(多型現象, polymorphism)을 보인 반면, 참굴톡토기에서는 86.7퍼센트가 단형 현상(單型現象, monomorphism)을 보여 동굴산 생물에서는 유전적 다양도가 낮다는 일반적 사실과 일치했다는 점이다. 그다음 사용한 방법은 18S rDNA를 분석해 염기 서열을 밝힌 후 각 과를 대표하는 종들을 비교하는 것이었다. 이 작업은 분자분류학자들의 도움이 필요했고 공동 연구를 타 대학의 두 교수(서울대 김원, 충북대 고흥선)와 함께 한국과학재단의 지원으로 3년간 진행했음은 이미 앞에서 말한 바와 같으며 그 연구 내용의 요약도 앞에 서술했다.

이러한 연구들을 통해 나는 분절아목의 계통수와 굴톡토기 신과 창설 가능성에 대한 확신을 얻을 수 있었다. 결국 이 종이 다른 과(科)들로부터 매우 크게 분화(divergence)되었음을 시사하는 형태학적, 생태생물학적, 분자생물학적 자료들에 근거를 두었다. 이 참굴톡토기속(*Gulgastrura*)이 무엇보다 특이한 것은 다른 과에 있는 여러 가지 감각 기관들(PAO, IIIAO, PsOc. Eyes)이 퇴화되어 결손된 데 반해 다른 과에 없는 첨단 기관과 강모들이 발달되어 있고 탈피 주기가 110일로 톡토기 연구사상 최장 기록을 보인 점이다(Lee and Thbaud, 1987).

결국 이러한 연구 결과들은 효소와 18S rDNA 분석 등의 진행에 따라 종합되어 프랑스, 폴란드, 한국에서 3개의 논문으로 발표되었다(Lee et al., 1995a, Lee et al., 1995b, Lee and Kim, 1995). 이러한 다각적 접근과 종합적 검토는 신분류군에 대해 그 합당성을 강화하는 이른바 '타당화(validation)'의 중요한 작업이 된다. 더욱이 계통 진화상 이웃 계통과는 어떠한 근연 관계를 갖는가를 객관적 자료와 과학적 방법론으로 추적하여 새로운 계통수, 즉 가설을 설정하는 데도 그 의의가 있다.

그 후 나는 이 참굴톡토기 종 연구와 관련해 이를 보러 한국에 두 번이나 오고 나와 일부 공동 연구를 했던 프랑스의 티보 박사와 함께 굴톡토기 신과 (New Family Gulgastruridae)를 창설하여 공저로 발표하였다(Lee and Thibaud, 1998). 이것은 그 후 국제 학계에서 수용되어 인터넷 톡토기 웹사이트(www. collembola.org)에서 톡토기강의 한 과로 공식 등재되었다.

톡토기 연구의 결론:
100 신종, 2 신속, 1 신아과 및 1 신과 창설과 통합적 접근

요컨대 나의 톡토기 연구는 1970년대의 외부 형태 형질을 토대로 한 기재분류학, 1980년대의 세포·생태·생화학적 접근에 의한 생물학적 분류와 분지계통학, 그리고 1990년대의 분자생물학적 접근에 의한 분자분류학과 계통 진화적 연구로 진행되었다. 이에 따라 종 분류가 병행되어 내가 신 분류군으로 보고한 것은 한반도에서 2006년 현재까지 톡토기에서 모두 1신과 2신속 87신종이다. 이것은 현재까지 한반도에서 알려진 톡토기 253종(곽지섭, 2011)의 34퍼센트에 가깝고 여기에 돌좀 2신종과 낫발이 2신종을 합치면 종래의 분류 체계에서 무시아목(無翅亞目, Apterygota)으로 분류되는 것으로만 모두 92종이 된다. 여기에 태국과 타이완산 톡토기로 신종 보고한 16종을 합하면 내가 보고한 신종은 모두 100종이 된다. 이 중에서 신과 Gulgastruridae(참굴톡토기과), 신아과 Caputanurinae 및 신속 *Caputanurina*(그물톡토기 속)와 *Tetraloba*(설악네잎톡토기 속)는 모두 톡토기 홈페이지(www.collembola.org)에 등재되었다. 이들 톡토기를 주로 한 낫발이와 돌좀에 대한 나의 학술지 발표 논문 55편은 9개국 잡지(영국, 미국, 프랑스, 폴란드, 이탈리아, 타이완, 태국, 일본, 한국)에 실렸다.

내가 한 일은 이처럼 신종 등 신분류군의 발견과 창설이 주종을 이뤘다. 한편 방법과 기술 면에서 형태 분류뿐 아니라 염색체, 동위 효소, rDNA 분석 등에 관해 얻은 자료를 토대로 유연 관계 추적과 계통적 가설 수립이 이뤄졌고 이 과정에서 분지계통학의 방법론을 쓰기도 했다. 또한 특정 톡토기 1종에 대해서는 탈피 행동과 온도 저항성 및 생식 주기 조사 등을 분류군 간의 근연 관계와 계통 진화 연구에 보조 자료로 사용했다. 그럼으로써 평소에 이상적 분류학으로 생각해 온 '통합적(integrated)' 또는 '전(全) 생물학적' 접근을 시도한 것이다. 그러는 과정에서 나는 생물계의 구성과 구조가 얼마나 탄력적으로 작동하며 상호 연관되고 또 변화하는지를 실감할 수 있었다. 즉 생물계의 모든 수준들이 나타내는 다양성과 진화의 역동성을 실감할 수 있었으며 계통 분화와 진화에 대한 개념을 다소나마 입체적으로 조망할 수 있었다.

나의 톡토기 연구를 다시 개관해 본다면 기초 분류의 '자연학(natural history)'에서 출발하여 '진화의 신종합' 단계를 거쳐 '현대 분류학'에 이르기까지 진화생물학의 역사적 발전 단계 3개를 다소나마 섭렵한 것으로 보인다. 그렇다고 나의 연구들이 어떤 실질적인 용도에 기여한 바가 있는 것은 아니다. 굳이 말한다면 톡토기의 다양성에 대한 정보와 지식을 다소나마 늘리고 그래서 지구 생태계의 순환, 즉 생지화학 순환(生地化學循環, biogeochemical cycle)에서 '육상 플랑크톤'으로서 발휘하는 에너지 매개 역할 규명에 기여할 것이다. 본질적으로는 이러한 연구를 수행하고 이해하는 과정으로서의 과학적 행위와 그를 통해 달성되는 지식 수준에 가치를 두어야 할 것이다.

어쨌든 분류학도의 지향점은 생물의 다양성과 유연 관계를 밝히는 일에 더해 종 분화, 즉 진화를 밝히는 데 있다. 바로 새의 분류학에서 시작해 진화생물학자로 발전한 에른스트 마이어(Ernst Mayr)나, 개미의 분류로 시작해 동물행동학을 진화생물학의 본류로 끌어들인 에드워드 윌슨(Edward. O. Wilson)이 그랬듯이 말이다.

진화의 종합설 창시자 가운데 한 사람인 줄리언 헉슬리(Julian Huxley)는 "계통분류학이 다뤄야 할 문제는 기본적으로 작동 중인 진화를 탐지하는 데 있다."라고 하지 않았던가(Huxley, 1940)! 그야말로 분류학과 진화학의 연계성과 함께 계통분류학의 진수를 극명하게 드러낸 말이다.

유전자 전쟁의 현장, 사회생물학

전쟁의 시작: 사회생물학이라는 신세계와의 만남

내가 톡토기의 분류를 위해 프랑스에 간 것은 그곳 국립자연박물관의 생태학연구소에 내가 공부하고자 하는 톡토기 분류의 전문가들이 있었기 때문이다. 그런데 이 연구소에는 내가 속한 토양 곤충 연구팀 외에 '영장류 행동학 팀'과 '조류 행동 연구팀'도 있었다. 영장류 팀에서는 아프리카의 마다가스카르에서 데려온 여우원숭이 약 200마리를 키우고 있었다. 그곳 과학자들이 야간 적외선 투시경으로 동물의 여러 가지 야행성 행태를 관찰, 기록하고 분석하는 모습은 나에게 자못 새롭기만 했다. 하긴 내가 그 연구소에 갔던 1972년 당시만 해도 우리나라에선 '동물행동학'이란 말조차 생소했다. 이 영장류 팀 멤버들이 이용하는 여러 가지 연구 방법을 어깨 너머로 보면서 나는 더없이 신기하고 재미있는 미지의 정글을 보는 듯했다. 그 이듬해에 마침 동물의 개체 및 사회성 행동들의 패턴을 도출하고 그 기작을 발견한 공로로 세 명의 동물행동학자 콘라트 로렌츠(Konrad Lorenz), 니콜라스 틴베르헌(Nikolaas Tinbergen), 카를 폰 프리슈(Karl von Frisch)에게 노벨상이 돌아갔다.

나는 눈이 번쩍 떠져 나도 이 동물행동학에 대한 기초 공부를 좀 하고 또 한국에 이 분야를 소개해야겠다고 마음먹었다. 파리의 서점가를 뒤적거리다가 『동물의 행동(Le comportement animal)』(Cuisin, 1973)을 발견하고 나는 틈틈이 이 책을 번역하기 시작했다.

사실상 이 책에 앞서 나는 역시 프랑스 책 『생태학이란 무엇인가(Qu'est ce que l'écologie?)』(Cuisin, 1971)를 번역하여 후에 서울에서 출판했는데(1975) 이 책의 저자 미셸 퀴쟁(Michel Cuisin)이 바로 내가 후에 파리의 한 서점에서 사서 번역했다는 『동물의 행동』의 저자이기도 하다는 것은 우연치고는 묘한 일치였다. 이 『동물의 행동』은 훨씬 후인 1985년에 서울에서 출판되었지만 번역 과정에서 다양한 생물들이 먹이 활동, 공격성, 생식 생태, 동물 행동과 분류, 사회적 행동 등에서 흥미롭고 기상천외한 방법들을 생존과 생식 전략으로 구사함을 알게 되었다. 여기에 곁들여 연구소에 있던 동물행동학자들의 연구 방법과 생각의 틀을 수시로 넘겨다보고 때로는 그들과 대화하면서 생물계를 보는 새로운 눈을 뜨게 되었다.

윌슨의 『사회생물학』을 번역 출간하고

프랑스에서 귀국한 후(1974) 전북대학교로 온 지 얼마 안 되어 나는 《사이언스(Science)》를 통해 당시 미국에서 『사회생물학: 새로운 종합(Sociobiology: The New Synthesis)』(Wilson, 1975)이라는 책이 출판되자마자 큰 논쟁과 함께 선풍을 일으키고 있다는 것을 알게 되었다(Wade, 1976). 기사 제목에 나온 이 '새로운 학문'의 주인공은 바로 곤충학자이자 동물행동학자이자 개미 전문가여서, 같은 '곤충학자'로(나의 전공 톡토기는 당시엔 곤충류로 분류되었으나 지금은 절지동물 중 육각류에 속하면서, 곤충 강과는 별도로 존재하는 '톡토기 강'으로 분류됨.) 흥미를 느낀 나는 다시 몇 년 후 저자 에드워드 윌슨이 쓴 『사회생물학: 축약판(Sociobiology: abridged edition)』(Wilson, 1980)을 구입하게 되었다.

그런데 마침 대우재단에서 이 책의 번역을 공모하는 것을 알게 되었다 (1984). 처음엔 단지 동물행동학의 연장, 확대쯤으로 생각했으나 번역해 가면서 이 분야야말로 생명관에 새로운 패러다임을 제시하는 '신판 진화생물학' 임을 알게 되었다. 사회생물학(Sociobiology)이란 "사회성을 나타내는 생물의 생물학적 기초를 체계적으로 연구하는 과학"으로 정의된다(Wilson, 1975). 윌 슨은 이러한 논지를 인간에게도 적용하여 그의 기념비적인 책 『사회생물학: 새로운 종합』의 마지막 장을 장식하였다. 윌슨은 이 책에서 '유전자의 도덕성'으로 시작해 사회성의 진화, 이타성(利他性), 의사 소통의 기능, 텃세, 위계 (位階), 계급, 성(性, sex), 부모의 새끼 돌보기 등의 유형과 적응성 그리고 진화를 분석하고 끝에는 인간이 누리는 문화와 종교의 진화적 기원을 다룬다. 인간의 뇌와 몸이 진화의 산물인 이상 인간의 각종 행태가 어찌 진화생물학에 기초하지 않을 수 있겠느냐는 생각을 편 것이다.

다시 말해 종래 생물학이 다루지 않은 깊이와 범위를 통괄하면서 꿰뚫고 있다. 게다가 당시로선 생물학계에 충격적이랄 수 있는 여러 가지 말들이 튀어나왔다. 예를 들어 "개체는 유전자의 탈것"이며 유전자의 "생존 기계"라는 것이다. 더욱이 '내가 왜 다른 사람에게 이로운 행동을 하느냐?'는 도덕적 질문에도 답한다. 윌슨에 앞서 윌리엄 해밀턴(William Hamilton)은 한 집단에서 개체들 사이에 타자를 도와줌으로써 얻는 이득이 이때 들어가는 비용에다 이타자와 수혜자 사이의 유전적 연관도를 곱한 것보다 클 때 이타주의 (利他主義, altruism)가 진화한다고 하여 $rB>C$ 라는 '해밀턴의 법칙(Hamilton's Rule)'을 창안하였고(Hamilton, 1964) 이는 이른바 혈연 선택설(kinship theory)의 기초가 되었다. 예를 들어 개미 사회에서 일개미들은 여왕개미를 섬기고 애벌레들을 거두며 적의 침입에는 죽음을 마다 않고 공격하여 스스로를 희생한다. 그런데 이렇게 희생적인 행동을 하는 자는 결국 사라지므로 대를 물릴 수 없어 그러한 소질이 소멸되기 마련인데 사실상 이러한 '살신성인(殺身成仁)'의 개체들이 끊이지 않고 대대로 나타나는 것은 왜 일까? 이것은 찰스 다윈이 그 설명에 가장 곤혹스러워 했던 문제이기도 하다. 다만 그는 이러한 희생자들과 같은 계통에 속하는 다른 개체들이 살아남으로써 그것이 가능하다고 말했다. 이러한 답변이 그 100년 후에도 옳은 사실로 드러난 셈이며 바로 사회생물학이 '혈연 선택설'로 이를 극명하게 증명해 낸 것이다. 다시 말해 단성 생식을 하는 개미나 벌 사회에서 불임성인 일벌이 자신의 유전자를 가장 효과적으로 퍼트릴 수 있는 방법은 자신의 동생들을 많이 만들어 키워 내는 데 있다. 일개미는 유전자를 부모 어느 쪽(2분의 1 공유)보다도 여왕개미가 낳는 동생들과 더 많이(4분의 3) 공유한다. 그래서 일개미는 여왕개미를 받들고 애벌레들을 정성스레 키우는 데 최선을 다하며, 따라서 외부로부터의 침입에 희생을 마다 않는 것은 자신의 유전자를 많이 퍼트리는 최선책이다. 궁극적으로 이러한 해석은 이른바 '이타 행동'의 본질을 드러내고 물물 교환과 품앗이를 설명할 뿐 아니라 모성애, 일부다처, 근친상간 금기, 영아살해, 그리고 자선과 애국주의를 설명하는 기초를 제공한다. 다시 말해 동물 사회가 나타내는 일체의 행동은 엄격한 경제학이며 이타주의는 극도의 이기주의나 다름없는 것이다.

여기에는 물론 많은 논쟁이 따르며, 특히 인간은 나름대로의 독특한 문화와 도덕성을 갖는다는 이유로 인간에의 적용을 용납하지 않는 학자들도 많다. 더욱이 마지막 장에서 저자는 심리학을 비롯한 사회학 전반이 결국엔 생물학의 한 분과가 될 것이라고 말한다. 이러한 폭탄 선언에 학계에서는 불꽃 튀는 논쟁이 벌어졌다. 당시로선 생물학계 내에서도 환경주의가 만만치 않았던 데다 사회학을 지배한 것은 구조적 기능주의였고 심리학 역시 행동주의자들의 주무대여서 거센 반발이 예상된 터였다.

우선 윌슨 교수가 있는 하버드 대학교 내 좌파 교수들의 조직적인 반론이 《뉴욕 타임스 북 리뷰(*New York Times Book Review*)》에 실렸고 미국과학진흥협회(AAAS) 특강 자리에선 좌파 학생들이 단상의 윌슨 교수에게 달려들어 양동이의 물을 머리 위에 퍼붓는 사태까지 벌어졌다. 동물계의 행태와 원리를 인간에게 적용하는 것은 어불성설이라는 주장과, 사회생물학의 유전적 결정론은 현상 유지를 정당화하여 사회 개혁을 불가능하게 하는 자본주의적 이념의 소산이라는 주장이 줄기차게 제기되었다. 요컨대 좌파 교수와 학생들에게 극도의 반감을 불러일으켰다.

윌슨의 책이 출판된 당시에 생긴 '사회생물학 연구회(The Sociobiology Study Group)'의 주 멤버로서 윌슨에 반기를 드는 데 앞장섰던 고생물학자 스티븐 제이 굴드(Stephen Jay Gould)가 그 후『다윈 이후(*Ever Since Darwin*)』(Gould, 1977)를 냈는데 책의 끝부분에서 역시 사회생물학에 반대하는 이유를 썼다. 이 책의 우리말 번역본『다윈 이후: 생물학 사상의 현대적 해석』은 훨씬 후에 나왔다. 모두 8개 장으로 된 이 책의 마지막 장은「인간 본성의 과학」인데 굴드는 그 2부에서 윌슨의 사회생물학을 유전적 결정론으로 보고 특히 '인간 사회생물학' 부분에 대해 맹공을 가했다.

굴드의 책이 출간된 후 몇 년 동안 사회생물학에 대한 찬반의 논쟁을 다룬 책들이 쏟아져 나왔다. 가장 즉각적으로 반론을 편 인물은 미국의 인류학자 마셜 살린스(Marshall Sahlins)인데, 그는 바로 이듬해에『생물학의 활용과 오용(*The Use and Abuse of Biology*)』을 내며 윌슨의 사회생물학이 생물학적 결정론이며 신판 사회적 공리주의로서 특히 혈연 선택론 등으로 문화의 절대성을 부정한다고 했다(Sahlins, 1976). 이어『사회생물학 논쟁(*The Sociobiology Debate*)』(Ed., Arthur L. Kaplan, 1978)과 그레고리 등이 편집한『사회생물학과 인간 본성(*Sociobiology and Human Nature*)』(Gregory et al., 1978)이 나오고 다음 해엔 사회과학자로서 인간의 행동을 사회생물학적으로 풀이한『인간 사회생물학(*Human Sociobiology*)』(Freedman, 1979)이 나왔다. 그리고 같은 해에 인류학자들이 과연 문화도 자연 선택의 대상이 되느냐 여부를 놓고 토론을 벌인『진화생물학과 인간의 사회적 행동: 인류학적 관점(*Evolutionary Biology and Human Social Behavior: An Anthropological Perspective*)』(Chagnon and Irons, 1979)이 출간되고 이듬해엔 미국과학진흥협회의 심포지엄 자료집인『사회

생물학: 본성/양육을 넘어?(*Sociobiology: Beyond Nature/Nurture?*)』(Barlow and Silverberg, 1980)가 나왔다. 이어 이태 후엔 사회생물학의 문제점들을 다룬 『사회생물학의 제반 문제들(*Current Problems in Sociobiology*)』(King's College Sociobiology Group, 1982), 『사회생물학과 인간 차원(*Sociobiology and the Human Dimension*)』(Breuer, 1982)과 『사회생물학과 행동(*Sociobiology and Behavior*)』 (Barash, 1982) 등이 발행되었는데 후자 둘은 사회생물학을 인간에 본격적으로 적용한 책들이다. 그 후의 일파만파와 우여곡절에 대해서는 후술하겠거니와 요컨대 윌슨의 책이 나온 지 거의 40년이 지난 지금 사회생물학의 패러다임은 사회학, 경제학, 철학, 심리학, 의학 등에 도도히 퍼져 나가 설명 도구로서의 위력을 과시하고 있다(이병훈 1994c, 2011e; Alcock, 2001; 최재천 등, 2009).

이러한 사회생물학은 평소 진화생물학을 공부하고 가르쳤던 나를 마치 신천지 발견과 같은 흥분과 감동의 도가니로 몰아넣었다. 사회생물학은 내가 진화생물학을 가르치는 일에 보다 큰 의미와 가능성을 열어 주고 나 개인의 생명관과 인생관에도 일격을 가한 무엇이 되었다. 다윈은 인간을 신(神)의 아들에서 동물의 일원으로 떨어트렸는데 사회생물학은 생물을 유전자의 탈것으로 보아 인간을 다시 유전자라는 일개 생체 거대 분자로 떨어트렸다. 결국 이러한 유전자로의 환원은 사회생물학을 신다윈주의의 몇 가지 맥락 중에 가장 자연 선택에 철저한 '보수적 신다윈주의'로 분류하게 만들었다(Blanc, 1982). 즉 사회생물학은 신판 진화론의 한 줄기라고 할 수 있으며, 여러 가지 사회 현상을 궁극적으로 진화적 관점에서 설명하고 많은 실험적 증거들로 이러한 설명을 뒷받침한다는 점에서 가히 혁명적이라 할 만하다.

이러한 사회생물학은 내가 진화의 메커니즘과 특히 생물다양성의 구성, 구조, 기능의 측면들과 이들의 얼개를 공부하고 파악해 나가는 과정에서 그 복잡 절묘한 자연의 연출을 너무나도 풍부하게 보여 주었다. 또 윌슨의 『생명애착(*Biophilia*)』(Wilson, 1984)(『바이오필리아』라는 제목으로 2010년에 번역 출간되었다.)에서는 생물다양성이 인간의 정서와 감정을 발전시키는 데 절대적인 바탕이 된다는 말이 매우 설득력 있게 들렸다. 결국 나의 분류학과 진화생물학 그리고 생물다양성은 단순한 분류나 자연의 보존 차원이 아니고 그것들이 바로 인류의 진화의 바탕이고 인류를 설명할 수 있는 논리이며 요체가 된다는 점에서 새로운 의미로 다가왔다. 다시 말해 이들을 공부하는 철학적인 이유와 의미를 드러내 준 것이다.

그러나 윌슨의 사회생물학을 번역하는 일은 나에게 분명 버거운 일이었다. 생물학 내에서도 군집생태학, 발생학, 유전학에 밝아야 할 뿐 아니라 사회학, 인류학, 철학에 이르는 광범위한 지식을 동원해야 했기 때문이다. 그래서 책 제목에 '종합(synthesis)'이라는 '합성적' 의미가 들어 있기도 하다. 이 책은 양적으로도 만만치 않았다. 완본이 697쪽인데 축약본도 366쪽으로 글자가 빽빽했다. 번역을 하던 중에 서독의 본 대학교에서 박쥐의 사회생물학으로 박사 학위를 하고 돌아온 박시룡(朴是龍) 교수가 한국교원대학교에 자리 잡았다. 나는 국내에 사회생물학 전공자가 있다면 이 같은 번역에 당연히 참여해야 한다고 생각했다. 그러나 대우재단은 이러한 뜻에 난색을 표했다. 계약 사항을 변경하기가 어렵다고 했다. 나는 여러 가지로 설득해 결국 허락을 받아내고(1987. 6. 30.) 박 교수에게 이 책의 뒷부분 3분의 1을 넘겨주었다.

드디어 번역이 마무리되어 갈 무렵 나는 저자인 윌슨 교수에게 편지를 썼다(1991. 2. 5.). 당신의 멋진 책의 번역이 끝났는데 한국 독자들을 위해 몇 마디를 보내 달라고 했다. 즉 저자의 '한국어판 서문'을 책머리에 신고자 했다. 사실 윌슨 교수와의 교류는 이것이 처음이 아니었다. 5년 전에 내가 한국동물분류학회 편집간사로 일할 당시에 윌슨 교수가 주간지 《사이언스》에 「지금은 계통분류학을 부활시킬 때(Time to Revive Systematics)」라는 제목으로 논설을 쓴 것(Science, 1985. 12. 13.)을 보고 귀가 번쩍 띄었다. 계통분류학은 아리스토텔레스와 린네 시대 이후 박물학이라는 진부한 인상을 면치 못해서, 비록 오늘날 분지계통학이라는 방법론과 분자생물학 및 컴퓨터 과학에 맞물려 당당히 과학의 반열에 올라 혁신과 발전을 거듭하고 있음에도 여전히 그에 대한 인식이 '우표 수집' 정도로 저평가되기도 했기 때문이다. 때마침 윌슨 교수 같은 대가가, 그것도 《사이언스》라는 유명지에 생물다양성 보존에 관련해 계통분류학이 적극 지원되어야 한다고 역설한 것은 우리 분류학도들에게 단연 가뭄 끝의 단비 같은 빅뉴스가 아닐 수 없었다. 그래서 나는 이 논설을 한국동물분류학회 소식지에 싣고자 허락을 받기 위해 편지를 쓴 적이 있었다(1986. 2. 17.). 그리고 약 보름 후에 나는 그분으로부터 흔쾌히 허락한다는 편지(1986. 2. 21.)를 받았다. 그 후 이 논설을 번역하여 학회 소식지 《분류학 회보》 3호에 싣고(Wilson, 1986) 감사 편지와 함께 소식지를 보냈다. 그리고 그해 가을에 나는 미국의 워싱턴에서 '미국 생물다양성 전국 토론회(National Forum on Biodiversity)'(1986. 9. 21.~9. 24.)가 열렸을 때 현지에 가서 스미스소니언 국립자연박물관 회의장에서 윌슨 교수가 기조 강연을 하는 것을 듣고 회의장 밖 복도에서 잠시 그를 만날 수 있었다. "내가 당신의 논설을 번역해 학회 소식지에 실은 사람"이라고 하니 윌슨 교수는 두 손을 번쩍 들며 반갑다는 표시를 하고 한국의 계통분류학이 크게 발전하길 바란다고 말했다.

『사회생물학: 축약본』이 대우학술총서로 출간된 것은 1992년 12월이었으며 번역 분량으로 말미암아 I, II 두 권으로 나왔고 번역을 시작한 지 실로 8년 만이었다(Wilson, 1980). 나대로의 변명을 하자면 강의, 톡토기 연구, 대외 활동, 기타 잡무를 보면서 틈틈이 짬을 내서 한 일이라 시간은 시간대로 걸렸고 번역이라는 고역을 감내해야 했다. 번역이 끝날 무렵에 사실상 나는 거의 탈진 상태에 빠졌다. 동물분류학자로서 집단생태학과 동물행동학을 전공한 바가 없는 것은 물론 철학, 사회학에도 어두웠던 나에겐 걸리는 데가 많아 문자 그대로 고난의 행군이었기 때문이다.

어쨌든 책이 나오자 나는 저자인 윌슨 교수에게 다시 편지를 썼다(1993. 2. 9.). 당신의 책이 출판되어 별도 우편으로 보낸다, 그리고 당신이 생물학뿐 아니라 사회과학에까지 새 지평을 연 이 대작이 한국 독자들에게 잘 전달되기를 바란다는 이야기와 함께. 그 한 달 후쯤 윌슨 교수로부터 답신(1993. 3. 16.)
이 날아들었다. 번역본을 잘 받았고 기쁘고 자랑스럽다며 책이 아주 잘 나왔
다("excellently produced")는 찬사를 덧붙였다. 그간의 피로가 일순간에 풀리
는 기분이었다.

　번역 과정에서 치른 무리와 고행이 결코 허사가 아니었다. 이 책을 번역
함으로써 내가 생물학을 하는 의미와 가치가 한층 두터워지고 풍요로워졌
기 때문이다. 그리고 사회생물학의 화두를 한국 사회에 던지는 계기의 주
인공이 되었다는 데도 뿌듯함을 느끼지 않을 수 없었다. 물론 번역에 착수
한 초기에 나는 월간지《신동아(新東亞)》의 청탁으로 이 책의 완본인『사회
생물학: 새로운 종합』을 소개하는 글을 썼고 이것은 이 월간지(1986년 1월호)
의 별책 부록『오늘의 사상, 100인 100권』에 수록되었다(이병훈, 1986a). 아마
도 이것이 한국에 사회생물학을 처음으로 소개한 글이 되지 않았나 싶다(그
러나 이 글은 논쟁을 소개한 데 그치고 책 내용의 핵심을 간과한 졸작이었다.). 그런데 이것
은 완본 원서가 출간된 지 이미 10년 후였고, 그 후 축약본 번역서가 나온 것
도 완본이 나온 지 거의 17년이 된 시점이니 미국에서 새로운 이론이 정립된
후 한국 사회에 소개되기까지의 기나긴 시차가 극명하게 드러난 셈이다. 더
욱이 이 번역본이 나온 1992년은 구미에서 사회생물학에 대한 논쟁이 그 절
정을 지나 '인간의 행동과 문화를 생성하는 심리학적 메커니즘을 진화적으
로 연구한다.'는 진화심리학(evolutionary psychology)이 존 투비(John Tooby)의
논문「진화심리학의 등장(The Emergence of Evolutionary Psychology)」(Tooby,
1988)을 시작으로 해서 그 5년 후 인류학자 존 투비 등 세 사람(Barkow,
Cosmides, Tooby)의『적응된 마음: 진화심리학과 문화 세대(The Adapted Mind:
Evolutionary Psychology and the Generation of Culture)』(Barkow et al., 1992)가 나
옴으로써 인간 사회생물학(윌슨에 따르면 진화심리학은 '인간 사회생물학'의 다름 아니
다.)의 모습을 뚜렷이 한 시점이란 점에서 더욱 그렇다. 다시 말해 사회생물학
의 번역본 출간이 이 책의 주요 이슈에 대한 논란이 지나고 사회생물학이 한

층 더 발전해 새 학문의 지평을 열어 나가는 시점에 이르도록 지연되었다는 뜻이다. 이러한 지체 상황은 『사회생물학』의 번역 당사자인 나로 하여금 깊은 회한과 자괴감에 빠지게 하였다.

한편 국내에서는 동물의 사회 행동에 관한 책으로 이 번역서가 나오기 한 해 전에 니콜라스 틴베르헌의 『동물의 사회 행동』이 박시룡 교수의 번역으로 나오고(1991) 『곤충의 사회 행동』이 추종길(秋鐘吉) 교수의 저술로 출간되었다(1992). 이보다 5년 전에 동물의 행동에 관한 책으로 유명한 콘라트 로렌츠의 *On Aggression*(Lorenz, 1966)이 『공격성에 관하여』(송준만 옮김, 1986)로 20년 만에 나왔고 다음에 데즈먼드 모리스(Desmond Morris)의 *Naked Ape*(Morris, 1967)가 『털 없는 원숭이』(김석희 옮김, 1992)로 25년 만에 나왔는데 둘 다 원서로 나왔을 당시 구미에선 선풍적인 인기를 끌며 읽혔던 책이라 한국에 이처럼 늦게 나온 점이 크게 아쉬웠다. 본격적인 사회생물학 저술로 리처드 도킨스(Richard C. Dawkins)의 *The Selfish Gene*(Dawkins, 1976)이 서울대 사범대 대학원생인 이용철 씨에 의해 『이기적 유전자』(1992)로, 그리고 이듬해(1993)에 서울대 홍영남 교수에 의해 같은 이름으로 다른 출판사에서 나온 일은 원본이 나온 지 16년이나 지난 뒤라 나의 『사회생물학』의 경우와 비슷해 아쉽기는 마찬가지였으나 한국 사회에 사회생물학의 화두를 거의 동시에 던졌다는 점에서 후에 국내에서 사회적 이슈로서 파장을 일으키는 데 상승 효과를 발휘하지 않았나 생각된다.

어쨌든 나의 번역서 『사회생물학』은 반년 후 한림대학교의 과학사가인 송상용 교수의 서평으로 다시 소개되었는데 이 책의 핵심과 쟁점을 정확히 짚어냈다(《출판저널》, 1993. 5. 20.).

사회생물학 논쟁에 불을 붙인 도킨스의 『이기적 유전자』

앞에서 나는 도킨스가 쓴 『이기적 유전자』의 한국어 번역판이 1992년,

1993년에 연거푸 나왔다고 했다. 이 책이 나에게 사회생물학을 개념적으로 이해하는 데 얼마나 큰 도움을 주고 한국의 독자와 사회에 준 영향이 얼마나 컸던가를 강조하는 차원에서 그 독후감을 여기 쓰고자 한다.

내가 이 책을 읽은 것은 윌슨의 『사회생물학』(축약본)을 번역 출판한 다음 해인 1993년 여름이었다. 나는 그때 원서의 1989년판을 사서 번역본과 함께 읽었다. 그러나 윌슨의 『사회생물학』을 이미 번역한 나로서는 새롭게 놀라울 것이 별로 없었던 것 같다. 이미 윌슨의 책이 말한 내용들이었기 때문이다.

그러나 이 책은 나에게 윌슨의 책에서 난해했던 부분을 풀어내는 해설서 역할을 톡톡히 했다. 그러면서도 이 책은 역시 제2의 '충격'을 안겨 준 게 분명했다. 우선 뭇 생명체들의 본체가 개체가 아닌 유전자에 있고 따라서 나는 내 유전자의 생존 기계나 다름없으며 이타성이란 유전자의 이기주의의 포장에 불과하다는, 즉 생명에 대한 극단적인 기계론이 다시금 생명체와 인간에 대한 새로운 '공허'와 '무의미'로 나를 엄습해 온 것이다. 나의 신체는 곧 유전자들의 한 군락이며 세포는 화학 공정의 한 작업 단위일 뿐이다. 더욱이 거짓말과 기만은 자연스러운 생존 전략이며 이를 이용해 성공한 유전자는 곧 '냉혹한 이기주의자'임을 책은 드러내고 있다. 다시 말해 인간을 포함해 모든 생명체는 스스로 번식하기 위해 유전자를 이용하는 주체가 아니라 유전자의 번식 매체로 이용되고 있다. 곧 멘델 유전학 이후 우리가 스스로에 대해 가졌던 생각에 대한 역발상이며 진화에 대한 완전히 새로운 조망이다. 즉 유전자 중심의 우주관이다.

아무리 과학이 'is'이지 결코 'ought'가 아닐지라도 이것이 결국 인간이 수백만 년에 걸쳐 진화해 온 역정의 메커니즘이고 '방향'이었다면 선악의 도덕적 판단을 최고의 가치로 여기는 우리 인간에게는 이러한 말들이 너무도 역설적이고 자기 부정적이어서 가히 실망과 허탈을 금할 수 없는 것이

다. 그러기에 조지 프라이스(George Price)라는 사회생물학자가 해밀턴과
의 공동 연구 끝에 자살하고 다른 여러 학자들도 폐인이 되었다는 사실은
그리 놀랄 일이 아니라는 생각마저 든다(후술).

어쨌든 이 책은 '진화적 안정 전략(ESS)', 공격성, 부모 자식 간의 갈등,
암수의 성비가 대체로 1:1이 될 수밖에 없는 이유 그리고 이타성이 어째서
혈연 선택에 의존하는지 등을 잘 풀어냄은 물론, 인간이 늙어서 왜 죽는지
를 그럴듯하게 설명한다. 더욱이 뇌의 발달이 의식을 낳고 이것은 문화를
창출한다고 한다. 다시 이 문화의 기본 단위인 밈(meme)은 문화적 돌연변
이와 선택을 통해 진화해 가면서 인간에게 다시 물리적 선택 요인이 되어
생물학적 인간과 함께 공진화(共進化, coevolution)를 이끌어 가는 파트너
가 된다. 한 발 더 나아가 동물행동학으로 노벨상을 받은 로렌츠의 종 선택
론에 맹공을 퍼붓는가 하면 종교와 신의 허구성을 설파하는 대담성도 보
인다. 다시 말해 신앙이 깊은 사람이 읽었다가는 질겁할 것이다. 왜냐하면
사후의 영생은커녕 영성(靈性, spirituality)의 존재조차 거부하기 때문이다.

종교에 대해 평소 회의적이었던 나에게는 도킨스가 무신론자로서 기독
교 근본주의에 대해 속 시원하게 일격을 가해 준 셈이다. 그러나 인간의 삶
에 대해 장기적인 희망을 가질 수 없게 하는 과학적 유물론이 죽음을 피할
수 없는 모든 인간에게 아무런 희망을 주지 못하는 것 또한 종교만큼이나
나를 답답하게 만든다.

도킨스는 『이기적 유전자』 이후 『확장된 표현형(*Extended Phenotype*)』
(Dawkins, 1982), 『눈먼 시계공(*The Blind Watchmaker*)』(Dawkins, 1986), 『에덴
의 강(*River out of Eden*)』(Dawkins, 1995), 『신이라는 망상(*The God Delusion*)』
(Dawkins, 2006c), 『지상 최대의 쇼: 진화의 증거(*The Greatest Show on Earth:
The Evidence for Evolution*)』(Dawkins, 2009), 『현실의 마법: 진정 참이라는 것
을 어떻게 알 수 있는가(*The Magic of Reality: How We Know What's Really True*)』

(Dawkins, 2011) 등 내는 책마다 그의 그럴듯한 은유와 쉽게 풀어쓰는 설득력 그리고 철저한 과학주의와 종교에 대한 저항 등으로 인기를 더해 갔다. 이 책들은 한국에서도 모두 번역되어 베스트셀러의 반열에 올랐다. 그 파급은 세계적이어서 과연 옥스퍼드 대학교의 '과학의 대중 이해 석좌 교수'의 직함에 걸맞은 값을 하고도 남는다는 생각이 든다.

이처럼 호소력과 논리 전개가 '기상천외'한 도킨스의 『이기적 유전자』는 윌슨의 『사회생물학: 새로운 종합』을 배경으로 전 세계에 큰 회오리를 일으켰다. 이들의 책이 30주년을 맞은 시점까지 윌슨의 책은 4만 부가 팔린 반면 도킨스의 책은 무려 100만 부가 판매되고 20개 언어로 번역되었다니(de Chadarevian, 2007) 가히 그 선풍적 인기를 실감하고도 남는다(2015년 현재 30개국에서 번역되었다고 한다.).

도킨스의 책이 한국 사회에 한참 열을 달구던 1993년 가을에 나는 계간 《과학사상》으로부터 진화론을 개괄하는 글을 써 달라는 청탁을 받았다. 여기에 나는 사회생물학에 초점을 맞춰 진화생물학의 최신 사조를 엮은 「진화론의 현대적 이해: 다위니즘에서 사회생물학까지」를 써 보냈더니 그해 겨울호에 실렸다(이병훈, 1993g).

한국 최초의 사회생물학 본격 소개서 『유전자들의 전쟁』 출간

내가 번역한 윌슨의 『사회생물학』 원고가 대우재단의 심사를 거쳐 민음사로 넘어가 편집 중이던 1992년 6월 초 어느 날 《동아일보》의 이용수(李龍水) 편집 위원으로부터 동물의 행동에 관해 재미있는 글을 써서 《동아일보》에 연재해 달라는 청탁을 받았다. 이런 글의 연재로 말하면 이미 20여 년 전에 월간지 《샘터》에 「곤충 이야기」를 시작으로(1970년 5월호) 10개월간 쓴 적이 있었고 그 후 주간지 《전자시보》에 「차 한 잔의 생각」이란 칼럼에 몇 차례 기고하기도 했다(1989. 4. 등). 《동아일보》에는 '생활과학'란에 몇 차례(1978. 7. 9.

등) 투고한 바 있으나 본격적인 연재를 요청받기는 이것이 처음이었다. 이용수 위원은 서울대 사범대 생물교육과 출신으로 언론계에 입문하고서도 뜻이 각별해 서울대 보건대학원에서 박사 학위까지 받은 학구파 기자였다. 서울대 문리대 생물학과를 나온 나와는 각별한 친분도 없는 사이인데 멀리 지방에 있는 나에게 번번이 연락을 주니 나로서는 그저 고마울 뿐이었다. 이번 연재 청탁이 더욱 그랬다.

나는 마침 『사회생물학』의 번역을 마친 터라 번역 과정에서 알게 된 흥미로운 내용들을 이 연재에 담아내자고 생각했다. 종래의 흥미 위주의 이야깃거리를 넘어 동물 행동의 적응성, 기작, 그리고 진화를 담아낼 뿐 아니라 인간 사회가 나타내는 텃세 행동, 영아 살해, 근친상간 기피, 외부자 혐오, 부모자식 간의 갈등, 동성애 등 사회생물학의 주요 이슈에 대해 유전적 이기주의에 근거한 새로운 해석을 소개하고자 했다. 그래서 이기적 유전자의 복제와 전파가 어떻게 이타성으로 표출되는지도 말하고자 했다.

《동아일보》에 원고를 보내고 제19차 국제곤충학회에 참석차 김포공항에서 비행기를 탄 1992년 여름 어느 날, 비행기 입구에 놓인 《동아일보》를 집어 들고 좌석에 앉아 펼친 순간 나의 글 제1편 "공격성은 본능인가"라는 표제가 호랑이가 사슴을 덮치는 그림과 함께 눈에 확 들어왔다(1992. 6. 28.). 그 순간 흥분을 감출 수 없었다. 그것은 한국의 대중들에게 사회생물학을 소개하는 첫 걸음이기 때문에 그런 것이지만 다른 한편으로는 나 같은 시골 대학 교수가 중앙 일간지에 연재하는 데서 오는 놀라움과 뿌듯함도 있었다. 다른 한편으로는 무거운 책임감도 들었다. 이렇게 중요한 칼럼을 맡아 놓고서 독자들에게 혹시 기대에 거슬러 실망을 주면 어쩌나 하는 점이었다. 어쨌든 나의 글은 이러한 고민 속에서도 매주 이어져 이듬해 3월 8일 제20회까지 8개월간 연재되었다.

이렇게 계속된 연재는 내가 공부해 알고 있는 진화에 관한 모든 문제와 내용을 다시 한 번 곱씹어 보는 계기가 되었다. 그래서 나에게 새로운 생명관과 자연관을 심어 주고 또한 나의 자기 계발과 연찬에 절호의 기회가 되었다는 점에서 또 다른 의미로 다가왔다. 그리고 이러한 의미 부여는 이 글들을 보완하여 책으로 묶자는 욕심으로 발전했다.

나는 이렇게 쓴 20회 분의 연재에 10회 분을 추가했다. 그 가운데는 사회생물학과 그 주역인 윌슨 교수를 소개하는 글도 들어 있었다. 그리고 「동성애는 금기인가?」도 썼다. 동성애의 원인을 가까운 친척을 보살피는 혈연 선택의 원리로 해석하는 사회생물학의 입장과 최근 염색체의 특정 부위에 주목해 활발히 진행되고 있는 연구 추세를 소개함으로써 종래 동성애를 병리 현상이나 변태로만 봤던 인습과 편견에 일침을 가하고자 했다. 그러나 당시로서는 동성애를 옹호하는 글을 쓴다는 것 자체가 AIDS를 동성애자에게 내려진 천형(天刑)으로 보는 사회 분위기 속에서 도저히 허용될 수 없는 금기였던 게 사실이다. 공연한 평지풍파를 일으키고 지나친 생물학적 결정론자로 몰릴 필요가 있겠는가 하는 우려도 들었다. 그러나 동성애자들이 동성에 대해 자연스럽게 연정을 느낀다는 고백을 전해 듣고, 또 사회생물학에서 말하는 그럴듯한 설명에 무언가 진실이 담겨 있다는 판단에서 나는 「동성애는 금기인가?」라는 글 끝에 "이제 사람들은 성에 대한 종래 관념을 다시 생각하고 성의 도덕성을 재정립하는 지혜를 발휘해야 할 것이다."라고 썼다.

그런데 이와 비슷한 생각을 가졌으나 감히(?) 쓰지 못한 것이 있으니 「종교는 허구다」라는 제목의 글이었다. 사회생물학은 물론이고 오늘날의 인지 과학에서도 종교는 진화의 산물임을 논리정연하게 주장해서 최근에는 하느님의 존재는 환상에 불과하다는 글과 책이 '쏟아져' 나오고 있기도 하다. 하지만 당시 나의 글은 불발이 되고 말았다. 특히 종교 인구가 국민의 절반 이상이나 되고 특히 근본주의자들의 열광이 대단한 한국 사회에서 '바위에 계란 치기'임은 물론 글을 쓴 나는 나대로 만신창이(滿身瘡痍)가 될 게 뻔했기 때문이다. 어차피 갈릴레오 갈릴레이나 조르다노 브루노가 아닐 바에야 엄두를 내지 말자 하고 포기하고 말았다.

사진 19. 한국 사회에 사회생물학을 처음 소개한 책들. 윌슨의 『사회생물학』(가운데, 1992), 도킨스의 『이기적 유전자』(왼쪽, 1992), 필자의 『유전자들의 전쟁』(오른쪽, 1994).

몇 달 후 나는 그사이에 쓴 원고를 완성해 민음사에 넘기고 1993년 12월 중순에 원고 최종 교정을 보게 되었다. 그리고 이듬해인 1994년 정초에 『유전자들의 전쟁』으로 책이 출간됐다(1994. 1. 11.). 편집을 담당했던 민음사의 이갑수 부장(현재 출판사 궁리 사장)은 책에 대한 반응이 좋다며 다음 책을 준비해야겠다고 전해 왔다.

어쨌든 이 책이 나오고 나서 각 언론사의 반응이 뜨거웠다. 내가 알기로, 중앙 일간지 6곳과 주간지, 월간지 들이 놀라운 소식으로 소개하거나 서평을 냈다. 책을 출판한 민음사도 광고를 내 얼굴 사진과 함께 연거푸 냈다.

그런데 책이 나온 지 두 달 후쯤 나는 연세대학교 생화학과에 다닌다는 한 여학생으로부터 편지를 받았다. 이 책을 읽고 "충격을 받았으며", "얼굴이 붉으락푸르락해지는 듯한 느낌"이었는데 이것은 '생명체는 유전자의 탈것'에 불과하다는 사회생물학이 던지는 메시지 때문이었고, 이어 "사회학도 생물학의 한 분과가 될 것이라는 윌슨의 주장을 보고 역시 충격을 받았다."고

했다. 사실 이러한 '충격'은 그녀만 받은 게 아니었다. 1960년대 초반에 윌리엄 해밀턴이 혈연 선택설을 이론화해 이타주의는 이기주의의 또 다른 얼굴임을 증명한 후, 그 자신을 포함해 많은 생물학자들 역시 충격을 받았다. 『사회생물학』을 번역하면서 내가 느낀 것도 똑같았다. 나는 "사람이 자기 몸속 유전자의 조종을 받는 꼭두각시에 불과하다니!" 하며 경악했고 깊은 나락으로 떨어졌다. 리처드 도킨스도 해밀턴이 내린 결론에 마찬가지로 상도(想到)하면서 몸이 굳어 버리는 듯했다고 한다. 그는 그의 책 『이기적 유전자』에서 "우리는 생존의 기계 장치, 즉 유전자라는 이기적 분자들을 맹목적으로 보존하도록 프로그램되어 있는 전달 로봇일 뿐이다. 나는 아직도 이 사실을 떠올릴 때마다 깜짝 놀란다."라고 했는데 과연 이러한 말에 놀라지 않을 사람이 어디 있겠는가!

조지 프라이스는 "이타주의는 단지 유전자의 이기성일 뿐이다."라는 해밀턴의 결론을 뒤집어보기 위해 독학으로 유전학을 공부했으나 허사였고 오히려 그의 결론이 옳다는 것을 알고 그와 공동 연구를 했다. 그러나 그는 이미 앞에서 말한 바와 같이 결국 정신적 불안정에 빠진 나머지 종교에 귀의했다가 급기야 가진 재산을 가난한 사람들에게 나눠 주고 런던의 한 집에서 자살하고 말았다(Ridley, 1996: Harman, 2010). 프라이스는 사실상 해밀턴으로 하여금 자신의 혈연 선택설을 재검토하는 데 영감을 주었고 존 메이너드스미스(John Maynard-Smith)가 진화에 게임 이론을 적용하는 데 영향을 주었으며 진화의 신종합설의 주역 가운데 한 사람인 로널드 피셔(Ronald A. Fisher)의 자연 선택 이론이 오랫동안 야기했던 혼선을 말끔히 해소해 준 '위대한' 생물학자였다(Harman, 2010; Frank, 2010).

앞의 이야기들과 비슷한 이야기로 도킨스가 『이기적 유전자』의 30주년 판(Dawkins, 2006a)에 새로 쓴 서문에는 이런 서술이 나온다. 그는 어느 날 호주의 한 독자로부터 편지를 받았는데, 이 책이 엄청나게 재미있었으나 이제 독서한 것을 물렸으면 한다고 했단다. 이 책으로 인해 10년 이상 우울증에 빠졌고 인생에 대한 영적인 전망을 상실했으며 그래도 희망을 갖고 무언가 깊은 뜻이 있을 거라 기대했지만 헛수고였다고 했다. 도킨스는 또 외국의 한 출판업자로부터도 편지를 받았는데 이런 내용이었다고 했다. "이 책을 읽고 너무 혼란스러워 사흘을 잠을 못 잤다. 먼 나라의 한 교사로부터 편지를 받았는데 사연인즉, 한 여학생이 이 책을 읽고 인생은 공허하고 목적이 없다는 데 충격을 받아 눈물을 흘리며 찾아왔기에 이 여학생에게 이러한 허무주의적 비관론이 다른 사람들에게 더 퍼지지 않게 이 책을 다른 학생들에게 보이지 말라고 권했다고 했다."(Dawkins, 2006a) 내가 앞에 말한, 한 여대생으로부터 받은 편지와 비슷한 경우다.

이러한 충격과 비극은 사회생물학의 등장을 '이기적 유전자 혁명'이라고 부를 수 있는 이유를 압축하고 남는지도 모른다. 어쨌든 나의 『유전자들의 전쟁』은 문화부 추천 도서로 선정된 데 이어 내게 한국과학저술인협회가 수여하는 저술상을 안겨 주었다(1996.4.).

사회생물학 반론서 『우리 유전자 안에 없다』의 서평을 쓰고

이런 가운데 사회생물학에 반대하는 이론서인 『우리 유전자 안에 없다: 생물학, 이데올로기 그리고 인간의 본성(Not in Our Genes, Biology: Ideology and Human Nature)』(Rose et al., 1984)도 번역되어 우리나라에 소개되었다. 이것은 앞서 나온 굴드의 『다윈 이후』 이후 두 번째로 한국어로 번역되어 소개됐다. 이러한 책들은 사회생물학의 그럴듯한 이론에 '현혹'된 나를 포함하여 많은 사람들에게 차분히 되돌아볼 수 있는 기회가 된 듯하다.

그러던 차에 출판계 소식지 《출판저널》에서 나에게 이 책에 대한 서평을 써 달라는 청탁이 왔다. 내가 부지런히 훑어보고 쓴 원고는 그 후 "인간 행동 주체성 되묻는 논쟁적 생물학, 사회생물학 문제점 정면 공박 눈길 끌어"라는 표제로 나왔다(이병훈, 1993c). 글 내용은 대충 다음과 같다.

모두 10장으로 이뤄진 이 책의 소제목을 보면 서두부터 '신우익과 낡은 결정론', '생물학 결정론의 정치학', '부르주아 이념과 결정론의 기원'으로 되어 있어 '유전자 안에 결코 운명 결정 사실이 없다'는 메시지 전달을 위한 논리 전개라기보다는 '생물학 결정론'을 특정 이념과 정치 세력의 사상적 기초라고 강조하며 부각시키는 데 급급한 인상을 주고 있다. 세 사람의 저자들은 사회생물학은 곧 생물학 결정론인 동시에 환원론이라고 단정하고 있으나 사회생물학의 어떤 책도 철저한 생물학 결정론을 내세우고 있지 않음에 유의해야 할 것 같다. 더욱이 윌슨은 환원주의를 사물의 구조적 원리로 보기보다 문제 해결 과정에서 전체론과 함께 사용됨이 바람직한 접근 방법의 하나로 보는 입장이기 때문이다. 이어 계속되는 장들, 즉 '불평등의 정당화', 'IQ 세계의 등급 질서', '결정된 가부장제' 역시 사회생물학이 인간의 유전적 기초를 바탕으로 인간 사회의 현상을 인정하고 정당화하는 것으로 단정하고 있다. 그러나 도킨스가 말한 것처럼 과학적 사실과 그러기를 바라는 인간의 믿음은 어디까지나 구분되어야 하고 또 윌슨의 주장처럼 인간주의의 현명한 실현을 위해서는 동물과 인간의 진화에 관한 사실들을 먼저 냉철하게 밝혀내야 한다고 생각되기 때문이다. 이 책의 후반부에 '정신 조종에 의한 사회 조종', '정신분열증: 결정론들의 충돌' 등은 사회생물학을 생물학 결정론으로 일관되게 비판함은 물론이고 문화 결정론도 반박하며 다윈, 데카르트, 프로이트, 진화의 종합설 등을 무차별 공격하는 면모가 마치 과학적 창조론자들이 믿음과 열망으로 절규하는 것을 보는 것 같아 과학의 본령을 이탈한 것 같은 느낌마저 준다. 그래도 이 책은 양 진영을 비교하여 살펴보는 좋은 계기가 될 것이다. 어쨌든 남자와 여자가 다른 것은 염색체의 차이에서 오며 그러한 차이의 메커니즘을 책임지고 있는 것으로 생각되는 유전자도 발견되었다. 그러니 오늘날 남녀의 구별이 둔화되고 차별이 한층 극복, 해소되고 있는 것은 문화적 구속의 양태일 뿐이다. 인간의 생물학적 진실은 철저히 구명되고 현실적 문제들은 문화적으로 극복되어야 할 것이다.

여기서 당시 도킨스가 이 책에 대해 서평(Dawkins, 1985)을 쓴 것을 잠시 보면, 이 책은 "[환원주의자들이] 인간 사회의 성질은 그 사회 구성원들 각자의 행동의 합계일 뿐이며 따라서 예를 들어 사회가 공격적인 것은 구성원 각자가 공격적이기 때문이다."라고 주장하고 있다는데, 이러한 논리를 따른다면 나는 바흐의 뇌를 이루는 세포들이 음악적인 원자들로 구성되었다고 믿어야 하는 황당함에 빠져야 한다고 응수하였다. 또한 도킨스는 사회생물학자들이 유전자를 잘 들먹이는 것은 행동에 영향을 주는 유전자를 가정하지 않고는 다윈식의 논리를 펼 수 없기 때문이며 이 책의 저자들이 생물학적 결정론의 참뜻을 진정 알고 있는지 의심하지 않을 수 없다고 일갈했다.

그런데 이후에도 사회생물학에 대한 비판서는 꾸준히 나왔다. 하버드 대학교의 유전학자 리처드 르원틴(Richard Lewontin)의 『이데올로기로서의 생물학(Biology as Ideology)』(Lewontin, 1991)이 나오고 훨씬 후에 생물철학자 하워드 케이(Howard L. Kaye)는 『현대 생물학의 사회적 의미: 사회다윈주의에서 사회생물학까지(The Social Meaning of Modern Biology: From Social Darwinism to Sociobiology)』(Kaye, 1997)를 냈다. 또 이데올로기 문제를 떠나 학술적 차원에서 사회생물학을 둘러싼 논쟁을 다룬 독일 책 『유전자, 문화 그리고 도덕: 사회생물학 찬반 논쟁(Gene, Kultur und Moral: Soziobiologie-Pro und Contra)』(Wuketis, 1990)도 나왔다. 이 세 도서에 대해서는 후술할 것이며 나중에 모두 한국어로 번역되었다.

한국에도 불기 시작한 사회생물학 열풍

사회생물학에 대한 관심에 다시금 불을 지른 것은 아마도 1994년 여름에 미국의 시사 주간지 《타임》이 표지에 "외도, 그것은 우리의 유전자 속에 있을지도 모른다(Infidelity, It may be in our genes)"라는 표제를 달고 특집 기사로 사회생물학과 진화심리학을 9쪽에 걸쳐 「우리의 외도 성향(Our Cheating Hearts)」이라는 제목으로 소개한 데서 비롯됐을 것이다(Wright, 1994a). 기사는 우리가 이성을 찾고 만날 때 느끼는 신뢰, 열정, 냉담, 질투, 욕정 등 모두가 과거에 사람의 유전자를 퍼뜨리도록 도왔던 자연 선택이 만든 작품들의 잔재라고 전했다. 우리가 흔히 원앙새의 금실을 말하지만 이 새는 외도를 하며 또한 멧새의 한 종류에서 DNA를 조사한 결과 암컷이 수컷을 따돌리고 주로 상위 계층의 다른 수컷과 외도를 해 알을 낳은 비율이 40퍼센트에 이르고 사람에서도 외도 출산이 원시 부족의 2퍼센트에서 관찰되고 현대의 어떤 도시에서는 20퍼센트에 이를 만큼 성행한다고도 했다. 진화심리학자이자 대중 작가인 로버트 라이트(Robert Wright)의 이 기사에는 사람의 행태에 관해 이토록 충격적인 발언들이 여러 차례 등장한다. 이 기사를 읽고 분노한 독자의 편지가 그 후 800통이나 《타임》 편집자에게 쇄도했다는 점은 이 글의 폭발적 '위력'을 여실히 증명했다. 그는 그해에 『도덕적 동물: 우리는 누구이고 우리는 어떤 식으로 존재하는가, 진화심리학이라는 새로운 과학(The Moral Animal: Why We Are, the Way We Are: The New Science of Evolutionary Psychology)』(Wright, 1994b)이라는 책을 냈는데 《뉴욕 타임스》가 발표한 '올해의 책 11권'에 들었고 9년 후에 한국에도 번역되어 나왔다. 이러한 진화심리학의 열풍에도 불구하고 이에 대한 반론서 『오, 불쌍한 다윈이여(Alas, Poor Darwin)』가 하버드 대학교의 굴드를 비롯해 10여 명의 저자에 의해 출간되었는데, 진화심리학이 불안정한 실험적 증거와 지나친 환원주의에 입각했다는 이유로 맹공을 퍼부었다(Rose and Rose, 2000).

사회생물학에 대한 국내외의 이러한 파장은 국내에서 마침내 그해 가을에 개최된 학회 차원의 심포지엄으로 이어졌다. '생물학적 결정론의 내용과 사회적 함의'를 주제로 대한의사학회와 한국과학사학회가 공동 주최한 심포지엄이 개최된 것이다(1994. 10. 11., 서울시 동숭동 서울대 의대). 여기에는 서유

헌(서울대 의대), 홍욱희(한전), 이상원(서울대 과학사 박사 과정), 황상익(서울대 의대)
과 내가 연자로 참가했는데 홍욱희, 이상원 두 연자를 생물학적 결정론 비
판 쪽으로, 그리고 나를 결정론 옹호 쪽으로 설정해 논쟁을 유도하는 식으로
기획된 모임이었다. 과연 앞의 두 연자는 전일론과 환경론을 기반으로 결정
론 비판을 펴 나갔다. 그러나 나는 본능이란 것도 유전적으로만 결정되는 것
이 아님을 예를 들어 설명하고 아울러 어떤 사회생물학자도 생물학적 결정
론을 선언한 사실이 없음을 들었다. 다시 말해 나를 생물학적 결정론을 주장
하는 연자로 설정한 것은 빗나간 셈이다. 나로서는 그러한 결정론자로 매도
된 듯해 어처구니가 없기만 했다.

어쨌든 서울대 의대 본관 4층의 계단식 강의실이 꽉 차는 만장의 성황을
이루었고 이는 사회생물학에 대한 관심과 열기가 얼마나 뜨거웠는가를 단
적으로 보여 주었다. 며칠 후에《한겨레》는 이 행사를 "'인간 행동', 유전자가
결정하는가"라는 제목을 붙여 대서특필하고 마지막 문단을 다음과 같이 맺
었다. "사회생물학의 국내 소개에 앞장서 온 이병훈 전북대 교수는 '사회생
물학은 인간의 본성을 과학적으로 규명한 다음 이에 적합한 윤리, 제도 등
문화적 구속을 설정함으로써 진정한 휴머니즘을 실현할 수 있는 유일한 길'
이라며 '분자생물학의 발달과 인체 게놈 계획의 추진으로 사회생물학의 위
치와 가능성은 더욱 분명해질 것'이라고 전망했다." 이 행사에서 발표된 글
들은 다음 해에 책으로 묶여『인간은 유전자로 결정되는가』라는 제목으로
출판되었다(서유헌 외 4인, 1995).

어쨌든 1994년 정월에 나의 책이 나온 이후 같은 해에 동물의 행동에 관
한 책으로 모리스와 로렌츠 등의 책들이 한국어로 번역되어 나온 점은 전술
한 바와 같다.

그해 말에 계간 과학 평론지《과학사상》은 특집으로 "사회생물학, 역사
와 쟁점"을 제목으로 나의 글「사회생물학의 행동학적 기초와 쟁점들」(이병
훈, 1994b)과 함께「생물학과 인간 본성」(데이비드 힐)과「사회생물학: 철학적 분

석」(마이클 루즈)을 실었다(《과학사상》, 1994년 겨울호). 뿐만 아니라 권두 논문으로 「문화적 존재로서의 인간」(김광억, 1994)과 좌담 「인간, 유전자, 문화」(이만갑, 홍영남, 이훈)를 실음으로써 사회생물학을 본격적으로 다루기도 했다. 그런데 권두 논문 「문화적 존재로서의 인간」을 읽고 나는 적지 않게 놀랐다. 인류학자인 저자의 문화 절대주의에서 오는 구구절절들이 나를 경악에 빠지게 한 것이다. 이 글 가운데 '유전학의 사회적 적용'이란 항목에서 "처음에는 적자생존을 골자로 하는 다윈의 진화주의가 사회에 적용되어 사회 진화론이 생겼고, 다시 사회과학이 생물학에 적용되어 유전자 자본주의의 발상을 낳게 했다. 사회생물학은 적자생존설을 사회적으로 이용하는 마지막 단계의 수단이며, 공리주의적 경제학을 동물 왕국에 이식하는 것이다."라고 한 데서 나는 아연실색하지 않을 수 없었다. 글 끝에다 나는 결국 "진화생물학의 지식과 개념의 철저한 결여!"라고 간단히 소감을 적었다. 그리고 '두 개의 문화'가 이토록 골이 깊게 상존하고 있음에 다시금 놀라고 한국에서 사회생물학이 나아갈 길은 멀고도 험하다고 느꼈다.

요컨대 1994년은 사회생물학에 관한 논의가 이렇게 국내외적으로 좀 더 활발하게 전개되었던 한 해였는지도 모른다. 포항공대 임경순 교수가 그해의 과학 출판계를 둘러보고 쓴 글이 「사회생물학 논의 활발했던 한 해」라는 제목으로 나온 이유이기도 할 것이다(임경순, 1995).

윌슨의 『자연주의자』와 『개미 세계 여행』을 번역하게 되다

1994년 정월에 나의 『유전자들의 전쟁』이 나오면서 사회생물학의 세찬 바람이 국내 독서계를 휩쓴 후 연말에 민음사 이갑수 편집부장으로부터 전화가 왔다(1994. 12. 8.). 윌슨 교수의 자서전 『자연연구가(*Naturalist*)』(Wilson, 1994)가 새로 나왔는데 번역하지 않겠냐고 했다. 그는 이 책이 《뉴욕 타임스 북 리뷰》에서 "올해 최고의 책 11"으로 선정되었다며 이 책의 서평(New York

Times Book Review, 16 October 1994)을 팩스로 보내 주었다. 서평의 필자는 헬렌 피셔(Helen Fisher)로, 바로『사랑의 해부학(*Anatomy of Love*)』(Fisher, 1992)을 써서 이름을 날리고 있던 뉴욕 자연박물관의 인류학자이면서 사회생물학자였다. 이 부장은 그러나 이 책의 한국어판 판권을 두고 국내 다른 한 출판사와 치열한 경쟁 상태에 있으니 어떻게 도와줄 수 없느냐고 물었다. 나는 저자 윌슨 교수에게 편지를 써 보겠다고 하고 윌슨 교수에게 "민음사는 내가 번역한 당신의『사회생물학』한국어 번역판을 출판한 곳이고 나의『유전자들의 전쟁』도 출간하는 등 경력이 쟁쟁한 굴지의 출판사이니 민음사가 판권을 얻도록 힘써 달라."는 내용을 써서 팩스로 보냈다(1995. 1. 9.).

그런 지 약 열흘 후에 답신이 날아들었다. 윌슨 교수는 내가 그 책을 번역하는 것을 흔쾌히 받아들인다며 출판사 아일랜드 프레스(Island Press)에 연락하겠다고 했다(1995. 1. 12.). 그런데 단서를 하나 달았다. 최근에『개미 세계 여행(*Journey to the Ants*)』(Hölldobler and Wilson, 1994)을 출간했는데 이것도 번역하지 않겠냐고 했다. 그러나 나는 번역이라면 너무 힘든 나머지 신물이 나는 상황이어서 선뜻 내키지 않았다. 그러나 윌슨 교수 같은 대가의 권유를 마다할 수 없었다. 그래서 우선『자연주의자』부터 번역하기로 마음먹었다. 그러나 1995년은 태국 카세삿 대학교와의 톡토기에 관한 공동 연구를 시작한 해라 우리와 상대팀이 서로 상대국을 방문해서 세미나와 야외 조사를 해야 하는 데다 내가 전북대학교 부설 생물다양성연구소 소장으로서 '서태평양-아시아 생물다양성 협력 사업(DIWPA)'에 참여하게 되어 타이완과 싱가포르 그리고 일본에 한 차례씩 다녀오는 복잡한 일정을 소화해야 했다. 국내 톡토기에 대한 몇 가지 연구도 함께 진행되었으니 그야말로 눈코 뜰 새 없이 바쁜 시기였다. 그래서 나는 가까이 익산에 있는 원광대학교 김희백 교수에게 공동 번역을 제안했다. 당시 김 교수는 로버트 오그로스(Robert Augros)와 조지 스탠시우(George Stanciu)의『새로운 생물학(*The New Biology*)』(Augros and Stanciu, 1987)을 번역해 출간했는데 번역도 번역이려니와 매끄러운 문장이 인상적이었다. 나는 이러한 내역을 들어 가며 윌슨 교수에게 양해를 구하는 편지(1995. 2. 4.)를 썼고 그는 동의와 함께 원서도 보내왔다.

윌슨의 악전고투를 그린『자연주의자』

이 책은 윌슨 교수가 생물학자로서 성장하고 사회생물학을 정립하는 과정에서 쏟은 노력과 그간에 겪은 악전고투를 현대 생물학의 흐름 속에 담아낸 자서전이면서 현대 진화생물학사의 단면을 그려 낸 작품이기도 하다. 여기에 그의 '섬 생물지리학' 이론과 개미의 페로몬 연구 그리고 자연 보전을 위한 현실 참여 과정을 곁들였다. 그의 생물지리학과 생물다양성 보존의 이론적 기초를 세우기 위해 플로리다 남단의 한 섬에 사는 생물을 몽땅 없앤 후 새로운 생물들의 출현과 천이를 살펴 나간 대목은 누구도 상상하지 못한 고도의 실험 정신의 발로로 가히 경탄스러웠다. 만약 이 책의 백미를 꼽으라면 단연 12장의 「분자 전쟁」과 17장의 「사회생물학 논쟁」인데, 윌슨 교수는 하버드 대학교의 기라성 같은 분자생물학자들의 오만과 편견의 와중에서 정통 진화생물학을 발전시키는 데 얼마나 홀대를 받으며 고전했는가를 그려 내고 아울러 그가 낸『사회생물학: 새로운 종합』에 대해 같은 학과의 고생물학자 굴드와 집단유전학자 르윈틴 그리고 좌파 학생들로부터 얼마나 거센 공격을 받고 또 이에 대응하느라 얼마나 곤욕을 치렀는지 생생히 증언하고 있다. 어쨌든 나는 이 책을 번역한 후 역자 후기에서, 이 책은 그 플롯 전개상 얽혀져 나가는 굴곡과 그것이 주는 긴장감에서 가히 제임스 듀이 왓슨(James Dewey Watson)이 쓴『이중 나선(*The Double Helix*)』에 필적할 만하다고 썼다. 그런데 그 후 나는 캘리포니아 주립 대학교 버클리 캠퍼스(U. C. Berkley)의 해리 그리니(Harry W. Greene)가 이 책에 대해 쓴 서평에서 역시『이중 나선』을 언급한 것을(Science, 1994. 11. 18.) 우연히 보게 되었다. 그리니는 윌슨이『자연주의자』에서 분자생물학자들의 치사한 인간성을 드러내고 있다고 하면서 탐욕과 명예욕이 과학자의 생애에 어떤 영향을 미치는가를 보여 준다는 점에서 『이중 나선』을 학생들에게 읽기를 권한다고 썼다. 나나 그나 같은 책을 떠올려 언급했다는 것이 우연의 일치치고는 신기하고 놀랍기만 했다.

그런데 나 개인적으로 이 책을 읽어 나가면서 가장 인상적이었던 부분은 윌슨 교수가 어려서 어디를 가나 외톨이였지만 자연 속으로 들어가 온갖 생물에 무한한 호기심과 경탄을 느끼며 자연의 친구가 되고 마침내 자연연구가(naturalist)로서의 기틀을 다진 과정이었다. 비록 낚시질을 하다가 물고기의 지느러미 가시가 눈에 박혀 오른쪽 눈을 못 쓰게 되고 청력이 약해져 보청기 없이는 잘 듣지 못하게 된 사연이 애처롭지만 이러한 치명적인 어려움들을 극복하고 세계적 석학으로 성공해 나간 것이다. 마치 보지도, 듣지도, 말하지도 못하면서 마침내 걸출한 문장가가 되어 후대에 큰 감동을 안겨 준 헬렌 켈러의 기구한 사연과 일맥상통하는 느낌이었다.

사실상 생물학자가 되기 위해서는 어려서부터 자연에 대한 소양을 키워 나가는 바탕 훈련이 필요하다. 윌슨은 최근에 낸 『창조물: 지구상 생명들을 구하기 위한 호소(The Creation: An Appeal to Save Life on Earth)』(Wilson, 2006)(번역서 『생명의 편지』, 2007)에서 "자연연구가(naturalist)를 어떻게 키우나?"에 대해 쓰고 있다. 즉 인간의 자연 친화는 태고부터 빚어져 인간은 생명에 대한 애착을 천성으로 갖고 태어나며, 그래서 어린이는 수렵 채집인으로서의 심성과 능력을 가지므로 스스로 자연을 탐험하면서 익혀 나가는 일의 시작은 어릴수록 좋다는 것이다. 그러면 나의 경우는 어떤가? 다 자라서 생물학을 전공하기는 했으나 어린 시절 자연연구가로서의 소양 훈련이 전무하다시피 한지라 이른바 생물학자로서 행세하기에 스스로 낯이 붉어진다. 자연연구가가 되기 위한 자연 인식과 체험의 과정이 대학 생물학과 시절부터 시작되었으니 순서가 뒤바뀐 셈이며 이러한 기초의 부족은 나를 항상 자괴감에 빠지게 하고 자긍심을 느낄 수 없게 하였다.

1995년 초에 번역을 시작해 작업을 마치고 원고와 디스켓을 민음사에 보낸 것은 연말이 가까운 12월 중순이었으니 꼬박 1년이 걸린 셈이다(Wilson, 1994). 그런데 출판되기까지도 시간이 만만치 않게 걸렸다. 그래서 서점가에 책이 나간 것은 이듬해 8월이었다. 이해 초에 나는 윌슨 교수에게 한국어판 서문을 써 달라고 편지를 썼고 그는 바쁜 와중에도 "한국의 독자들에게"를 써서 팩스(1996. 1. 26.)로 보내왔다. 이를 번역해 책머리에 실으니 마음이 흡족했다. 전 세계의 학계와 독서계를 상대하는 사람이 이렇게 나의 번역본에 서문을 써 보내오니 그저 황송하고 고맙기만 했다. 그해 여름에 윌슨 교수는 《타임》이 선정한 "미국에서 가장 영향력 있는 인사 25명"에 뽑혀 그의 대학자로서의 명성은 승승장구(乘勝長驅)했다. 더욱이 윌슨 교수가 정립한 사회생물학은 그 후 '인간 사회생물학'으로도 불리는 진화심리학의 급속한 대두로 더욱 거센 파도를 일으켜 나갔다. 1994년에《뉴욕 타임스 북 리뷰》가 그해의 최우수 11개 도서를 선정했을 때『자연주의자』가 선정됐는데, 이와 함께 진화심리학을 소개하는 로버트 라이트의『도덕적 동물』(Wright, 1994a)도 선정됐다. 이듬해 여름에는《타임》이 라이트의 글을 표지 기사로 다룸으로써 (Wright, 1994b) 사회생물학과 윌슨 교수에 대한 관심이 더욱 고조되었다.

이러한 가운데 국내에서『자연주의자』는 쇄를 거듭했고 한 일간지는 "『자연주의자』는 개미를 연구하던 과학자의 '사회생물학' 개척 과정"이라고 정곡을 찔러 소개했다(중앙일보, 2001. 9. 8.). 이 번역본의 마지막 18장「생물다양성과 생명애착」은 숙명여자대학교의『대학 국어』라는 교양 국어 교재에 실렸다(숙명여자대학교 출판부, 1998. 8.). 그리고 나는 이 대학의 한 과에 초청되어 "사회생물학이란 무엇인가?"를 주제로 특강도 했다. 그 후 2000년에 들어서도 사이언스북스의 권기호 편집장은 이 책이 대학의 교과서로 쓰이기도 해서 추가 인쇄를 했다고 전했다(2000. 9. 14.). 이 모두 번역자로서의 보람이며 고진감래(苦盡甘來)의 보상이었다.

개미 사회라는 소우주를 그린 『개미 세계 여행』

한편 윌슨의 공저 『개미 세계 여행』은 범양사 출판부와 계약을 맺고(1995. 4. 8.) 번역 작업에 들어갔다. 저자인 베르트 횔도블러(Bert Hölldobler)와 윌슨은 개미의 분류, 생태, 진화를 총괄적으로 다룬 전문 학술서 『개미(*The Ants*)』(Hölldobler and Wilson, 1990)로 퓰리처상을 받은(1991) 후 공동 자서전이나 다름없는 이 책에서 두 사람이 어떻게 어려서부터 야외 관찰과 채집을 통해 곤충학자의 꿈을 키웠는지 그리고 개미 세계 탐험을 통해 어떻게 보고 발견하고 생명 존중과 자연 보존의 중요성을 깨달아 왔는지를 생생하게 들려주었다. 그들은 개미 사회에서의 의사 소통의 발달과 이에 따른 협동과 희생적 이타성의 진화, 약탈과 기만, 경쟁과 살육, 납치와 노예화 등 '선과 부도덕'이 난무하는 생존 방식을 생생한 사진과 그림을 실어 실감나게 써 나갔다. 『개미』가 개미학에 대한 전문서라면 이 책은 그것의 입문서 겸 어린이용 자연 탐구서로 딱 들어맞는 책이다. 특히 개미 사육과 연구 방법이 부록으로 실려 있기 때문이다.

나는 이 책을 번역한 후 역자 후기에서 "지난 1년간 개미 무덤 속에 파묻혀 뒹굴다 나온 나는 이제 개미 사회라는 소우주를 통해 실제의 대우주를 섭렵한 것 같다는 생각이 든다. 자유분방하고 종횡무진한 진화적 적응의 전개가 개미 세계에 생생히 조각되어 있기 때문이다."라고 썼다. 또한 나는 이 책을 번역하면서 윌슨 교수의 『사회생물학』을 번역하는 과정에서 어려웠던 일부 대목들을 개념적으로 이해할 수 있었다. 이 번역서에 대해 소설가 강규 씨는 "작고 사소한 하나의 세계, 『개미 세계 여행』을 읽고"라는 제목의 서평에서 "지구의 출현 이후 수천만 세대를 살아오면서 9,500여 종에 이르고 200만 년 동안 거의 진화하지 않은 개미에 대한 흥미로운 관찰과 지식들로 가득 차 있다."(강규, 1997)라고 술회했다. 그 외에 중앙 일간지들이 "개미는 지구 생태계 필수 존재"(경향신문, 1996. 11. 29.), "개미의 모듬살이 '작은 인간 세상'"(한겨레, 1996. 12. 3.) 등으로 소개했다.

그런데 1995년과 1996년 당시는 앞에서도 말했지만 톡토기 연구와 대내외 활동으로 가히 내 생애 최고로 바빴던 때였다. 1996년에도 강의와 연구에 더해 한국생물다양성협의회 회장으로 그리고 전북대 부설 한국생물다양성연구소 소장으로 6번의 해외 출장 등 눈코 뜰 새 없이 바빴으므로 이 두 책의 번역은 나에게 이중, 삼중의 긴장과 부담을 안겨 주었다. 그러나 나는 지금 되돌아보면 지옥 같기도 했던 이 고난의 역정을 어떻게든 치러내면서 나의 사회생물학이라는 동굴 속을 좀 더 훤하게 들여다보고 또 깨우쳐 나간 바가 있지 않았는가 해서 지금 생각하면 그 당시의 나의 탄식이 나의 진화생물학적 세계관을 확장해 나가면서 필연적으로 겪어야 했던 진통이었고 결과적으로는 '즐거운 비명'이었던 것으로 메아리 쳐 온다. 번역 과정에서 개미 전문가인 김병진(金兵珍, 원광대) 교수와 최재천(당시 서울대, 현재 이화여대) 교수에게 자문했다.

이 책은 결국 번역을 시작한 지 1년 6개월이 넘어 출판되니(1996. 11.) 『자연주의자』가 나온 지(1996. 8.) 3개월 만이었다. 그런데 이 『개미 세계 여행』은 출간된 지 불과 보름 만에 초판 3,000부가 다 팔려 추가로 찍어야 한다고 출판사가 알려 와 역자로서도 다행스러웠다.

그 후 개미 사회에 대한 저술로 최재천 교수의 『개미 제국의 발견』(사이언스북스, 1999)이 나왔는데, 동물행동학 전문가로서의 경험과 수려한 문체가 어우러져 개미의 흥미로운 생태와 사회를 이해하는 데 도움이 됐음은 물론이고 일반인과 학생들에게도 널리 읽혔다.

전쟁의 확대: 사회생물학의 후폭풍과 심판의 회오리

이렇게 윌슨 교수의 책 세 권을 번역하면서 나의 사회생물학에 대한 관심

과 흥미는 더더욱 커져 나갔다. 그사이, 이미 앞에 언급한 것처럼, 과학 작가
인 로버트 라이트가 1994년 《타임》에 「우리의 외도 성향」이라는 제목으로
진화심리학을 소개한 데(*Time*, 1994. 8. 15.) 이어 1년 후에는 「절망의 진화(The
Evolution of Despair)」라는 글을 "20세기 우울증(20th Century Blues)"(TIME,
1995. 8. 28.)이라는 표지 제목 아래 7쪽에 걸쳐 대대적으로 소개했다. 윌슨에
따르면 진화심리학은 '인간 사회생물학'이나 다름없으므로 이러한 《타임》
의 2년 연타는 사회생물학을 대중에 홍보하고 이해시키는 데 결정적인 역할
을 했을 것이다. 1995년 《타임》 기사에서 필자 로버트 라이트는 우리가 현재
각종 스트레스와 불안 그리고 우울증에 시달리고 있는데 진화심리학이라
는 새로운 과학이 이들의 근원을 우리의 유전자들 안에서 발견하고 있다고
전했다. 즉 이러한 불안 요인들은, 천천히 진화해 온 우리의 유전자들이 급속
히 변화해 온 우리의 환경을 따라잡지 못해 생긴 불협화음의 산물이라고 했
다. 다시 말해 우리의 몸은 급속히 변화해 온 인간 문화에 대해 맞춤형이 되
지 못하고 있다는 말이었다.

　이렇게 국내외적으로 부는 사회생물학의 상승 기류 속에서 나는 한 일간
지로부터 『사회생물학』을 소개해 달라는 청탁을 받고 「책으로 보는 최신 사
상의 흐름」이라는 칼럼에 두 차례에 걸쳐 글을 기고했다(한겨레, 1996. 2. 28.
및 1996. 3. 6.). 다윈에서 시작해 사회생물학이 등장하기까지의 과정을 간단
히 살피고 동물에서의 사회학을 인간에 적용한 데서 온 논쟁이 결국엔 보수
와 혁신 세력 간의 이데올로기 대결로 이어짐으로써 저자 윌슨이 일찍이 예
상치 못한 파국에 직면했음을 상기시켰다. 그리고 도킨스가 "인간은 이기적
으로 태어났으므로 스스로에게 이타성을 가르칩시다."라고 한 말에 관련해
"우리는 여기서 생물학적 기초와 사회 현상의 연관, 그리고 과학기술과 인간
본성이 나타내는 파괴와 구제의 이중성을 생생하게 엿보며 자연의 아이러니
를 실감하게 된다."라는 말로 끝맺었다. 그리고 국내에서 그해 초(1996. 1. 5.)
에 계간지 《과학사상》이 펼친 좌담회 "진화론의 재조명"이 진화와 사회생물

학에 대해 좌담회로나마 최근 경향을 본격적으로 다룬 논의였다는 점은 이미 말한 바와 같다(《과학사상》, 1996년 봄호).

이듬해 1997년에 미국의 로라 베치그(Laura Betzig)는 그간 있었던 인간 사회생물학의 성과와 검토를 생물학자, 심리학자, 인류학자 34명의 글로 총망라하여 『인간 본성에 대한 비판적인 판독(*Human Nature: A Critical Reader*)』(Betzig, 1997)을 내놓아 하나의 이정표를 세웠다. 편집자 베치그의 서문 제목이 「사람은 동물이다(Peoples are animals)」이고 첫 문장이 "마침내 일은 벌어졌다. 우리는 드디어 우리가 어디서 왔고 왜 여기 있으며 누구인가를 알게 되었다."로 된 것은 가히 인간 사회생물학자들의 자신에 넘치는 비전을 제시하고 있다.

이해는 한국 학자가 사회생물학 책을 외국에서 처음 낸 해이기도 하다. 최재천 교수가 『곤충과 거미의 사회 행동의 진화(*The Evolution of Social Behavior in Insects and Arachnids*)』라는 책에 최 교수를 포함해 여러 나라 학자들이 곤충과 거미류의 사회 행동과 진화에 관해 쓴 논문 24편을 실었다(Choe and Crespi, 1997a). 역시 최 교수는 같은 해에 『곤충과 거미의 교미 시스템의 진화(*The Evolution of Mating Systems in Insects and Arachnids*)』(Choe and Crespi, 1997b)를 내 곤충과 거미류의 생식 시스템의 진화에 관해 여러 학자들이 쓴 21편의 논문을 소개했다. 국내의 진화생물학과 사회생물학 역사상 매우 두드러진 업적이라 할 것이다.

국내 철학계로 확장되는 유전자 전쟁의 전선

사회생물학에 대한 국내 철학계의 관심은 피터 싱어(Peter Singer)가 집필한 『확장 중인 순환 고리: 윤리와 사회생물학(*The Expanding Circle: Ethics and Sociobiology*)』(Singer, 1981)이 번역되어 출판된 데서도 엿볼 수 있다. 싱어는 이 책에서 '이타성의 기원', '윤리의 생물학적 토대', '진화에서 윤리로?'를 차례로 다뤄 사회생물학이 말하는, 혈연 이타성이나 상호 이타성 같은 윤리의 생물학적 기초를 수용한다. 그다음 '이성(理性)', '이성과 유전자' 그리고 '윤리에 대한 새로운 이해'를 다룬 장들에서 초기 인류는 두뇌의 발달에 따라 이성적 사고 능력을 획득하고 이와 함께 언어와 반성의 능력을 갖게 되었으며 이러한 획기적인 전환에 따라 비로소 진화와 유전에 기초한 관행들을 규칙과 계율 등의 체계로 바꿀 수 있었다고 한다. 그래서 마침내 인간만이 갖는 도덕 체계가 탄생할 수 있었고 한 걸음 나아가 이성의 능력으로 우리 유전자의 영향력을 극복할 수 있는 단계에 이르렀다고 말한다. 저자인 피터 싱어는 『동물 해방(*Animal Liberation*)』(Singer, 1975)으로 이미 널리 알려진 실천 윤리학자이다.

이 번역판이 나온 해에 미국에서는 생물철학자들이 부분적으로나마 사회생물학과 진화심리학을 다룬 책들이 나왔다. 『성과 죽음: 생물철학 입문(*Sex and Death: An Introduction to Philosophy of Biology*)』(Sterelny and Griffiths, 1999)은 「사회생물학에서 진화심리학으로(From Sociobiology to Evolutionary Psychology)」라는 장에서 사회생물학과 진화심리학의 장단점 그리고 '밈'의 문제점을 논한다. 같은 해에 출간된 『진화에서 선택의 수준(*Levels of Selection in Evolution*)』(Keller, 1999)에는 12개 장이 나열되어 있는데 거기에는 컨 리브(H. Kern Reeve)와 로렌트 켈러(Laurent Keller)의 「선택의 수준: 선택 단위 논쟁을 파묻고 결정적으로 새로운 문제들을 들춰내기(Levels of Selection: Burying the Units-of-Selection Debate and Unearthing the Crucial New Issues)」, 앤드루 포미안코프스키(Andrew Pomiankowski)의 「게놈 내의 갈등(Intragenomic Conflict)」, 그리고 존 메이너드스미스의 「인간 사회에서의 갈등과 협동(Conflict and Cooperation in Human Societies)」과 같이 사회생물학적으로 흥미로운 주제들을 다룬 글들이 있다.

이듬해(2000)에는 미국의 한 신진 여류 사회학자가 그간의 사회생물학 논쟁을 분석한 『진실의 수호자: 사회생물학 논쟁에서의 과학 전쟁과 그

너머(*Defender's of the Truth: the Battle for Science in the Sociobiology Debate and Beyond*)』(Segerstråle, 2000)를 출간해 큰 화제가 되었다. 사회생물학에 가장 큰 거부 반응을 보였던 사회학은 이 '사회생물학 전쟁'을 어떻게 관찰하고 해석했는가? 사회생물학은 어떠한 사상적 배경과 사회적 분위기에서 배태되고 발전되었나? 이른바 '과학 전쟁'과는 어떠한 관련과 차이가 있는가? 적응주의, 선택의 단위, 유전자와 문화, 유전적 결정론, 환경주의는 어떻게 토론되고 충돌했나? 2년 전에 나온 윌슨의 『통섭: 지식의 대통합(*Consilience: The Unity of Knowledge*)』(Wilson, 1998)의 통합론을 어떻게 봐야 하나? 이런 등등의 당시의 논쟁을 둘러싼 쟁점을 거의 모두 포괄했다. 특히 윌슨의 사회생물학에서 비롯된 논쟁에 대한 저자의 관찰과 판단이 돋보였으며 나중에 다시 언급하고자 한다.

출판계에 옮겨 붙은 사회생물학 열풍

그해 12월에 나는 《서평문화》보다 역사가 오래된 또 하나의 서평지 《출판저널》로부터 『인간 본성에 대하여(*On Human Nature*)』(Wilson, 1978)(이한음 옮김, 2000)에 대해 서평을 써 달라는 청탁을 받았다. 『사회생물학』의 저자 윌슨 교수가 이미 22년 전에 내놓은 책(Wilson, 1978)이다. 윌슨이 그에 앞서 『사회생물학』(1975)을 출간한 당시 사회에 걷잡을 수 없는 논쟁을 불러일으켰던 것은 이 책의 마지막 장에서 저자가 인간을 다루면서 인간의 사회 행동은 물론이고 문화도 유전적 바탕에서 발전된 것이며 따라서 윤리나 종교도 생물학적 기원에서 출발한 것이니 진화의 산물이나 다름없다고 주장했기 때문이다. 이번에 출간된 이 책은 사실상 논란의 중심에 있었던 마지막 장에 대한 확대판으로, 그동안 윌슨이 받았던 비판과 질문에 대한 방패용 해설판이나 다름없다.

이 책을 읽으면서 나는 두 가지가 눈에 띄었다. 하나는 인간의 사회 행동도 유전적으로 결정된다, 동성애에는 그만 한 생물학적 이유가 있다, 심지어 종교도 한낱 진화의 산물에 불과하다는 등 특히 기독교가 정서적으로 한국 사회에 팽배하고 있는 현실에서 차마 입으로 옮길 수 없는 파격적이고 도전적인 말들이 나열되어 있다는 점이다. 다른 하나는 저자가 일개 생물학자이면서도 문학, 철학, 사회학, 그리고 언어학 등을 꿰뚫는 지식과 통찰을 펼치고 있다는 점이다. 이와 같은 학문적 넓이와 깊이 덕분에 그는 인문과 자연과학을 넘나드는 학문 간 융합을 이뤄 냈고 또 이 책으로 풀리처 상을 받고 그 12년 후 다시 『개미』로 같은 상을 받았던 것이다. 나는 서평의 끝마무리를 다음과 같이 맺었다(이병훈, 2001a).

특히 초기에 생물학적 결정론으로 치부되어 갖은 수난과 우여곡절을 치른 사회생물학은 탄생 이후 지난 25년 동안 인류학, 사회학, 윤리학, 심리학, 의학 등에 도도히 파급되어 왔다. 그러나 국내에서는 아직도 높은 담벽이 가로막고 있다. 사회생물학이 지나친 결정론, 환원주의, 과학주의와 과학적 유물론, 극우적 이데올로기 학문 등으로 치부되기도 했지만 구미에서는 이미 논쟁의 이슈로서는 거의 지나갔고 이제 초점은 범 패러다임으로서의 진화생물학으로 옮겨지고 있는 형국이다. 앞으로 인간 유전체 계획이 완성되면 사회생물학은 인간의 본성과 문화를 보는 데 한층 새로운 눈과 빛을 얻어 다원주의를 더욱 다져 나갈 것으로 보인다. 이 책이야말로 국내에서 뒤늦게나마 두 문화의 장벽을 허물어 지식의 통일은 물론 인간의 현재와 미래를 새롭게 내다볼 준비의 창구가 되기를 기대하며 자연과학도들은 물론 인문, 사회과학자들에게도 일독을 권한다.

이처럼 당대의 문제작이면서 손꼽히는 역저가 늦게나마 우리말로 출판된 것은 뜻 깊은 일이 아닐 수 없다. 더욱이 이 책을 번역하는 과정에서 역자는 난삽한 논리들을 종횡무진 헤집고 따라잡아 비교적 매끄러운 문장으로 옮겨 놓았다.

이해 여름에는 5년 전에 영국에서 발간되었던 『미덕(美德)의 기원(The Origin of Virtue)』(Ridley, 1996)의 번역판이 『이타적 유전자』로 나왔다. 원서 부제 "인간 본능과 협동의 진화(Human Instincts and the Evolution of Cooperation)"가 보여 주듯이 이 책은 유전자의 '이기성'이 어떻게 이타성과 관련되는지, 그리고 어떻게 협동을 이끌어 도덕성을 출현시키는지를 갖가지 가정과 사례 그리고 유비를 종횡무진으로 엮어 가며 흥미진진하게 풀어낸 사회생물학 대중서다. 내가 이 분야에서 가장 재미있게 읽은 책 중 하나다. 저자 매트 리들리(Matt Ridley)는 이 책의 원서가 나오기 3년 전에 진화와 인간의 본성을 다룬 『붉은 여왕(The Red Queen)』(Ridley, 1993)을 내고 그 후에 『게놈(Genome)』(Ridley, 2000)과 『기민한 유전자: 어떻게 본성이 양육에 불을 켜는가(The Agile Gene: How Nature Turns on Nurture)』(Ridley, 2003) 등 연속타를 내 과학 저술가로서의 명성을 떨친 바 있다.

한편 동물 사회의 협동을 주제로 다룬 책으로 『생존 전략: 동물 사회에서의 협동과 상충(Survival Strategies: Cooperation and Conflict in Animal Societies)』(Gadagkar, 1997)이 번역되어 나왔다(2001). 이즈음 출간된 『이데올로기로서의 생물학: DNA 독트린(Biology as Ideology: The Doctrine of DNA)』(Lewontin, 1991)은 비슷한 논지로 8년 전에 출판된 번역판 『우리 유전자 안에 없다』와 함께 사회생물학에 대한 비판서라는 점에서 주목할 만하다. 이 둘 모두 생물학은 시대 배경에 그리고 유전자는 환경의 영향에 제약된다는 점을 지적하고 사회생물학을 유전자 결정론으로 단정하여 부인하는 입장이다.

사회생물학 논쟁에는 어떤 심판이 내려졌나?

생물계에서 자연 선택의 단위가 유전자라는 보수적 신다윈주의의 원조는, 20세기 전반에 "이타적 행동"이 어떻게 대물림되는가를 유전학적으로 설명한 존 홀데인(John B.S. Haldane)에 이어 1960년대 중반에 종래의 집단 선택을 부정하는 이론서 『적응과 자연 선택(*Adaptation and Natural Selection*)』(Williams, 1966)을 낸 조지 윌리엄스(George Williams)라고 볼 수 있다. 특히 윌리엄스는 어떻게 자연 선택이 적응을 만드는가를 탐색했을 뿐 아니라 적응은 개체군 내에서 서로 경쟁하는 대립 유전자들 간의 선택만으로 충분히 설명됨을 역설함으로써 자연 선택의 합당한 단위는 유전자임을 논증했다(전중환, 2013). 보수적 신다윈주의는 이어 윌리엄 해밀턴 등의 연구와 에드워드 윌슨 자신의 방대한 연구를 토대로 '사회생물학'으로 종합되고 체계화되었다. 이들에게서 보이는 '유전자 관점(Gene's Eye View)'은 리처드 도킨스가 『이기적 유전자』를 출간하면서 정점에 이르러 일대 선풍을 몰고 왔다는 것은 이미 말한 바와 같다.

도킨스와 그를 필두로 한 사회생물학 진영의 영향력이 거센 바람이 되어 한국 사회에서 대중적으로 아주 넓게 극적으로 파급된 것은 아마 2007일 것이다. 그의 무신론이 직설적으로 내둘러진 『신이라는 망상(*The God Delusion*)』(Dawkins, 2006b)이 이해 여름 우리나라에 『만들어진 신』(이한음 옮김, 2007)으로 번역 출간되었기 때문이다. 우선 원제 "신이라는 망상"도 그렇거니와, 이 책은 종교와 신의 허구성에 대해 과학과 이성의 이름으로 직격탄을 퍼붓는다. 종교의 기원에 대한 진화론적 해석은 물론이고 종교가 사회에 끼치는 해악에 대해 시간과 공간을 아우르는 열띤 비판이 넘쳐난다. 역사적으로도 그랬고 오늘날에도 세계 도처에서 피나는 갈등과 살육들이 신의 이름으로 자행되고 있다. 도킨스는 특히 오늘날 미국을 지배하는 기독교 근본주의를 개탄한다. 말하자면 과학자의 양심을 걸고 맹신의 폐단을 지적하고 종교를 이성의 빛으로 비판하는 일이 중요하다고 강조한다. 참고로 도킨스의 기독교 비판은 책을 통해서뿐 아니라 인터넷의 "확대할 가치 있는 생각들(Ideas Worth Spreading)" 속에 많이 나오며(TED.com) 주로 구미를 다니며 열강을 펼쳐 "공격적 무신론자(aggressive atheist)"로 불릴 정도다. 한국에선 이 책이 출판 한 달 만에 4만 부가 팔려 나갔다고 해 화제가 되었다. 내가 원서를 대조해 가며 읽은 바로는 번역이 비교적 유려하게 되어 있어 더욱 그랬던 것 같다. 아무튼 이 책에 대해선 뒤에서 좀 더 자세히 이야기할 것이다.

도킨스의 이 책도 그렇지만 그의 제자 두 명이 『이기적 유전자』 출간 이후 30여 년 사이에 이 책이 생물학 내에서는 물론 컴퓨터 과학, 물리학, 인지 과학 등에 어떤 영향을 미쳤는지 네 분야의 전문가들의 글을 모은 『리처드 도킨스: 한 과학자가 어떻게 우리의 사고 양식을 바꿔 놓았는가(Richard Dawkins: How a scientist changed the way we think)』(Grafen and Ridley, 2006)를 출판한 것으로 봐도 그의 영향이 얼마나 광범위했는지 짐작할 수 있다. 우리나라에도 이 책은 이듬해에 번역되어 나왔다.

1980년대부터 2000년대 초반까지 사회생물학은 학계에서 일반 독서계에 이르기까지 영향력을 확장하며 승승장구했다. 과연 시대는 '사회생물학의 승리'가 확정된 것처럼 보였다. 그러나 모든 승리에는 대가가 있는 법. 한편에서는 '사회생물학에 대한 심판'이 준비되고 있었다. 이 심판은 여러 방면에서 다층적인 논쟁을 통해 준비되었다. 이제 사회생물학을 둘러싸고 국내외에 출간에 여러 책들을 통해 그 논쟁과 심판을 추적해 보고자 한다.

사회생물학에 대한 비판서로 대표적인 것은 이미 앞에 소개한 몇 가지 책 외에 『현대 생물학의 사회적 의미: 사회다윈주의에서 사회생물학까지』와 『성과 죽음: 생물철학 입문』을 들 수 있다. 특히 전자의 저자 하워드 케이는 다윈이 "자연 신학"의 테두리를 벗어나지 못하고 라마르크주의에 "투항"했으며 "신에 의한 설계" 개념으로 고민했던 점을 지적하고 있다. 그는 또 윌슨의 『사회생물학』이 첫째와 마지막 장에서 본론과는 동떨어진 관념론을 인간에 적용하고 있으며 'selfish'나 'altruism' 등 목적론적이고 주관적인 용어를 사용한다고 지적하면서 4장의 「사회생물학: 윌슨의 자연 신학」에서처럼 윌슨의 생각을 "자연 신학"으로 치부한다. 더욱이 그는 윌슨이 인간 사회생물학은 이타주의 발전에 도움을 줄 것이라며 "유전자의 도덕성"을 부르짖고 있다고 비판한다. 즉 윌슨은 아무런 과학적 근거 없이 진화 현상 속에 유전자의 목적을 끼워 넣는 데 더해 사회가 더 나은 조화로움과 이타주의라는 근본적 가치를 향해 진화하리라는 개인적 믿음을 쓰고 있다는 것이다. 그래서 윌슨은 진화의 '사실'로부터 인간의 윤리학을 '추론'하고 있다고 지적한다. 윌슨에 따르면 인간의 윤리학은 항상 "유전자의 도덕성"을 반영해 왔으며 앞으로도 계속 그럴 것이라고 본다. 결국 사회생물학은, 이제 생물학적으로나 문화적으로 필연적인 "보다 완성된 형태의 이타주의"를 발전시키는 데 도움을 줄 것이며 나아가 사회 진화의 '경로'를 따라 이런 '진보'를 지속시키는 데 도움을 줄 것으로 본다는 것이다(Kaye, 1997). 더욱이 윌슨은 인간의 사고, 윤리, 행동을 두뇌의 산물로 보며 여기서 뇌는 자연 선택에 의해 만들어진 '기계'이고 그 근처에 깔려 있는 유전자의 생존과 증식을 조장하도록 '프로그래밍'되어 있는 '장치'로 정의한다는 것이다. 그러면서 인간의 행동은 너무나 유연하고 다양할 뿐 아니라 변화무쌍하며 또한 인간의 성장 과정에 있어 학습과 사회화 과정은 중요한 역할을 하기 때문에 인간의 지각과 도덕성, 행동이 다른 동물의 행동에서처럼 고정적이고 자동적인 방식으로 유전자에 의해 결정된다고 주장하기는 어려운 면이 있다고 지적한다(Kaye, 1997).

『사회생물학의 승리』출간, 그러나 계속되는 반론들

2001년 미국의 동물행동학자 존 올콕(John Alcock)은 『사회생물학의 승리(*Triumph of Sociobiology*)』(Alcock, 2001)를 발간하여 사회생물학 반대파들에 대한 대항마로서의 기치를 높이 들고 나왔다. 올콕은 서론에서 우선 대중과 학계가 사회생물학에 대해 오해하고 있는 점 여덟 가지를 들었는데 이 가운데 네 가지만 소개하면 다음과 같다.

- 사회생물학은 어떤 행동 형질이 유전적으로 결정된다는 전제하에 펼쳐진 환원주의적 분야이다.
- 사회생물학은 검증되지 않고 검증 불가능한, 그럴듯한 이야기를 생산하는 데 전문화된, 순전히 상상적인 시도일 뿐이다.
- 사회생물학은 학습된 행동이나 인간의 문화적 전통을 설명하지 못하며 단지 경직된 본능만을 취급한다.
- 사회생물학은 어떤 행위들을 '자연적' 혹은 '진화된' 것으로 딱지 붙임으로써 불쾌한 인간의 행동들을 모두 정당화하는 분야다.

올콕은 이러한 생각들이 옳지 않다며, 책을 쓰고자 한 목적을 이렇게 말한다. "나는 그간에 사회생물학자들이 증명한 사실들을 제시하여 일반이 갖고 있는 오해를 불식함으로써 독자들이 사회생물학이 마침내 승리했음을 이해하도록 하고자 이 책을 썼다."

모두 10개 장으로 이뤄진 이 책에서 눈길을 끄는 대목은, 사회생물학자들은 유전자의 눈으로 어떤 발견들을 해냈는가, 유전자 결정론과 문화 결정론의 문제점은 무엇인가, 사회생물학은 인간의 문화 출현에 관해 무엇을 알아냈는가, 등등의 문제를 다루는 부분들이다. 마지막에는 책 제목대로 「사회생물학의 승리」라는 장을 쓰고 있다. 즉 사회생물학이 치열한 논쟁에서 살아남은 것은 윌슨의 『사회생물학』이 출간된 이후 25년 사이에 각종 연구와 실험에서 나름의 방법론으로 동물과 인간의 사회생물학적 의미와 가치를 실험적으로 증명했기 때문이며, 따라서 사회생물학은 인간의 행동 이해에 좀 더 접근할 수 있었다고 한다. 책 뒤표지에 윌슨과 도킨스의 찬사가 실린 것은 '물론'이다. 이 책도 12년 후 국내 번역본으로 출간되었다(Alcock, 2001).

거의 같은 시점에 생물철학자 킴 스티렐니(Kim Sterelny)는 자연 선택의 수준, 적응주의, 소진화와 대진화 등 사회생물학의 중심적 쟁점 사항들에 대해 오랫동안 논쟁을 벌인 도킨스와 굴드의 주장을 비교 대조하고 자기 판단을 가미하기도 하여『도킨스 대 굴드: 최적자의 생존(*Dawkins vs. Gould: Survival of the Fittest*)』을 냈고 이듬해 번역본이『유전자와 생명의 역사』로 나왔다 (Sterelny, 2001). 1장의 제목「진화론의 석학들이 벌이는 생존 경쟁」이 말 그대로 각기 동물행동학과 고생물학에서 진화생물학으로 발전한 세기의 두 논객의 양보 없는 맞대결이어서 자못 흥미롭고 여러 가지 주제에 대한 서로 다른 정의와 개념이 대조적으로 드러나 이해에 도움을 주는 책이다. 예로 저자는 "사실상 도킨스에게 유전자 결정론의 혐의를 뒤집어씌우려는 굴드의 시도는 도킨스의 무리한 주장만큼이나 옳지 않다."라며 유전자 선택론이 절대 유전자 결정론이 아닐 수 있음을 시사하고 있다.

2002년에 한국 철학계에서도 진화론과 사회생물학에 주목하는 연구 발표회를 가진 일은 특기할 만하다. 철학연구회(회장 이한구)가 '진화론과 철학'을 주제로 연구 발표회를 가진 것이다(성균관대학교, 2002. 11. 30.). 이 모임에서 선택 이론(김경만), 선택 수준(장대익), 윤리학(정연교)과 사회생물학(김흡영)과 같은 주제들이 발표되었다. 아마도 한국의 철학계가 진화론과 사회생물학에 주목한 첫 행사가 아니었나 생각된다.

2003년엔 미국에서 발간되었던『난교: 정자 경쟁과 성적 갈등의 진화적 역사(*Promiscuity: An Evolutionary History of Sperm Competition and Sexual Conflict*)』(Birkhead, 2000)의 번역판이『정자들의 유전자 전쟁』으로 나왔는데, 여기서는 성과 생식 차원에서 일어나는 성 선택과 함께 성적 갈등을 공진화로 풀어 가고 있다. 이어 이듬해에는 앞의 책과 비슷한 유형으로 미국에서 발간된『성적 욕구: 성 선택이 어떻게 인간 본성의 진화를 빚어냈나(*The Mating Mind: How Sexual Choice Shaped the Evolution of Human Nature*)』(Miller, 2001)가 번역되어 나왔다. 인간에서 남녀 관계는 물론이고 언어, 미술, 도덕, 창의성의 발달을 성 선택으로 설명한다. 성교와 인간 본성의 관계를 본격적으로 다룬 진화심리학 책이다.

2004년 초에는『빈 서판: 인간 본성에 대한 현대판 부정(*The Blank Slate:*

Modern Denial of Human Nature)』(Pinker, 2002)의 번역본이 나왔다. 저자 스티븐 핑커(Steven Pinker)는 원서가 이보다 앞서 나왔으나 번역본은 뒤늦게 나온 유명한 『마음은 어떻게 작동하는가(*How the Mind Works)*』(Pinker, 1999)의 저자다. 인지과학자 겸 진화심리학자로서 인간의 본성과 마음의 작동을 역시 과학적 유물론과 사회생물학적 해석으로 풀어 나간다. 『빈 서판』에서 핑커는 마음의 유전적, 생물학적 보편성을 보여 주는 최근 이론을 소개하면서 정치, 문화, 폭력, 자녀 양육, 여성 운동 등 여러 가지 사회적 쟁점들을 둘러싼 이론들을 들춰내 설명하고 있다.

이해에 한국 철학계의 최종덕 교수는 논문 「생물학 이타주의 가능성」(최종덕,《철학연구》64집 2004년 봄호)에서 이타주의가 집단 선택을 통해 진화하고 다층 선택이 타당함을 주장했다. 또 한 공동체 안에서 이타적 행위자를 늘리고 무임승차자를 줄이는 방법으로 보상과 처벌 같은, 엘리엇 소버(Elliott Sober)가 제안한 이차적 이타 행동의 증대 방식을 쓰면, 이타주의 증폭(amplification of altruism)이 일어날 수 있음을 기술했다.

같은 해 6월에는 『생물철학(*Philosophy of Biology)*』(Sober, 2000)이 번역되어 나왔다. 모두 7개 장으로 이뤄진 이 책 마지막 장 「사회생물학과 진화론의 확장」은 생물학 결정론, 윤리학, 문화적 진화의 모델 등을 다루고 있다. 10쪽에 달하는 역자 후기는 해제에 가까우며 4장에서 다룬 '선택 단위 문제'와 관련해 역자는 "윌리엄스와 도킨스에 공감하는 역자가 보기에 이 장에서 소버는 세 입장들 사이에서 균형을 취하려고 하다가 문제의 성격을 오도한 것이 아닌가 의심한다."라고 써 이 책에 대해 비판하면서도 한국의 한 철학자로서 사회생물학을 수용하고 있음을 시사하고 있다. 소버는 이 책을 내기 2년 전에 데이비드 윌슨(David S. Wilson)과 함께 쓴 『타자들을 향해: 비이기적 행동의 진화와 심리학(*Unto Others: The Evolution and Psychology of Unselfish Behavior)*』(Sober and Wilson, 1998)에서 다수준 선택(多水準選擇, multi-level selection)과 집단 선택론의 역사와 주장을 서술해 주목을 끈 바 있다. 후술하겠으나 여기의 윌슨은 에드워드 윌슨과 함께 유전자 선택론을 배제하고 다수준 선택론을 공저, 발표하고 '부활'시키는 데 큰 몫을 했다.

2004년은 그 밖에 한국에서 사회생물학에 대해 내가 쓴 『유전자들의 전쟁』(1994) 이후 10년 만에 사회생물학을 본격적으로 다룬 책이 나온 해이기도 하다. 바로 분자생물학을 전공한 저자가 10여 년간 사회생물학에 천착한 결과로 『인간의 사회생물학』(정연보, 2004)을 낸 것이다. '지식의 융합'으로 시작해서 '정신과 물질', '선과 악', '이타적 행동', '본능과 욕망', '정신을 구성하는 모듈', '윤리'로 이어져 '공동체의 삶과 인류'로 끝나는 이 책의 내용은 저자가 말한 "인간의 행동에 대해서 생물학의 관점에서 설명하는 것"이며 "특히 인문·사회과학의 주관적 지식을 생물학의 원리로 설명하여 객관적 지식으로 승화시키려는 노력에 일조하려는 것"이었다. 분명히 사회생물학과 진화생물학의 과학적 유물론으로 일관하고 있다.

그 한참 후인 2010년에 앞에 언급했던 최종덕이 『찰스 다윈, 한국의 학자를 만나다』를 공저로 냈는데(최종덕, 2010) 여기에 생물학적 결정론과 환원주의 등이 논의되면서 약간의 논쟁이 불거졌다. 먼저 이 책에 대해 서평을 쓴 장대익에 의하면, 저자들은 "사회생물학이 아전인수 격으로 자연현상을 자기 이익에 맞추어 재조립하려는 위험성을 내포하고 있다.", "인간 사회가 [분명한 위계 질서가 있는] 침팬지 사회처럼 되어야 한다는 주장은 사회생물학의 횡포에 해당한다.", "사회생물학이 생물학적으로 밝혀진 인과성을 인간 사회의 다양하고 복잡한 심리 상태나 집단 정신에 무반성적으로 적용하는 몰인간적 폐해를 보였다."라고 말했다. 이것은 사회생물학과 진화심리학을 매우 부정적으로 평가하고 있는 것이며 논쟁의 도화선이 된 듯하다. 장대익은 이어 이 책의 부제가 "진화론은 한국 사회에서 어떻게 진화했는가"로 되어 있지만 정작 한국에서 진화론이 어떻게 수용되고 진화해 왔는지에 대한 이야기가 없다는 점을 지적하였다(장대익, 2010). 이에 대해 최종덕은 과학의 결정론적 사유가 현실 사회에 적용되어 사회결정론으로 탈바꿈되는 역사의 오류를 직시하고 비판해야 한다고 경고하면서 서평자 장대익은 서평에서 다윈이 라마르크의 용불용설을 탈피하지 못했다고 한 표현을 지적했을 뿐 19세기의 이 두 학자 사이에 큰 차이는 라마르크의 진화론이 다윈의 그것과 달리 목적론적임을 간과하고 있다고 강하게 질타했다(최종덕, 2010). 그러나 내가 볼 때 라마르크의 이론이 목적론적이었음은 상식이라 할 만큼 잘 알려진 사실이므로 과학철학과 진화론 전문인 장대익이 이를 언급하지 않았을 뿐 몰랐을 리 없다고 생각된다. 내가 뒤에도 말하겠지만 국내의 인문 사회 계열 학자들이 극소수를 빼놓고는 사회생물학을 유전적 결정론, 환원주의 그리고 사회과학을 집어삼키려는 제국주의로 치부하고 있는 게 사실인데도 이러한 반대론이 극소수에 국한되어 있다는 최종덕의 견해는 사뭇 사실과 다름을 말하지 않을 수 없다. 더욱이 최종덕은 현장 과학계에는 DNA 결정론이 단연 지배적이라고 말하는데, 발생과 분화 과정에서 DNA에는 하등 변화를 일으키지 않으면서 환경의 영향을 받아 형질 발현에 변화를 야기하고 이 변화가 다음 세대로 대물림되는 데 대한 연구가 후성유전학으로 한창 발전하고 있는 현재의 상황에서 DNA 결정론을 주장하는 생물학자란 존재하지도 않고 살아남을 수도 없다는 점을 간과한 듯하다. 다만 최종덕이 서두에서 어떤 과학적 사실이나 사상에 대해 메타과학자가 발휘하는 인문학적 해석의 중요성에 대해 자세히 설명한 점은 일선 과학자들이 경청해야 할 대목으로 보인다. 장대익의 서평에 대한 반론으로는 강신익의 논평도 있다. 이덕하의 이 책에 대한 혹평과 이에 대한 저자 최종덕의 답변은 인터넷에서 볼 수 있다. 사회생물학에 대한 근래 보기 드문 논쟁이었다.

전선 풍경 1: 윌슨의 『통섭』을 둘러싼 뜨거운 논쟁들

내가 윌슨의 『통섭: 지식의 대통합』을 읽은 것은 이 책의 원서가 나온

1998년의 끝 무렵이다. 그러나 나는 당시 아마도 내 생애에서 최고로 바빴던 때라 차라리 철학서라 할 이 책을 탐독할 겨를이 없었다. 결국 초반의 3개 장을 읽고 마지막 12장을 읽는 것으로 맛보기에 그쳤다. 그러나 이것만으로도, 기원전 6세기에 이오니아의 탈레스가 모든 물질이 궁극적으로 물로 이뤄졌다고 한 것이 사실상 세상 만물의 물질적 기초와 함께 자연의 통일성을 형이상학적으로 표현하여 지식의 통일성을 암시한 것이며 그 후 아리스토텔레스를 거쳐 근대에 와서는 뉴턴과 아인슈타인 등 물리학자들이 자연의 모든 힘을 하나로 통일하는 데 전력했다는 점에서 '통일'의 역사가 이미 오래되었음을 알 수 있다. 물리학은 화학을 설명하고 화학은 다시 생물학을 설명함으로써 자연과학 내에서의 통일이 이뤄지고 이에 따라 한 분야에서 이뤄진 귀납의 결과가 다른 분야에서의 귀납의 결과와 부합할 때 'consilience'가 가능하다고 한 논리에 수긍이 간다. 그러나 과학이 인문·사회에 걸친 것이라면 여기에서도 'consilience'가 과연 가능할까? 수긍이 가는 면도 있으나 나에겐 의문이 아닐 수 없다.

물론 생물학에 한정해서 말하자면 찰스 다윈이 『종의 기원』(1859)에서 지구상의 생명체들이 하나의 공통 조상에서 파생해 한 '가족'으로서 유연 관계를 갖는다고 주장하고 이어 20세기 초의 진화의 '신종합설'이 생물학을 통일하고(Smocovitis, 1992) 20세기 후반의 분자생물학이 역시 생명 과학을 통일하니 특히 진화생물학에 관심을 두었던 나에게는 생물학 내에서의 통일이 그렇게 낯설다고 할 수 없다. 그리고 그 후 윌슨이 『사회생물학』을 써서 산호나 말미잘 같은 무척추동물부터 포유류와 사람에 이르기까지 모든 사회성 동물이 나타내는 행동의 패턴들이 진화의 산물이라는 점에서 통일의 논리를 일궈 낸 것은 30여 년이 지난 오늘날 그간의 열띤 논쟁과 찬반의 소용돌이에도 불구하고 이미 하나의 정설이 되어 가고 있다는 데 주목하지 않을 수 없다. 더욱이 나로서는 『사회생물학』(축약판, 1980) 등 윌슨의 책 몇 권을 번역한 바 있어 그의 백과사전적인 지식과 분석 및 종합의 능란함에 혀를 내두른 적이 한두 번이 아니다. 특히 윌슨은 그의 기념비적인 책 『사회생물학』과 『인간 본성에 대하여』에서, 유전자에서 문화에 이르고 생물학에서 인문, 사회, 예술에 이르는 '지식의 통일', 즉 consilience를 이미 펼쳐 놓아 그 20년 후에 나온 이 책이 줄 수 있는 '충격'을 나는 이미 받은 터여서 이렇다 할, 새로울 것이 없었다. 나는 이 책의 한국어 번역판이 나와 원서와 대조해 가며 다시 읽었다. 그 소감을 적으면 다음과 같다.

이 책에서 저자는 우선, 과학과 인문학 그리고 예술 모두가 세계는 질서 정연하고 따라서 소수의 자연 법칙으로 설명될 수 있다는 믿음과 이해를 더하는 공동의 목표를 갖는다고 한다. 즉 인간의 문화가 자연과학과 인과적 설명으로 연결될 때에만 온전한 의미를 지닌다고 보는 것이다. 그러나 이러한 목표 도달을 위해서는 계몽주의 시대를 거쳐 분화된 학문 간의 경계를 터서 서로 넘나드는 통섭(通涉, consilience)이 필요하다(내가 여기에 '統攝'이 아니고 '通涉'을 쓴 이유는 군림하는 전자의 '전체를 거느리거나 다스림'보다 후자의 '상통하고 서로 어울림'이 맞다고 보기 때문이다.). 그러기 위해서는 우선 유전자와 문화 사이의 관계를 이해해야 하며 더욱이 이 두 가지 사이의 공진화를 규명해 나가야 한다. 그러나 이러한 시도에는 우선 인간 본성의 요소로서 정신 발달을 지배하는 이른바 후성 규칙(後成規則, epigenetic rule)을 이해하고 이 규칙이 개입함을 알아야 한다. 역시 자연 선택에 의해 형성된 후성 규칙의 비근한 예로 인간에서의 근친상간 기피, 뱀에 대한 반사적 혐오, 아이들의 타고난 언어 습득 프로그램, 고소 공포증, 외부자 혐오 따위를 들 수 있다. 이들은 인간의 유전과 문화를 연결하는 매개체 구실을 하므로 유전자와 문화의 공진화를 이해하는 데 요체가 된다. 이때 뇌는 생존에 적응하도록 선택된 유전자의 산물이며 이러한 뇌는 후성 규칙을 성실히 수행해 마음을 작동시키고 문화를 형성, 분화시키는 원천이 된다. 이렇게 형성된 문화가 유전자에 선택압으로 작용하여 유전자와 문화 사이에 영향을 주고받는 공진화가 이뤄지는 것이다. 이런 의미에서 "인간 본성의 탐구는 후성 규칙들의 고고학"이라 할 수 있다.

어쨌든 '후성 규칙'적 현상들을 연구하는 데 필요한 것은 환원주의적 방법론이며 분석된 결과를 다시 종합하여 전일론적인 창발성을 설명하는 데 사용한다. 저자에 따르면, 만일 뇌와 마음이 기본적으로 생물학적 현상임이 증명된다면 물리학에서 인문학에 이르는 모든 학문 분과들에 일관성이 확보되어 학문 간의 통일이 이뤄지며 이때에 생물학에는 징검다리로서의 독특한 위치가 부여될 것이다.

이 책을 다시 요약한다면 저자는 유전자, 의식, 마음, 문화, 종교로 일관되는 종적인 연결의 기제가 물리학, 화학, 생물학, 심리학, 사회학, 인문학, 예술이라는 횡적 연계를 설명하는 원리임을 주장하며 이들을 탐구해 나가는 데는 통일이 필요하다고 강조한다. 이 과정에서 핵심을 이루는 것이 후성 규칙이다. 이 규칙에 대해 저자는 이미 30여 년 전에 언급하고 주장했으나 특히 이 책에서 자세히 설명하고 있다. 뿐만 아니라 저자는 지구 생태계의 위기를 생물다양성 감소와 지구온난화를 들어 경고하고 자연 선택의 영역을 벗어난 인류가 이제 자신의 미래를 선택할 기로에 서 있으므로 이제 스스로 책임져야 할 처지에서 현명한 선택을 주문하고 있다.

요컨대 나에게 이 책은 저자가 과거 30여 년 사이에 냈던 책들에서 펼쳐 놓은 생각들을 'Consilience'라는 라벨로 딱지 붙인 하나의 '통일장' 이론이라는 생각이 들었다. 단지 이에 관련되는 소재들과 문제들을 풍부한 지식과 자료들로 자세히 설명하고 '통일'이라는 꼬챙이로 꿰어 낸 점이 경탄스럽기만 하다. 어쨌든 이 책은 내가 찬성하든 안 하든 학문과 예술, 마음과 윤리 그리고 종교를 한 줄기로 꿰뚫어보는 시각과 관점을 그럴듯하게 다시 선보인 것은 분명하다. 특히 "왜 무(無)가 아니라 무언가가 존재하는가?"의 대목에서 존재의 궁극적 의미는 인간의 이성적 이해를 넘어서고 따라서 과학의 영역 밖이라는 초월주의자의 입장을 말한 부분은 인간의 뇌는 인간이 생존하도록 돕는 방향으로만 진화한 산물이라고 말한 바와 맞닿아 있는 듯하다. 아울러 최근에 리처드 도킨스가 『신이라는 망상』에서 무신론을 주장하면서 다만 과학은 인간이 존재하기에 유리한 방향으로만 진화해 왔기 때문에 사물을 보는 눈이 부르카에 가려져 있으며 과학의 발전과 함께 이 부르카의 구멍이 점점 넓어지면서 차츰 보편적이고 객관적인 인식이 가능해질 것이라고 말한 대목은 주목할 만하다. 그러나 나는 도킨스와 윌슨으로부터 이들의 불가지론 내지 무신론에 대한 대안으로서 어떤 속 시원한 답을 얻지 못해 좀 답답하긴 하나, 진화의 산물로서의 인간의 한계에 대해 이들이 그럼직한 설명을 내놓은 것으로 생각된다.

이 책이 나오자 저자의 1975년 작『사회생물학』이 그랬듯이 찬반의 논쟁이 뜨겁게 불붙었다. 무엇보다 그의 환원주의가 문제였다. 윤리와 종교 그리고 인문학과 사회학을 생물학으로, 생물학을 다시 화학, 물리학으로 쥐어짜 놓았다는 것이다. 그래서 과학의 분야들을 위계화시켰다는 주장이 일었다. 주로 과학철학자들이 내놓은 평가는 거의 혹평이었으며 그 대표로 존 뒤프레(John Dupré)를 들 수 있다(Dupré, 1998). 그러나 내 생각으로는 윌슨이 평소 주장했듯이 환원주의가 과학의 분석 방법으로 효과적이었으며 그에 따른 성공으로 오늘날의 과학 문명이 이루어졌다고 본다면 무엇이 문제될 것인가? 그리고 위계화도 마찬가지다. 과학적 사실이 인간의 가치관이나 이념에 앞서는 것이라면 문제될 것이 없지 않을까?

이 책이 나오고 나서 2년 후에 이 책에 반대하는『삶은 기적이다(*Life is a Miracle*)』(Berry, 2000)가 나오고 한국어 번역판도 나왔다. 그러나 내가 보기에 이 책의 주장은 이 책의 목차에서 보이는 "물질주의", "제국주의", "환원주의", "환원주의와 종교", "환원주의와 예술"이란 소제목들에서 이미 대략적으로 드러나고 있으며 더욱이 책 끝에 역자가 쓴 해설에서 저자가 뜻하는 바가 '웅변'되고 있다. 내가 보기에 윌슨과 베리 사이에는 사물 해석의 패러다임이 달라 대화가 불가능하다는 생각이 들었다. 이 책에서 베리가 "신앙을 가진 사람으로서는 통합에 대해 윌슨과 대화할 아무런 이유가 없다. 솔직히 말해서 그의 제안은 천상의 존재를 부정함으로써 천상과 지상을 화해시키자는 제안이고, [신앙을 가진 사람은] 거기에 응할 수 없기 때문이다."라고 말한 부분에서 이미 둘 사이에 이질성이 극명하게 드러난 셈이다. 아니나 다를까 생물철학자 마이클 루즈는 베리의 책에 대한 서평에서 그 어떤 것도 베리의 생각을 바꿀 수 없을 것 같다며 과학철학자로는 보기 드물게 윌슨의 『통섭』 을 호평했다(Ruse, 2000).

이 책에 대한 논쟁은 국내에서도 뜨겁게 일어났다. 논문과 언론을 통해 반론을 제기한 사람은 최종덕(상지대, 과학철학) 교수와 김흡영(강남대, 신학) 교수 다. 최종덕은 원주 토지문화관에서 있은 집중 세미나에서 "통섭에 대한 오해"를 발표하고(2007. 7. 20.)(최종덕, 2007) 《교수신문》에 「생물학과 철학의 고리」를 썼다(2004. 10. 11.). 한편 김흡영은 '통섭'에 반대하는 글을 신문에 투고했고(《중앙일보》, 2007. 4. 17.) 그 후 한국과학기술한림원이 주최한 포럼 '통섭과 의생학(擬生學)'(서울대, 2007. 9. 27.)에서(한국과학기술한림원, 2007) 지정 토론자로 반대론을 폈다. 내가 보기에 이 두 사람의 문제 의식은 역시 '환원주의'와 '제국주의'에 모아져 있었다. 원서의 제목 "Consilience"는 '함께 뛰다(jumping together)'로서 학문 간 일방이 아닌 쌍방향 통행의 통합인데 어째서 인문학, 사회학, 윤리, 종교 등을 모두 생물학으로 환원시켜 일방 통행으로 나가고 유전자와 생물학이 제국의 통치자로 군림하게 하는 것이냐 하는 데 있었다. 그러나 이들의 주장 속에는 환원주의와 일방주의에 대한 공박만 있지 어째서 이들이 타당하지 않은가에 대한 과학적, 논리적 설명은 거의 찾아볼 수 없다는 것이 내가 받은 인상이다.

그래도 낱말로서의 '통섭'은 최근 학문 간 융합의 대세에 맞물려 한국 사회에서 급속히 보급되고 있다. 여기에는 단연 『통섭』을 공역으로 내고 서울대학교에서 이화대학교로 자리를 옮겨 '통섭원(統攝苑)'을 연구실 간판으로 내건 최재천 교수의 활동이 크게 기여하고 있으며(최재천·주일우, 2007) 한국의 인문·사회계가 앞으로 이를 어떻게 수용할지가 자못 주목되고 있다.

이 책의 우리말 번역본이 나온 2005년에 미국에선 『유전자만이 아니다

(*Not By Genes Alone*)』(Richerson and Boyd, 2005)가 "문화는 어떻게 인간의 진화에 변화를 초래했는가(How Culture transformed Human Evolution)"라는 부제를 달고 나오고 우리말로도 번역됐다. 이 책의 부제와 총 7개 장의 소제목들 가운데 "문화는 적응이다", "문화와 유전자는 공진화한다", "문화에 관한 한 진화에 비춰 보지 않고는 아무런 의미가 없다"를 보면 그 주장이 얼마나 사회생물학적인가를 알 수 있다. 바로 20년 전에『문화와 진화 과정(*Culture and the Evolutionary Process*)』(Boyd and Richerson, 1985)을 냈던 저자들이며, 지식의 통일성에 대한 강력한 암시로 일관하고 있다. 국내외를 통틀어『통섭』에 대한 반대가 거센 가운데 찬성론도 만만치 않음을 보여 주는 사례다.

그런데 최근에 국내에서『통섭』에 대한 만만찮은 반론서가 나왔다.『통섭과 지적 사기』(이인식, 2014)가 그것이다. 제목의 사기(詐欺)라는 말은 1996년에 과학 전쟁(Science War, 과학철학과 포스트모더니즘이 한편이 되고 합리주의의 과학자들이 다른 편이 되어 과학의 본질을 놓고 벌인 논쟁)의 단초를 제공한 미국의 물리학자 앨런 소칼(Alan Sokal)의 공저『지적 사기(*Impostures Intellectuelle*)』(Sokal et Bricmont, 1997)에서 따온 것이겠지만 책 제목으로 자못 도발적이다. 게다가 부제가 "통섭은 과학과 인문학을 어떻게 배신했는가"로 되어 있어 책 내용의 성격을 단적으로 나타내고 있다. 우선 두 사람의 필자가 '과학 전쟁'을 통해 인문·사회학계와 과학계 사이에 찰스 퍼시 스노(Charles Percy Snow) 경의 '두 문화'의 간극이 여전히 존재함을 논의한 다음 열 사람의 필자가 윌슨의『사회생물학』과『통섭』에 대해 철저히 비판하고 있다. 공격의 표적은 유전자 결정론, 환원주의, 사회생물학의 제국주의 그리고 통섭(統攝)의 부당성으로 모아져 있다. 특히 주목되는 것은 이 책의 편집자인 이인식의「프롤로그: 지적 사기와 통섭」과「에필로그: 융합과 통섭」이다. 이인식은 '융합'과 'consilience(통섭)'는 엄연히 다른데 최근 과학기술과 인문학의 융합이 강조되는 국내 상황에서 융합의 뜻으로 '통섭'이 두루 오용(誤用)되고 있음을 개탄하며 "일부 과학자가 어설프게 인문학과의 융합을 시도하면서(과학 전쟁에선 과학자가 인문학자를 비판한 데 반해: 이 회고록의 필자 註) 거꾸로 인문학자가 과학자의 무지를 비판하는 이른바 '역(逆) 과학 전쟁'이 발발할 소지도 없지 않다. 대표적인 사례는 통섭(統攝)에 대한 인문학자들의 공격이다."라면서 비분강개(悲憤慷慨)한 나머지 이 책을 엮게 되었다고 토로하고 있다.

한편 김지하 시인은 「최재천·장회익 교수에게 묻는다」는 제목으로 최재천이 consilience에 원효 사상을 도입한 것은 이 둘 사이에 아무런 관계가 없다는 점에서 무모하며 동양학을 더 공부하라고 충고한다. 그는 환원주의의 허무맹랑함과 동양의 기(氣), 음양(陰陽), 신(神), 동학(東學), 테이아르 드 샤르댕(Teilhard de Chardin)의 진화 사상 등을 들어가며 사회생물학과 통섭(統攝)에 맹공을 퍼붓는다. 내가 보건대 최재천 교수와 김지하 시인 사이에는 논리와 패러다임이 달라 토론과 상호 수렴이 전혀 불가능해 보인다. 결국 국내에서 사안에 대해 벌어져 온 논쟁들을 통틀어 볼 때 한국에서 일부 극소수 철학자를 빼고는 인문·사회 계열 학자 대부분이 사회생물학과 통섭(統攝)에 적극 반대론을 펴고 있어(후술) 이인식이 말한 '역 과학 전쟁'은 이미 시작된 지 오래인 듯하다. 이러한 현상은 현재 구미에서 대체로 그러한 논쟁이 이미 지나가고 최근 사회생물학 내에서 유전자 선택이냐 다수준 선택이냐를 놓고 윌슨계와 비(非) 윌슨계 사이에 논쟁이 한창인 것(후술)과는 매우 대조적이어서 씁쓸한 뒷맛을 감출 길 없다.

전선 풍경 2: 도킨스의 도발이 부른 과학과 종교의 전쟁

대학에서 진화생물학을 가르치면서 '생명의 기원과 진화' 그리고 생명 현상의 지금의 원인 즉 직접인(直接因, proximate cause)과, 역사적 유래, 즉 궁극인(窮極因, ultimate cause)에 대해 과학자들은 어떻게 말하고 있는지 살피지 않을 수 없었다. 이에 대해 공부하지 않으면 가르칠 수도 없었고, 마침 이러한 문제들은 내가 어려서부터 스스로에게 던진 질문에도 맞닿아 내 나름대로 열심히 책을 읽고 공부했다. 그러나 질문은 여전히 남는 게 사실이다. 그것은 진화생물학이 사물이 왜 존재하는지, 우주의 끝은 어딘지, 생로병사는 왜 있는지 그리고 신이 있어 신의 조화(造化)로 세상 만사가 일어나는지 따위를 가르쳐 주지 않기 때문이다. 다시 말해 이러한 질문은 과학 외적이라서 과학으로서의 진화생물학이 다룰 것이 아니라고 보는 것이 일반적인 견해이기 때문이다.

그러나 나는 진화생물학을 공부한답시고 여러 책을 뒤적였고 회오리바람을 일으켰던 리처드 도킨스의 『이기적 유전자』를 읽으면서 의문이 오히려 더 깊어졌다. 무릇 생명체와 인간 모두가 '유전자의 탈것' 또는 '생존 기계'에 불과하다는 극단적인 유물론이 나로 하여금 삶을 사는 목적과 의미가 흐려지게 만들었기 때문이다. 그런데 2006년에 도킨스는 다시 『신이라는 망상』이라는 '희한한' 제목의 책을 내면서 나로 하여금 무릎을 치게 만들었다. 평소 신에게 믿음을 주지 못하는 회의론자로서 이러한 제목을 보니 올 것이 왔구나 싶었기 때문이다. 곧 '아마존'에 주문하여 책을 받고 대충 훑어봤다. 그러나 종교의 허구성과 폐해들만 잔뜩 나열했지 '신이 없다면 무엇이 세상을 만들었단 말인가?'에 대한 답이 없어 '대안 없는 책이구나.' 하고 덮어 버렸다. 그런데 1년 후에 번역서 『만들어진 신』이 나와 다시 읽어 보게 되었다. 다른 책과 마찬가지로 원서와 대조해 가며 읽었다. 내가 번역서를 읽을 때마다 원서와 대조하며 읽는 이유는 국내의 내로라하는 교수와 제자의 공역 한 권에서 틀린 곳을 50여 군데나 발견한 적이 있기 때문이다. 하긴 나의 번역에도 오역이 있을 터이므로 공식으로 비판할 수는 없다. 그러나 조금만 찾아보거나 물으면 바로잡을 수 있을 것을 그대로 놓아둔 데는 문제가 있다.

나는 이 책을 읽기 전에 내가 가진 의문이 도대체 무엇인지 한번 정리해 봤다. 어렸을 때 가졌다는 두 가지 고민거리 말고 추가로 무엇이 있었는가?

- 내가 나의 의사와 관계없이 이 세상에 태어나야 한다는 것을 어떻게 해석해야 하나?

- 인생에 생로병사(生老病死)라는 '고해(苦海)'는 왜 있어야 하며 오욕칠정(五慾七情)으로 점철된 인생의 의미는 무엇인가?

- 이 모든 것의 시작이 신에게 있는가? 아무리 신이라도 어떻게 전지전능할 수 있을까?

- 그 전지전능한 신을 만든 이는 누구이고 그 누구는 만들어진 신보다 더 전지전능하지 않을까?

- 러시아 인형 같은 이 질문의 꼬리의 해답은 과연 무엇일까?

- 신이 전지전능하다면 지구상에 일어났고 현재도 벌어지고 있는 대량 살육과 전쟁 그리고 갖가지 참혹한 범죄와 무고한 사람들의 죽음은 왜 일어나야 하는가?

- 왜 사람은 짐승을 잡아먹어야 하나?

- 사람은 왜 죽어야 하고 죽은 다음의 세계는 무엇일까?

- 무한한 시간과 공간의 의미는 무엇인가?

- 어째서 무엇인가 존재하는가?

결국 진화생물학 강의를 20년 넘게 하고 80에 이르는 삶을 살았어도 이러한 의문들을 푸는 데는 근처에도 가 보지 못한 채 오롯이 살아온 셈이다. 그래서 도킨스의 이 책에 대한 기대가 더 컸는지도 모른다.

어쨌든 모두 10개 장으로 이뤄진 이 책(원서 406쪽, 번역서 604쪽)의 장별 제목상 줄거리를 본다면 「'신(神) 가설'에 대한 논증」, 「신이 없다고 말할 수 있는 이유」, 「종교의 시작」, 「성서의 허구와 폐단」, 그리고 「종교가 왜 틀리고 부정되어야 하는가」로 요약될 수 있다. 주요 논점을 느낀 대로 써 보면 다음과 같다.

우선 이 책은 「'신 가설'에 대한 논증」을 두어 신의 존재에 과학적으로 접근하고 있다. 다시 말해 신의 존재가 과학적으로 검증될 수 없으므로 과학 영역 밖의 문제라는, 종래의 나의 생각을 바꾸어 놓은 것이다. 더욱이 신은 복잡한 인간을 만들었으므로 인간보다 더 복잡한 지성이어야 하는데 그 복잡한 지성을 만든 더 복잡한 또 다른 신이 있어야 한다는 논리가 되므로 결국 신은 존재할 수 없다는 것이다. 또한 복잡한 것은 점진적인 진화를 통해 제일 나중에 생기게 되어 있는데 이 순서로 보면 매우 복잡한 인간을 만들 수 있는 더 복잡한 신은 인간 이전에는 존재할 수 없다는 논리에 이른다.

더욱이 유일신 종교로서의 유대교, 기독교, 이슬람교는 사도들에게 가정을 버리고 신을 따르라, 신을 믿는 자만이 천국에 간다고 해서 온갖 다툼과 비리의 근원이 되고 있으며 역사적으로나 현실적으로나 지구상의 온갖 분규와 만행의 씨앗이 되고 있다. 유일신은 맹종과 광신, 여성 박해, 아동 학대 그리고 동성애자 혐오를 자행했을 뿐 아니라 십자군 전쟁이나 중동과 발칸 반도의 전쟁들, 그리고 9·11 테러 같은 갖가지 악행의 원인이 되었으며 자살 폭탄 테러범을 만들어 내고 있다. 역시 심각한 문제 중 또 하나는 기독교가 과학 교육에서 과학의 본질을 왜곡하는 창조 '과학'을 시도한다는 점이다.

이뿐만이 아니다. 기도한다는 것은 곧 우주의 법칙을 무효화해 달라는 말이며 신을 따를 테니 소원을 들어 달라는 기복(祈福) 신앙은 곧 이기주의에 바탕한 흥정이나 다름없다. 신을 따르지 않으면 영원한 불구덩이로 빠진다는 지옥의 설정은 종교로서의 자비(慈悲)와는 거리가 먼 극도의 잔인성을 나타낼 뿐이다.

블레즈 파스칼은 그의 수상록에서 신이 있고 없고 사이의 선택에서 신이 있는 쪽으로 패를 걸라는 말을 했다. 사실상 이것은 내가 대학 시절 김붕구 (金鵬九) 교수의 불문학 강의를 들을 때 처음 듣고 참 그럴듯하구나 하고 탄복한 문장이다. 그런데 도킨스는 자기 책에서 만약 신이 있다면 사람이 죽은 후 신 앞에 섰을 때 비겁하게 내기로 양다리를 걸친 파스칼보다 "신을 믿기에는 증거 불충분이었다."라고 하며 용기 있게 회의주의를 내세울 것이라고 한 버트런드 러셀을 더 존중하지 않겠느냐고 쓰고 있다. 아주 맞는 말로 나의 맹목적인 판단의 정곡을 찔렀다.

　나방은 밤에 불이 있는 쪽으로 돌진해 죽는다. 이것은 인공 조명이 없던 원시 시대에 달빛을 기준으로 방향을 잡아 날던 태고의 본능이 현대에 와서 인공 불에 유인되어 일어나는 차질적 사고(事故)다. 종교도 과거에 유용했던 심리적 성향이 빗나가 만들어진 부산물일 공산이 크다. 백인들이 뉴기니에 갖가지 물건을 갖고 들어왔을 때 토착민들이 경탄과 외경에서 백인과 문명의 이기들(전등, 라디오 등)을 신의 능력으로 숭배한 근대의 생생한 역사가 종교가 어떻게 시작되었는가의 또 다른 가능성을 시사하고 있다.

　도킨스가 신을 부정하는 대신 내놓은 가능성은 이성과 과학이었다. 우리 인간은 인간이 생존하기에 적당할 만큼만 진화되어 있다는 것이다. 다시 말해 앞으로 과학이 부르카에 가려진 우리의 시야를 차츰 넓혀 줄 것이며 그때 모든 진실은 과연 어떠했는가가 밝혀질 것이라는 것이다. 즉 신이 없다면 이 모든 것이 어떻게 생겨난 것이며 그 의미는 무엇인가에 대해 지금 당장 시원한 대답을 듣지는 못하지만 우리는 과학에 그 희망을 걸 수 있다는 것이다. 지난날에 문명 발전이 우리의 세계관과 우주관에 얼마나 큰 변화를 가져왔는가를 생각해 보면 가히 짐작이 가는 대목이다. 이 밖에 내가 생각하기에, 과거에 시대적 이슈가 인종 차별 문제에서 그다음엔 여성 비하, 즉 성차별 문제로 이동하고 그 후 오늘날엔 동물 학대라는 일종의 종(種) 차별 문제로 이동해 온 것을 보면 우리의 미래 가치도 계속 변해 가겠구나 하고 어림할 수 있으며 이 또한 부르카의 틈새 넓히기에 따라 세계관, 생명관, 우주관에 변화가 올 것이 분명해 보인다.

　도킨스는 그의 책머리에서 "나는 세상을 바꾸고 싶어서 이 책을 썼다. 보다 근본적인 동기는 과학적 진실에 대한 사랑이다."라며 종교에 대한 반대의 직격탄을 날렸다. 사실상 도킨스의 이 같은 직설적 종교 부정은 처음이 아니다. 19세기 후반(1874. 8.)에 아일랜드 벨파스트에서 열린 영국과학진흥협회에서 물리학자 존 틴들(John Tyndall)은 "모든 종교적 이론과 기본틀은 우주 생성론을 포함해 과학에 종속되어야 한다."라는 강경 발언을 해 충격과 논란을 불러일으켰다(Livingstone, 1999). 그런데 이 책이 나온 지 7년, 그리고 한국어 번역판이 나온 지 6년이 지난 시점까지(2013. 7.) 내가 아는 바로 한국의 종교계는 아직도 침묵하고 있다. 한국 사회에서도 신의 존재를 부정하는 책이 나온 적이 없는 것은 아니다. 이미 10여 년 전에 『죽을 각오로 성사시킨 신의 사망 신고』(황정희, 1999)가 나와 신의 부재를 논리와 실증적 접근으로 주장하고 나선 바 있다. 그러나 이 책에 대해 공론으로서의 반박이 나왔다는 말은 듣지 못했다.

하지만 영미에서는 다르다. 도킨스의 책이 나온 이듬해부터 그에 대한 반론서가 쏟아져 나왔다. 가톨릭을 옹호하는 토머스 크린(Thomas Crean)의 『신은 망상이 아니다(God is No Delusion)』(Crean, 2007)가 도킨스를 강력히 반박했고, 존 호트(John F. Haught)는 『신과 새로운 무신론: 도킨스, 해리스 및 히친스에 대한 비판적 대응(God and New Atheism: A Critical Response to Dawkins, Harris, and Hitchens)』(Haught, 2007)을 내놓아 도킨스 외에 종교를 부정하는 선행 저서들을 싸잡아 신형 무신론으로 몰아붙였다. 호트가 책 제목에 인용한 세 사람 중 도킨스 외에 나머지 두 사람은 『믿음의 종말(The End of Faith)』(2004)(번역서 『종교의 종말』, 2005)과 『기독교 국가에 보내는 편지(Letter to a Christian Nation)』(Harris, 2006)를 쓴 샘 해리스(Sam Harris)와 『신은 위대하지 않다(God is not Great: How Religions Poisons Everything)』(Hitchens, 2007)를 내놓은 크리스토퍼 히친스(Christopher Hitchens)를 가리킨다. 사실상 신의 존재를 부정하는 무신론의 일선에서 미국의 대니얼 데닛이 도킨스의 책이 나온 2006년에 『마법 깨뜨리기: 자연 현상으로서의 종교(Breaking the Spell: Religion as a Natural Phenomenon)』(Dennett, 2006)(번역서 『주문을 깨다』, 2010)를 내놓은 것을 뺄 수 없다. 말하자면 2006년을 전후해 영국과 미국의 과학자들과 철학자들이 신을 부정하고 종교가 어떻게 자연 선택에 의해 출현하고 진화할 수 있었나를 다룬 책들을 내놓은 것이다.

　이러한 도킨스의 무신론 책에 대한 국내의 반응이라면 앨리스터 맥그 래스(Alister McGrath)와 조아나 맥그래스(Joana McGrath)의 *The Dawkins Delusion? Atheist Fundamentalism and the Denial of Divine*(McGrath and McGrath, 2007)이 『도킨스의 망상: 만들어진 신이 외면한 진리』(전성민 역, 살림출판사, 2007)가 번역, 출간되었다는 점이다. 나는 즉시 이 책을 사서 읽고 느낀 바를 다음과 같이 썼다.

　• 『도킨스의 망상』을 읽고

　나는 도킨스의 『신이라는 망상』을 읽고 평소에 신의 존재와 종교에 대해 질문하고 응답하는 데 좀 더 체계적인 이유와 논리를 얻었다고 본다. 그러나 신이 없다면 과연 이 세상은 어떻게 만들어진 것일까에 대한 의문은 여전히 남아 있다. 물론 도킨스는 과학이 발전하면 우리의 부르카의 틈이 넓어져 그 까닭을 알 수 있으리라는 확신을 표명했다. 그래도 의문을 여전히 떨쳐 버릴 수가 없다. 『신이라는 망상』이 결코 이 모두에 대한 시원한 대답은 되지 못했기 때문이다.

　그런데 도킨스의 무신론이 신과 종교에 가차 없이 퍼붓는 맹공에 대해 종교계가 어떻게 반응하는지는 자못 크고 흥미로운 관심사가 아닐 수 없다. '아마존'을 열어 보니 도킨스에 대해 반론을 편 책들이 쏟아져 나오고 있었다. 그중에 앨리스터 맥그래스(Alister McGrath)와 조아나 맥그래스(Joana McGrath) 공저의 『도킨스의 망상』이 눈에 띄었다. 도킨스의 『만들어진 신』이 나온 이듬해에 나온 것이다. 우선 이 책을 사서 읽은 소감을 약술하면 다음과 같다.

　이 책은 제1장 「만들어진 신?」, 제2장 「과학은 신이 없음을 증명했는가?」, 제3장 「종교의 기원은 무엇인가?」, 제4장 「종교는 악인가?」의 4개 장으로 이뤄져 있다. 나의 주 관심은 이 책이 신의 존재를 어떻게 증명하고 있는가에 모아져 있었다. 그다음이 종교의 기원에 관한 것이다.

그러나 신의 존재 증명에 관해서 저자가 말한 것은 고작 "설계의 겉모습은 증명이 아니라 우주에서의 신적 창조성의 역할에 관한 확신을 제공할 수 있다."(41쪽)와 "우리는 진실임을 증명할 수는 없어도 받아들이기에는 부족함이 없는 많은 믿음들을 간직하고 있다."(41쪽)이다. 과학적 실증주의를 믿는 나에게는 도저히 납득되지 않는 딴 나라의 이야기다. 나로서는 유전학자 제리 코이니(Jerry Coyne)가 "진짜 전쟁은 합리주의와 미신 사이에 벌어진다. 과학은 합리주의의 한 형태인 반면, 종교는 가장 흔한 형태의 미신이다."라고 한, 약간은 극단적인 선언에 오히려 귀가 솔깃해질 수밖에 없다. 차라리 앙투안 베르고트(Antoine Vergote)가 "종교적 믿음의 타당성은 과학적 추론에 의해 실증될 수도 없고 논박될 수도 없다."라고 한 말과 스티븐 제이 굴드의 '겹치지 않는 교도권(敎導權)(Non-overlapping Magiteria: NOMA)' 개념, 즉 논증의 세계는 종교 따로, 과학 따로라는 생각이 저자의 애매한 말보다 그럴듯한 논리로 들리는 것은 왜일까?

종교의 기원에 대해 도킨스는 적응적인 우위 선택으로 진화된 뇌의 산물이거나 어쩌면 빗나간 부산물이라며 종교의 허구성을 지적하고 있다. 이러한 생각은 19세기 중엽에 루트비히 포이어바흐(Ludwig Feuerbach)가 "신은 기본적으로 인간에 의해 형이상학적이고 영적인 위로를 주기 위해 몽상처럼 만들어진 허구"(1841)라고 한 말(88쪽)만큼이나 유물론적이다. 비슷한 무신론이 그 후 카를 마르크스(Karl Marx), 지그문트 프로이트(Zigmund Freud), 그리고 현대의 대니얼 데닛 등으로 이어져 주장되어 왔다. 그러나 저자는 이러한 논증들이 모두 '신은 없다.'는 가정으로부터 출발하므로 합당한 논리가 될 수 없다고 한다. 물론 "종교를 '요구 충족'으로 보는 견해에는 약간의 진실이 있다. 그러나 인지적 편견(cognitive bias)은 인간 심리의 근본적 특징이다."(98쪽)라고 하며 도킨스가 바로 이 인지적 편견에 빠져 있다고 단죄한다.

그 외에 "종교가 폭력적이다."에 대해 "종교만 폭력적인가?"라고 반문하고 도킨스의 '밈' 개념에 대해서는 "'밈'에 대한 증거가 없다. 이것들이 뇌에서 뇌로 뛰어넘는지? 아니면 그냥 존재하고 있는지 실제로 본 적이 없다."(112쪽)라고 하고, 그리고 "밈을 지지하는 과학적 증거는 …… 예수의 존재를 보여주는 역사적 증거보다 훨씬 약하다."(115쪽)라고 하는 등의 진술은 실증적 논리가 아니라 한갓 군색한 억지로 들리는 것은 비단 나만의 일일까?

결국 이 책은 도킨스의 『신이라는 망상』에 대한 반론으로서 여러 가지 논증들을 예시했을 뿐 유일신과 종교의 존재 이유에 대한 납득할 만한 설명을 주지 못하고 있다. 논리상의 허점들과 의문들을 남기기는 도킨스의 『신이라는 망상』과 마찬가지라는 생각이 든다.

종교를 고발하는 히친스의 책이 『신은 위대하지 않다』(김승욱 옮김, 알마, 2008. 1.)로 '즉시' 번역되어 나온 것만 봐도 출판 시장에서는 이미 맞불이 붙은 거나 다름없다. 그러나 내가 이 글을 쓰고 있는 현 시점에(2009. 11.) 일부러 수소문한 바에 따르면, 기독교계에서는 어떤 형태의 반응도 없는 상태다. 기독교계(천주교, 개신교) 신도가 조사 인구의 3분의 1에 가깝고(28퍼센트, 한국갤럽, 2014. 4.) 근본주의가 만만치 않은 한국 사회에서 '신'의 문제가 어떻게 다루어질지 자못 주목하지 않을 수 없다.

도킨스가 묻고, 무신론자, 물리학자, 신학자가 답하다

도킨스가 던진 '신은 망상이다.'라는 문제제기는 한국 지식 사회에서 잠깐 소비되고 사라지지 않았다. 영미권 출판사들은 발 빠르게 도킨스가 일으킨 반향을 책으로 엮어 출간했고, 한국 출판사들은 이것을 번역했으며, 우리 사회의 젊은 무신론자, 과학자, 신학자 들도 나름의 답을 궁리했다. 그중 주목했던 책들 몇 권을 언급하고 넘어갈까 한다.

윌슨과 도킨스의 사회생물학이 종교와 신을 인간 진화의 한 산물로 보는 흐름 속에 한국 사회가 나타낼 반응에 촉각을 세우던 중에 데이비드 밀스

(David Mills)의 『무신론자의 우주(*Atheist Universe*)』(Mills, 2006)가 『우주에는 신이 없다』(권혁 옮김, 2010)로 번역되어 나와 이번에도 원서와 대조해 가며 읽었다. 진화생물학이나 신학의 입장에서가 아니라 아예 무신론자가 펴는 논리는 어떤가가 궁금했고 나머지 의문에 대한 답을 얻을 수 있을까 하는 기대에서였다. 나는 이 책을 읽고 독후감을 써서 투고했다(이병훈, 2011d). 이 글을 여기에 고쳐 싣고, 천체물리학자 호킹 등의 책을 소개하며 이야기를 풀어 가고자 한다.

• 데이비드 밀스의 『우주에는 신이 없다』

우선 밀스는 중세의 신학자 토마스 아퀴나스가 모든 존재에는 그것을 만든 사람이 있다고 한 '제1원인론'에 칼을 뽑아 들었다. 그 무엇에는 그것을 만든 자가 꼭 있어야 한다면 그 만든 자를 만든 자가 또 있어야 하지 않겠는가로 의문이 꼬리를 물어 결국 논리적 모순에 빠진다. 이 점은 도킨스가 『만들어진 신』에서 이미 지적한 바다. 다시 말해 원인 없이도 그 무엇의 존재는 실재할 수 있다고 귀결된다. 따라서 우주가 무(無)로부터 창조되었다는 창조론의 주장은 참이 아닐 수 있으며 '질량-에너지 보존 법칙'에도 어긋난다. 다시 말해 우주를 구성할 수 있는 재료가 어떤 형태로든 이미 존재했으며 빅뱅(big bang, 대폭발)에 의한 우주의 '탄생'은 마치 자동차의 생산이 이미 있는 부품들의 조립으로 이뤄지는 것과 다름없다는 것이다. 더욱이 '신이 언제나 존재한다면 물질(에너지)도 언제나 존재한다.'라고 가정할 수 있는 게 아닌가?

예수의 출생 그리고 사망 후의 부활 이야기는 논리적으로도, 과학적으로도 불가능한 하나의 허상이다. 신약 성서는 예수가 지옥을 믿었으며 예수의 가르침을 거부할 경우 사람들이 지옥행을 한다고 했는데 현대의 민주주의 국가들에선 헌법에서 사람들이 아무리 잔혹하고 파렴치한 범죄를 저질러도 고문을 금지하고 있는 마당에 영원한 불구덩이인 지옥행을 시킨다는 것은 인격신인 하나님이 결코 존경할 만한 '인물'이 못 된다는 점을 극명하게 보여 준다.

우주 비행사 존 글렌(John Glenn)은 우주 왕복선에서 지구를 내려다보며 자신이 목격한 그 아름다움이 신의 존재를 증명하는 것이라고 말했다. 그리고 이에 맞춰 많은 기독교인들이 글렌의 말에 맞장구를 치며 찬사를 보냈다. 그러나 바로 그때 중앙아메리카에는 허리케인 미치(Mitch)가 불어 수천 명이 죽었고 수백만 명이 집을 파괴당했다. 하지만 이러한 재앙에 대해 기독교인들은 아무 말도 하지 않았다. 바로 기독교 근본주의자들의 '선택적 관찰(Selective Observation)', 즉 명중한 것은 계산하지만 빗나간 것은 무시해 버리는 이중 잣대의 소행인 것이다.

이 책은 무신론이라는 점에서 도킨스의 『신이라는 망상』과 내용상 많이 겹친다. 그러나 몇 가지 틈새를 메워 주고 있다. 또 다른 예로 아인슈타인이 "신은 주사위 놀이를 하지 않는다."라고 말했다고 해서 그는 흔히 신의 존재를 믿는 사람으로 인용되곤 한다. 그러나 이 말은 당시의 핵물리학자 닐스 보어가 "아원자(亞原子) 입자들의 움직임이 종종 혼란스럽다."라고 말한 데 대해 동의하지 않는다는 대답으로 쓴 말에 불과했다. 결국 보어의 말이 맞고 아인슈타인이 틀렸음이 후에 밝혀졌으나 아인슈타인의 이 말은 널리 잘못 회자되고 있다. 그러나 그가 결코 인격신을 믿는 기독교인이 아니었음은 그가 "나는 자신이 창조한 대상에게 보상하고 벌주는 신을 상상할 수 없다. …… 사람이 죽은 후에 다시 살아난다는 것은 믿을 수가 없다."라고 한 말로 판가름이 났다.

이 책의 저자는 책 제목에 걸맞게 무신론자의 '행복론'을 말한다. 예를 들면 "무신론자가 되면 자신의 목표와 이상을 선택할 최대한의 자유를 얻게 된다."라든가 "죽음을 두려워하는 자는 무신론자가 아니고 천국행이냐 지옥행이냐에 전전긍긍할 기독교인"이라고 갈파하는 점 등이다. 이 책에 인용되는 명사들의 말 중에 인상적인 것은 "영혼의 불멸에 대한 증거 중에 한 가지는 수많은 사람들이 그것을 믿고 있다는 것이다. 그러나 그들은 세계가 편평

하다고 믿었던 사람들이기도 하다. 나는 지금껏 내세에 대한 티끌만 한 증거도 본 적이 없다."라고 한 마크 트웨인의 말이다. 이 외에도 확고한 무신론자인 라이너스 폴링, 칼 세이건, 프랜시스 크릭, 제임스 왓슨, 스티븐 호킹 등 당대의 저명 과학자들과 더불어 토머스 제퍼슨, 어니스트 헤밍웨이, 지그문트 프로이트 등의 말도 음미할 필요가 있다. 영국의 지성 버트런드 러셀이 자신이 죽은 후에 만약 신이 자기에게 왜 신을 믿지 않았느냐 물으면 "증거가 불충분했습니다."라고 답할 것이라고 한 말은 이미 언급한 것처럼 유명한 격언이 되었다.

• 신재식, 김윤성, 장대익의 『종교 전쟁』

이제껏 한국에서는 신과 종교에 대한 찬반이 학계 내에서 말고 일반 담론으로는 번역서 이외에서 별로 논의된 적이 없는 듯하다. 그러나 2009년 6월에 신학자 신재식, 종교학자 김윤성, 과학철학자 장대익 3인의 공저로 『종교 전쟁』(신재식, 김윤성, 장대익, 2009)이 출간되면서 공개적 화두로서 관문이 열린 듯하다. 이 책은 "종교의 유통 기한은 이미 끝났다."라는 장대익의 도발적 선언으로 문을 열면서 세 저자들의 갑론을박이 교차 전개되고 있다. 그러나 과학과 진화론 자체를 인정하는 세 저자들과 달리 국내 종교계의 근본주의자들이 이에 대해 어떻게 반응하는가가 자못 주목된다.

최근 학계와 종교계 일각에서는 "21세기에 종교는 더욱 나갈 길이 없다. 종교는 이제 윤리로 가야 한다."라는 말이 나온다. 현각(玄覺) 스님의 말에 따르면, "세계 종교 지도자 대회에서 프랑스에서 온 한 패널은 '우리는 종교를 버려야 한다. 평화 대신 전쟁을 일삼고, 갈등을 조장하고 환경만 파괴하는 종교는 이제 버려야 한다. 2010년이 되었는데 인간이 여전히 종교에 집착하는 것은 어리석은 일이다.'라고 했다."(김윤덕, 2010) 충분히 음미해 볼 말이다. 그리고 일본의 우주 탐사선 하야부사 호가 7년간 우주 탐험을 하고 돌아오고 미국의 NASA가 1977년에 띄운 우주 탐사선 보이저 1호는 35년간 우주를 항해한 끝에 2013년 8월에 태양계를 벗어나 항진을 계속하며 사진을 계속 보내오고 있다. 지금 무인 우주선이 화성 탐사를 진행하고 있음은 두루 알려진 바와 같다. 인공 바이러스와 염색체를 만드는 데 성공한 합성생물학은 현재 급속히 발전하고 있어 인공 생명체 합성을 거의 목전에 두고 있다. 인간은 과학과 이성의 힘으로 '신의 영역'을 헤집고 들어가 생명과 우주의 비밀을 한 꺼풀 한 꺼풀 벗겨 가면서 진실에 다가서고 있다.

아무리 죽음이 두렵다 해도 파스칼의 말처럼 신을 믿고 안 믿고 중에 믿는 쪽으로 패를 거는 것이 현명하다는 생각은 비과학적임은 물론이고 지나치게 기회주의적이다. 과학 발전에 시간이 걸려 먼 후대에 판가름 나더라도 기다리며 밝혀 나가는 쪽이 정직하고 합리적인 태도가 아닐까?

• 스티븐 호킹의 『위대한 설계』

밀스의 책과 신재식, 김윤성, 장대익의 책이 출간된 지 얼마 안 되어 마침 천체물리학자 스티븐 호킹의 『위대한 설계(*The Grand Design*)』(2010)가 번역 출간되었다(전대호 옮김, 2010). 제목으로 보면 얼핏 현대 기독교를 휩쓸고 있는 지적 설계론(Intelligent Design)을 말하는 것 같으나 실은 아니다. 저자가 이 책에서 묻는 세 가지 질문, 즉 "왜 무(無)가 아니라 무엇인가가 있을까?", "왜 우리가 존재할까?", "왜 다른 법칙들이 아니라 이 특정한 법칙들이 있을까?"에서 나는 몇 가지 점에 주목했다. 우선 "왜?"라는 질문은 과학에서 "어떻게?"로 해석하고 답변할 수밖에 없는, 엄밀한 의미에서 과학 영역 밖의 철학적 질문으로 보인다. 그러나 저자 호킹은 "철학은 죽었다."고 선언하며 과학이라는 비수를 들이대는 모습을 보인다. 19세기 말에 프리드리히 니체가 기독교를 두고 "신은 죽었다."라고 한 말을 되풀이해 듣는 느낌이다.

그리고 이 책에서는 우리가 '보는' 우주가 여러 개의 많은 우주들 가운데 하나일 뿐이며 그 각각에 나름대로의 "세밀하게 조정된" 법칙이 존재한다고 한다. 그래서 태양계가 들어 있는 이 우주에는 생명 탄생에 적합한 자연 법칙들이 있어 지구상에 생명체를 진화시켰다고 보는 것이다. 그런데 다우주 (多宇宙, multiverse)에 적용되는 일관된 법칙으로 '끈 이론'을 포함하는 'M 이론'을 추구한다. 그리고 "M 이론은 스스로 자신을 창조하는 우주의 모형이될 것"이라고 한다. 결국 우주 형성에 관한 이와 같은 "자발적 창조야말로 무가 아니라 무엇인가 있는 이유, 우주가 존재하는 이유, 우리가 존재하는 이유"이며 따라서 이 과정을 위해 신에게 호소할 필요가 없다고 주장하는 저자는 아무래도 철저한 무신론자다. 그리고 그의 무기는 물론 과학이다. 우리 인류는 과거의 코페르니쿠스, 케플러, 뉴턴, 갈릴레오, 다윈 그리고 20세기의 아인슈타인과 호킹을 통해 우주와 생명의 진정한 모습을 조금씩 찾아왔다. 다시 말해 과학은 무슬림 여인들의 부르카의 틈새를 차츰 넓혀 가며 세계와 진실에 한발 한발 다가서고 있는 것이다.

• 신학자 신재식의 『예수와 다윈의 동행』

국내의 기독교 사회로부터 앞에 말한 도킨스와 밀스의 무신론에 대한 반론서를 기다리던 중 최근에 신재식이 『예수와 다윈의 동행』을 내놓아 (신재식, 2013) 기독교와 진화론이 상보적일 수 있다며 "진화론적 유신론"을 내세워 일종의 화해론을 폈다. 여기서 내 눈에 들어온 문구 몇 가지를 들면 다음과 같다.

1. "진화론적 유신론은 진화론을 수용한다는 점에서 유물론적 진화론과 일치하지만, 생명 전체 과정을 설명하는 데 신의 존재와 섭리를 인정한다는 점에서 다른 창조론과 동일합니다."(396쪽)

2. "일단 진화가 시작되면 특별한 초자연적인 존재가 개입할 필요가 없습니다."(396쪽)

3. "진화가 과학적으로 논증되는 사실이라거나, 진화론이 제시하는 생명의 역사나 자연의 역사가 성서의 증거와 일치하는가 같은 문제에 일차적

인 관심을 갖지 않습니다."(397쪽)

4. "진화론적 유신론은 진화론을 '과학' 이론으로 받아들이되 믿지 않습니다. 왜냐하면 진화에 대한 과학적 설명은 믿음과 섬김의 대상인 종교적인 교의가 아니기 때문입니다."(399쪽)

5. "신앙 담론은 과학 담론과 구별되는 다른 종류의 담론으로 과학적 증거에 의존할 필요는 없는 것입니다."(400쪽)

이 다섯 가지 주장에 대한 나의 생각을 위의 순서대로 쓰면 다음과 같다.

1. '진화론적 유신론은 유물론적 진화론과도 일치하고 창조론과 동일하다'는 모순 논리 암시. 즉 진화론적 유신론은 유물론적 진화론과 전혀 상반되는 논리이므로.

2. 이신론(理神論, theism)을 말하는 것임. 그러나 창조 과학을 비판하는 대목에서 "그런데 이런 주장은 세계와 역사 속에서 지속적으로 활동하는 그리스도교의 신에 대한 이해와 아주 동떨어져 있습니다. 그리스도교의 신은 시간 속에서 세계와 관계를 가지는 역동적인 신입니다."(407쪽)라는 말은 앞의 이신론적 전제와 모순됨.

3. 진화를 인정하지 않음을 말하는 대목으로 "진화론적 유신론"의 불가능성을 시사함.

4. "진화론을 '과학'으로 받아들이되 믿지 않습니다."는 진화생물학적 증거들을 부정하는 말로 '진화론적 유신론'이 성립될 수 없음을 나타냄.

5. 신앙 담론은 과학적 증거가 필요 없다는 뜻이며 양자의 '화합'이 불가능함을 '고백'하는 것임.

이 책을 훑어본 나의 소감은 바로 굴드의 '겹치지 않는 교도권'을 연상시키며 "받아들이되 믿지 않는다."라는 말은 인식론상의 문제이기도 하고

'Seeing is Believing'이라는 상식에도 위배된다. 결국 '진화론적 유신론'은 진화론과 그리스도 교리에 대한 '꿰어 맞추기식의 억지 결합'이란 인상을 지울 수 없다.

• 신학자 윤동철의『새로운 무신론자들과의 대화』

그리고 도킨스의 책 출간 6년 후인 2014년에 드디어 한국의 기독교계로부터 도킨스 등이 던진 '새로운 무신론'에 대해 응답이 나왔다. 바로 기독교 신학자 윤동철의『새로운 무신론자들과의 대화: 종교 혐오 현상에 대한 기독교적 답변』(윤동철, 2014)이 나온 것이다. 늦은 감이 있으나 '다행'이다. 그런데 1장「종교 없는 세상을 상상해 보라」중에 이런 말이 나온다.

> 신은 하나의 존재가 아니다. 신은 피조물이 아니기 때문에 하나의 물체로 존재하지 않는다. 신은 모든 물체를 창조한 창조주로서 창조물을 통해 자신의 존재를 드러낸다.…… 그렇다고 해서 이 세상과 관계없이 초월적으로만 존재하는 신은 참된 신이 아니다. 신은 사물의 목적을 드러내고, 역사를 통해 참과 진리를 향한 길을 보여 줄 때 비로소 인격적 존재로서의 참된 신이 된다. 이로 보건대 신은 형상화할 수 없으면서 동시에 세계와 인격적 교통을 하는 존재 그 자체다.

이에 대한 나의 반응은 어떤가? 과학자로서 나는 과학이 합리적인 회의를 토대로 객관적 인식을 추구하는 것이며 가설과 검증으로 확인된 것만을 참으로 수용하는 경험적 실증주의라고 생각하는 터여서 앞의 "신은 형상화할 수 없으면서 동시에 세계와 인격적 교통을 하는 존재 그 자체다."라는 말은 그야말로 뜬구름 잡기로 들릴 뿐이다. 과학은 이성(理性, reason)의 산물이며 방법론으로서의 과학과 이성이 참이라는 것은 현대 과학 문명이 증명한 바로서 그 결과는 우리가 체험하는 생활 자체이며 우리가 현재까지 도달한 생명관과 우주관이라는 말이다. 그런데 저자 윤동철은 "인간의 이성도 마찬가지로 신이 부여한 것이며 이성을 통해 신을 온전히 알 수 있는 것이 아니라 그것의 한도 내에서 신을 느끼고 깨달을 수 있을 뿐이다"고 말한다. 다시 말하면 신의 존재를 신이 부여한 이성으로 신을 느끼고 깨달을 수 있을 뿐 '이해'할 수 있는 것은 아니라는 뜻이어서 여기의 '이성'은 계몽주의와 합리주의가 말하는 이성이 아님을 '자백'하는 형상이다. 이 책은 이 글을 쓰고 있는 현 시점(2014. 9.)의 바로 한 달 전에 나온 터여서 이에 대한 국내 다른 학자들의 반응을 듣지 못하고 있다. 앞으로의 서평이나 반응이 주목된다.

전선 풍경 3: 『이기적 유전자』 출간 30주년, 국내외적으로 깊어지고 풍성해지는 사회생물학 논의들

2006년 영국에선 『진화와 선택의 수준(Evolution and the Levels of Selection)』(Okasha, 2006)이 나와, 종래 과학철학계가 미처 주시하지 못한 바와는 달리 최근에 생물학자들 사이에 부활하고 있는 다수준 선택론을 집중적으로 논의하는 가운데 프라이스의 공식(Price's Equation), 혈연 선택, 집단 선택 등 선택 수준에 대해 총론적으로 검토하였다.

그런데 2007년 정월에 한국에서는 사회생물학에 대한 저술, 그러나 사회생물학을 반대하는 책이 처음 나왔다. 1984년에 나온 원서의 번역본 『우리 유전자 안에 없다』의 역자 이상원 박사가 『이기적 유전자와 사회생물학』(이상원, 한울, 2007)을 낸 것이다. 앞서 찬성론의 저술 『인간의 사회생물학』이 나온 데 이어 반대론의 저술이 나왔다는 점은 활발한 논의의 단초를 제공한다는 점에서 뜻이 있을 것이다. 그러나 내용을 소개하는 차례에서 "사회생물학은 무엇인가? 그것은 유전 결정론이다."가 나오고 책 내용에서도 윌슨의 "『사회생물학』은 사회적 동물의 행동을 결정하는 정보는 유전자 안에 부

호화되어 있다는 충격적 주장을 담아냈다."(81쪽), "사회생물학자들은 각 인간의 행동은 유전자에 의해서 결정된다는 노선을 취하는데, 이는 오류이다."(92쪽)라는 식으로 '사실'과 다른 말들이 나왔다.

이해 2월엔 역시 사회생물학을 비판하는 책 『인간의 형성(The Shaping of Man)』(Trigg, 2007)이 『인간 본성과 사회생물학』으로 번역되어 나왔다. 사람은 왜 그처럼 행동하는가? 보편적인 인간 본성이란 것이 존재하는가? 인간 형성에 유전자와 문화 중 어느 쪽이 더 영향을 끼치는가? 이런 문제들은 물론이고, 특히 '동물계의 행동과 사회성을 인간에 대입하는 일이 과연 타당한가?'에 회의하며 부정적인 견해로 비판한다.

같은 해 8월엔 진화심리학 저술 『욕망의 진화(The Evolution of Desire)』(Buss, 2003; 전중환 옮김, 2007)가 나왔다. 진화심리학에 대한 소개는 앞서 라이트의 『도덕적 동물』을 소개하면서 언급되었으나, 버스의 책 초판(1994)의 번역본(1995)이나 그 후의 여러 책들과 달리 이번에 나온 『욕망의 진화』의 증보판(2003)은 국내에서 개미의 사회생물학으로 석사를 하고 미국에서 진화심리학으로 박사를 받은 이 분야 전공자에 의해 번역되었다는 데 좀 더 의미를 둘 수 있을 것이다. 책의 내용은 차례에 나오는 「짝짓기 행동의 기원」, 「여자가 원하는 것」, 「배우자 유혹하기」, 「성적 갈등」, 「파경」 등 12개 장으로 이루어져 있는데 "유전자 중심의 신다윈주의에 토대를 둔" 진화심리학으로 풀어낸 해설서다. 『사회생물학』을 쓴 윌슨이 진화심리학은 인간 사회생물학과 다름없다고 단정한 점에 미루어 볼 때 인간의 성 행동에 대한 진화심리학적 풀이는 과연 어떤지 자못 흥미롭지 않을 수 없다.

해가 바뀌어 2008년에 들어선 다음 달 2월에 한국 철학계 일각에서 사회생물학을 토론하는 큰 목소리가 나왔다. 주로 부산, 경남 지역 철학 교수 모임인 민주주의사회연구소 사회생물학연구회(회장 박만준) 소속 9명의 교수가 최재천 교수와 이토 요시야키 나고야 대학교 교수와 함께 『사회생물학, 인간의 본성을 말하다』(최재천 등, 2008)를 낸 것이다. 모두 11개 장으로 이뤄진 이 책은 '통합 생물학의 시대'로 시작해서 혈연 선택설, 상호부조, 이타주의, 다원주의 윤리학, 성의 생물학적 의미, 동성애, 예술 발생의 생물학적 배경, 통섭적 사유, 창발성, 그리고 마지막으로 사회생물학적 인간관 비판 등 사회생물학에서의 중심 주제들과 문제들을 다양한 시각에서 골고루 다루고 있다. 특성 집단 선택, 은밀한 암컷 선택, 문화적 진화 모델, 진화예술학 등 윌슨의 『사회생물학』이후 발전된 새로운 발견과 개념들을 소개하면서 사회생물학의 수용을 시사하는 글들이 주종을 이루고 있으나, 혈연 선택의 기원으로서의 반수배수성(半數倍數性, haplodiploidy) 문제, '행동이 유전자에 의해서 결정된다', 사회생물학이 '지배, 피지배의 사회 구조를 정당화한다는 비판에 대해 어떻게 반박할 수 있을까?' 등 사회생물학의 주요 개념이나 오개념에 대해 비판도 하고 있다.

특히 마지막 장 「사회생물학적 인간관 비판」은 윌슨의 인간 사회생물학에 대한 전면 부정으로 일관하고 있어 그에 대한 수긍 여부를 떠나서 문제들을 되돌아보게 하는 좋은 계기가 될 것 같다. 이 책은 국내에서 1994년 10월의 심포지엄 '생물학적 결정론과 사회적 함의'에서 벌어진 열띤 토론 이후 14년 만에 사회생물학에 관해 펼쳐진 진지한 논의였으며 철학계의 판단과 지론이 반영된다는 점에 그 의의를 둘 수 있을 것이다.

앞의 책이 나온 다음 달인 3월에는 폴 에얼릭(Paul R. Ehrlich)의 『인간의 본성들: 유전자, 문화 그리고 인간의 앞날(*Human Natures: Genes, Cultures, and the Human Prospect*)』(Ehrlich, 2000)이 번역본 『인간의 본성(들): 인간의 본성을 만드는 것은 유전자인가, 문화인가』(전방욱 옮김, 2008)로 나왔다. 에얼릭은 우선 유전자 결정론에 강한 거부감을 나타내며 환경과 문화의 영향 그리고 이들의 유전자와의 상호 작용을 역설한다. 여기까지는 사회생물학 이론과 크게 다를 바 없으나 인간의 본성은 판에 박힌 것이 아니고 본성 자체가 진화하여 동시에 여러 가지로 나타난다고 한다. 그래서 책 제목에 『인간의 본성들』이란 복수 형태를 취했다는 설명이 붙었다.

이해 9월엔 전술한 『현대 생물학의 사회적 의미: 사회다윈주의에서 사회생물학까지』가 번역본 『현대 생물학의 사회적 의미』(생물학의 역사와 철학 연구 모임, 2008)로 나왔다. 여기의 '생물학의 역사와 철학 연구 모임'은 내가 지난 14년간 참여해 온 '생물학사상연구회'의 별칭이다. 원서가 10여 년 전에 나온 오래된 책의 번역이지만 책의 부제에 나타나 있듯이 사회생물학을 다루고 그에 대한 예리한 비판이 담겨 있어 나에겐 큰 주목거리였다.

이해 9월엔 진화심리학 저술인 『악한 유전자들: 왜 로마는 멸망하고 히틀러는 홍하고 엔론은 파산하고 나의 누이는 내 어머니의 남자친구를 빼앗았는가(*Evil Genes: Why Rome Fell, Hitler Rose, Enron Failed, and My Sister Stole My Mother's Boyfriend*)』(Oakley, 2007)의 한국어 번역본 『나쁜 유전자: 왜 사악한 사람들이 존재하며, 왜 그들은 성공하는가?』(이종삼 옮김, 2008)가 나왔는데 『마음은 어떻게 작동하는가』의 저자로 유명한 스티븐 핑커가 "인간적인 통찰과 세세한 설명으로 채워진, 인간이 가진 사악성의 근원을 놀라울 정도로 과학적이고 개인적인 안목으로 탐구한 책"이라고 극찬했다.

중간 평가: 사회생물학 논쟁의 승리자는 누구인가?

앞에 말한 『현대 생물학의 사회적 의미』에서 윌슨의 사회생물학을 "자연신학"으로 평가 절하한 하워드 케이도 윌슨을 반대한 쪽에 대해 제3자의 입장에서 윌슨은 사실상 보수적이 아니고 개혁성이 숨어 있다고 윌슨을 옹호하며 다음과 같이 말한다(Kaye, 1997).

'사회생물학 연구 모임(The Sociobiology Study Group)'은 책의 마지막 장인 인간 사회생물학에 대해서는 중요한 비판을 가했으나 그 외의 부분에 대해서는 이상하리만치 침묵했고 그들의 비판은 다음과 같은 이유로 별다른 충격을 주지 못했다. 우선 지나치게 가혹하고 감정적이었다. 별다른 분석도 제시하지 못하고 사회생물학을 사회다윈주의와 나치 인종 과학과 한통속으로 묶음으로써 단순한 급진주의를 드러냈다. …… 이들의 비판은 윌슨이 인간의 윤리성을 주장하는 데 생물학적 결정론을 덮어씌운 것만큼이나 편협하고 단순한 논리로 윌슨의 생물학적 결정론을 사회적, 경제적 결정론으로 바꿔치기한 것에 불과하다. 즉 자신들의 이념적 편향으로 인해 이들은 윌슨의 진짜 정치적 입장, 다시 말해 계획 사회의 필요성과 필연성에 대한 신념에 기초한 자유주의를 간과했는데(Wilson, 1975, p.575) 바로 윌슨의 사상 중에서 급진적인 사회 변혁을 말한다. 윌슨은 현대 사회가 근본적으로 위기에 처해 있다고 봤으며 따라서 현 체제의 옹호와는 사실상 거리가 먼 사람이다. …… 앞으로 인류의 생존 여부는 인간의 생물학적 기반과 문화적 기반 간의 조화를 회복할 수 있도록 인간의 본성, 윤리 그리고 사회에 어떠한 변화를 줄 수 있는지에 달려 있다는 것이다.

어쨌든 갖가지 논란에도 불구하고 사회생물학이 그 후 살아남고 발전하게 된 이유에 대해 일리노이 대학교 사회학자 울리카 시저스트럴(Ullica Segerstråle)은 다음과 같이 그 배경을 말한다. 즉 1980년대 말경 인간 행동에 대해 종래 생물학적 설명을 거부했던 터부가 깨지기 시작했다. 생명공학, 특히 인간 유전체 계획이 유전학을 일상 용어로 만들고 유전과 행동은 인간을 설명할 때 불가분의 관계에 놓인 것으로 보게 하였다. 이와 함께 인류학에서 종래 인간 문화의 다양성을 지지하는 증거를 많이 제시하였으나 근래에는 오히려 그 보편성에 초점이 맞춰지고 인간 행동에 대한 철두철미 문화주의적인 입장은 특히 데릭 프리먼(Derek Freeman)이 마거릿 미드(Margaret Mead)의 사모아 인 연구에 대해 부정적 견해를 밝힘으로써 도전을 받게 되었다. 이 밖에도 사회생물학을 반대하는 문화적 요새였던 언어조차도 종래 놈 촘스키(Noam Chomsky)가 인간 특유의 진화에 의한 생득적 산물로 봤던 개념이 하나의 적응적 특징으로 파악되었다. 게다가 인간의 생물학적 해석에 대한 반대론자들의 입지를 약화시키고 사회생물학에 힘을 보탠 데는 이러한 과학적 발달뿐 아니라 1989년 이후 일어난 마르크스주의의 쇠퇴도 한몫하였다 (Segerstråle, 2000).

사회학자 시저스트럴는 그녀의 책 속의 소제목 「사회생물학 논쟁에서의 정신적 승리자들」에서 이 대논쟁의 결과를 다음과 같이 쓰고 있다.

> 사회생물학 논쟁이 시작된 지 사반세기가 지난 오늘날 우리는 과연 누가 승리자라고 보아야 할까? 윌슨의 동기가 흔히 비판되어 온 것과 달리 결코 정치적인 데 있지 않다는 점이 명백해지고 있으며 따라서 윌슨이 승리자로 떠오르고 있다. 다시 말해 윌슨은 제1막에서 악역이었으나 종막에서 주인 공 구세주가 된 반면, 그의 주장에 철저히 반대했던 르원틴은 1막에서 추격 전의 리더였으나 종막에서 생물학은 그저 이데올로기라는 등 반대의 목소리만 높이는 불평가로 비춰지고 있다.
>
> 한편 대서양 건너에서의 논쟁의 승리자는 누군가? 두말 할 나위 없이 도킨스이다. '이기적 유전자'를 비롯한 사회생물학 주장을 내세운 그는 르원틴으로부터 신랄한 비판을 받았다. 심지어 그는 『우리 유전자 안에 없다』를 서평한 것으로 인해 저자의 한 사람인 스티븐 로즈(Steven Rose)로부터 소송까지 당했으나 그의 사회생물학 및 진화론 해설자로뿐 아니라 과학 대중화 저술가로서의 줄기찬 활동은 옥스퍼드 대학교 최초의 대중 과학 이해 교수직을 맡게 하고(1995) 논쟁의 승리자로 만든 것이다.
>
> 사회생물학 비판자들에게 사회생물학은 그저 큰 의미에서 유전적 결정론으로 치부된다. 바로 굴드가 그의 저서 『인간에 대한 오해(The Mismeasurement of Man)』(Gould, 1981)에서 『종형(鐘形) 곡선(The Bell Curve)』(Herrnstein and Murray, 1994)을 신랄하게 비판한 것이 그 예이다. 그러나 굴드가 나날이 그의 명성을 떨쳐 나간 것을 보면 사회생물학의 승

리가 곧 그 비판자의 패배를 의미하는 것은 아니라는 역설을 생생하게 보여 준다. 굴드가 단속평형설, 'exaptation(초기 형질 기능이 나중엔 다른 기능을 나타내도록 진화한 적응 현상)', 진화의 우연성, 생물다양성에서 박테리아의 경우를 강조하고 반(反) 창조론을 주장한 막강한 진화생물학자임을 생각한다면 흔히 말하는 사회생물학 논쟁에서 사회생물학이 승리했다고 말하기보다는 진화생물학의 승리였다고 하는 것이 무난할 것이다 (Segerstråle, 2000).

사회학자의 편견 없는 객관적 논증을 보고 있다는 생각이 든다.

2006년에 들어서서 국내에 발간된 사회생물학 논저로는 우선 미국의 한 정치학 교수의 『협력의 진화(*The Evolution of Cooperation*)』(Axelrod, 1984)의 새로운 출판본(2006)이 한국어로 번역되어 나온 점을 들 수 있다(이경식 옮김, 2009). 모두 9개 장 중 2장 「컴퓨터 대회에서 팃포탯이 거둔 성공」에 이어 7장 「어떻게 협력을 증진시킬 수 있을까」 등에서 생물학을 넘어선 협동 전략을 논의한다. 이 책의 서문을 쓴 리처드 도킨스는 이 책의 초판(1984)이 나온 후 지난 20년간 이 책의 인용 횟수가 얼마나 급격히 증가했고 이 협동 이론이 전쟁 방지, 사회 진화, 인간의 역사, 진화적 게임 이론, 사회 자본 구축을 위한 상호 신뢰망, 그리고 공상 과학 소설에 이르기까지 얼마나 다양한 분야로 확장되었으며 이 책을 읽은 그 자신이 각종 언론과 대형 기업에 얼마나 자주 초청되어 이 이론을 소개하는 데 기여했는가를 쓰고 있다. 도킨스는 『이기적 유전자』 30주년 기념판에서도 자기가 이 책에서 얼마나 크게 영감을 받았는가를 술회하고 있다(Dawkins, 2006a). 이러한 책이 한국에서는 25년 만에 번역되었다는 점이 큰 아쉬움으로 남으며 다른 책들과 함께 한국의 번역 현실의 일단을 말해 주고 있다.

이해 8월에는 다윈 탄생 200주년 기념 논문집으로 『21세기 다윈 혁명: 우리 사회 지성 19인이 전하는 다윈 혁명의 현장』(최재천 외, 2009)이 나왔다. 다원주의가 윤리, 종교, 사회과학, 법학, 정치학, 경제학, 문학, 음악, 의학, 공학 등에 미친 영향과 의미를 풀어냈다. 1년 전에 나온 『사회생물학, 인간의 본성을 말하다』가 주로 국내 철학자들의 논증이었다면 이번엔 모든 학문과 종교, 예술 등을 총망라한 확대판이었다. 10월에 들어서 제3회 국립생물자원관 국제 심포지엄으로 열린 또 하나의 다윈 기념 행사인 '다윈, 진화, 생명(Darwin, Evolution and Life)'에서 미국과 영국의 연사 셋과 국내 연사 넷으로부터 나온 일곱 개의 발표가 이뤄졌다(2009. 10. 9.). 이 가운데 사회생물학은 마지막 두 연사의 발표에서 논의되었다. 그 하나는 "진화발생학의 철학적 유추: 도덕감과 도덕 의식"(최종덕)이고 다른 하나는 "국소적 상호 작용, 이타주의 그리고 연결망의 진화(Local Interaction, Altruism and Evolution of Networks)"(JUN and KIM, 2009)이다. 전자는 진화윤리학의 기원, 후성성의 기원, 다층 수준의 선택, 발생 구조로서의 도덕감의 항목들을 통해 도덕의 기원과 진화를 다루었고 후자는 'Stable Network Configuration'을 이용하는 이타적 행위가 변화하는 한 연결망 상에 있는 국소적 상호 작용의 진화 환경 속에서 살아남을 수 있음을 제시했다.

다윈 탄생 200주년인 2009년에 한국에서 아마 이해 마지막이 된 행사는 '2009 사회생물학 심포지엄. 부분과 전체: 다윈, 사회생물학, 그리고 한국'(서울대 사회과학연구원, 이화여대 통섭원, 한국과학기술학회 공동 주최. 이화여대, 2009. 11. 7.)일 것이다. 진화생물학자, 사회생물학자, 정치학자, 사회학자, 경제학자, 인류학자, 과학기술학자 등 다양한 분야의 전문가들이 발표와 토론에 임해 문자 그대로 종합 토론이 이뤄졌다. "한국의 사회생물학에 대한 회고"(이병훈), "사회생물학과 환원주의"(장대익), "생물학적 환원주의와 사회학적 환원주의를 넘어서"(김환석), "인간 문화의 진화적 이해"(전중환), "사회생물학에 의한 지식 대통합이라는 허망한 주장에 대하여: 문화를 중심으로"(이정덕), "사회과학과 생물학의 통섭: 과거, 현재, 미래"(최정규), "한국의 통섭 현상과 사회생물학"(김동광) 등이 발표됐고, 전문가 토론회에는 강신익, 박순영, 심광현,

우희종, 이상원, 정연교, 조택연, 최종덕 교수 등이 참여했다(서울대 사회과학연구원 등, 2009).

이러한 인문, 사회, 과학에 걸친 다양한 분야의 전문가들이 벌인 학제적 토론으로는 아마 한국에서 처음 이뤄진 모임이란 점에서, 그리고 융합 학문 시대에 걸맞은 행사였다는 점에서 그 의의를 찾을 수 있을 것이다. 이 모임에서 발표된 내용은 그 후『사회생물학 대논쟁』(김동광, 김세균, 최재천, 2011)으로 나왔는데 나의 이 글 중에 사회생물학 관련 부분은 대체로 그 책에서 내가 쓴「한국에서는 사회생물학을 어떻게 받아들였나? 도입과 과제」(이병훈, 2011e)를 보완하고 최근 정보를 추가한 것임을 밝힌다.

심포지엄 참석자 가운데 진화심리학자 전중환(경희대) 교수는『욕망의 진화』번역판을 출간하고(2007) 나서 몇 년 후 자신의 저서『오래된 연장통』을 보내와 며칠 사이에 모두 읽었다(2011. 5. 1.). 서로 다른 문화란 보편적 심리 기제가 서로 다른 환경에 반응한 결과라든가, 현대인이 고기를 좋아해 성인병을 많이 걸리는 데에는 진화적 이유가 있다든가, 그리고 인간에 발정기가 없다고 하지만 가임기가 바로 발정기임을 시사하는 실험 결과가 있다든가, 형태적 차이로 구별되는 사회적 카스트는 곤충에만 있는 게 아니고 벌거숭이 두더쥐에게서도 발견되었으며 이를 예언만 했던 도킨스에게 이 사실을 알려줬더니 고맙다는 회신을 받았다는 등 우리 일상을 진화심리학에 실험적 증명들을 곁들여 재미있게 설명해 냈다. 진화심리학을 미국에서 공부하고 돌아온 이 분야의 국내 제1호 박사인데다가, 더욱이 쉽고 재미있게 풀어쓰기 능력이 뛰어나 그의 글은 자못 감칠맛 나고 그래서 앞으로가 더욱 기대된다.

앞에 소개된 국내의 발표들을 보건대 인문·사회과학이 사회생물학의 한 분과로 도입되거나 '통섭'으로 융합되어야 한다는 사회생물학의 주장에 대해 거의 모든 인문·사회과학자들이 부정적 견해로 일관한 것으로 드러났다. 물론 상호 보완적인 역할과 소통이 이뤄져 새로운 시각과 관점에서 조명한다면 상호 풍요로워질 수 있다는 견해도 나왔다. 하지만 한국에서는 아직 인문·사회과학과 자연과학 사이에 건널 수 없는 강이 가로막고 있다고 보는 것이 적절할 것이며 앞으로도 그럴 것인지는 향후를 지켜보아야 할 것이다.

전쟁의 미래: 선택의 단위를 둘러싼 사회생물학의 내전

지난 20세기 중엽에 시작된 사회생물학은 그간의 재검토와 실험적 증거들에 의해 여러 가지 새로운 발견과 그에 따르는 변화를 가져왔다. 우선 베로코프너 와인에드워즈(Vero Copner Wynne-Edwards)에서 시작된 집단 선택론(Wynne-Edwards, 1962)이 그 직후 부정되고 대신 유전자 선택론이 주장되었다(Williams, 1966; Dawkins, 1982). 그다음으로 이미 앞에 말한 바와 같이 해밀턴의 $rB>C$라는 간단한 공식이 이타적 행동의 진화를 설명하면서 해밀턴법칙으로 정착되고 사회생물학의 정량화, 과학화에 큰 공헌을 했다. 그리고 후의 많은 야외 관찰과 실험적 연구들은 해밀턴의 혈연 선택론을 하나의 도그마로 확립시켰다. 사회생물학은 혈연 선택설의 성공을 세력 확장으 원동력으로 적극 활용했다.

그런데 최근 이 도그마화되다시피 한 혈연 선택론에 사회생물학 진영 내에서 반론이 제기되기 시작했다. 혈연 선택론에 따르면 일개미가 자식보다 여동생을 돌보는 까닭은 여동생과 유전자를 공유할 확률이 75퍼센트가 되기 때문이다. 따라서 개미나 꿀벌 같은 반수배수성 곤충에서 진사회성(眞社會性, eusociality, 협동 육아, 다세대 공동체 생활, 생식 개체와 비생식 개체 간의 분업 등이 발달한 사회)이 일어나기 쉽다. 이것을 반수배수성 가설(Haploiddiploid Hypothesis)이라고 하는데 이 가설이 이제 붕괴되었다는 주장이, 사회생물학의 대부(代父)라 할 수 있는 윌슨 등에 의해 제기되고(Wilson, 2005; Wilson and Wilson, 2005), 집단 선택론이 미생물, 식물, 곤충을 재료로 한 실험과, 사자 무리의 터 지키기에 대한 야외 관찰로 입증되었다는 논문(Wilson and Wilson,

2007)이 나와 큰 반향이 일기 시작했다. 이러한 혈연 선택설 부정의 기류는 윌슨 등의 지속적인 주장으로 더욱 강화되고 있다. 즉 고도의 사회성을 보이지만 염색체가 반수배수성이 아닌 흰개미와, 사회성을 갖지만 보통의 배수배수성(倍數倍數性, diplodiploidy)인 나무좀딱정벌레와 해면 속에 사는 새우 같은 반수배수성 가설의 반례일 것 같은 사례들이 발견되었기 때문이다.

윌슨을 필두로 수리생물학자인 마틴 노왁(Martin Nowak) 등은 동물계에는 반수배수성을 나타내는 종류가 많지만 진사회성을 발달시킨 경우는 매우 드물고, 게다가 단성 생식을 하는 생물은 복제된 새끼들을 낳아 혈연도가 1로 근친도가 가장 큰 경우가 되지만 많은 단성 생식 생물 중에 진사회성을 발달시킨 것은 혹진딧물 종류뿐이며, 7만여 종이나 되는 기생벌과 개미 허리벌 모두가 반수배수성을 보이지만 진사회성은 전무하다는 사실을 들어 해밀턴의 혈연 선택설을 부정하고 있다(Nowak et al., 2010). 그러자 이에 대해 반기를 들어 150여 명의 진화생물학자들이 공저로 반론을 제기하는가 하면(Abbot et al., 2011; 전중환, 2013) 그에 대해 윌슨 등의 재반론이 나오는 등(Nowak et al., 2011) 그 열기가 고조되어 이에 대한 논쟁이 한창 진행 중이다.

사회생물학계 전체를 소란스럽게 만들고 있는 이 논쟁은 사회생물학이 등장했을 때처럼 빠르게 대중들에게 소개되고 있다. 이 역시 에드워드 윌슨이 발 빠르게 책을 펴내며 대응하고 있다. 윌슨은 근작 『사회성의 지구 정복 (The Social Conquest of Earth)』(Wilson, 2012)(『지구의 정복자』(이한음 옮김, 2013)로 번역되어 나왔다.)에서 화가 폴 고갱의 그림의 제목이기도 한 "우리는 어디서 왔는가, 우리는 무엇인가, 우리는 어디로 가는가?"라는 철학적 질문을 던진다. 그래서 윌슨은 그 대답이 철학이나 종교, 혹은 인문학에 있지 않고 생물학에 있다고 본다. 이유는 인간 본성이 결국 진화의 산물이기 때문이라는 것이다.

그러나 이 책을 이루는 전체 27개 장 가운데 7개 장에 걸쳐 집단 선택 (group selection)과 다수준 선택론이 사회 출현과 생존의 기본 전략 메커니즘임을 구체적인 자료 제시와 함께 강조하면서 윌리엄스 및 해밀턴과 도킨스로 대표되는 유전자 선택설에 대해 줄기차게 반론을 펴고 있다. 즉 개미를 비롯한 진사회성 무척추동물의 경우에 그 진화 과정은 혈연 선택도 집단 선택도 아니라, 여왕에서 여왕으로의 개체 수준의 선택이며 일꾼 계급은 여왕이 가진 표현형의 확장인 로봇에 불과하다. 인간의 경우 집단의 이익과 개체의 이익이 상충되어 갈등을 빚는 경우가 많은 전형적인 예이다. 따라서 집단 선택과 개체 선택이 모두 일어날 수 있다. 그러나 집단들의 무기와 기타 기술 수준이 거의 대등하다고 가정할 때 우리는 이렇게 이뤄진 집단 사이의 경쟁 결과가 주로 각 집단 내 사회적 행동의 세부 특징에 따라 판가름 난다고 볼수 있다. 집단의 크기와 결속력, 구성원 사이의 의사소통 수준과 분업 수준이 바로 세부 특징들이며 이 특징들의 차이는 유전되므로 집단 간의 차이는 집단 구성원들의 유전자 차이에서 비롯된다는 것이다.

그러나 도킨스는 윌슨의 이 책에 대한 서평에서 윌슨이 진화론의 참뜻을 오해한 부분이 많다고 하면서, 유전자만이 복제자(replicator)이고 온전한 단위로서 선택될 수 있다는 주장을 하며 글 끝에 미국의 여류 해학(諧謔) 시인 도로시 파커(Dorothy Parker)의 구절을 빌려 "이 책은 그저 가볍게 치워둘 것이 아니라 세차게 쑤셔 박아야 할 책"이라고 혹평하고 있다(Dawkins, 2012). 그러나 그 후 윌슨은 BBC와의 인터뷰에서 "자연 선택에 관해 도킨스와는 견해를 어떻게 달리하는가?"라는 질문을 받고 "나는 그와 논쟁을 한 적이 없다. 왜냐하면 그는 'journalist'이기 때문이다. 나는 다만 연구하는 과학자들하고만 논쟁했을 뿐이다."(www.whyevolutionistrue.com/2014/11/07)라고 답해 두 사람 사이에 또 다른 차원의 설전이 붙었다. 이에 대한 도킨스의 대꾸는 "내가 과학자임을 모르는 사람은 나의 책『확장된 표현형(The Extended Phenotype)』(Dawkins, 1982)을 읽어 보라."였다. 윌슨의 도킨스에 대한 이러한 '인신공격성' 발언으로 인터넷은 들끓고 있으며 사회생물학의 두 진영이 이 전투구(泥田鬪狗)에 빠져들고 있는 형국이다.

윌슨의 이러한 새로운 주장에 대한 비판과 실망은 국내에서도 표출되었다. 최재천은 윌슨 책의 번역본 『지구의 정복자』에 대한 '해설'에서 윌슨 교수가 한 강연에서 "그동안 그 누구보다도 열렬하게 지지했던 해밀턴의 혈연 선택 이론을 버리고 학문적으로 거의 뇌사 상태에 이른 집단 선택의 품으로 귀의하겠다고 선언"한 데 대해 당황했다고 술회하고(최재천, 2013) 한 일간지와의 인터뷰에서도 황당하다는 의견을 나타냈다(김종목, 2014). 그러나 이 해설의 후반에서 그는 다수준 선택이 가능할 수 있다고 한다. 그러나 국내에서 윌슨의 이러한 '변절'에 누구보다 비분강개한 사람은 사회생물학자이면서 진화심리학자인 전중환으로 이 책에 대한 서평에서 어째서 혈연 선택설이 지지되어야 하는지를 자세히 설명하고 있다(전중환, 2014). 이어 한 일간지의 기자는 "윌슨의 '다수준 선택' 지지하실 분 없나요"라는 제목의 글로 이에 대한 토론을 유도하였으나(김종목, 2014) 이제까지 다른 어떤 목소리도 나오지 않고 있다.

진화의 요인으로는 협동도 등장했다. 종래에 생물은 개체 또는 종 간에 치열한 경쟁을 벌여 비로소 자연 선택을 통해 진화하는 것으로 이해되었다. 그러나 그간의 많은 관찰을 통해 종 간에 협동이 많이 일어나고 있음을 간파했다. 개미들은 수많은 개체들이 모여 협동하면서 군체, 즉 초생물(超生物, superorganism)을 이뤄 일사분란하게 살아가고 있지 않은가! 단일 세포들이 각기 전문화되어 다세포 생물을 만드는 것 역시 협동의 예다. 협동은 통합(integration)을 통해 복잡한 생물계를 만들어 냈다. 돌연변이와 자연 선택만으로는 오늘날의 생물들이 이뤄질 수 없었다. 다시 말해 협동은 돌연변이, 자연 선택과 함께 진화의 세 축 가운데 하나로 인식되기에 이른 것이다 (Nowak, 2006; Pennisi, 2009). 해밀턴이 혈연 선택설을 내놓고 로버트 트리버스(Robert Trivers)가 상호 이타성을 보완의 대안으로 제시했으나 역시 충분치 않았다. 컴퓨터 모의 실험에서 맞대응 전략에 의해 협동이 진화할 수 있음이 밝혀졌다. 그 후 협동의 진화에 평판(reputation)이 기여함이 제시됐고(Nowak and Sigmund, 1998) 이것은 컴퓨터 실험으로 입증되었다. 그런데 한편 경제학자 에른스트 페르(Ernst Fehr)는 유독 인간 사회에서만 비혈연자 사이에 대단위 협동이 이뤄짐을 보고하고 징벌(punishment)도 협동에 효과적이라고 주장한다(Fehr and Gächter, 2002). 그러나 징벌은 장기적으로는 갈등을 야기할 소지가 있어 징벌보다는 보상(rewards)이 훨씬 효과적이라고 한다(Nowak, 2006). 그 후 이러한 협동은 여러 가지 미생물 즉 효모, 박테리아 그리고 아메바 따위에서도 확인되었다. 급기야 한 아메바에서 협동을 유도하는 유전자 $csaA$가 발견되고(Queller et al., 2003) 효모에서도 보고되었다. 일찍이 해밀턴이 이러한 유전자들이 있을 것이라 예언했던 것이 적중한 것이다(Pennisi, 2009). 그런데 이러한 협동은 생물 조직화의 여러 단계에서 일어나므로 '다수준 선택론'을 지지하는 근거가 되고 있다.

도킨스의 『이기적 유전자』라는 제목은 말 그대로를 나타내기 위한 것이 아니고 유전자의 이기성을 인간에게 환기시켜 그것을 극복할 필요성을 자각시키는 데 있었다. 다시 말해 유비적으로 의인화된 용어를 사용한 것이다. 그러나 한참 후 도킨스는 『이기적 유전자』 출판 30주년 기념판의 서문에서 책 제목 "이기적 유전자"의 '이기적'이라는 주관적 표현 대신 유전자는 죽지 않고 지속된다는 점을 살려 출판사의 권유대로 '불멸의 유전자(The Immortal Gene)'로 했어야 했다고 고백했다(Dawkins, 2006a).

그러나 그 후 현실적으로 이기적인 유전자들이 실제 발견되어 왔다. 이 책의 서두에서 소개한 바와 같이 기생성 DNA나 감수 분열 부등(不等) 유전자(meiotic drive gene, 하나 또는 그 이상의 대립 유전자가 감수 분열에 간섭하여 상대 대립 유전자를 누르고 과다하게 대물림되는 현상으로 유전체 내 갈등(intragenomic conflict)의 한 형태이다.), b 염색체, *killer* 유전자 등 유전체 중에 다른 유전자들의 이익에 반하게 행동하는 유전자들이 속속 발견되어 '극단 이기적 유전자(ultra-selfish gene)' 또는 '불법 유전자(outlaw gene)'라고 불리기도 한다(Birkhead, 2000; Dawkins, 2006a). 그러나 최근 유전자 선택설과 집단 선택설의 치열한 논쟁의 와중에 사회성 거미 집단을 관찰한 결과 군체의 크기와 구성이 군체의 생존을 좌우하여 집단 선택론을 지지하는 논문이 나오는가 하면(Pruitt and Goodnight, 2014) 여왕벌이 없는 꿀벌 집단에서도 산란 일벌들이 이타 행위를 나타낸다는 점에서 해밀턴의 혈연 선택 모델을 따른다며 유전자 선택설을 지지하는 보고(Naeger et al., 2013)도 나오고 있어 양 진영의 충돌은 현재 진행형임을 보이고 있다.

어쨌든 이처럼 사회생물학을 떠받쳤던 이론들은 다른 과학 분야에서처럼 새로운 발견과 실험 그리고 검토에 따라 수정, 파기되거나 논란이 된다. 이러한 변화와 비판에도 불구하고, 윌슨(1975)과 도킨스(1976)의 책이 나온 지 35년 넘게 지난 오늘날 사회생물학은 인문, 사회 각 분야에 걸쳐 계속 날개를 펴 가고 있다. 사회생물학을 옹호하고 지지하는 저술들이 많이 나오고 있고, 특히 전술한 바 있는 『사회생물학의 승리』가 대표적이며 마이클 루즈와 대니얼 데닛 같은 생물철학계의 든든한 우군을 두고 있다.

한•중•일 3국의 사회생물학 도입과 오늘날의 갈등에 대한 나의 생각

진화론은 종합설 이후 고전적 신다윈주의(T. Dobzhanski, E. Mayr, G. Simpson 등), 혁신적 신다윈주의(M. J. D. White, S. J. Gould, H. L. Carson 등) 그리고 사회생물학으로 대표되는 보수적 신다윈주의로 분류되기도 한다(Blanc, 1982). 굴드가 사회생물학자들을 '극단 다윈주의자(Ultra-Darwinist)'라 불러 비아냥거린 것은 유전자 중심의 환원주의 때문이었다. 그러나 사회생물학은 종래의 행태학에 유전학과 집단생물학 등을 접목하여 진화론의 주류에 합류되면서 새로운 '과학'이 되는 데 기여했다는 점에서 그 공헌과 평가를 인정받고 있으며 따라서 엄연히 현대 진화생물학의 한 축이 되었다. 사회생물학은 이제 진화심리학이란 하나의 큰 가지를 뻗치면서 더욱 발전하고 있다.

앞에서 나는 사회생물학 관련 서적들의 국내외 발행 경과를 대강이나마 살펴봤다. 우선 한국 학자가 저술한 사회생물학 책은 모두 8건이고 외국에서 발행한 편집 저술이 2건으로 나타났다. 나는 특히 번역서에 주의를 기울였는데 그것은 사회생물학의 국내 도입의 한 지표가 될 수 있기 때문이다. 물론 누락된 것이 있겠으나 윌슨의『사회생물학』이후를 기준으로 우리말로 번역된 책이 모두 35권으로 집계되었다. 원전이 번역되어 출간되기까지 경과한 기간은 짧게는 1년에서 길게는 25년이었으며 전체 평균치는 8.7년으로 나와 번역본이 나오기까지 평균 9년이 지체된 것으로 나타났다. 그리고 짧게 수년 (1~3년) 내로 번역되어 나온 것이 10건이었는데 그중에 8건이 2000년 이후에 나온 점으로 보아 번역 출간 지체 기간이 점차 단축되는 경향이고 이 전체 자료를 그래프로 나타냈을 때에도 그런 경향이 보였다. 그렇다고 출간 빈도가 시간 경과에 따라 증가하는 경향을 나타내지는 않았다.

어쨌든 책이 번역되어 출판되기까지 평균 9년이 걸렸다는 것은 우리가 앞으로 새로운 사조를 수용하고 보급하는 데 참고해야 할 큰 문제점이 아닐 수 없다.

결국 사회생물학의 국내 도입은 윌슨의『사회생물학: 축약본』(1980)과 도킨스의『이기적 유전자』의 번역본이 출간된 1992년을 기점으로 사회생물학 열풍이 불면서 시작되었다고 보아야 할 것이다. 그때부터 여러 대학에서 진화생물학 강의가 개설되고 전공 연구자도 나오고 있기 때문이다. 다시 말해 한국에서의 진화생물학의 도입은 1950년대 말이지만 본격적 논의는 그 30년 후인 1990년대 초에 사회생물학 도입과 함께 시작된 것으로 보이며 이 분야 전공자들의 분투가 요망되는 시점이다(이병훈, 2011).

그런데 한국에서의 이러한 사회생물학 도입 패턴은 놀랍게도 이웃 일본과 비슷하다. 일본에서는 1970년대까지 다윈주의 연구가 거의 없다가 1980년대 초에 들어서야 윌슨-도킨스의 사회생물학 돌풍을 맞으며 은둔에서 깨어났다고 한다(Sakura, 1998a). 이런 일이 한국에선 1990년대 초에야 일어났다고 본다면 일본과 10년 격차로 같은 식의 현상이 일어난 셈이다. 그러나 일본의 사쿠라 박사가 발표할 당시까지 한국에선 사회생물학 논쟁이 일어났던 반면, 일본에선 그렇지 않았다.

그러면 또 다른 이웃인 중국에선 사회생물학의 도입이 어떻게 이뤄졌나? 나름의 특이한 정치, 사회적 배경 아래에서 매우 특별하게 이루어졌다. 다만 진화론이 사회다윈주의의 형태로 도입되었다는 점은 한국이나 일본과 비슷하다. 중국이 열강들과의 네 차례 전쟁에서 모두 패하자 중국의 지식인들, 특히 사회다윈주의자들은 옌푸(嚴復)가 19세기 말에 번역한 다윈의『종의 기원』으로부터 몇 가지 슬로건을 취했다. 이 과정에서 '자연 선택'을 '자연 도태'로 옮기고 'evolution'을 진보 개념인 '진화(進化)'로 '오역'했으며, '적자생존(適者生存)'을 '우승열패(優勝劣敗)'로 받아들여 중국의 부국강병을 위한 혁명과 개혁의 이념적 기초로 활용했다(Pusey, 2009).

그러나 1960년대의 마오쩌둥의 문화 혁명과 사망, 그 후 덩샤오핑의 등장 등으로 나라가 개방되자 사회주의를 탈피하여 새로운 패러다임을 추구하는 사회적 갈망이 팽배했다. 이러한 분위기에서 사회생물학은 처음에 사회다윈주의의 한낱 현대판으로 간주되어 거부되기도 하였으나, 마르크스주의의 사회주의와는 반대되는 생물학주의로 비춰지면서 호소력을 발휘하게 되었다. 중국과학원이 주최한 '생물학의 미래'라는 토론회(1979. 9.)에서 황(Youmou Huang)은 "사회생물학의 평가"라는 발표를 통해 사회생물학을 유망한 종합 과학으로 봤는데, 특히 사회생물학이 취하는 과학적 방법론과 특출한 발상을 높이 평가하였다(Li and Hong, 2003). 비록 일부 비판도 있었으나 대체로 지지자들이 많았는데, 특히 지지층이 사회과학자들이었다는 점에서, 침묵했던 일본의 사회과학자들이나 비판적 반론을 폈던 한국의 사회과학자들과는 대조를 이룬다.

그러나 1980년대 말이 되자 중국의 지식인들은 지난날 사회생물학에 쏟았던 열망과 기대를 차츰 거두었다. 그러다가 2000년대에 들어서서 윌슨의『인간 본성에 대하여』와『이기적 유전자』그리고 미셸 뵈유(Michel Veuille)의『사회생물학』(Veuille, 1986/1997)이 거듭 번역 출판되고, 윌슨의『자연주의자』

와 『통섭』까지 번역되면서 사회생물학에 대한 관심이 다시 고조되었다.

이처럼 극동의 한국, 일본 그리고 중국은 지리적으로 인접하면서도 사회 생물학을 수용한 과정은 유사성과 대조점이 혼재한다. 다시 말해 그 지역의 사회, 역사적 배경이 새로운 학설의 도입과 수용에 이모저모로 작용할 수 있음을 보여 주어 자못 흥미로운 상황을 연출한 것이다.

한국 사회에서 인문·사회 계열과 사회생물학자들 사이에 이견이 보이는 것은 '두 개의 문화'가 '극명하게 대립'을 보이는 양상이고 그 골짜기가 자못 깊다는 것이나 다름없다. 이는 곧 상호 소통의 부재를 뜻하며 더 깊이 들어가면 상대방의 분야를 잘 모름으로 인해 소통조차 어렵게 된 데서 온 것으로 보인다. 생물학자인 나 자신도 오래전에 윌슨의 『사회생물학』을 번역하면서 유전자 중심의 기계론적 관점과 전개에 이해가 어렵고 충격을 받지 않을 수 없었다. 그리고 내 주 전공이 아님에도 불구하고 지방 대학의 특성상 강의 시간 수를 채우기 위해 '동물행동학'과 '분자생물학'을 가르쳐야만 했다. 이러한 '불운' 덕분에 나는 공부해서 '사회생물학'도 가르치고 유전자와 최근의 진화발생생물학(Evo-Devo)과 후성유전학 이해에 어느 정도 다가갈 수 있었다. 특히 '행동의 유전'을 공부하면서 무릎을 쳐 가며 사회생물학적 원리들을 깨우쳐 나갔다. 이처럼 생물학자인 내가 그렇게 어려운 고비를 넘겨야만 했던 판국에 인문·사회 계열 학자들에겐 얼마나 큰 장벽이었을까 생각하지 않을 수 없다. 그래서 앞에 본 바와 같이 대부분의 인문·사회학자는 사회생물학과 '통섭'에 대해 반대편에 서 있는 것으로 보인다. 그런데 다른 한편으로 나 자신을 돌아보면 인문·사회 계열에 대해 무지(無知)에 가깝다. 한국전쟁 휴전 전후에 대학을 다닌 나에게 학부 교육은 허술하기 짝이 없었고 인문·사회과학 분야 공부는 엄두도 못 냈다. 다만 외국어 공부엔 열중했으나 철학과 사회학 분야에는 문외한인 채 학부를 졸업한 것이다. 이러한 말은 나의 개인적인 상황과 변명에 불과할 수도 있으나 한국 사회에서 융합 교육이 운위된 것은 고작 최근이었음을 놓고 볼 때 한국에서의 '두 문화' 사이의 갈등은 어찌 보면 필연이며 숙명이었다는 생각이 든다. 이러한 역사적 상황에 대한 인식을 깔고 상호 바라보고 접근한다면 한국 사회가 보여 주는 오늘의 심각한 갈등을 어느 정도 이해할 수 있으며 앞으로 차츰 해결될 수 있지 않을까 생각된다. 달리 말해 오늘의 논쟁과 갈등은 대학에서의 융합 교육으로 훈련된 학자들이 나올 때 비로소 해소될 수 있지 않을까? 다시 환언하면 오늘의 반목과 논쟁은 한국이 발전 과정에서 나타내는 시대적 상황의 한 과도기적 산물에 불과하다고 생각된다. 어쨌든 현재 구미에선 사회생물학이 '승리'의 단계를 넘어 사회생물학 내에서 선택의 수준이 유전자에 있느냐, 집단 또는 다수준에 있느냐의 토론이 한창인데 한국에선 사회생물학 자체에 대한 찬반(贊反) 논쟁을 벗어나지 못하고 있으니 한심하단 생각이 들 뿐이다.

어쨌든 앞에 말한 바와 같이 철학을 위시한 인문계열의 몇몇 인사가 사회생물학에 합류하여 집필과 번역을 해 왔다. 예로 소설가 복거일은 한 중앙 일간지에 쓴 글에서 "좋은 유전자를 운반하는 기계에 불과하다."라며 이타주의의 기원을 상호 이타주의에서 찾는 등 사회생물학적인 논리를 본격적으로 펴고 있다(복거일, 2004). 논란의 중심에 선 'consilience'도 '통섭'으로 거의 유행을 타고 있다. 비록 시간이 걸리겠지만, 한국 사회에서 낯설었던 '유전자'가 지금엔 상용어가 된 것처럼 '사회생물학'과 '통섭'도 결국엔 수용될 것으로 예상된다.

3
장

가르치고 연구하며 함께 배운 시절들

　교수 생활에서 연구와 강의는 사회 봉사와 함께 3대 과제로 교수에게 주어진 책무이며 한편 소중한 덕목이기도 하다. 연구는 교수로서의 생명이요 강의는 대학의 존재 이유이기도 하다. 따라서 앞의 연구에 이어 내가 해 온 강의와 기타 활동에 얽힌 혼적과 때로는 내가 체험한 지방 대학 생물학 교수로서의 고뇌와 보람을 느낀 대로 띄엄띄엄 쓰면서 구절양장(九折羊腸)의 지난 날을 회고하고자 한다. 여러 가지 시대적 사건들을 겪으면서 한국의 발전 초기에 지방 대학에선 연구와 학생 실습 그리고 대외 활동이 어떻게 절뚝거리며 좌충우돌과 시행착오 속에 이뤄져 왔는지 그 시대적 단면을 적어 후대에 기록으로 남기기 위해서다.

한양대학교에서 처음 잡은 교편

　내가 국립과학관 연구부에 재직하던 중 미국 하와이 소재 '동서센터'의 박물관 연수 과정에 파견되어 11개월간 훈련을 받고 돌아왔으나(1968. 9.

1.~1969. 6. 1.) 그사이 국립과학관이 종래의 문교부 산하에서 과학기술처로 옮기는 와중에 생물 분야 연구원 4명이 모두 중학교로 전출된 바는 이미 앞에서 말한 바와 같다. 그야말로 본인이 없는 사이 '요원'을 마구잡이로 내동댕이친 것이다. 나는 귀국 즉시 과학기술처 김기형 장관을 찾아가 항의하여 다시 국립과학관으로 복귀했다. 그러나 다시 찾은 국립과학관은 내가 처음 그곳으로 갔을 당시에 보았던 향후 대거 확장되리라는 기대와 비전을 그 어디서도 찾아볼 수 없었다. '외딴 섬'에서의 나의 생활은 답답한 귀양살이나 다름없었다.

이렇게 한심한 상황에서 서울대학교의 은사이신 하두봉 교수께서 나를 서울대 의예과 강사로 추천해 주어 나는 '동물학'을 가르치게 되었다(1970. 3. 1.). 이것은 내가 대학 강단에 처음으로 서게 된 계기였고 그 후 31년간의 대학 생활의 시발점이었다. 그런데 이와 함께 또 하나의 운(運)이 찾아왔다. 모교의 조완규 교수께서 나를 한양대학교 의예과부 전임 강사로 추천해 주신 것이다. 당시 한양대학교 의예과 부장으로는 조 교수님과 절친한 주충로(朱忠魯, 생화학, 서울대 문리대 화학과 출신) 교수가 계셨다. 이렇게 해서 그해 3월 1일부로 나는 서울대학교 강사와 한양대학교 전임 강사의 발령을 동시에 받았다. 그러나 그 후 서울대 강의는 1년으로 끝내고 한양대에만 전념했다. 그런데 나의 전임 강사에는 '대우(待遇)'라는 꼬리표가 붙었다. 즉 처음 듣는 '대우 전임 강사'였다. 그 연유를 알 수 없었던 나로서는 언제고 그 꼬리표가 떨어지겠거니 하고 개의치 않았다.

한양대학교 의예과부엔 주충로 부장 밑에 화학 담당으로 백태홍(白台鴻) 교수가 있었다. 보통 의예과부의 교육을 문리과대학이 담당한 당시의 관례와는 달리 문리과대학에 생물학과가 없던 터라 의과대학의 예비 과정으로 의예과부가 먼저 생긴 것 같으며, 따라서 이와 같은 의예과부 교수진은 주종 과목이 생물학, 유기화학, 생화학이었다. 내 기억으로 당시 2년 과정의 의예과부에는 학년당 60여 명의 학생이 있어 대학 강의가 아니라 옛날의 초·중등학교 수업이나 다름없었다. 학생들이 시루 속의 콩나물처럼 빼곡히 들어차 있어 소리를 높이지 않으면 안 되었다. 그래도 학생들이 똑똑해 강의에 재미를 느꼈다. 당시의 국내 상황으로 말하면, 박정희 대통령이 장기 집권을 위한 '3선 개헌'을 단행하고(1969) '한·일 국교 정상화'와 월남 파병을 강행하여 긴장된 분위기가 고조되었으며 '7·4 남북 공동 성명'(1972)으로 북한 대표가 서울을 방문하는 동안 학교에서는 밤에도 모든 전등을 켜 두라는 지시를 내리는 등 남한의 발전상을 과시하기 위한 웃지 못할 촌극이 빚어지던 때였다.

한양대학교에서 나는 일반생물학과 실험, 동물학과 실험 그리고 원서 강독을 강의했는데 서울대와 합쳐 모두 20시간을 소화하려니 준비가 만만치 않았다. 그래도 당시에 저녁 늦게까지 실험을 하던 주충로 부장이 백 교수와 나 그리고 이희운 조교가 함께 일을 마치고 나면 늘 소주 한잔을 기울이며 담소를 나눠 세월 가는 줄 몰랐다. 한편 대학 본부에서 나에게 문리과대학에 생물학과를 개설해야 하니 문교부에 신청할 제반 서류를 작성해 달라는 요청이 와 갖가지 요식을 갖춰 제출하기도 했다.

그 후 뜻하지 않은 일이 벌어졌다. 주충로 부장이 당시 연세대학교에 생화학과가 신설되면서 학과장으로 가게 된 것이다. 그리고 한양대 의대 생리학 교실의 김기순(金基淳) 교수가 의예과 부장으로 오셨다. 얼마 후 서울대 후배인 엄경일(嚴慶一) 씨가 조교로 부임해 우리를 도왔다.

그러나 의예과부에는 학생용 현미경 외엔 생물학 교수를 위한 장비와 시설이 전무했다. 따라서 연구를 해야 하는데도 나와 엄 조교는 할 일이 없었다. 나는 미래를 기약할 수 없었다. 어차피 고려대학교 박사 과정에 적을 두고 있었던 나는 이 과정을 마쳐야 했고 그러려면 논문을 써야 했다. 그래서 일찍이 약속되었던 프랑스 국립자연박물관의 생태학연구소로 떠날 채비를 했다. 그러나 대학 당국에선 나보고 프랑스로 가려면 사표를 내라고 했다. 바로 '대우 전임 강사'의 '대우' 꼬리표 때문이었다. 그러나 주충로 교수가 없는 상황에서 호소할 데가 없었다. 나는 마치 공중에 떠 있는 풍선이요, 끈 떨어진 갓 신세가 되었다. 드디어 사표를 결심하고 프랑스로 떠났으나(1972. 9. 1.) 남겨둔 가족들의 살길이 막막했다. 그때 내 나이 37세로 딸 둘 그리고 네 살배기 아들이 있었다. 그 후의 생계는 프랑스에서 받은 장학금(월 750프랑)을 절반씩 집으로 보내는 등으로 해결했으나 지금 생각하면 무모한 모험이자 결단이었다. 이미 40년 전의 일이지만 그간 주충로, 백태홍 교수 두 분은 모두 고인이 되고 엄경일 조교는 현재 동아대학교의 고참 교수가 되어 있다. 당시 제자들 가운데는 현재 유능한 의사로 이름을 날려 대기 환자가 두 달씩 밀리는 명의도 있다. 세월이 흐르면 강산도 변하고 인물도 바뀐다.

일곱 과목을 가르쳐야 했던 전북대학교 시절

내가 전라북도 전주에 있는 전북대학교에 자리 잡았을 때(1975. 3.) 전주는 지금보다 훨씬 시골 도시였으나 구태여 가게 된 데는 역시 당시 전북대학교 사범대학의 학장인 송현섭 교수님이 꾸준히 나에게 전북대학교로 오도록 격려와 권유를 아끼지 않은 데다(전술했다.) 나의 할아버지와 큰아버지께서 전주 이씨 원조의 기제(忌祭) 때 자주 오셨던 곳이라 별로 거부감이 없었기 때문이다.

당시 대학 구내엔 밭이 많았고 비포장 흙길 위에는 소달구지가 어슬렁어슬렁 다니던, 자못 전원적인(?) 풍경이었다. 문리과대학에 생물학과가 없어 나는 사범대학 과학교육과 생물학 전공 조교수로 부임했다(1975. 3. 23.). 나의 선임자로 생물 전공 창립 멤버인 임낙룡(유전학) 교수와 나보다 한 학기 앞서 온 박승태(朴勝太, 생태학) 교수가 있었고 나와 거의 동시에 부임한 김익수(金益洙, 동물분류학) 교수가 있어 나와 함께 모두 4명이 교수진을 이루었다.

강의 첫 시간으로 들어간 곳은 생물 전공 4학년 학급이었는데 10명의 학

생 중 남학생이 둘이었고 나머지는 모두 여학생이었다. 교단에 올라가 첫 대
면을 해 보니 학생들은 풋풋하게 어린 나이에 순박하기 그지없어 보였다. 내
가 서울 물 먹고 미국과 프랑스 바람을 쐬어선가 그런 인상이 역력했다. 이 4
학년 학생들에게 나는 분자생물학과 방사선생물학을 가르쳤다. 동물분류학
으로 학위를 한 사람이 이런 과목을 가르친 데는 4명의 교수진 가운데 석사
과정에서라도 생리학 분야를 공부한 사람이 나뿐이었기 때문이다. 그 밖에
나는 후임자라는 이유로 선임자들이 떠맡기는 과목을 모두 군말 없이 받아
들여야 했으니 1, 2학기를 통틀어 동물 계통분류학, 비교해부학, 동물생리
학 및 실험, 생물학사와 진화론 그리고 과학 영어에 이르기까지 무려 여덟 가
지를 가르쳐야 했다. 그야말로 형태에서 분자에 이르는 생물학의 양극단 사
이의 모든 과목을 가르친 셈이다. 시간 수로는 1주일에 22시간을 감당해야
했다. 게다가 내가 생물 전공 교수 중에 가장 연장이고 상위(조교수)라는 이유
로 송 학장은 나를 생물 전공 주임 교수로 임명하여(1975. 5. 12.) 설상가상 행
정적인 잡무까지 겹치게 되었다. 모든 점에서 그야말로 만물박사에다 슈퍼
맨이 아니고서는 불가능한 일이었다. 당시에 나는 그럴 수밖에 없는 사정을
이해하기는 했으나 그러한 현실이 너무나 원망스러웠다. 여러 과목을 가르치
기 위한 준비에 모든 힘과 시간을 쏟아야 했다. 부임하고 1년간은 대학 앞의
한 여관에 묵으며 주말에 서울 집을 왕래했는데 늘 버스 안에서 책을 보아야
했다. 이렇게 1년을 지내니 사람이 녹초가 되어 결국엔 식구 전부가 전주로
이사하게 되었다.

어쨌든 이렇게 교수에게 과중한 부담을 주는 현실의 피해자는 결국 교수
와 학생 모두일 수밖에 없다. 당시 나의 일기장에는 "정말 악몽 같은 한 학기
가 지났다. 하루하루를 극복하느라 안간힘을 썼던 그 호된 시련 …… 초임자
가 그 많은 과목을 가르쳐야 하다니 …… 이상과 현실 사이에 짓밟힌 나와
학생들. 가엾은 한국의 지방 대학 교수와 학생들!"이라고 적었다. 반면에 요
즈음 젊은 교수들을 보면 우수 논문 평가 때문에 기를 못 펴고 억눌려 지낸

다고 불평이 이만저만이 아니다. 내가 정년 퇴임할 당시 현직 교수들은 나에게 좋은 때 떠난다고 부러워하기까지 했다. 그러나 1970년대 한국의 지방 대학에선 그때대로 교수들이 부득이 겪어야 했던 그 엄청난 부담과 압박을 그 누가 짐작이나 할 수 있으랴!

이듬해 초에 임학자(林學者)인 심종섭(沈鍾燮) 교수님이 전북대 총장으로 부임하면서 각 단과 대학을 돌며 간담회를 가졌다. 정월 말에 예정대로 사범대학 회의실에 교수들이 모였고 심 총장이 오셔서 허심탄회한 대화를 갖자고 하셨다(1976. 1. 21.). 나는 교수들이 연구와 강의 이외에 사무 조교, 연구 조교, 사환, 학생 지도, 교안 작성 등 잡다한 업무를 모두 해야 하는 데다 기자재 등 실험 시설 부족으로 이중, 삼중의 고초를 겪고 있다고 호소했다. 이에 대해 심 총장의 답변은 간단했다. "6·25 전쟁 중 부산 피난 시절에 겪은 고통은 훨씬 더했습니다. …… 그러나 선생같이 열정이 있는 분이면 충분히 할 수 있습니다." 그러면서 "연구 기자재 확보와 정보 신속화 방안을 펴고 확대해 나가겠습니다."라는 말로 달래는 것이었다. 나는 총장은 총장 나름대로 고초가 많겠거니 생각하고 그쯤 해 두지 않을 수 없었다.

내가 그처럼 다양한 과목을 가르쳐야 하는 와중에도 비교해부학 실습 시간에 개구리 해부는 기본이었고 작은 상어 여러 마리를 구해 학생들에게 실습시킨 것을 보면 허둥지둥하는 가운데서도 무언가를 해 보려 노력하지 않았던가 생각된다. 나는 프랑스의 연구소에 있을 때 이웃 고등학교(Lycée de Montgeron)를 방문해 생물 실습 시간을 참관한 적이 있다. 학생들 두 명당 말의 눈이 1개씩 배당되어 해부하고 관찰하는 것을 보고 나는 깜짝 놀라지 않을 수 없었다. 나는 대학원을 나왔어도 개구리 눈도 해부한 적이 없었으니 창피한 노릇이었다. 책과 씨름만 할 뿐 실습과 관찰이 허술한 과학 공부는 공염불에 불과하였다. 그래서 나는 전북대학교의 우리 과 내의 교수들과 상의하여 1년에 두 차례씩 야외 합동 채집을 시행하기를 제안하여 합의를 보았다. 그래서 내가 부임한 해 늦봄 5월엔 생물 교육 전공 교수 4명 전원이 학생들을 데리고 내장산 1박, 백양사 1박의 야외 관찰과 생물 채집을 떠났다. 그 때 학생들은 야생에서 여러 가지 생물의 살아 움직이는 모습을 보고 호기심을 감추지 못했다. 길 위에 앉은 길앞잡이(딱정벌레과 곤충)를 처음 보는 학생은 탄성을 지르며 신기해 했다. 그 순간 나는 이들의 지적 호기심과 탐구욕을 어떻게든 채우고 계발해 주어야겠다는 사명감에 사로잡혔다. 예정에 따라 그해 가을 9월 말에도 채집 나들이를 했는데 모두들 곤충 등을 생생하게 관찰하는 데 환호했고 학생, 교수 모두가 서로의 친목도 도모되어 즐겁게 지냈다. 이 모두가 이젠 뿌연 안개 속에 되살아나는 그윽한 추억거리가 되었다.

내가 이렇게 전북대 부임 초년도에 가르친 학생들은 지금(2013) 모두 환갑을 맞았으니 유수(流水) 같은 세월(歲月)에 내가 어찌 늙지 않을 수 있으랴! 이들은 지금 대개 중·고등학교의 교사, 교감이 되었고 대학 교수가 된 사람도 여럿 있다. 내가 부임 초년도에 4학년 학생에게 강의하던 중에 나는 내가 좋아서 이 조용한 고장 전주에 온 것이며 인구 30만인 이 도시가 50만이 되면 더 작은 도시로 떠나겠다고 했다. 아니나 다를까 50만이 되니 정년 퇴임으로 학교를 떠나게 되어 엇비슷하게 맞아떨어졌다. 그저 쓴웃음이 절로 나온다.

그런데 이러한 다과목 강의는 2년차인 1976년에 들어서면서 차츰 완화되었다. 분자생물학은 계속 가르쳤으나 계통동물학과 진화론, 곤충학, 원서 강독을 담당했으니 나의 전공 분야 쪽으로 좁혀 간 셈이다. 그때 제임스 왓슨의 『유전자의 분자생물학(Molecular Biology of Gene)』을 교재로 가르쳤는데 나 혼자 그 내용을 소화하느라 얼마나 쩔쩔맸던가! 내가 학부에서 생화학을 수강하고 석사 과정에서 동물생리학을 공부하지 않았다면 꿈도 꾸지 못했을 일이다. 어쨌든 계통분류학을 하는 나로선 그런 기회(?)가 아니면 언제 갓 나온 그런 책을 읽었겠는가? 그러한 훈련이 그 후 나의 전공인 계통분류학의 내용을 풍요롭게 하고 방향을 잡는 데 큰 기초가 되고 영향을 주었음은 물론이다. 더 나아가 나 나름대로 진화생물학이라는 광대한 지평을 열어 나가는 데 그런 대로 기초가 되었다. 그러니 지금 생각하면 비록 먼 과거 일이지만 그 때 겪은 그 고초가 한때 험로(險路)였으나 결국 값진 학문적 밑천이 되고 고진감래(苦盡甘來)의 격언을 실제로 체험하게 된 셈이다.

시청각 교구 없어 맨몸으로 강의

그동안 강의를 해 오면서 가장 아쉬웠던 것은 학생들에게 시청각적인 방법을 써서 좀 더 쉽사리 내용을 이해하고 또 재미도 느끼게 할 수 없었던 일이다. 분류학, 곤충학, 진화생물학 교재에는 여러 가지 도표와 사진 그리고 그림들이 많이 들어 있어 더욱 그랬다. 그래서 생각해 낸 것이 책에서 이들을 직접 카메라로 찍어 슬라이드를 만드는 일이었다. 내가 갖고 있던 펜탁스 카메라에 접사 링을 끼워서 양쪽에 조명등을 켜고 책의 그림들을 찍었다. 그것도 쉽지 않아 몇 번의 시행착오를 거친 뒤에 흑백 슬라이드를 만들 수 있었다. 이 일에 착수한(1978. 1. 16.) 이후 저녁마다 이 일을 하고 가장 많이 찍은 교재는 로버트 반스(Robert Barnes)의 『무척추동물학(*Invertebrate Zoology*)』이었으며 이 밖에 곤충학, 진화학에 관한 책들과 내가 구독하던 미국의 주간지《사이언스》와 프랑스 문화원에서 늘 무료로 보내 준 과학 월간지《연구(*La Recherche*)》였다.

그러나 환등기를 비추려면 암막 장치가 필요한데 이것이 되어 있는 곳이라곤 사범대 시청각 강당뿐, 강의실과 실험실엔 전혀 없었다. 그래서 창문에 암막 대신 신문지를 붙이고 강의한 적도 있으며 이런 문제를 해결하는 데 2~3년은 걸린 것 같다. 그사이 슬라이드를 꾸준히 만들어 나중엔 1,000컷은 족히 넘어 보였다. 준비가 거추장스럽기는 해도 일단 슬라이드가 완성되면 강의에 대한 학생들의 만족도와 흥미 유발에 효과적이었던 것은 확실해 그동안의 수고에 대한 보람을 느낀 것도 사실이다. 얼마 후부터는 서울에 있는 프랑스 문화원과 미국 문화원에서 생물학에 관한 각종 영사 필름을 대여 받아 학생들에게 보여 주곤 했는데 이때는 16밀리미터 영사기를 대학 본부

에서 빌려오고 영사 기사가 따라와 수고해 주어야 해서 이만저만 번거롭지
않았다. 전임 조교는커녕 조수도 없어서 필름 빌리러 일일이 서울을 왕래해
야 하는 일도 여간 힘든 일이 아니었다. 그래도 영사 화면에서 배양 중의 아
메바가 다른 먹잇감들을 삼키며 이리저리 위족(偽足)을 뻗치는 장면을 보고
학생들은 탄성을 질렀으며 그 모습을 보는 순간 나에겐 큰 감동과 함께 내가
마땅히 해야 할 일을 한 것으로 생각되었다.

'임해 실습'과 '합동 채집'이라는 새 강좌를 개설하다

춘추로 전체 합동 채집을 실시해 왔는데, 다른 한편으론 바다 생물에 대
한 실습이 필요해 3학년에 '임해 실습'이란 과목을 넣어 여름에 나가기로 했
다. 그 첫 번째 실습지는 충남 서천군 서면 도둔리 동백정 일대였다(1979. 7.
10.). 그러나 그때만 해도 북한의 간첩들이 서해안에 침투해 오는 일이 종종
있어서 군은 요지요지에 철망을 치고 경비병을 배치했다. 우리는 군 초소에
가서 우선 일대 채집의 취지와 목적을 설명하여 허락을 받은 후에 경비병들
의 엄호(?)를 받으며 갯벌의 생물들을 채집할 수 있었다. 지금은 그러한 통제
가 많이 해제되어 해안가 좋은 곳이면 어디나 개방되어 사람들이 쉽게 드나
든다. 그해 여름에는 학생 실습과 별도로, 나의 연구를 위해 멀리 흑산도와
홍도로 채집을 다녀온 것이(1979. 7. 22.~8. 4.) 내가 국내에서 갔던 가장 먼 원
정이었다.

2학기에 들어서 나는 동물생태학을 맡게 되어 다시 한번 홍역을 치렀다
(1979. 9.). 대충 알고 있는 것과 가르치는 것은 천양지차(天壤之差)다. 속속들
이 개념을 파악하고 교안으로 정리하지 않으면 가르칠 수 없다. 강의의 강행
군은 여전히 계속된 셈이다. 당시 시중에는 로버트 리오 스미스(Robert Leo
Smith)의 『생태학과 야외생물학의 기초(Elements of Ecology and Field Biology)』
(1977)가 나온 지 얼마 안 되어 이것을 교재로 썼다. 나는 생태학에 관해서라

면 대학원 석사 과정 때 최기철 교수님 댁에서 받은 강의와 그 후 톡토기의 분류를 공부하고자 프랑스 국립자연박물관의 생태학연구소에서 1년 9개월 동안 머물며 듣고 본 것 그리고 프랑스의 미셸 퀴쟁이 지은 『생태학이란 무엇인가』를 번역 출판하며(Cuisin, 1975) 익힌 게 전부였다. 그래서 나로선 이런 것을 기초로 동물생태학에 관한 원서 이것저것을 읽어 강의를 추슬러 나갈 수밖에 없었다. 이러한 공부는 내가 주 전공으로 삼은 동물분류학과 진화생물학 그리고 톡토기의 분류와 생태 연구에도 필요한 밑거름이 되고 훗날 톡토기의 집단 동태 연구에도 큰 도움이 되었다. 지나고 보니 이러한 어려움들이 모두 생고생이라 할 것은 없고 나 자신에 대한 훈련이었고 나의 학문을 살지운 밑거름이 되었을 뿐이다.

9월 하순에 이르러 우리는 학생들을 데리고 내장산으로 예의 합동 채집을 2박 3일 일정으로 갔다(1979. 9. 21.). 둘쨋날, 예정된 활동을 마치고 저녁에 쉬는데 학생들끼리 오락 순서에 들어갔다. 학생들 나름의 분위기를 생각해 우리 교수들(박승태, 임낙룡, 이병훈)은 슬그머니 빠져나와 휘영청 둥근 달을 보며 밤길을 걸었다. 얼마 후 우리는 호기심이 발동해(?) 근처에 있는 무도장에 갔다. 춤출 줄 모르는 임 선생과 나는 그냥 파트너의 손을 잡고 좌우로 흔드는 게 고작이었는데 춤 솜씨가 뛰어난 박승태 교수는 음악에 맞춰 능수능란하게 지루박을 추면서 파트너를 이리저리 휘둘렀다. 그런데 갑자기 소동이 벌어졌다. 일단의 학생들이 몰려와 무도장을 휩쓰는 게 아닌가! ROTC에서 제대하여 복학한 한태희 군이 무도장 한복판에서 몸을 사방팔방으로 흔들며 정열적으로 춤을 추는 것이었다. 우리 교수들은 놀라서 서둘러 퇴장했고 얼마 후 학생들도 빠져나왔다. 혹시 무슨 사고가 나거나 문제가 생기면 어쩌나 하고 교수들은 전전긍긍했으나 얌전한 줄로만 알았던 생물학도들의 젊은 혈기를 확인하는 차원에서 사태가 수습(?)되었다. 지나고 보니 이보다 더 기억에 남고 교수와 학생들을 한데 묶은 이벤트가 또 있었을까? 생각만 해도 즐겁고 신나는 잠시의 일탈이었다.

'헝그리 정신'으로 무장하고 떠난 임해 실습

그해 여름 방학을 맞아 나와 소상섭(蘇祥燮) 교수 그리고 강서희 조교는 3
학년 20여 명을 데리고 여수 앞바다 돌산섬의 방죽포에 있는 전남대학교 임
해연구소로 '임해 실습'을 떠났다(1981. 7. 15.). 임해연구소라고 해 봤자 실험
실 하나에 마루방 댓 개가 나란히 붙어 있었고 장비라고는 현미경 하나 없는
작은 벽돌집에 불과했다. 학생들은 먹을거리, 침구, 현미경과 채집 장비 그리
고 취사 도구까지 모두 짊어지고 전주역에 갔다. 기차를 타고 3시간 걸려 여
수에 이른 다음, 다시 항구로 옮겨가 배를 타고 20여 분 바다를 건넜다(지금
은 다리가 놓여 있지만). 그다음 다시 일반 버스로 갈아타고 승객들 틈에 끼어 돌
산섬의 남쪽에 있는 방죽포까지 종단해야 했다. 울퉁불퉁 흙길을 엉금엉금
굴러가는 버스 속에서 찌는 듯한 더위에 비지땀을 흘린 여행길은 문자 그대
로 생지옥이었다. 그래도 학생들은 모든 것을 체념한 듯, 아니면 집을 떠나 바
다로 간다는 즐거움에 마음이 들뜬 듯 서로 도와가며 50여 분간 버스 속의
진땀 행군을 견디며 군소리 없이 잘 따라 주었다.

실습은 우선 방죽포의 연안 채집으로 시작해, 해녀를 사서 바다 속 저서
(底棲) 생물들을 건져오게 한 다음 성게, 불가사리, 게 따위를 해부하는 것이
주였다. 내가 강의를 마치고 해부 결과를 그림으로 그려 내도록 숙제를 내주
면 학생들은 밤 12시가 넘도록 불을 밝히고 열심히 그렸다. 다음 날엔 새벽
일찍 배를 타고 이삼십 분 달리니, 솟아오르는 아침 해가 장관을 이루고 어
부들이 정치망에서 올린 그물에 잡힌 각종 물고기가 파닥파닥 뛰어올라 반
짝반짝 빛을 반사하는 모습이 장관이어서 모두들 함성을 질렀다. 이것이 바
로 어장 견학이었다. 그다음 날엔 방죽포에서 다시 버스를 타고 더 남쪽의
깨게라는 곳에 가서 등산을 하며 육상 생물 채집을 하기도 했다. 나흘째 날
엔 돌산섬 두문포 소재의 국립수산진흥원 종묘 배양장으로 가서 전복 등을
양식하는 모습을 견학했다. 마지막 날에는 일찍 여수로 돌아와 여수수산전

문대학의 어족 실험관을 방문했다. 여기서는 처음 보는 물고기들을 생생하게 관찰했다. 임해 실습은 이렇게 4박 5일로 끝났고 모두 전주로 돌아왔다. 이것이 우리 대학 생물학도들이 가진 첫 바다 체험이었다. 아마 오가느라 한 고생 해서 모두에게 평생 잊지 못할 추억으로 남았을 것이다. 지난날 한국의 과학 교육은 이렇게 맨몸으로 때우는 육탄전으로 이뤄졌고 '헝그리 정신'으로 공부해 결국 오늘날 대한민국의 성장을 봤다 해도 과언이 아닐 것이다.

'생물학 작품 전시회' 개최

1983년의 일이다. 벌써 이해도 반에 접어들어 6월이 되었다. 6월 8일은 전북대 개교 기념일이어서 교내에서는 매년 축제가 열렸다. 생물교육과에서는 내 지도로 '생물학 작품 전시회'를 열기로 했다. 3학년 55명이 3~4명씩 한 팀을 이뤄 적당한 주제로 전시 작품을 마련했다. '조간대 생물', '인간의 유전' 등이 전시 패널 형태로 만들어졌는데 학생들은 밤늦게까지 실험실에 남아 나무와 스티로폼을 자르는 등 제작에 열중했다. 이러한 일은 과에서도 처음이었거니와 학생들로선 더더욱 처음인지라 지도에 나선 나는 막막하긴 했지만 외국의 전시 사진 자료를 제법 갖고 있던 터라 이것들을 보여 주며 요령을 얻게 했다. 마침내 개교 기념 축제 전야제 전에 전시물을 완성하고 학생들은 각자 자신들의 작품 설명 준비에 열중했다. 나는 이러한 일이 특히 중고등학교 교사로 나아갈 사범대학 학생들에겐 절대로 필요한 경험이라고 생각했다. 축제가 끝나고 전시 작품 철수에 앞서 나는 탁진환(卓鎭煥) 교무처장에게 전화해서 한번 와 보도록 권유했다. 그런데 탁 처장은 혼자가 아니었다. 조영빈(趙英彬) 총장을 모시고 나타났다(1983. 6. 11.). 내가 학생들과 함께 있는 자리에서 총장님께 이 작품들이 모두 학생들 스스로의 구상과 기술로 제작되었다고 설명하니 고개를 끄덕이며 수고 많았다고 격려하셨다. 동석한 학생들 모두가 기뻐서 마음 뿌듯해 했다. 이 작품 전시회는 결국 나의 학과장 임

179

기가 끝난 다음 다른 사람으로 바뀌면서 사라졌지만 몇 년 후 졸업생들이 현직 교사가 된 후 만났을 때 학생 시절에 한 작품 제작 경험이 현장에서 어떤 과제가 주어졌을 때 당황하지 않고 해낼 수 있는 좋은 밑거름이 되었다고 말하곤 했다. 당시의 '소란'과 '극성'이 결코 헛되지 않은 사범 교육이어서 다행이었다.

비전공 과목을 가르치고 연구한 좌충우돌의 시간들

교육학 '비전공자'가 과학교육연구소 소장이 되다

이러한 강의와는 별도로 나는 학생들로 하여금 세계적 이슈에 눈을 뜨게 하기 위해 학술 강연회를 열도록 송현섭 학장께 건의했다. 그래서 미국 펜실베이니아 주립 대학교의 김계중 교수를 초빙하게 되었다. 나의 대학 3년 선배인 김계중 교수는 나와 마찬가지로 곤충 계통분류학이 전공이어서 배울 점이 많았고 나를 이모저모로 도와주신 분이다. 이분의 처가가 전주 부근의 삼례여서 잠시 귀국해 전주행을 하는 길에 강연을 부탁했다. 이로써 '제1회 생명 과학 학술 강연회'가 학생들이 만장한 가운데 "한국의 환경 문제"라는 제목으로 사범대학 시청각 강당에서 열렸다(1976. 3. 6.). 김 교수는 열변을 토하며 학생들에게 환경 의식을 한껏 일깨웠다.

그런데 나는 사범대학 출신이 아니어서 과학 교육에는 장님이나 다름없었지만 송 학장은 사범대학 부설 과학교육연구소장으로 나를 지명했다(1977. 5. 17.). 나는 극구 사양했으나 결국 '명령'을 거역할 수 없었다. 연구소장이 된 나는 연구소의 방향 문제로 고심하던 중 김계중 교수와 상의했다. 그 결과 김 교수는 앞으로의 이슈는 역시 '환경'에 있을 것이라고 하여 곰곰이 생각하던 나는 결국 '환경 교육'을 연구소 활동 지표로 삼게 되었다. 이것은 무려 30년 전의 일이지만 오늘날 우리 생활의 모든 것 그리고 정치도 경제도 환경을 떠나서는 존립할 수도 경쟁력을 갖출 수도 없는 세상이 되고 말았다. 바로 그분의 혜안이 적중한 셈이다.

이해 가을엔 '제2회 생명 과학 학술 강연회'를 임낙룡 교수의 은사이신 한양대학교의 백용균(白龍均) 교수를 초빙해 "인류 집단의 장래와 문제점"을 제목으로 사범대학 시청각실에서 성황리에 개최했다(1976. 9. 24.). 이 모두가 학생들에게 비록 열악한 교육 환경에서나마 새로운 문제의식과 안목을 키우는 데 자극제가 되었음은 물론 신생 학과의 새내기 학생들에게 학문적 자신감을 심어 주는 효과를 발휘했을 것으로 본다. 같은 달 말엔 생물 전공 교수들이 학생들을 데리고 1박 2일로 추계 합동 채집을 고창 선운사로 다녀오기도 했다(1976. 9. 27.).

한편 전북대학교에 교육대학원이 창설됨에 따라 신입생을 받게 되어 생물 교육 전공으로 서용택 씨 등 5명이 입학했다. 나는 방학 때나 잠시 개설되는 학과 공부만으로는 정보 교류는 물론 졸업 논문 추진에 원활을 기하기가 어렵다고 보고 학생들과 상의하여 '생물 전공 세미나'를 월 2회 열기로 했다(1976. 9. 26.). 그 후 이 세미나에서 소웅영(蘇雄永) 교수를 시작으로 길봉섭(吉奉燮, 원광대, 식물생태학) 교수와 나와 같은 과의 김익수 교수 그리고 군산대학교의 김두영(金斗永) 교수가 발표했고(제4회, 1977. 2. 26.) 전주교육대학교의 송형호(宋亨浩) 교수도 참가했다. 이 '생물 전공 세미나'는 10회까지 이어졌는데 그간 박승태 교수와 소인영(蘇仁永) 교수도 특강을 해 주셨다. 그리고 그간의 발표들을 모은 계간《생물학과 교육》창간호가 출간되었다(1977. 2. 22.). 그러나 이 잡지는 업무 과중과 여건 불비로 부득이 이해 말에 제3권(1977. 12. 30.)을 끝으로 종간되었다. 결국 뜻은 좋았으나 과욕을 부린 셈이다.

나에게 올림푸스 연구용 현미경이 한 대 들어온 것은 내가 부임한 지 1년 6개월이 된 때였다(1976. 11. 4.). 겨우 연구에 엄두를 낼 수 있는 최소한의 조건이 확보된 것이다. 그러나 이번엔 시간이 문제였다. 학년 초에 신설 자연학대

사진 20. '생물 전공 세미나'에서 필자가 "지중동물(地中動物)의 진화"를 발표하고 있다. 1976. 12. 28.

학의 생물학과에서 곤충학 강의를 의뢰해 왔고 2학기에도 강의 위촉이 계속되었다. 게다가 '일반생물학과 실험' 4시간이 추가되어 주당 6과목 19시간을 맡게 되었다(1977년 1학기). 게다가 나는 내가 일반생물학을 가르친 1학년 28반 41명의 지도 주임 교수로도 발령이 났다. 그뿐만이 아니었다. 늦봄 어느 날 사범대학의 황호관(黃鎬觀) 학장이 나보고 과학교육연구소장직을 계속 맡아 달라고 했다. 나는 특히 교육 쪽에 아는 바가 없어 이 연구소를 계속 이끌 자신이 없다고 사양했으나 얼마 후 발령장이 날아들었다(1977년 5월 17일자). 다시 말해 본인이 해당 자질이 있건 없건, 그리고 본인 의사에 관계없이 명령이 떨어지는 군대였던 것이다. 그래서 나는 이래저래 업무가 가중되어 또 한 번 한숨과 함께 신세타령을 하게 되었다. 나의 전공에 가까운 과목만 배당되어 좀 숨을 쉴 수 있으리라는 희망은 곧 물거품이 되고 말았다.

연례적으로 열어 온 '생명 과학 학술 강연회'는 이해에도 이어져 제3회가 이번엔 나의 스승이신 고려대학교의 김창환 교수님을 모시고 역시 성황리에 개최되었다(1977. 5. 21.). 김 교수님은 나의 학위 지도 교수님이기도 하거니와 영국 케임브리지 대학교에서 연구할 당시 나비의 다리 발생에 관해 분화 중심설(分化中心說)을 발표하여 세계적 석학의 반열에 오른 분이다. 학생들은 그분의 명강을 듣고 기초 학문에 대한 이해와 그 중요성을 폭넓게 받아들였을 것이다.

이날 강연회가 끝나고 나서 이 강연회에 와 주신 송형호, 길봉섭 교수와 생물 전공 교수진 4명 그리고 전북대 농대의 윤순기(尹淳基) 교수님을 모시고 연사이신 김 교수님과 함께 시내 부월옥에서 저녁을 먹으며 정담을 나눈 것은 잊히지가 않는다. 그 후 윤 교수님과 길 교수 두 분은 안타깝게도 지병으로 타계하셨다. 이야기가 나온 김에 첨언하자면, 생물 전공의 네 분 교수는 과 운영에 관한 회의를 자주 가졌는데 회의가 끝나면 저녁 무렵에 시내 한식 요정인 '공작'에 가서 술 한잔을 곁들여 식사를 하였다. 특히 임낙룡 교수는 서예에도 능했을 뿐 아니라 「선구자」 같은 가곡도 멋들어지게 불렀는데 우리는 물론이고 술집 주인 마담도 넋을 잃었다. 그 덕에 요리가 덤으로 더 나와 흥을 돋운 것은 지금도 잊을 수 없는 추억이다.

'과학교육연구소 주최 세미나' 시작

그 해 말에 내가 책임을 맡은 과학교육연구소 주최로 첫 세미나를 열었으니 주제는 '환경 문제와 과학 교육'이었다(1978. 12. 14.). 연구소가 잡은 '환경'이라는 새로운 주제에 따라 전국 규모로 치러진 첫 세미나였다. 한종하(한국교육개발원) 박사가 "학교 교육에서의 환경 과학의 위치"를, 윤세중(공주사범대) 교수가 "환경 보호를 위한 과학 교육과 의식화"를, 송형호(전주교대) 교수가 "초등학교에서의 인구 및 환경 교육"을, 내가 "환경 과학 교육의 현황과 추세"(이병훈, 1978)를 각각 발표하였다. 그리고 발표 요지를 연구소의 소식지인

《과학 교육》에 실었다(전북대 과학교육연구소, 1978). 내 딴에는 연구소의 국제화를 도모해 영문 요약도 만들어 실었다. 지금 생각하면 사범대 출신도 아닌 내가 이런 사업을 벌였으니 말도 안 된다. 그러나 상부의 '강요'로 연구소장직을 맡아 이와 같은 전국 규모의 행사를 치렀으니 나의 '억울한' 속사정을 누가 알고 이해하랴?

과학교육연구소 소장직의 고역을 면하다

이러한 상황에서도 일상은 굴러갔다. 나는 11월 초에 유네스코 한국위원회 주최로 열린 '동남아 국제 과학 교육 회의'에 한국 대표의 일원으로 참가했다(1980. 11. 4.~11. 10.). 내가 스리랑카와 네팔 등지의 동남아 학자들과 대면하기는 처음인 자리이기도 했다. 네팔에 다녀온 한 영국 발표자가 네팔에서는 한 학교에서 이웃 다른 학교로 가려면 보름을 걸어가야 하는 곳도 있다는 말을 듣고 아연실색하지 않을 수 없었다. 과학 교육에 관한 한 우리는 우리대로 불만투성이인데 지구상에는 이보다 몇십 배 더 열악한 교육 환경이 얼마든지 있다는 데 놀라지 않을 수 없었다. 이어 한 달 후 내가 책임지고 있는 과학교육연구소에서 이번엔 "환경 과학 교육과 교사 교육"이라는 주제로 세미나가 열렸다(1980. 12. 12.)(전북대 과학교육연구소, 1980). 이렇게 환경 교육을 테마로 잡은 연구소의 행보는 계속되었다.

1981년 새 학기가 되자 나에게는 사범대학 과학교육과 생물 전공 주관 교수 발령(1981년 2월 26일자)이 나면서 대학원 생물학과의 주임 교수 발령도 났다(1981년 3월 5일자). 전자는 계속 연임이라 그렇다 치고 후자의 경우는 의외였다. 교육대학원이 아닌 일반 대학원의 경우 학과 주임 교수는 자연대학 생물학과 교수가 맡는 것이 일반적이었기 때문이다. 어쨌든 일반 대학원 입장에서 과 소속 여하를 불문하고 총괄적으로 보고 인선해 임명한 모양이었다. 당연한 논리이긴 하지만 나에게는 생물학과 교수들과 잘 어울려 일을 해 나가야 한다는 책임감이 따랐다.

5월에 이르자 문교부로부터 과학교육연구소에 450만 원의 연구비가 책정되었다는 소식이 왔다. 그러나 나의 소장 임기가 8월이면 끝나고 9월엔 프랑스에 연구차 6개월 예정으로 떠나야 했다. 따라서 배정된 연구비를 내가 집행할 수는 없는 상황이었다. 나는 심종섭 총장을 찾아가 이를 설명한 뒤 나의 연구소장직 사퇴를 받아들이고 후임 소장을 정해 달라고 청했다. 다행히 며칠 후 나의 소장직 해임 발령이 나고(1981. 5. 19.) 후임에 물리 교육을 전공한 양동익(梁東翊) 교수가 임명되었다. 하긴 문교부가 연구소에 내린 가장 큰 연구비이니 환경 교육을 지속적으로 진행한다는 취지에서 내가 계속 맡아도 될 것이었으나 역시 억지에 지나지 않아 당연히 손을 떼야 한다고 생각했다. 막상 해임 발령을 받고 보니 마음이 홀가분하기 이를 데 없었다. 이로써 소장 직무 대리로 시작해(1977. 5. 17.) 만 4년간 과학 교육 비전공자가 과학 교육 전문가인 양 행세해 본 고역을 마감했다. 하긴 후임자인 양동익 교수도 비전공자이긴 마찬가지였다. 이렇듯 당시는 연구소 운영이 파행적으로 굴러가던 시절이었다.

'동물행동학' 강의라는 또 다른 '비전공' 과제

1993년 여름 방학이 끝나고 2학기에 들어서 나는 '동물분류학'과 '동물행동학'을 강의하게 되었다. 사실상 동물행동학에 대해선 내가 연구해 본 적이 없으니 강의할 자격도 없다. 굳이 한 일이 있다면 퀴쟁의 『동물의 행동』과 윌슨의 『사회생물학: 축약판』을 번역 출판한 것이 전부였다. 그러나 담당할 최소한의 기준 시간을 채워야 하므로 부득이했다. 이처럼 나에겐 '비전공' 과목을 맡는 일이 자주 일어났다. 이런 일은 필경 다른 지방 대학에서도 마찬가지였을 것이다.

1995년 4월 하순에 들어서 나는 하버드 대학교에서 사회성 곤충의 행동

185

과 진화로 박사 학위를 받은 후 서울대에 부임한 지 얼마 안 된 최재천 박사를 전북대로 초청해 세미나 "동물의 인지(Animal Cognition)" 발표를 들었다 (1995. 4. 20.). 책으로만 보던 동물행동학을 실물로 감상하는 듯했고 이 세미나에 참석한 이웃 익산의 원광대의 한 교수는 며칠 후 이 발표가 참으로 재미있었다고 전해 왔다. 최 박사는 세미나 당시 얼핏 "동물행동학은 마약과 같다."라는 말을 했는데 그간 동물행동학과 사회생물학에 맛들인 나로선 전적으로 공감이 갔다. 나는 아직도 그 중독에서 헤어나지 못하고 오히려 점점 더 빠져들고 있는 것 같다. 최 박사는 그 후 왕성한 활동으로 인간을 진화의 관점에서 동물을 통해 이해하는 새로운 안목을 한국 사회에 심는 데 큰 역할을 하고 전술한 바와 같이 특히 윌슨 교수의 '통섭(consilience)' 개념을 보급하는 데 지대한 영향을 끼치고 있다.

그 몇 년 후, 가을이 되어 2학기가 시작되자 나는 동물분류학 강의를 시작하고(1997. 8. 25.) 그다음 날 동물행동학을 개강했는데 동물행동학에는 분자생물학과와 생물학과 학생 95명이 수강 신청을 해 강의실이 꽉 찼다. 아마 강의 제목이 재미있게 보였거나 입소문을 듣고 온 것이 아닌가 생각됐다. 나로서는 마음 뿌듯하면서도 재미있게 강의를 해야 한다는 의무감으로 걱정이 앞섰다. 아니, 동물행동학에 관한 논문을 한 편도 쓴 적이 없는 사람이 '사회생물학'에 이어 거듭 비전공 과목을 강의하는 한국의 '기적'적 현상이 되풀이되고 있다. 그러나 이러한 기적에 나는 이미 '면역'이 되어 있었다.

첫 시간에 '본능'에 대해 강의했는데 아마 분자생물학과 학생들에게는 이제까지 배워 온 것과는 너무 차원이 달라 필경 황당하게 들렸을 것이다. 그러나 어쨌든 강의를 재미있게 들었으면 되는 것이다. 분자생물학 분야 일변도로 '편식'해 온 학생들에게 동물행동학이나 진화생물학은 그야말로 생명관을 균형 있게 바로잡는 데 좋은 약이 됐을 것이다.

2000년 3월에 새 학기가 시작되었다. 나는 '동물행동학'(학부), '사회생물학'(대학원), 그리고 '생태학 특론'(교육대학원)을 맡게 되어 매우 바빠졌으나 이 세 가지가 행동의 유전과 진화라는 관점에서 서로 얽혀 합반(合班)을 하기로 마음먹고 첫 시간을 강의한(2000. 3. 2.) 후 그다음 주의 둘째 시간에 들어가 보니 첫 시간에 15명이었던 수강생이 30명으로 늘어났다. 대학원생도 8명에서 16명이 되어 학부와 대학원 모두 각각 두 배로 늘어났다. 첫 시간에 이 강좌에서 시간마다 출결을 점검하고 중간과 기말 시험을 치른다고 선언하였는데도 수강생이 늘어났으니 '이상'했지만 담당 교수인 나로서는 흡족하고 뿌듯하였다. 한편 강의를 잘해야겠다는 책임감도 커졌다. 그 후 어쨌든 강의를 열심히 해선가? 학생 하나(양만수 군)가 나의 "명강에 기대가 크다."고 이메일을 보내왔다(2000. 3. 29.). 나는 일기에 "명강이라! 그래 잘해 보아야지!"라고 썼다.

불어닥친 디지털 시대, 컴퓨터 바람을 선두에서 맞으며

이때쯤 국내에는 컴퓨터 바람이 세차게 불었다. 전북대학교에도 이미 전자 계산소가 설립되어(1978. 6.) 교수들에게 강좌를 열기는 했다(1978. 9. 29.). 하지만 그 후 생물 전공 교수들이 8비트짜리 애플 컴퓨터를 확보한 것은 몇 년 후인 1980년대 초반에서야 가능했다. 그나마 컴퓨터 활용에서 우리 과가 전북대학교에서는 선두를 달린 편이었다. 박승태 교수가 유난히 컴퓨터에 밝고 열정을 보인 덕택이다. 오늘날 컴퓨터의 발달과 광범위한 활용을 보면 당시로선 컴퓨터가 이렇게 세상을 바꿔 놓을 줄 누가 알았겠는가!

1996년 8월에 들어서 나의 연구실에선 자못 잊지 못할 일이 벌어졌다. 그것은 나의 컴퓨터에 아웃룩 익스프레스(Outlook Express)로 이메일이 개통된 것이다(1996. 8. 3.). 첫 편지는 미국의 톡토기 학자 케네스 크리스티안센 교수에게 발송했다. 정년 퇴임 후엔 paran.com을 쓰고 지금은(2013. 3.) hanmail.net을 사용하고 있지만 그때부터 나와 동료 교수들에겐 통신 혁명적 변화가 일어났다. 이러한 이메일을 18년이 지난 지금(2014) 나는 스마트폰과 태블릿인 '넥서스 7'과 '갤럭시 탭 S'로도 주고받음은 물론 인터넷도 즐길 수 있게 되었다. 게다가 좋은 문구, 명화, 세계의 명소와 자연 풍경 등을 보내오는 친구들이 나의 이목을 세상과 인간의 깊은 생각 속으로 안내해 줘 생활의 청량제와 활력제는 물론 자기 성찰의 계기도 되어 준다. 인터넷이 노년에 나의 삶을 바꿔 준 데 대해서는 다시 후술한다. 앞으로 이러한 모바일 체제가 더 진화해 인류 생활을 어떻게 바꿔 놓을지 상상이 가지 않는다.

'진화생물학'과 '사회생물학' 강의

'진화생물학' 강의를 시작하게 된 사연

진화생물학을 나의 학문의 목표와 의미라고 생각하던 터에 1983년 가을 2학기에 들어 처음으로 '진화학' 강의를 시작하게 되어 나에겐 각별한 새 출발점이었다고 할 수 있다. 여러 가지 책을 훑어보다가 당시로선 갓 나온 일리 민코프(Eli C.Minkoff)의 『진화생물학(*Evolutionary Biology*)』(Minkoff, 1983)이 가장 적당할 듯해 교재로 썼다.

우선 '생명의 기원'으로 시작했다. 준비 과정에서 책도 이것저것 많이 읽게 됐다. 우주의 기원부터 이야기하게 되니 존재의 근원을 생각하고 아울러 생물의 진화와 인간으로서의 '나'라는 존재의 유래와 의미를 따지게 된 것이다. 이때처럼 강의에서 보람과 그 뜻을 느낀 적도 없는 것 같다. 기타 '곤충학' 등 몇 가지 과목을 가르치는데 어느 날 서울대학교의 김훈수 교수님으로부터 편지가 날아들었다. 가을에 있을 생물 과학 심포지엄 때 환경 교육에 관해 주제 발표를 하라는 것이었다. 그러나 그때 나는 톡토기 분류학 논문을 쓰면서 분지계통학을 적용하느라 진땀을 빼고 있었던 데다 과학재단에 제출할 연구 결과 보고서도 써야 하는 등 눈코 뜰 새 없이 바빴다. 김 교수님의 부탁은 엎친 데 덮친 격이었다. 나는 정중히 사양하는 답신을 냈다. 그러나 김 교수님은 나에게 다시 전화로 수락을 독촉해 오셨다. 하는 수 없이 "환경 교육의 목표와 전략"으로 발표하겠다고 말씀드렸다. 3중, 4중의 작업을 해야 하는 이 인생의 무게가 영 버겁고 귀찮다는 생각까지 들었다.

그해 가을에 나는 충북대학교에서 개최된 한국생물과학협회 심포지엄에서 "환경 교육의 목표와 전략"을 발표하고(1983. 10. 29.)(이병훈, 1983) 이튿날엔 한국동물학회에서 톡토기의 분류에 분지계통학을 적용한 논문 한 편과 신종 6종을 보고하는 논문 등 모두 3건을 발표했다.

유럽 진화생물학회에서 사회생물학 대가들의 강연을 듣다

이해 여름에 나는 한국과학재단의 지원으로 파리의 프랑스 국립자연박물관에 근무하는 나의 친구 티보 교수의 연구실로 '방문 연구'를 가게 되었다. 그러나 말이 "해안 사질(砂質) 토양산 톡토기의 계통생물학적 연구"를 위한 연구이지 실은 그 박물관의 진화 전시관 개관 공사 관찰을 비롯해 두 개의 학회 참석과 한국-헝가리 공동 세미나 준비 작업 등 다목적성 여행이었다. 연구차 간다 해 놓고 실상 이렇게 여러 가지 일을 보러 간 것을 상대편 친구가 허락하고 양해해 주니 가능한 일이었다.

낮 12시에 김포공항을 떠나(1993. 8. 18.) 13시간 만에 파리의 샤를 드골 공항에 도착했다. 급한 나머지 가는 기내에서 얼마 전에 청탁받은 『우리 유전자 안에 없다』에 대한 서평을 썼다. 그 이튿날 파리 리옹 역에서 아침 기차 (7:30)를 타고 6시간 반을 걸려 지중해 연안 도시 칸에 도착하니(14:00) 나의 오랜 프랑스 친구가 그의 친구 하나와 함께 역으로 마중 나왔다. 나는 친구의 안내에 따라 저녁에 마리나 부인(Mme Marina) 댁에 초대되어 만찬과 함께 환담을 나눴다. 다음 날에는 역시 친구의 친구인 자크(Dardel Jacque) 씨를 소개받아 다 함께 해변에 나가 이글이글 타오르는 지중해 태양 아래 수영을 즐기며 여유롭게 휴식을 취했다. 당시에 나는 이렇게 여유로운 '호화판' 시간을 갖는다는 게 도무지 믿기지 않았다. 인생에는 가끔 이렇게 꿈같은 일도 생기는가 보다 했다.

다음 날 오후에는 칸 역에서 프랑스 친구들과 작별하고 몽펠리에행 기차에 올랐다. 그리고 목적지 도착 후 몽펠리에 2대학에 가서 '제4차 유럽 진화생물학회(Fourth Congress of the European Society of Evolutionary Biology)'(1993. 8. 22.~28.) 참가 등록을 했다. 그런 후 숙소에 들어가 나는 오는 비행기 안에서 썼던 『우리 유전자 안에 없다』에 대한 서평 원고를 다듬어 팩스로 서울의 출판사에 보냈다. 이 원고는 그 후 "인간의 주체성 묻는 논쟁적 생물학"이라는 제목을 달고 9월 20일자 《출판저널》에 게재되었다(이병훈, 1993f).

학회 등록을 마친 다음 날, 학회 참가 등록자가 1,000여 명에 달한다고 들어 그 규모와 높은 관심에 놀라지 않을 수 없었다. 31개 심포지엄이 열리고 발표가 200건에 달했다. 그중에 나의 관심을 끈 심포지엄은 '고(古)DNA(ancient DNA)', '분자 계통 진화', '성 선택', '행동생태학', '선택의 단위', '어째서 성인가?(Why sex?)', '진화와 윤리', '분자계통분류학' 등이다. 생물학에 처음으로 게임 이론을 도입해 혁신을 일으키고 '혈연 선택(kin selection)'이란 말을 처음으로 쓴 영국의 존 메이너드스미스의 기조 강연에는 청중들이 몰려 만장을 이뤘고 '진화와 윤리' 심포지엄에선 생물철학자 마이클 루즈가 "진화와 윤리"를 제목으로 열변을 토했다. 이어 사회생물학 이론가인 독일의 프란츠 만프레트 부케티츠(Franz Manfred Wuketits)가 "인간의 도덕적 행동"을 제목으로 발표했다. 두 발표 모두 인간의 이타 행동에는 생물학적 뿌리가 있다는 논지였다. 상호 이타주의의 생물학적 기초를 세운 미국의 로버트 트리버스는 "이기적 유전자와 꽃식물에서의 생식 체계"(공저)를 발표했다. 특히 눈길을 끈 것은 이스라엘의 에바 야블롱카(Eva Jablonka)가 "개체성의 새로운 수준으로의 이행 과정에서 비(非)DNA(non-DNA) 유전 시스템이 발휘하는 역할"(공저)을 발표한 점이다. 그 후 거의 20년이 지난 지금 보면 부

사진 21. 혈연 선택(kin selection)이란 말을 처음 쓴 영국의 사회생물학자 존 메이너드스미스가 청중에게 강의하고 있다. 제4차 유럽 진화생물학회(프랑스 몽펠리에 대학교), 1993. 8.

케티츠의 『유전자 문화와 도덕: 사회생물학 찬반 논쟁(*Gene Kultur und Moral: Soziobiologie-Pro und Contra*)』(1990)가 9년 후에 『사회생물학 논쟁: 유전자인가, 문화인가』(김영철 옮김, 1999)로 번역되었고 야블롱카의 공저 『4차원 진화(*Evolution in Four Dimension*)』(Jablonka and Lamb, 2005)는 특히 '후성유전학'과 행동이 유전과 진화에 미치는 영향을 널리 알리는 데 큰 역할을 해 더욱 유명해졌다. 그로 인해 우리는 바야흐로 '제2의 신종합(The Second Modern Synthesis)' 시대를 맞이하고 있는 것이다.

다시 말해 나는 이 학회에서 내가 특별한 관심을 가진 진화생물학과 사회생물학 분야 대가들의 발표를 직접 들을 수 있었고 이는 국내에서 혼자 외롭게 공부하던 나에게 특히 사회생물학을 이해하는 데 큰 도움이 되었다. 메이너드스미스를 비롯해 이들이 발표한 날 이곳 신문 《미디 리브르(*Midi Libre*)》는 이 모임에 세계의 전문가 850명이 참석했다며 "문젯거리의 진화

(L'évolution en question)"라는 제목으로 메이너드스미스 교수의 인터뷰와 함께 이 행사를 전면 기사로 소개했다(1993. 8. 27.). 이 회의 참가에서 느낀 점은 한국에서 진화생물학을 한다는 것은 마치 우물 안에서 개구리 몇 마리가 '개굴개굴' 하는 격이라는 것이다. 진화생물학은 무릇 생명 과학의 종합이고 수렴이며 귀착점인데 이 분야를 하는 학자도 드물고 학회도 없고 게다가 드문드문 떨어져 있으니 상호 소통도 없어 발전도 없는 상태다.

바로 이날 나는 이탈리아 시에나 대학교의 톡토기 분류학자 판치울리 피에트로(Fanciulli Pietro)를 만났고 그로부터 리보솜 RNA를 써서 톡토기의 계통을 연구하는 미국의 펠리페 소토어데임스(Felipe Soto-Adames)가 왔다는 말을 듣고 찾다가 점심 후에 구내 정원에서 우연히 만났다. 이 친구는 톡토기의 모든 과(科, family)에 대해 두 개의 유전자를 찾아 비교하는 방법을 쓴다고 했다. 나는 리보솜 DNA를 써서 톡토기 목 중 분절아목(分節亞目, Suborder Arthropleona)의 계통 진화를 추적하려 한다고 하자 소토어데임스의 부인이 옆에 있다가 "서로 중복이 되면 안 될 텐데." 하며 걱정했다. 이탈리아의 피에트로 역시 톡토기에서 미토콘드리아 DNA를 써서 계통을 연구하고 있으니 결국 비슷한 목표를 두고 미국, 이탈리아, 한국의 삼파전이 벌어진 양상이었다. 그래도 이번 모임은 서로 정보 교환을 할 수 있는 기회가 되어 학회 참석은 이래저래 유익하고 보람되었다.

전북대에서 '사회생물학'을 강의하다

1994년 3월 새 학기에 들어서 나는 대학원에 개설된 '사회생물학' 강의를 맡게 되어 첫 강의에 들어갔다(1994. 3. 7.). 전북대 자연대학 교수들이 대학원 교과 과정에 '사회생물학'을 설강해 놓고 나에게 강의를 부탁해 할 수 없이 맡게 된 것이다. 내가 윌슨의 책(Wilson, 1980)을 번역하고 이 분야의 어설픈 책이나마 하나 썼다고(이병훈, 1994c) 하지만 강의를 맡기엔 턱없이 부족했다.

그러나 역시 '불가능'이 '가능'하게 되는 것이 한국의 현실이었다. 대학은 일단 강의를 떠맡기고 나는 기준 시간 수를 채워야 하는 절대 조건이 서로 맞아떨어져 그러한 일이 '가능'했던 것이다. 어쨌든 수강 신청한 학생들을 보니 대학원 생물학과에서 6명과 심리학과에서 1명 등 모두 7명이었다. 심리학과 학생들이 수강한 것은 아마도 최근의 심리학이 사회생물학의 기초와 밀접하게 연계되고 더욱이 진화심리학의 등장으로 각별히 주목받고 있었기 때문일 것이다. 여기엔 필경 평소에 사회생물학에 관심을 가진 심리학과의 손정락(孫正洛) 교수의 추천이 있었음에 틀림없다. 이와 비슷한 식으로 나는 학부의 '동물생태학'도 맡게 되었다. 한국에선 이런 일이 '부득이'하게 일상적으로 일어난다. 특히 교수 수가 적은 지방 대학에서 그렇다.

어쨌든 사회생물학 강의는 시작됐고 나는 내가 번역한 퀴쟁의 『동물의 행동』과 윌슨의 『사회생물학』에서 주제를 선별하여 진행하는 식으로 첫째 시간엔 '사회생물학의 기본적 정의'에 대해 강의했다. 나의 강의는 전반부가 강의 그리고 후반부가 학생의 발표로 이뤄졌다. 후반부 학생 발표 시간에 과제에 따라 심리학과 석사 과정의 김지영 양이 '본능'에 대해 발표했는데 요점 정리를 잘해 왔다. 어쨌든 처음 해 보는 제목의 강의인지라 나에게는 무거운 책임감과 긴장이 따랐다. 한편 학부 4학년에 개설된 진화학이 역시 같은 날에 개강했는데 인원이 적어 나의 연구실에서 작은 칠판을 옆에 놓고 진행했다. 진화학은 여러 해째 민코프의 『진화생물학』을 교재로 강의해 온 터라 큰 어려움이 없었고, 『동물의 행동』과 『사회생물학』에 들어 있는 재미있는 소재를 골라 엮어 나가는 식으로 진행했다.

이해에 나의 대학 후배인 최재천 박사가 하버드 대학교에서 진화생물학으로 학위를 하고 귀국하여 서울대학교에 자리 잡긴 했지만 내가 비록 비전공자이긴 해도 이러한 '부득이한 사정' 덕분에 아마 한국에서 '사회생물학'을 처음으로 강의한 사람이 되지 않았나 싶다.

여름이 지나고 2학기에 들어서면서(1997) 나는 분자생물학과에서 몇 해 전에 가르쳤던 '진화학'을 다시 가르치게 되고 생물교육과에서는 '동물분류학'과 '동물행동학'을 맡게 되었다. 동물행동학은 흥미로운 이야기가 많이 등장할 뿐 아니라 진화를 이해하고 또 밝혀내는 데 절대적 역할을 한다. 학생들이 재미있다는 반응을 보여 나는 교안 준비에 더욱 열을 올렸다. 이 분야의 교안을 풍부하게 갖출수록 진화학 강의도 충실해지고 나 자신도 재미를 느끼며 강의할 수 있기 때문이다.

오래전부터 나에겐 프랑스의 과학 월간지 《연구》가 배달되었다. 최근에 받은 잡지에 「분자인류학의 탄생(La Naissance de l'Anthropologie moléculaire)」(Lewin, 1991)이라는 기사가 실렸다. 보는 순간 나는 이 새로운 학문의 출현에 경탄했다. 고대의 미라에서 DNA를 추출하여 그 기원과 이동 경로를 연구하는 새로운 방법론이었다. 인류학, 분자생물학 그리고 언어학이 인류의 전파를 함께 풀어 가는 것이었다. 그리고 같은 결론으로 수렴됐다. 너무나 멋진 '통일의 장'이 벌어지고 있었다. 이렇게 종합적인 접근 방식을 강의에서 소개하는 것이 나에겐 큰 흥분과 보람을 안겨 주는 신나는 일이었다. 그리고 이렇게 무언가 새롭게 쓸 거리가 생각나거나 발견될 때처럼 즐거운 일도 없다.

그 후 교내의 물리학과 콜로퀴엄에서 "사회생물학이란 무엇인가?"를 강의해 달라는 요청이 왔다. 그러나 당시 나의 몸 상태가 최악이어서 거절하고 싶었지만 내가 속한 자연과학대학의 물리학과에서 주관하는 행사라(나는 1995년에 사범대학에서 자연과학대학 생물학과로 옮겼다.) 차마 그럴 수 없어 수락하고 예정 당일에 1시간 10분간 강의를 했다(1999. 5. 21.). 중강당에 학생들이 만장의 성황을 이루었다. 만물의 영장(靈長)이라는 사람이 스스로 갖고 있는 유전자의 운반체에 불과하다고 하니 학생들은 아마 생물학이 이처럼 극도의 유물론을 펴는 데 놀랐을 것이다. 질문이 다섯 학생으로부터 나와 토론이 활발해지면서 발표가 재미있게 끝났다.

대학원 교육과 학위 심사의 어려움

1984년과 1985년 이태 동안 대학원의 박경화 양을 서울대 김원 교수, 인하대 양서영 교수 그리고 충남대의 김영진 교수의 연구실로 보내는 등(1984. 5., 1985. 4.) 전기 영동에 의한 동위 효소 분석 훈련에 힘쓴 결과 톡토기의 종간 또는 계통 사이의 유연 관계를 살펴보는 연구를 시작할 수 있었다. 형태 분류에 그치지 않고 간접적이나마 유전자 분석을 통해 계통 진화에 다가가려는 노력이었다. 연구 재료로 톡토기 표본을 확보하기 위해 교육대학원 석사 과정의 서광석 군 등 4명을 경기도 용문산으로 보내고(1985. 3. 15.) 박경화 양 등 4명을 지리산 뱀사골로 보냈다(1985. 3. 16.). 덕택에 털보톡토기과의 고려붓톡토기(*Homidia koreana*)를 확보하긴 했으나 뱀사골로 간 일행이 그곳 민가에서 일박하는 사이 무연탄 가스에 중독되어 하마터면 큰 사고로 이어질 뻔했다. 실로 가슴을 쓸어내렸다. 이런 고비를 넘기며 드디어 이 톡토기 종에서 에스테라아제(Esterase) 등 몇 가지 효소를 분리해 낸 후 지모그램(zymogram)을 얻을 수 있었다. 다시 2년 후엔 교육대학원 석사 과정의 최금희 양을 일본에 보내 마치다 박사로부터 곤충인 돌좀의 분류를 잠시나마 배워 와 석사 논문을 쓰게 했다는 것은 앞에 말한 바와 같다.

톡토기 박사 제자는 두 명뿐

당시 대학원생 박경화 양의 학위 논문을 지도하는 데 힘을 썼던 일은 전술한 바와 같다. 박 양이 심사 위원들 앞에서 발표를 하게 되어 있어(1991. 5. 7.) 하루 전날 나는 박 양으로 하여금 본 발표에서 실수가 없도록 예비 발표를 해 보게 했다. 다음 날 심사에서 김영진(충남대, 유전학) 교수를 주심으로 하여 윤일병(尹一炳, 고려대, 곤충생태학), 고흥선(高興善, 충북대, 포유류 분자계통학), 김익수(金益殊, 전북대, 어류분류학) 교수 그리고 내가 심사 위원이 되어 발표에 들

사진 22. 톡토기 전공 제자 박경화(가운데), 김진태(왼쪽) 박사와 함께한 필자. 박경화의 박사 논문 심사 통과 후 전북대학교 중앙도서관 앞에서. 1991. 6.

어갔다. 결국 내용을 압축할 것, 여러 개의 분지도 중에 택일하는 선택이 있어야 한다는 등의 지적에 따라 수정, 보완이 이뤄진 후 논문 제목을 「한국산 보라톡토기과의 계통분류학적 연구」로 하여 종심(1991. 6. 10.)을 마쳤다. 심사 위원들 모두가 수고를 많이 해 주시니 내가 고려대학교에서 학위 할 때 심사를 맡아 준 여러 교수님들의 노고가 생각났다. 결코 한 가지 한 가지가 건성으로 되는 게 아니고 선배 교수들의 진심 어린 지도와 수고가 있어 가능한 것이었다. 이렇게 심사를 마친 다음 박경화는 그해 8월 말에 이학 박사 학위를 받고 지금은 전북대학교 사범대학 교수로 활약 중이다.

그 3년 후에 두 번째 제자의 학위 심사가 있었다. 바로 1994년 12월에 김진태 군에 대한 논문 심사가 이뤄져 그 달 중순에 종심에 들어간 것이다 (1994. 12. 12.). 나의 박사 학위 지도 교수였던 김창환 교수님을 주심으로 모시고 김원(金元, 서울대), 이무삼(李武三, 전북대 의대), 이원구(李元求, 전북대 자연대) 교수와 내가 심사 위원으로 일해 논문 내용을 많이 수정하게 되었다. 결국 제목을 「한국산 톡토기의 계통분류학적 연구」로 정하고 심사가 마무리되었다. 특히 김원 교수가 여러 가지를 지적하였는데 당사자에게 많은 공부와 깨우침이 되었을 것이다. 나로선 제자 하나를 박사로 만드는 일이 이렇게 힘들다는 것을 누가 알까 하는 생각마저 들었다. 김진태 군은 학위를 받은 후 경상북도 예천의 산업곤충연구소에 있다가 지금은 전라북도 보건환경연구원장으로 활동하고 있다.

그러나 톡토기 연구에서 이처럼 박사가 두 명밖에 나오지 못했다. 우선 나의 종전 소속이 사범대학이어서 졸업생이 거의 교사로 빠져나갔기 때문이기도 하다. 게다가 톡토기라는 작은 곤충인지라 다루기도 어렵고 매력도 느끼지 못했기 때문일 것이다. 무엇보다 앞으로 그 계승 연구가 문제였다. 박경화 박사가 뒤를 이은 셈이지만 그의 제자 중에 여러 명이 석·박사를 취득했어도 모두 현직 교사로 있거나 교사 발령을 받은 후에 논문을 낸 사람이 하나도 없었다. 하긴 교사로서 바쁠 테니 이해가 가지만 이대로 가다간 톡토기 연구자가 '단종(斷種)'될지도 모른다. 지난날 내가 모아온 톡토기 문헌은 전세계 200여 학자의 1,400여 편에 이른다. 기타 낫발이와 좀류에 관한 것까지 합치면 1,700여 편이나 된다. 계통분류학엔 문헌이 생명이며 필수다. 때마침 고려대학교 생명과학대학 대학원의 남학생 두 명이 톡토기 공부를 하겠다고 나섰다. 나는 박경화 박사에게 톡토기 논문 중에 필요한 것을 복사해두라고 처음에 3개월을 주고 그다음 추가로 3개월을 주었다. 이렇게 반년이 지난 후에 나는 이 문헌들을 고려대학교 부설 한국곤충연구소로 이관하여 (2012. 11. 13.) 보관토록 했다. 고려대학교의 두 학생이 이용하는 것은 물론 톡토기 연구 지망생들이 전국 어디에서나 쉽게 이용할 수 있도록 하기 위해서였다. 나로서는 길게 보아 불가피한 선택이었다.

다른 교실 학생의 학위 심사를 하면서

박경화 학생의 학위 심사를 할 무렵 나는 전남대학교 대학원 생물학과 김석이(金石伊)의 박사 학위 심사도 했다. 정정의 교수의 지도로 이뤄진 윤충(輪蟲, Rotifera)의 분류에 관한 논문 심사에 유광일(劉光日, 한양대) 교수가 주심을 맡고 위인선(魏仁善, 전남대) 교수와 내가 심사 위원에 합류했다. 그런데 전남대 구내에서 시위가 크게 일어나 시내의 리버사이드 호텔로 옮겨 심사하는 기현상이 벌어졌다(1991. 5. 17.). 당시는 노태우 대통령 시절이었는데 아마도 1980년 5월 18일 광주 민주화 항쟁 11주년을 맞아 일어난 시위였던 것 같다. 두 주 후 중간 심사를 받기 위해 김석이 씨는 수정된 논문을 갖고 나의 연구실로 찾아왔다. 그러나 한국 미기록종 24종을 다루면서 원 기재와의 차이점 즉 변이에 대한 언급이 없었고 사용된 영어를 보니 고칠 데가 너무 많아 손질하는 데 한참이 걸렸다. 하긴 내 제자의 박사 학위 심사에서도 허술한 점이 많았으니 나로선 특별히 나무랄 게 없었다. 그리고 그의 지도 교수인 나철호 교수가 오랜 기간 병마와 싸우던 때라 지도가 제대로 됐을 리 없었던 것을 생각하면 어느 정도 이해가 갔다. 그러면서도 한국의 지방 대학에서의 학위라는 것이 대체로 이런 수준이라는 데 아쉬움이 컸다. 그러나 김석이 씨는 보완 작업을 잘해서 심사에 통과한 다음 박사 학위를 받고 현재 목포시립자연사박물관에서 학예연구관으로 활발히 활동하고 있다.

거의 같은 시기에 나는 전북대 대학원 생물학과 강언종(姜彦鍾) 군의 학위 심사도 있어 참여했다. 김익수 교수의 지도로 나온 이 논문의 심사에 최기철(崔基哲, 서울대 정년 퇴임 후 작고) 교수께서 오셔서 주심을 맡아 심사 분위기를 부드럽게 이끄셨다. 중간 심사 때 오셔서는 나에게 최근에 출판된 자신의 저서 『민물고기 이야기』를 한 권 주셨다(1991. 5. 22.). 학문에 계속 힘 쏟고 계시는 그분의 열정과 노익장(老益壯)에 절로 고개가 숙여졌다. 이 논문을 쓴 강군이나 지도 교수 모두 워낙 꼼꼼한 분들이라 담수어류의 계통분류학에 관한 이 논문은 크게 흠 잡을 데 없이 약간의 수정으로 통과되었고 강 군은 그 후 경남 진주 소재의 국립수산과학원 내수면양식연구소에 연구원으로 있다가 지금은 연구소장으로 활동 중이다.

1998년 5월엔 원광대학교 김병진 교수의 지도를 받은 김중현 군의 이학 박사 학위 심사가 진행되었다. 그 심사에 내가 주심으로 추영국(원광대), 권용정(경북대) 심사 위원과 함께 1차 심사에 들어갔고(1998. 5. 22.) 그 후 진행으로 김 군은 학위를 받았다. 현직 교사로 있으면서 어려운 일을 해낸 당사자의 열성과 용기가 기특했다.

어쨌든 심사할 때마다 어설프게 작성된 학위 논문 초본을 읽어 나가며 일일이 지적하고 손질하는 게 보통 어려운 일이 아니다. 영문 표기에 부자연함과 오류가 많으면 부분 수정을 하니 차라리 전문을 새로 써 주는 게 낫겠다 싶을 고역이었다. 이래서 남의 논문 수정은 참으로 고역이었다. 더욱이 주심이 되면 '심사평'도 써야 하는데 논문 내용을 완전히 파악하고 장단점을 지적하여 조리 있게 써야 한다. 심사에 따라 통과 여부가 결정되는 일이니 긴장해서 써야 한다. 이렇게 박사도 길러 보고 다른 대학의 박사 학위 심사의 주심도 해 보니 나의 석사와 박사를 지도해 준 교수님들의 은공이 절로 간절하게 느껴졌다. 그분들이 연로하신 나이에 얼마나 힘드셨을까!

여름에 들어 나는 한국과학재단의 국제협력위원회 위원으로서 해외 박사 후 과정 후반기 선발에 참여해 응모자들에 대한 심사에 들어갔다(1991. 7. 3.). 그러나 생물학만이 아니고 의학, 농수산 분야에 걸쳐 6명 모집에 33명이 지원했으니 작업도 만만치 않았거니와 많은 실력자들을 탈락시켜야 하는 상황에 측은함과 아쉬움을 감출 수 없었다. 국내 연구로만 박사가 되는 일에 불만인 나에게 박사 후에나마 외국 경험은 필수라고 생각했기 때문이다. 지망자들은 요행히 합격하고 나서 현지 연구차 출국 전에 나를 연구실로 찾아와 고맙다고 인사한다. 나는 조언한다. "불과 1년 동안 연구하면 얼마나 하겠느냐. 연구 방법을 익히고 지도 교수 등 현지 연구자들과 친분을 쌓고 돌아오

라. 일생에 도움이 되고 학문의 끈이 될 것이다."라고. 나의 경험에서 우러난 말이었다.

쇄도하는 외부 강연과 강의 요청

1987년에 나는 학부에서 동물분류학, 동물생태학, 일반곤충학을 가르쳤고 대학원에서도 한 과목을 맡았다. 그런데 충남대학교 생물학과의 백상기 교수의 요청으로 그곳 대학원에서 '동물계통분류학 특론'을 맡아야 했는데 수강생은 모두 7명이었다. 20년 이상이 지난 지금 그들이 홍용표(국립중앙과학관) 박사 등 중견 과학자가 되어 가끔 신문에서 그 활동상을 보면 대견하기만 하다. 그렇게 모두 5개 강좌를 맡은 데다 그 전해부터 한국과학재단, 환경청, 전북대 생물학연구소 등에서 받은 연구와 용역 과제 수행으로 눈코 뜰 새 없이 바빴다.

1989년 봄에 나는 내가 속한 생물교육과에 신설된 '동물행동학'을 가르치게 되어 준비를 서둘렀다. 과거에 특히 그랬지만 이것도 가르치고 저것도 가르치니 나는 그야말로 일종의 '마당발'이고 '팔방미인'이었다. 그런데 내 일기에는 이렇게 적혀 있다. "내용이 재미있어 준비도 즐겁고 가르치기도 재미난다. 전공은 아니지만 사회생물학으로 이어지고 인간과 나 자신을 직접 돌이켜볼 수 있어 흥미롭다. 이만하면 감히 공부하고 가르침을 즐기는 경지에 이른 듯해 자못 뿌듯하기까지 하다. 논어에 "學而時習之 不亦悅乎(배우고 또한 익히니 기쁘지 아니한가?)"라는 말이 나오는데 나에게는 '배우고 또한 가르치니 기쁘지 아니한가?'도 되지 않을까?'

이 봄에 나는 전북대 대학원에서 '곤충분류학 특강'을 강의하게 되어 서홍렬, 이지현, 김진태 군을 만나게 되었다. 이들은 그 후 박사 학위를 받고 지금 사회에서 각자의 위치에서 활동하고 있다. 뿐만 아니라 나는 같은 봄 학기에 세 곳으로 외부 출강을 나가게 되었다. 대전의 배재대학교 유순애 교수의 위촉으로 4학년의 '계통진화학'을, 군산대학교 이충렬(李忠烈) 교수의 요청으로 '곤충분류학'을, 그리고 서울대학교 이인규(李仁圭) 교수의 부탁으로 대학원의 '진화학 강독'을 담당하게 되었다. 앞의 두 개는 학부 강의이니 부담이 덜했으나 서울대의 진화학은 달랐다. 그것도 대학원 강의이니 섣불리 준비했다가는 학생들에게 피해를 주고 나는 나대로 망신일 것이기 때문이었다. 그런데 첫 강의로 강의실에 들어섰을 때 나는 꽤나 놀랐다. 대학원 강의라면 보통 대여섯 명이 고작인데 강의실이 학생들로 꽉 찼기 때문이다. 알고 보니 동물학과와 식물학과 그리고 화학과 대학원의 석·박사 과정 학생들 27명이 수강 신청을 하고 와서 앉아 있었던 것이다. 그러나 나는 주저할 겨를도 없이 준비한 서론을 시작했다. 우선 진화생물학의 의의와 생물 과학에서의 위치에 대해 말했다. 강의가 진행됨에 따라 다섯 번째 주에는 '적응'이 주제였는데 내가 평소에 보는 프랑스 월간 과학 잡지《연구》에 난 「생물학적 적응(Adaptation Biologique)」이 큰 도움이 되었다. '강의는 재미가 없으면 안 된다.'는 나의 평소 신조여서 재미있게 하려면 어떻게 해야 하나가 항상 숙제였다. 우선 주제 관련 역사와 함께 그간 연구되어 온 동물행동학적 성과들을 소개하고 아울러 현 인간 사회에서 보이는 행태와 연관 지우는, 그래서 자기 자신도 함께 돌아보게 하는 조명이 필요하다고 봤다. 그래서 텍스트로는 민코프의 『진화생물학』을 썼지만 로버트 월리스(Robert A. Wallace)의 『생태학과 동물 행동의 진화(The Ecology and Evolution of Animal Behavior)』를 주로 참고했고 때마침 번역 중이던 윌슨 교수의 『사회생물학』을 많이 인용했다. 아울러 될수록 시청각 기자재를 사용해 그림과 도표를 보여 주었다. 비록 당시 시청각 기자재라고 해 봤자 슬라이드와 OHP가 고작이었지만. 게다가 각자 소주제로 연구 발표를 하고 리포트를 내게 했으니 학생들로서는 내 강의가 어땠는지 몰라도 발표 준비에 퍽 애를 먹었으리라 생각된다. 그러나 당시의 학생들이 20여 년이 지난 지금 환경부, 해양연구소, 국립생물자원관, 국내 여러 대학에서 중견 과학자와 교수가 되어 연구하고 가르치고 있으니 대견하고 뿌 듯하기만 하다.

1990년 봄 학기에 들어서 나는 내가 속한 생물교육과의 기본 강의 외에 외부 강의로 자연과학대학 생물학과 김익수 교수가 의뢰해 온 '진화학' 강의 와, 서울대학교 식물학과 이인규 교수가 요청해 온 대학원 '종 분화론(種分化 論)' 강의를 위해 바삐 움직였다. 다행히 둘 다 진화생물학이니 강의 준비를 따로 할 필요가 없었다. 어떻게 재미있게 강의하느냐가 문제였다. 첫 시간엔 '생물다양성과 그 역사'를 OHP로 도표를 보여 주며 신종 기재의 증가율, 실 제 추정 종 수, 분류학과 '종 분화론'(진화학)의 상호 관계, 지구 역사상 생물의 다양화와 그 경향 그리고 멸종 등에 대한 이야기와 그에 관련된 가설들을 소 개했다. 강의를 하고 보니 일주일 동안 준비하느라 수고한 보람이 느껴졌다. 처음에 수강 인원이 14명이었으나 추가 등록으로 5명이 늘어 모두 19명이 된 것도 나의 사기를 올려 주었다. 전주에서 서울로 다니느라 애쓰긴 했어도 재미있어 다행이었다.

이렇게 진화학 강의를 한다고 해도 최근에 붐이 일어난 분자생물학을 모 르고는 강의할 수 없었다. 내가 이수한 학부와 대학원 교과 과목에 분자생물 학이 없었다는 것이 변명이라면 변명이다. 그래서 한창렬(韓昶烈) 교수님의 책 『분자세포유전학』을 열심히 읽었다. 당시 한 교수님은 서울대 농대에서 정년 퇴임한 노 교수임에도 불구하고 새 학문을 소화해 이렇게 책까지 내셨 으니 대단하다는 생각이 들었다. 그리고 그 책은 나에게 많은 공부가 되었다.

이렇게 강의를 얼마 동안 한 후엔 이전 학기 때와 마찬가지로 학생들로 하 여금 어떤 주제로든 발표를 하게 했다. 그런데 당시 내가 놀란 것은 학생들이 대립 유전자 빈도, 유전적 거리, 계통도의 작성 원리 등에 대해, 그리고 전기 영동에 대해 물어도 거의 모르고 있는 듯한 인상이었다. 이것은 나에게 큰 충격이었다. 서울대의 대학원생들이 학부에서 도대체 무엇을 공부했나 싶었 다. 그러나 학생들은 논문의 연구 내용을 비교적 잘 소화해서 발표했다. 이들

3장 가르치고 연구하며 함께 배운 시절들

이 기초가 약해도 이렇게 발표를 잘하는 것은 우수한 어학 실력으로 외국 문헌들을 잘 읽어 내기 때문이라고 생각됐다. 내가 있던 전북대학교에서 공부한 제자 이욱재 군도 서울대 대학원으로 진학해 나의 강의를 열심히 듣고 발표도 잘해 매우 기특했다.

이에 앞서 11월엔 충북 청원에 있는 한국교원대학교의 박시룡 교수의 주선으로 "톡토기의 계통 진화와 생물학"이란 주제로 세미나를 했다(1991. 11. 19.). 박 교수 외에 정완호(鄭琓鎬) 교무처장(후에 총장) 그리고 나의 전북대 제자인 노동찬 군과 몇 사람의 대학원생이 참석했다. 발표 주제가 계통 진화였으나 사실상 그 후 톡토기의 분자 진화를 다뤄 실험적으로 얻은 자료로 강의했어야 할 제목이었다. 바로 그해에 나와 김원(서울대) 그리고 고흥선(충북대) 교수가 과학재단 지원으로 톡토기의 분자생물학적 연구를 3년 계획으로 시작했으나 아직 구체적인 데이터가 나오기 전이어서 분자적 진화에 대해서는 내놓을 것이 별로 없었다. 그런데도 그런 제목으로 특강이랍시고 했으니 지나고 보면 낯 뜨겁고 미안할 일이다.

강연 요청, 원고 청탁, 연구 프로젝트에 파묻힌 나날들

1992년 새해 들어 나에겐 외부로부터 강연 요청, 원고 청탁이 많이 들어왔다. 자연보호협의회에서 2월 말에 있을 중·고등학교 교감을 상대로 한 자연 보호 교육에서 생물다양성에 대해 이야기하고 그에 대한 원고를 미리 써 달라고 했다. 주간지《시사저널》에서도 과학 수필을 청탁해 오고 단국대학교 신문사에서도 진화론에 대해 써 달라고 연락이 왔다(1992. 3. 3.). 한국과학기술단체총연합회('과총')에서 발행하는《과학과기술》에서도 원고 청탁을 해 왔다. 또 전북대학교 과학교육연구소의 요청으로 나는 "생물다양성의 위기 현황과 과제"를 제목으로 세미나 발표를 했다(1992. 3. 18.). 1학기에 맡은 강의(동물분류학, 동물행동학, 생태학, 진화학 등)에다 몇 가지 연구 프로젝트를 진행하면서 이렇게 외부의 여러 곳으로부터 강연과 원고 청탁을 받으니 몸이 열 개라도 모자랄 지경이다. 어찌 보면 한쪽 발을 대중 교육에 담군 것 같기도 하다.

1992년 4월 하순에 들어서 고려대학교 김용준(金容俊) 교수님으로부터 전화가 왔다(1992. 5. 27.). 계간 과학 잡지인 《과학사상》에 윌슨의 『사회생물학』을 해설하는 글을 200자 원고지 100매로 써서 7월 중순까지 보내라고 하셨다. 아울러 '신 과학 운동' 등의 적절한 주제로 전북 지역에 포럼을 구성해 보라는 말씀도 하셨다. 여러 가지 배려에 고마운 생각뿐이었다. 그러나 내가 밀려드는 일거리로 너무나 바쁜 나머지 후자의 포럼 모임은 구성하지 못했다. 과부하(過負荷)가 겁나서였다. 지금 생각하니 그처럼 배려해 주신 데 대해 보답하지 못해 김 교수님께 죄송하고 나에게도 손해였다. 어쨌든 두 달 후에 창간될 월간지 《코스모피어》에서도 원고 청탁이 들어왔는데 당시 나로선 이를 거절하지 않을 수 없었다.

1992년 8월 말에 이르러 나는 2학기 강의를 생물교육과 2학년의 '동물분류학'(1992. 8. 27.)과, 그 이틀 후의 '동물행동학'을 가르치는 것으로 시작했다. 바로 2학기 강의 첫날 교내 공대 건축과의 장명수(張明洙) 교수가 전화를 해 오셨다. 잦은 친교도 없던 사이인데 웬일인가 받아 보니 내가 《동아일보》에 내고 있는 「동물의 행동」 연재를 재미있게 보고 있으며 특히 최근에 나온 재봉새의 본능적 집짓기는 하나의 건축술을 말하는 것이라며 감탄하셨다. 후배 교수에 대한 격려차 일부러 전화를 주신 데 대해 특히나 고마운 생각이 들었다. 그 후에 장 교수는 전북대 총장이 되셨고 구내에 나무를 많이 심으신 덕분에 지금의 전북대는 '숲 속의 대학'으로 변해 있다. 그 후 전주 우석대학교 총장을 지내셨고 현재도 향토의 문화 발전을 위해 노력하고 계시다.

전북대 강의를 시작한 지 이틀 후부터 나는 서울대 생물학과 학생들에게 역시 '동물분류학'을 강의하기 시작했다(1992. 8. 29.). 이 과목을 수강 신청하여 등록한 학생 수는 29명인데 얼추 세어 보니 훨씬 넘었다. 이른바 도강(盜

講)하는 학생이 여러 명 되었다. 어쨌든 준비 한 번으로 같은 과목을 두 번 강의하니 강의할 맛도 나고 또 모두 호기심으로 눈동자를 반짝이며 시선을 집중하니 나도 모르게 열강(熱講)하게 된다. 그러나 그만큼 책임감도 커지는 게 사실이어서 슬라이드와 OHP를 열심히 챙기는 등 강의 준비에 몰두했다. 특히 분류학이 생물학의 기초이며 흥미로운 분야임을 어떻게 하면 이 똑똑한 학생들에게 전달할까가 문제였다. 그들에게 생물 계통 분화에 따른 발생, 생태, 생활사 그리고 체재상의 변화와 패턴을 이해시킴으로써 그 광대한 다양함과 깊은 변화의 골짜기를 보게 하는 것, 그래서 생물계의 신비로운 대지를 경탄으로 맞아들이게 하는 것은 매우 중요하고 의의 있는 일이다. 왜냐하면 이러한 지식을 통해 새로운 생명관과 인간관을 갖게 하는 것도 중요하고 더욱이 그들은 장차 이 나라 생물학 발전의 중추가 될 인재들이기 때문이다. 그때 나는 일기에 "내 일생 중 가장 잘 그리고 가장 열심히 강의하고 싶다."라고 썼다. 그 후 이처럼 두 군데에서 강의를 하면서 나는 연구와 교육이 서로를 키우는 것처럼(敎學相長) 강의도 학생과 교수가 함께 만들어 가는 공동 작품이 아닌가 생각하게 되었다.

11월 말에 이르러 서울대 생물학과의 '동물분류학' 마지막 강의를 했다 (1992. 11. 28.). 그간 내가 얼마만큼이나 학생들에게 도움이 되었을까? 그 사이 이화여대 자연사박물관 견학도 시켰다. 학생들에게 전북대 생물교육과 학생들도 함께 참관한다고 말하니 여학생들도 오느냐고 묻기에 온다고 하니 일제히 환호성을 질렀다. 역시 청춘의 피할 수 없는 열정이다. 이 자연사박물관 관람을 주선해 주기만 하고 각자 모여서 관람하게 했는데 그 후 어떤 '짝짓기'가 성사되었는지 알 수 없지만 비슷한 이야기가 들리기도 했다. 아름다운 해프닝이었다. 어쨌든 최선을 다해 가르쳤고 시골 대학 선생이 올라와 한 강의가 서울대 학생들에게 적어도 실망을 주진 않은 것 같아 다행이었다.

이때쯤 나는 리처드 도킨스의 『이기적 유전자』를 이용철 씨의 한국어판 번역본과 영어판 책을 대조해 가며 읽는 데 푹 빠져 있었다. 윌슨의 사회생물학과 같으면서 비유와 접근이 각별해 퍽이나 흥미로웠다. 이 같은 독서와 함께 다른 일들이 폭주했던 이 시기에 나는 일기(1993. 7. 29.)에 이렇게 썼다 "『사회생물학』축약판 교정, 번역서『동물의 행동』교정,《서평문화》의 청탁에 따른『우리 유전자 안에 없다』에 대한 서평 쓰기와 그에 따른 논쟁 준비, '톡토기 곤충의 계통 진화에 관한 목적 기초 연구' 진행, '한국·헝가리 생물다양성 공동 세미나' 준비 작업, 국립자연박물관 추진 문제 진행, 프랑스 방문 연구 준비, 한국동물분류학회 운영, 중학교 과학 교과서 집필 등등 모두가 엎치고 덮쳐 나로 하여금 눈코 뜰 새 없게 만들고 있다. 이 상황에서 나는 비명을 질러야 할까 아니면 쾌재를 불러야 할까?" 참으로 하루하루 쌓이는 일거리에 정신을 차릴 수가 없었고 스스로 삶의 의미가 무언인가 묻게 된다.

이해 여름이 지나고 1994년 2학기에 접어들어 내가 담당한 과목은 '동물분류학 및 실험', '곤충학 및 실험', '동물 야외 실습', 그리고 '동물행동학'으로 모두 10학점이었다. 비록 네 과목이었지만 나에겐 항상 긴장을 늦추지 않아야 하는 큰 짐이었다. 가르치기 전에 준비가 허술해선 안 되기 때문이며 더구나 다른 일들이 자꾸 밀려들었기 때문이다. 10월 10일에 있을 한국과학사학회 주최 '생물학 결정론의 내용과 사회적 함의' 심포지엄에 발표할 200자 원고지 150매 원고를 비롯해, 한국생물과학협회 주최 '우리나라 생명공학 육성 기본 계획' 심포지엄(1994. 10. 21.)에서 발표할 원고, 또 계간지《과학사상》의 이봉재 편집장이 청탁해 온(1994. 8. 20.) "사회생물학의 역사와 의의"를 제목으로 한 원고, 게다가 이달 초에 있은 '한국-폴란드 한반도 생물다양성 공동 세미나'에서의 발표 원고 등 갖가지 일들이 태산같이 쌓이고 겹친 것이다. 더욱이 목포대학교 생물학과의 임병선 교수가 전화를 해 와(1994. 9. 22.) 가을에 있을 한국생태학회 주최 국제 심포지엄(10월 7일)에서 기조 연설을 해 달라고 했다. 이어 대전대학교의 남상호 교수가 전화로(1994. 9. 27.) 10월 27일에 '생물다양성 현황과 과제'를 주제로 세미나를 해 달라고 부탁해 왔다. 그야말로 나에 대한 청탁이 여기저기서 답지하니 즐거운 비명이 나올 터였지

만 나에겐 '설상가상(雪上加霜)'으로 쌓이는 이중삼중(二重三重)의 고역이었
다. 그래도 뒤에 지나고 보니 나는 용케도 모두 해냈고 지금은 당시에 청탁해
온 여러 동학들에게 감사할 뿐이다.

이듬해 5월에 들어서 나는 이화여자대학교 기초과학연구소 주최의 세미
나에 초청받아 "한국산 굴톡토기의 계통 진화와 생물학적 다양성"이란 주제
로 특강을 하게 되었다(1995. 5. 9.). 지구상 생물학적 다양성의 현황과 쇠퇴 현
황을 소개하면서 내가 지난 3년간 연구한 참굴톡토기의 형태적, 생태적, 다
사 염색체적, 분자계통학적 변이와 계통 진화에 대해 설명했다. 강당에 모인
많은 학생들의 눈이 반짝거렸다. 아니나 다를까 여러 가지 질문이 튀어나왔
다. 무슨 용도와 목적으로 그런 연구를 하느냐? 초파리의 돌연변이처럼 이
톡토기에 대해서도 연구가 많이 되어 있느냐? 참굴톡토기에서 감각기는 퇴
화된 반면 생식 주기가 나타나는 상반적 현상을 보이는 것을 어떻게 해석하
느냐? 모두 핵심을 찌르는 질문들이었다. 역시 총기 발랄한 20대 초반과 이
화여대의 자유분방한 분위기가 그대로 표출된 듯했고 질문이 많으니 강의
한 보람도 느껴져 가슴이 뿌듯했다. 이 자리엔 생물학과의 송준임(宋浚任, 해
양무척추동물분류학), 정준모(신경생리학), 최원자(균학) 교수 등이 동석했다.

2000년 6월 하순에 들어서 나는 충북대학교 생물학과의 고흥선 교수의
주선으로 충북대 '생물학과, 생화학과 및 분자생물학과 합동 세미나'에 초청
되어 "생물다양성의 현황과 과제"를 제목으로 강의했다(2000. 6. 20.). 대학원
생과 교수들이 듣는 자리였으며 발표 후 질의응답이 진지하게 오갔다.

요컨대 이처럼 여러 가지 청탁이 밀려와 나는 정신을 차릴 수 없었다. 도대
체가 짐을 벗고 벗어도 자꾸 쌓였다. 제도 속에서, 기대 속에서, 인간 관계에
얽매여, 그리고 나의 욕심에서, 사회가 나를 삼키고 내가 나를 삼키고 결국
일이 나를 삼키는 판국이었다.

마지막 강의에서 '철'들어

봄 학기가 시작되면서 나는 '동물행동학' 강의를 시작했는데(2001. 2. 16.) 수강생이 30명이나 되었다. 동물행동학은 내용이 재미있어 강의하기에도 좋은 과목이다. 이번 학기에도 학생들에게 뿌듯함을 안겨 주어야 할 텐데 하며 즐거운 생각을 해 보았다. 강의 진행은 '본능', '행동의 유전', '사회성의 진화' 등의 연구 주제를 학생 각자에게 주고 학기 후반부터는 나의 강의 한 시간 후 나머지 한 시간엔 두 사람이 한 팀이 되어 한 가지 주제에 대해 발표하게 하는 식으로 진행했다. 학생들은 문헌과 인터넷을 뒤져 재미있는 소재와 그림들을 찾아내 발표했다. 내가 지난 학기처럼 이메일로 예습과 복습을 유도해선지 탈락자도 없었고 나와 상호 작용을 하며 잘해 낸 것 같다. 그러다 어느덧 6월 중순에 이르러 1학기 강의가 끝났다(2001. 6. 11.). 그동안 학생들이 잘 따라와 주어 고맙고 대견스럽다. 그러나 정년 퇴임을 앞두고 마지막 강의를 한 것이다. 나는 이때쯤에 와서야 바람직한 강의가 어떤 것인가를 발견한 듯해 참으로 어이없고 고소(苦笑)를 금할 수 없었다. 사람은 인생 막판에서야 비로소 사는 방법을 터득한다더니 나의 가르침에도 꼭 그 꼴이어서 다시금 실소(失笑)하지 않을 수 없었다. '교수 지각생'인 셈이다.

나의 정년 퇴임과 고별 강연

8월에 접어들자 고려대학교의 스승 관정(觀庭) 조복성 교수님과 규산(奎山) 김창환 교수님 두 분의 아호에서 한 자씩을 따 '관산(觀山) 세미나'라고 이름 붙여진 제자 그룹이 정례 여름 모임을 충북의 영동에서 가졌다(2001. 8. 4.). 그런데 이번 모임은 나의 정년 퇴임 기념 모임이라 했다. 내가 규산 스승님을 서울부터 기차로 모시고 참석하니 모두 20명이 모였다. 이 자리에서 나는 정년 퇴임 기념으로 '행운의 열쇠'를 받았다. 후배들에게 이렇다 할 본보기

사진 23. 필자의 정년 퇴임 고별 강연에 참석한 교수님들과 함께. 자연대 생물학동 앞에서, 2001. 8. 29.

를 보여 주지 못한 터라 황송하고 미안한 생각만 들었다.

이때쯤 나는 월말의 정년 퇴임 준비 때문에 여러모로 바빴다. 특히 고별 강연회에 배포할 책자를 만드는 데 시간을 쏟았다. 책자의 제목은 『정년 퇴임: 연구, 활동, 계획』으로 손에 들어갈 만한 크기로 작게 만들었다. 불과 59쪽짜리인데 내가 지나온 길을 간단히 서술하고 발표한 논문들과 기고문들의 제목과 출처만 나열했다. 그리고 내가 신종으로 발표한 톡토기 80여 종의 목록을 수록했다. 이렇게 간단히 만든 것은 나의 평소 생각 때문이다. 보통은 정년 기념 논문집을 내는데 현직에 있을 때 발표한 논문들의 실제 본문을 넣어 두껍게 만드는 경우가 많다. 하지만 내 생각에는 거기에 수록된 논문을 실제로 읽어 보는 사람이 거의 없고 논문 중복 게재에 해당된다. 어쨌든 이 책자를 여러 선배와 동학들에게 보냈는데 그중에 장회익(張會翼, 당시 서울대 물리학과) 교수는 작게 만든 책자가 인상적이라며 찬사와 함께 퇴임을 축하하는 메일을 보내왔다. 정평림(인하대) 교수는 이 책자 속에 나오는 나의 지난 이야기가 한 편의 드라마를 보는 것 같다고 전해 왔다(2001. 9. 25.). 또 한호연

(연세대) 교수는 이 책자를 자기 교실의 대학원생들이 돌아가며 읽도록 권했다고 한다. 황의욱(경북대) 박사에게는 이 책자가 훨씬 후에 발송되었는데 두 시간에 걸쳐 모두 읽었다고 메일을 보내왔다(2001. 11. 13.). 내 뜻을 알아준 분들이 있어 고맙고 다행이었다.

고별 강연회에는 의외로 많은 분이 오셨다(2001. 8. 29., 자연대 제2호관 4층). 나는 지난 세월 톡토기의 분류 연구에서 겪은 경험과 소감을 주로 이야기했다. 강연 후 일동 사진 촬영이 있었는데 내가 속한 생물과학부 교수님들(존칭 생략: 소웅영, 김익수, 이원구, 소상섭, 여읍동, 양문식, 정국현, 김경숙, 김무열, 장용석), 내가 1994년까지 근무했던 사범대의 교수님들(양동익, 이기종, 최종범), 농대 교수님들(박형기, 김용현, 김태홍) 그리고 제자들(박경화, 이병순, 김진태)을 포함해 촬영에 참여하신 분만 24명이다. 바쁜 중에도 이렇게 와 주신 분들의 성의와 관심에 지금도 뜨거운 감사의 정을 느낄 뿐이다. 특히 청주에서 일부러 오신 박시룡 교수에게 감사한다. 이 밖에도 나의 가족이 서울에서 내려와 회식에 참석해 내 마음을 뿌듯하게 했다.

다음 날 대학 본부 총장실에서 신철순 총장이 주재하는 정년 퇴임자 훈포장과 명예 교수 임명장 수여식이 있었다. 대상 6명 중에는 나의 오랜 친구인 과학학과의 오진곤(吳鎭坤) 교수가 경력이 가장 길어 황조근정훈장을 받고 나는 옥조근정훈장을 받았다(2001. 8. 30.). 얼마 후 대학 본부가 이 행사 중의 나의 모습을 찍은 사진 앨범을 보내왔는데 나의 바짝 마른 얼굴과 체형이 그대로 드러나 지금 보면 당시에 내가 얼마나 건강이 나쁘고 정신이 피폐했는가를 비추는 거울 같다.

이틀 후에는 전년 정월부터 서울에서 월례 독서회 형식으로 모였던 '생물학사상연구회' 팀이 나의 정년 퇴임 축하 회식을 열고 탁상시계를 선물로 주었다(2001. 9. 1). 모두들 마음에서 우러나는 축하의 뜻을 표해 주니 고마울 뿐이다. 그로부터 일주일 후에는 김대중 대통령으로부터 교직 봉직 칭송 서신이 왔는가 하면(2001. 9. 7.) 한나라당 이회창 총재로부터도 축전이 날아들어

3장 가르치고 연구하며 함께 배운 시절들

나를 어리둥절하게 만들었다. 참으로 선거 유세도 가지가지구나 하는 생각
이 들었다.

공동 집필과 저술의 굴곡

1983년 봄에 군산대학교 생물학과의 최병래(崔炳來) 교수의 요청으로 1,
2, 3학년을 상대로 "구미의 자연박물관"을 강의했다(1983. 3. 29.). 자연박물관
에 관한 한 나에게 자료가 꽤 있는 편이고 흥밋거리도 되어 사양하지 않고 강
의했다. 그날 전라북도의 생물학 교수 26명이 군산대학교에 모여 김두영(金
斗永) 교수의 학장 취임을 축하하는 모임을 갖고 일동 촬영을 하여 결국 이것
이 가칭 '전북생물학교수회'의 창립 총회가 되었다. 회장에 이금영(李金泳, 전
북대) 교수, 부회장에 송형호(宋亨浩, 전주교대) 교수 그리고 간사에 이강세(李康
歲, 군산대) 교수가 추대되고 앞으로 사업을 벌여 나가기로 했다.

전북 교수들이 의기투합해 번역 출간한『킴볼 생물학』

한편 전라북도의 일부 교수들이 의기투합하여 미국의 일반생물학 원서
를 번역해 대학 교양 과정에 쓰자고 계획한 것이 그 1년 전 여름이었다. 그간
원광대학교 박영순(朴映淳) 교수의 발의와 주도로 존 킴볼(John. W. Kimball)
의『생물학(Biology)』제4판(1978)을 11명의 교수를 규합하여 번역하고 마침
내 출간함으로써(1983. 2.)(Kimball, 1983) 전북의 생물학 교수의 단합을 보여
주었다. 번역 원고를 전체적으로 훑어보고 조정하는 편집의 고역도 박영순
교수가 도맡아 주었다. 추운 겨울에 서울의 한 여관방에서 며칠씩 떨며 고생
했으니 이분의 헌신적인 노력을 치하하지 않을 수 없다.

이 책의 번역본 이름을 무엇이라 해야 하는가가 논의되었는데 내가『킴볼

생물학』이라 하면 어떻겠느냐고 하니 모두들 좋다고 하고 이에 아울러 내가 역자 서문을 쓰기로 했다. 애초에 나는 이 책의 비중과 신뢰를 높이고자 저자인 킴볼 교수와 연락하여 번역 허락을 받으려 했으나 서신에 대한 답신이 없었다. 결국 훨씬 후에 이 책의 제5판(1983)이 나온 후 번역을 다시 다듬는 도중에야 저자의 허락과 함께 한국어판 서문을 받게 되어 제5판 번역본에 실을 수 있었는데 처음에 그럴 수 없었던 것은 저자가 터프츠 대학교에서 하버드 대학교로 옮기면서 생긴 연락 두절 때문이었다. 한편 저작권은 당시 우리나라가 국제 저작권 협회에 가입하지 않은 상태라 문제가 될 게 없었다. 그러나 내가 출판사 탐구당의 홍석무(洪錫武) 부장에게 이야기하여 약간의 사례비를 염출해 저자에게 전달할 수 있었던 것은 최소한의 예의를 갖췄다는 점에서 다행이었다.

이 책의 번역에는 길봉섭, 김두영, 김영식, 박승태, 박영순, 소상섭, 송형호, 오석흔, 임낙룡, 최병래 교수 그리고 내가 각자의 전공을 감안해 책의 내용을 장별(章別)로 분담했으니 원광대, 군산대, 전주교대, 전북대 등 전라북도의 4개 대학의 교수들이 873쪽 분량으로 번역해 낸 공동 작업의 결과였다(1985. 2. 28. 발행). 그러나 역자 가운데는 오역이나 혼란스러운 문장이 나와 바로잡아 달라고 보내면 수정하지 않고 그대로 보내오는 경우도 있어 어려움이 많았다. 어쨌든 모두가 애쓴 결과 전북 교수들의 노력의 결정(結晶)이 나왔다는 데 만족하고 자신감을 갖는 분위기였다. 앞의 '전북생물학교수회'의 출범도 실은 이러한 협동적 분위기가 바탕이 되어 이뤄진 것이다.

그 두 달 후쯤에 나는 교생 실습 지도차 군산중학교와 군산여자중학교를 방문해 생물교육 전공 4학년 김현숙 양과 조인선 양의 연구 수업을 참관하고 시내 한 식당에서 점심을 먹게 되었는데 우연히 군산수산전문대학의 김중래(金重來) 교수를 만났다(1983. 4. 20.). 그러나 그분은 『킴볼 생물학』을 교재로 쓰면서 느낀 분노를 유감없이 터뜨렸다. 무슨 뜻인지 알 수 없게 번역된 부분이 많더라는 것이었다. 번역의 장별 분담을 역자 서문에 밝혔기 때문에

사진 24. '전북생물학교수회' 창립 총회. 군산대학교에서, 1983. 3. 29.

구체적으로 역자 이름을 거명하며 비분강개(悲憤慷慨)했다. 순간 나는 드디어 올 것이 왔구나 하고 아차 싶었다. 사실상 나 역시 일부 역자들의 번역에 불안을 감출 수 없던 차였고 드디어 일격을 당한 것이다. 그래서 공동 작업이라는 것이 얼마나 어려운 것인가를 새삼 느끼지 않을 수 없었다. 기록으로 남는 것은 언제고 심판을 받게 되기 마련이고 결국엔 사필귀정(事必歸正)이 된다.

어쨌든 이 책은 최근 소식으로(2014. 3.) 그 원서가 서울대학교에서 교재로 쓰이고 있다고 하니 30년 전의 선택에 '차질'이 없었음이 증명된 셈이며 계속 훌륭한 번역서로 발전되지 못한 것이 큰 유감이다.

『교양생물학』을 공저로 함께 펴내다

이해에 나는 많은 강의와 함께 여전히 진행 중이던 윌슨의 『사회생물학』

번역과 더불어, 전년 정월에 서울대의 이정주(李廷珠) 교수의 교섭으로 출판 사 아카데미서적과 계약한『교양생물학』쓰기에도 매달려야 했다. 집필자는 전공 분야별로 강신성(경북대, 동물생리학), 권영명(서울대, 식물생리학), 이인규(서 울대, 식물분류학), 이정주(서울대, 유전학) 그리고 나(전북대, 동물분류학) 등 모두 5 명이었다. 나는 「생물과 환경」의 일부와 「동물의 행동」을 쓰게 되었다. 결국 모두 각자 맡은 몫을 열심히 써서 책이 다음 해 가을에 나왔다(1991. 10.). 이 책은 그 후 여러 해 동안 꾸준히 팔려, 잊을 만하면 들어오는 인세가 꽤 쏠쏠 했다. 전북에서의『킴볼 생물학』번역서가 반(半) 실패작이라면 이번 공저는 성공작인 셈이다.

『한국생물학사』공동 집필

1992년 새해에 들어서 한국생물과학협회(회장 조완규)로부터 연락이 왔다. 차기 회장인 강영희(康榮熙, 연세대) 교수님이 협회 사업으로 여러 가지를 기획 했고 몇 가지 특별 사업 위원회를 만들어 위원장들을 소집한 것이다(1992. 1. 8.). 나는 생물학사 편찬 위원회 위원장으로 지명되어 한국의 생물학사 일부 를 정리하게 되었다. 이렇게 여러 가지 일을 벌일 수 있었던 것은 강영희 부회 장이 당시 연세대학교 부총장으로서 한국학술진흥재단에 통하는 실력자가 되면서 한국생물과학협회의 사업에 재정 지원을 할 수 있었기 때문이다. 그 래서 협회의 위원회별로 몇 가지 사업을 함으로써 협회를 위한 경비를 과학 재단의 공모 사업을 통해서나마 염출할 수 있었다.

얼마 후 생물학사 편찬 위원회 제1회 모임이 서울대학교 호암관에서 열렸 고(1992. 1. 23.) 위원으로 김훈수(서울대), 김준호(金俊鎬, 서울대), 하영칠(河永七, 서울대), 이정주(서울대) 그리고 이상태(李相泰, 성균관대) 교수가 참여했다. 이 자 리에 나는 과학사 전공으로 실력이 널리 알려져 있는 김영식(金永植, 서울대) 교수를 초빙해 위원들과 함께 원탁 좌담회 형식으로 이야기를 듣기로 했다.

즉 생물학사를 서술하는 과정에서 참고할 사항을 전문가로부터 듣는 기회를 마련한 것이다. 김영식 교수의 강의 요점을 정리하면 다음과 같다.

생물학사 기술상 유의 사항(서울대 김영식 교수)

1. 자료로서의 기능을 발휘하도록 기술 내용상 정확을 기할 것. 확실치 않은 사항은 '추정' 등의 표현을 쓸 것.
2. '서양 생물학의 도입 과정'을 기술한다면, (가) 어떤 시기에 어떤 수준의 지식이 들어왔는지, (나) 어떤 과정으로 들어왔는지? 서양학자의 내방, 또는 한국인의 서양 여행 후 귀국에 의해 등, (다) 어떤 분화 상태로 들어왔는지, (라) 초·중·고등 교육과 일반 연구 분야에 어떤 형태로 도입되었는지, (마) 조직, 제도상(학교 교육, 학회, 학술지 등) 정착과 발전 과정은 어떠했는지, (바) 도입 과정이 지속적이었는지 명시할 것.
3. 전체적으로 보는 관점이 중요하므로 서술은 통합적으로 함이 바람직함.
4. 편찬 과정에서 사용, 기재한 자료들을 보관토록 해야 함.
5. 본 위원회 자체가 자료 보관 역할을 하는 것이 바람직함.

김 교수가 특히 강조한 점은 지난 일들의 경과 사항을 실제 사실에 충실하게 쓰도록 하는 게 중요하다며 역사적 해석은 역사학자에게 맡기라는 것이다. 즉 생물학자들은 기술 내용이 자료로서의 제 기능을 할 수 있도록 해 달라는 것이다. 몇 가지 질의응답이 있은 후 위원들은 앞으로 해 나갈 사업의 주제를 논의하고 "한국에서의 서양 생물학의 도입 과정"을 제목으로 정하기로 했다. 나는 김 교수의 말에서 그의 높은 식견과 통찰을 읽을 수 있었고 이번 연구 수행과 훗날 연구에도 큰 참고가 되었다. 이 사업은 그 후 보고서로 제출되고(이병훈 등, 1994) 나의 작업은 개별 논문으로도 발행되었다(이병훈·김진태, 1994).

『자연주의자』번역의 한 장(章)이 『대학 국어』에 실려

이해 6월 말에 들어서 숙명여자대학교 아동복지학과 이재연 교수의 요청으로 "사회생물학적 관점에서 본 부모와 자녀"라는 제목으로 특강을 하게 되었다(1998. 6. 29.).

강의 요청이 들어온 순간 우선 이 과에서 사회생물학에 관심을 가져준 게 특이했으나 필시 트리버스가 개발한 부모 자식 간의 갈등 연구(Trivers, 1974)에 관심을 가져 나를 초대한 것이 틀림없었다. 동물행동학과 진화학의 기초가 없는 상태에서 얼마나 이해할 수 있을까가 의문스러웠다. 강의실에 들어서 보니 대학원생 30여 명이 들어차 있다. 이타성은 기본적으로 유전자의 이기주의의 포장에 다름 아님을 여러 가지 예를 들어 설명하니 자못 신기하다는 듯 눈들이 반짝였다. 모두들 진지하게 듣고 몇 가지 질문으로 관심을 표명했다.

그 후 이 교수는 내가 공역(김희백 교수, 원광대)한 『자연주의자』의 마지막 장「생물다양성과 생명애착」을 교재에 넣겠다고 양해를 구해 왔고 나중에 이 대학의 국어 교재 편찬 위원회의 『대학 국어』 속에 들어가 발간되었다(숙명여자대학교 출판부, 1998. 8. 25.). 이모저모로 윌슨의 책들을 번역하느라 고생한 보람치고는 재미있는 보너스라는 생각이 들었다.

채찍이자 격려였던 수상과 영예

'하은생물학상(夏隱生物學賞)' 수상

내가 한창 톡토기 침샘 다사 염색체의 유전체 총량을 정량적으로 측정하려던 때였다. 연구 재료인 톡토기를 프랑스 서남부 도시 툴루즈 근방 숲에서

사진 25. 하은생물학상 시상식에서 수상 소감을 말하는 필자. 오른쪽에 앉은 분이 김창환(고려대) 교수, 왼쪽은 정영호(서울대) 교수. 성균관대학교 명륜동 캠퍼스, 1990. 11. 17.

잡은 후에 파리로 향했다. 거기서 하룻밤을 묵고 다음 날 기차로 프랑스 국경에 가까운 독일의 카이저슬라우테른 대학교로 갔다. 그리고 다음 날 발터 나글 교수 실험실에서 작업을 시작했다(1990. 10. 30.). 그런데 이날 아침에 만난 나글 교수가 한국으로부터 팩스가 날아왔다며 나에게 축하한다는 말을 건넸다. 내가 그해 '하은생물학상' 수상자로 결정되어 곧 귀국해야 한다는 사연이었다. 좋은 소식이긴 했으나 그러자니 일할 시간이 닷새밖에 남지 않았다. 어쩔 수 없이 일을 일단 마무리하고 파리를 경유하여 귀국했다.

당시 사당동에 살던 나의 식구 다섯 명은 택시를 타고 서둘러 성균관대학교 명륜동 캠퍼스로 향했다. 그러나 한남동 고개를 넘으면서 늘어선 차들로 길이 막혀 시상식이 시작되는 오후 3시를 맞추기 힘들게 되었다. 급한 나머지 일행은 차에서 내려 종로 4가까지 걸어간 후 다시 택시를 타고 겨우 식장에 도착했으나 시작 시간이 지나 계단식 강의실은 하객으로 만장을 이루었고 단상엔 시상 관련 심사 위원 여러분이 앉아 계셨다. 참으로 부끄럽고 죄송하기 그지없었다. 이날 시상식에 주인공이 늦게 도착한 결례로 인한 수치심을 일생 못 잊을 것 같다.

이윽고 이상태(성균관대학교) 교수의 사회로 식순에 따라 정홍채 이사장의 치사(致辭)가 있고 나서 김훈수 교수님의 심사 보고가 진행되었다. 수상자가 톡토기 50여 신종을 발표하여 한국의 생물다양성 연구와 자연박물관 보급에 기여한 공로로 시상한다는 내용이었다. 단상에는 이분들뿐 아니라 김창환(고려대), 정영호(서울대), 조완규(서울대) 스승 여러분이 앉아 계셔 장내의 엄숙함이 더했다. 이 '하은생물학상'은 식물분류학자이신 정태현(鄭台鉉, 성균관대) 교수님이 '5·16 민족상'을 수상하면서 받은 상금을 기금으로 해서 제정된 것으로 첫 회 시상이 있은 지 22회 만에 내가 수상자로 지명되었다. 이윽고 수상자 인사 차례가 되어 나는 나를 키워 주신 은사님들께 감사함을 전하는 말로 시작했다. 그런데 웬일일까? 오래전에 돌아가신 아버님 생각에 울컥 솟아오르는 눈물을 그칠 수가 없다. 나에게 '아버지'라는 존재가 갖는 의미를 새삼 깨달은 순간이다.

어쨌든 이 상은 이 상의 간사를 맡고 있던 이상태 교수가 식물분류학자로서 동물분류학을 하는 나의 연구 상황을 알고 또 동물분류학의 대선배이신 김훈수 교수님의 추천으로 이뤄진 것임에 틀림없다고 생각되어 이분들에게 진심의 감사를 드리지 않을 수 없었다.

헝가리 곤충학회 명예 회원이 되다

1991년 가을 국립자연박물관 설립추진위원회가 '자연박물관의 역할과 세계적 동향' 심포지엄에 프랑스 국립자연박물관의 티보 박사와 헝가리 국립자연박물관의 러여시 좀보리(Lajos Zombori) 박사를 초빙해 서울에서 행사를 마친 뒤 이 두 분을 전북대학교로 모셔 각각의 주제를 가지고 자연대 본

사진 26. 헝가리 곤충학회에서 명예 회원으로 피선(1991. 1.18.)된 후 러여시 좀보리 박사로부터 명예 회원증을 전달 받고 있다. 가운데는 김학렬 고려대 한국곤충연구소 소장이다.

관에서 세미나를 가졌다. 대학원생 등 90여 명이 모여 성황을 이루었다(1991. 10. 14.). 점심 식사 후 나는 이 두 분을 내 차에 태워 서울로 가는 길에 잠시 서쪽으로 빠져 경기도 화성군 서신면 백미리에 있는 나의 종가(宗家)로 안내했다. 기와집으로 지어진 큰댁 건물을 보고 티보 박사는 한국에서 본 가장 아름다운 집이라며 찬사를 아끼지 않았다. 과연 가까운 것의 가치는 객(客)이 먼저 알아보는 모양이다. 사실상 나는 이를 기화로 이 집이 주는 아름다움과 정취를 다시금 음미하고 되새기게 되었고 이 집 사랑채 마루 기둥들에 남아 있는 나의 아버님의 글씨로 인해 이 집에 더욱 애착을 갖게 되었다. 이어 서울로 향한 일행은 서울대학교 호암관에 투숙하고 다음 날 오후 3시에 고려대학교 부설 한국곤충연구소 김학렬 소장의 초대로 20여 명의 대학원생들을 상대로 세미나를 가졌다(1991. 10. 15.). 이 자리에서 좀보리 박사는 그해 정월에 헝가리 곤충학회가 나를 명예 회원으로 추대한 증서를 참석자들에게 보여 주며 나에게 전달했다. 사실상 헝가리 곤충학회의 그 현장에는 박 규택(강원대) 교수가 참석했는데 귀국 후 나에게 헝가리 곤충학회에서 나를 명예 회원으로 추대하는 과정을 지켜봤다고 알려온 바 있었다. 어쨌든 이러 한 일은 앞으로 두 나라가 잘해 보자는 뜻이었으리라. 다음 날 오전엔 좀보 리 박사가 떠났고 오후엔 후배 문태영(文太映, 현재 고신대 교수) 박사가 티보 박 사를 데리고 63빌딩에 올라 서울의 야경을 감상하게 했다. 이 두 사람은 이 날 저녁에 평소 나를 아껴 준 사촌 매형 김제환(金濟桓) 내외분의 초대를 받 아 불고기 저녁 식사로 환송 회식을 가졌다. 다음 날 이윽고 티보 박사가 귀 국했다. 그를 김포공항으로 안내하면서 나에겐 20여 일 동안 두 분과 나눈 우정과 동학(同學)으로서의 의의가 주마등처럼 스쳐갔다. 그사이 두 분은 7 차례 특강을 했고 티보 박사는 동굴 생물 탐사차 왕복 6시간의 산행도 했으 니 녹초가 된 상태다. 공항에서 작별하니 아쉬움이 내 마음을 크게 흔들었 다(1991. 10. 17.). 그 후 나는 티보 박사와 공동 연구를 계속했고 앞에 말한 바 와 같이 그와 공저로 참굴톡토기를 신과(新科)로 창설하는 논문을 발표하기 에 이르렀다(Lee and Thibaud, 1998). 그와 나는 지금(2014)도 끈끈한 우정을 유 지하고 있다.

한국과학기술단체총연합회 '우수 논문상' 수상

일거리는 바쁘게 몰려드는데 건강이 문제였다. 일과 시간이 지나고 저녁 을 먹고 나면 어떤 일도 집중해서 할 수가 없었다. 우선 기운이 없어 책을 읽 어 나갈 수가 없다. 늙어선가? 단지 몸이 쇠약해선가? 구체적인 증상으로 는 술이나 커피 그리고 매운 것을 일체 먹지 못했는데 이것은 만성 위염 때 문이었다. 그래서 『사회생물학』 번역 원고의 수정 작업도, 단국대 신문사에 서 요청해 온 원고도 쓰지 못했다. 그래도 단국대 원고는 독촉 전화를 받고 난 후에야 안간힘을 다해 써서 팩스로 보냈다(1992. 3. 30.). 얼마 후 『사회생물

사진 27. '제3회 과학기술 우수 논문상' 수상. 1993. 5. 11.

학』 원고를 겨우 들여다보니 '참고 문헌'에서만 오자 등이 110여 개가 나왔다. 모두 다시 훑어볼 생각을 하니 아득하다. 한국 브리태니커에서 요청해 온 「동굴 동물」 원고 200자 17매도 겨우 써서 보냈다(1992. 3. 26.). 북한산 톡토기 연구 논문도 박경화 박사와 함께 완성해 헝가리 국립자연박물관의 머훈커 박사에게 발송했다(1992. 3. 27.). 박 박사는 광주에 머물며 아이를 키우면서 출퇴근하느라 무척이나 애를 썼다. 다행히 이 원고는 그해 말 헝가리 곤충학회지에 "Collembola from North Korea II. Entomobryidae and Tomoceridae(북한산 톡토기 II. 털보톡토기과와 가시톡토기과)"라는 제목으로 실렸다(Lee and Park, 1992b). 이 논문은 이듬해에 내가 한국과학기술단체총연합회가 주는 '우수 논문상'을 받게 했다(1993. 5. 11.). 후문에 한국동물학회가 추천해서 됐다는데 필시 당시 한국동물학회장이었던 이경로(李敬魯, 건국대) 교수의 추천 덕분이었을 것이다. 그의 배려에 그저 고마울 뿐이다.

한국과학기술한림원 정회원이 되다

이렇게 여러 가지 '괴로운' 일들이 중첩되는 가운데 한국과학기술단체총 연합회로부터 전화가 왔다(1994. 11. 10.). 내가 한국과학기술한림원의 정회원 으로 선임되었다고 했다. 비록 바늘구멍 같은 대한민국학술원에 들어가진 못했지만 여러 해가 지난 지금 보니 한림원이 그간 여러 가지 사업을 훨씬 활 발하게 벌이고 있어 보람있고 가슴이 뿌듯했다. 그 후 내 나이 70이 되자 한 림원에서 내가 '원로 회원'으로 선임되었다고(2006. 11. 17.) 연락이 왔다. 다시 최근엔 '원로 회원'의 칭호가 '종신 회원'으로 바뀌었다고 했다(2012. 3.). 내 가 여기 이렇게 쓰는 것은 사실로서 기록으로 남기려 쓰는 것이지 나의 업적 이 그럴 만해서 쓰는 것은 아니다. 한림원 창립 초기(1994)에 내가 한국동물 분류학회장으로 있었기 때문에 들어간 것으로 보인다. 그나마 운이 좋았던 것이다. 그러나 지금은 다르다. 심사가 엄격해 회원 되기가 '바늘구멍'이 되 었다.

'한국과학저술인협회 저술상'을 받다

1996년 4월 하순, 내가 월말에 있을 한 국제 심포지엄에 발표할 원고 쓰 느라 한창 바쁜 때였다. 당시 한국과학저술인협회 회장을 맡고 있던 송상 용 교수로부터 편지를 받았다(1996. 4. 25.). 그 달 30일에 있을 시상식에 올라 오라는 사연이었다. 나는 이른바 '저술'에 큰 업적을 남긴 것도 없는데 저술 상을 받으러 오라니 황당하고 민망한 생각까지 들었다. 그런데 4년 전(1992) 에 윌슨의 『사회생물학』을 번역 출판하고 이태 전(1994)에는 저서 『유전자들

사진 28. '제7회 한국과학저술인협회상 시상식'. 왼쪽에서 세 번째부터 순서대로 송상용 협회장, 필자, 이필렬 교수, 이갑수 부장. 1996. 4. 30. 서울대 의대.

의 전쟁』을 낸 것이 문화부의 우수 도서에 선정되는 등 언론에 널리 알려지고 홍보된 연유로 상을 주는 모양이었다. 그러나 시상 당일 나는 그간 준비한 원고를 발표하는 날이어서 낮과 저녁으로 대전과 서울을 오가야 하는 부산을 떨어야 했다. 심포지엄 당일 나는 대전 대덕 롯데호텔에서 열린 '제1회 생물다양성과 생물 보전에 대한 APEC 국제 심포지엄(1st APEC International Symposium on Biodiversity and Bioconversion)'에서 "한국의 생물다양성과 국제 협력의 가능성(Biodiversity in Korea and International Cooperation Possibilities)"을 발표하고 부지런히 서울행 발길을 재촉했다(1996. 4. 30.). 다행히 시상식이 오후 5시경에 열려 참석이 가능했다. 시상식장은 서울대 의대 본관이었는데 가 보니 이필렬(한국방송통신대학교) 교수와 이갑수(민음사) 부장도 수상자로 왔다. 송상용 협회장의 시상으로 우리는 각각 상패와 금메달을 하나씩 받고 나란히 사진을 찍었다. 저술상이라! 이것은 나에게 앞으로 책을 많이 쓰라는 채찍이니 무거운 돌덩이가 가슴에 얹힌 기분이었다.

학회와 기타 모임 활동들

프랑스 친구 티보 박사가 한국에 왔다(1992. 9. 24.). 나와 공동으로 톡토기를 연구해 발표한 바 있는 그가 한국의 한 동굴에 서식하는 참굴톡토기를 보기 위해 온 것이다. 나는 일이 바빠 자리를 비울 수 없어 이 친구에게 대학원생인 김진태 군을 동행시켜 이 톡토기의 서식처인 강원도 정선의 산호동굴을 답사하게 했다. 작년에 이어 두 번째 같은 산행이었다. 그 친구의 동굴 톡토기에 대한 열정이 읽히고도 남았다. 티보 박사가 도착한 바로 이날 경북대학교 과학교육연구소에서 연락이 왔다. '제2회 수학·과학 교육 심포지엄'을 여는데 내가 발표할 제목을 알려 달라고 했다. 이에 대해 쓴 원고는 한 달반 후 "생물다양성과 진화"라는 제목으로 경북대에서 발표했다(1992. 11. 13.)(이병훈, 1992d). 그 원고를 쓰고 있던 중에 월간《과학과기술》과 계간《과학사상》에서도 원고 독촉이 왔다. 도무지 정신을 차릴 수 없이 바빠졌다. 이 월간지에 쓴 글은 그 후 「생물다양성 보전사업의 국제 동향과 우리의 과제」라는 제목으로 그해 8월호에 나왔다(이병훈, 1992h).

한국동물분류학회 회장에 피선되다

나의 한국동물분류학회와의 인연은 각별하다. 이 학회는 1984년 12월에 이화여자대학교에서 창립 총회를 갖고 1985년에《한국동물분류학회지》를 창간했는데 초대 회장 김훈수(서울대) 교수님이 4년간 재임하시는 동안 내내 내가 이 잡지의 편집간사를 맡았기 때문이다. 이 학회지 외에 소식지인《분류학회보(分類學會報)》를 연 2회 발간하는 일도 편집간사인 내가 도맡아 했다. 그러나 이 학회의 창립과 발전은 김훈수 교수님을 비롯해 이창언(경북대) 교수와 노분조(이화여대) 교수의 헌신적인 열정과 노력으로 가능했음은 누구도 부인할 수 없는 일이고 나는 이분들의 음덕하에 열심히 심부름한 것에 불

사진 29. 필자가 '한국동물분류학회' 회장 당시 전북대학교에서 춘계 학술 회의(1993. 5. 21.)를 마치고 변산 해변에 채집차 나온 일동. 뒷줄 오른쪽에서 일곱 번째가 필자, 그 왼쪽이 김훈수 교수님(백발), 그 왼쪽이 김진태 대학원생, 뒷줄 왼쪽에서 세 번째가 박경화 박사, 앞줄 왼쪽에서 네 번째가 김일회 교수, 가장 오른쪽이 이한일 교수.

과했다. 그다음에 내가 학회장이 된 연유를 써 보면 다음과 같다.

1992년 12월에 들어서자 한국동물분류학회 이사회가 서울대 20동 잡지실에서 열렸다(1992. 12. 5.). 그런데 신임 회장 선출을 포함하는 임원 개선에서 나는 무기명 투표를 주장했으나 모두들 관행대로 하자는 의견이었다. 결국 내가 신임 회장으로 뽑혔다. 그리고 부회장으로 이한일(李漢一, 연세대) 교수가 뽑히고 제2부회장에는 최병래(성균관대) 교수가 선출되었다. 결국 나는 전공 분야의 학회에서 회장을 하는 영광을 안는 대신 그만 한 책임을 지게 되었고 가뜩이나 바쁜 나에게 버거운 멍에가 또 한 번 얹힌 셈이다. 그러나 좋건 싫건 분류학 전공자로서 전공 학문의 학회를 위해 봉사해야 하는 것이니 피할 수 없는 소명이기도 했다. 일주일 후에 신임 회장단 세 명(나, 이한일, 최병래)이 서울대 교수회관에 모여 간사진과 이사진을 편성하는 등 몇 가지 작업을 했다. 여기서 나는 학회 안에 '생물다양성 위원회'를 두어 장차에 대비하자는 제안을 했다. 이 위원회는 그 후 설치되어 오늘날까지 활동하고 있다.

1993년의 한국동물분류학회 봄 학술 발표회는 회장인 내가 전북대학교 소속인지라 관례에 따라 전북대학교에서 개최되었다(1993. 5. 21.). 농과대학 강당에서 열린 개회식에서 김수곤(金手坤) 총장이 인사말을 하고 이택준(李澤俊, 중앙대) 교수가 초파리 분류와 유전학에 대해 특강을 했다. 논문 발표는 구두로 10건이 있었고 끝난 다음에는 변산에 있는 원광대학교의 임해 수련장으로 합동 채집회를 갔다. 하룻밤을 보내며 치룬 이 행사는 전공도 전공이지만 동학끼리 교분을 나눈 정겨운 자리였다. 일박 후 다음 날 행사 마지막에 바다를 배경으로 찍은 일동의 사진은 이제 아름다운 추억으로 남았다.

기후 변화, 생물다양성, 유전공학 등 시대적 이슈에 대한 성찰

1993년 정월에 노재식(盧在植, 한국환경기술개발원장) 박사 외 7명이 함께 작업한 책 『환경 변화와 환경 보전』(강시환 등, 1992)이 나왔다. 지구 기온 상승, 대기·물·해양 오염과 폐기물과 소음에 이르기까지 일체의 환경 이슈들을 다룬 책으로 나는 「생물다양성의 보전과 인간의 미래」 장을 썼다(이병훈, 1992g). 1992년에 유엔에서 '기후변화협약'과 '생물다양성협약'이 체결되어 두 가지 주제가 지구상 최대 이슈로 떠오른 시점에 아마도 국내에서 전문가들이 이 두 가지 문제에 대해 처음으로 쓴 책이 나온 게 아닌가 싶어 자못 그 의의를 되새기게 된다.

당시 '생물다양성'이 '유행'하여, 이에 관해 글을 많이 써 온 나는 내 글들이 알려져 종종 특강 의뢰를 받았다. 군산대학교에서 생물학과 학생들을 상대로 "생물다양성의 현황과 과제"라는 제목으로 강의를 하기도 했다(1993. 11. 25.).

이해 늦봄엔 나의 글 「DNA 구조 발견 40주년에 드리운 빛과 그늘」이 월간 《과학과기술》에 실렸다(이병훈, 1993e). 내 딴엔 유전공학의 발전에 따라 인간이 질병으로부터 해방되는 혜택을 본 반면, 사람이 가진 잠재적인 질병을 미리 밝혀냄으로써 고용이나 보험상으로 받을 불이익 등 유전자 문명이 가져올 어두운 그늘들을 짚어 봤다. 인간 유전체 계획이 1990년에 30년 예정으로 시작되었으나 10년을 앞당겨 2000년에 끝났다. 그러나 오늘날 이에 따른 여러 가지 윤리적 문제가 심각하게 제기되고 있다. 다시 말해 이러한 걱정들은 20여 년이 지난 지금 현실적으로 큰 논쟁적 이슈가 되어 있어 당시 나의 글에 비친 예상이 제법 맞아떨어진 것 같다. 지금 생각하면 당시에 이렇게 쓴 내가 스스로 신기하기만 하다.

1994년 2학기가 끝나가는 12월 초순이 되니 강의들이 종강에 들어갔다. 생물교육과 2학년에게 가르쳤던 '동물분류학'의 기말고사를 실시한 후 학생들에게 강의 평가서 설문지를 배포하고 무기명 답변이니 솔직하게 써 달라고 했다. 나중에 보니 학생들의 답변이 의외로 진지했다. 우선 나의 강의가 알아듣기 어려웠다는 부정적인 평가가 있었던 반면, 시청각 교재 등 준비가 좋았다거나 시험 출제와 학습 내용이 부합했다는 등의 긍정적인 답도 나왔다. 다음부터 좀 더 충실한 강의를 해야겠다는 생각이 들었다.

'한국토양동물학연구회' 창립과 제1회 심포지엄

1995년 4월 중순에 한국토양동물학연구회 창립 총회가 이웃 익산의 원광대학교에서 열리니 참석해 달라는 공문이 왔다. 그러나 나는 당일 일본에서 오는 손님을 맞아 김포공항에 가야 해서 부득이 참석치 못한다는 사연을 팩스로 보냈다. 얼마 후 창립 총회 결과 보고와 회칙과 회원 명부가 왔는데 창립 총회에는 16명이 참석했고 초대 회장으로 최성식(崔成植, 원광대 농대) 교수가 선출되었다고 한다. 나는 고문으로 추대되었다며 위촉장이 들어 있다. 회원 명부에는 김병진(원광대) 교수, 김주필(한국거미연구소) 박사, 김태홍(전북대 농대) 교수, 백종철(순천대) 교수, 우건석(서울대 농대) 교수, 이준호(서울대 농대) 교

수 그리고 최병문(청주교대) 교수 등이 눈에 띄었고 모두 25명이었다. 아울러
《한국 토양 동물 소식》제1호가 낱장으로 동봉되어 있었는데, 창립 총회의
결과 보고와 앞으로의 계획이 담겨 있었다. 사실상 이 모임의 창립은 완전히
최성식 교수가 노력한 결과다.

　같은 해 가을에 익산의 원광대학교에서 한국토양동물학연구회 제1회 심
포지엄이 열렸다(1995. 10. 13.). 이를 주선한 최성식 교수는 일본 요코하마 국
립대학교의 아오키 슌이치(青木淳一) 교수를 초청 연사로 초빙하고 하루 전날
본 행사 전야 만찬을 가졌는데 나는 여기 참석하여 아오키 교수를 반갑게
만났다. 돌이켜보니 내가 그에게 처음으로 편지를 띄운 것이 1968년 3월 14
일이다. 당시 국립과학관에 근무하던 나는 하와이에 개설된 박물관 요원 훈
련 과정에 파견되어 일본을 거쳐 하와이로 가게 되었다. 도중 도쿄에서 당시
그가 근무하던 국립과학박물관에 들러 교토 대학교의 요시이 료조 교수가
한국의 고씨동굴에서 채집해 *Gulgastrura reticulosa*로 발표한 모식 표본
(模式標本, 신종을 발표할 때 논문에 기재하는 데 쓴 표본 한 개체)을 관찰하기 위해서였
다. 그에게서 답신을 받은 것은 그 열흘 후(1968. 3. 23.)였고 그해 여름에 예정
대로 그의 연구실에 들러 표본을 관찰할 수 있었다. 그러나 관찰하느라 현미
경을 조작하던 중 그만 표본 위에 덮인 커버글라스를 깨뜨리고 말았다. 그러
나 아오키 박사는 군말 않고 괜찮다며 너그럽게 넘어가 주었다. 어찌나 미안
하고 감사하던지! 벌써 42년 전의 일이었다.

　그 후 그를 다시 만난 것은 1984년에 내가 일본과학진흥회(JSPS)의 지원
과 이바라키 대학교의 다무라 히로시(田村浩志) 교수의 초청으로 한 달간 일
본을 여행하던 중 일본의 토양생물학자들(이마다테 겐타로, 니이지마 게이코 등 7~8
명)을 도쿄 시내 메구로의 이탈리아 식당 빌라 로사에서 만났을 때였다. 당시
나는 일행의 사진을 찍었는데 귀국길에 공항의 엑스레이 검색대에서 필름이
손상되었는지 모두의 얼굴이 시커멓게 나와 사진을 보내지 못했다. 이번에
아오키 교수를 만난 김에 그러한 사연을 이야기하며 사진을 건네주니 오래

묵은 오해(?)도 풀리고 빚도 갚은 기분이었다. 다음 날 열린 심포지엄에서 그는 OHP 필름에 생태계의 순환 그림을 손수 그려 가며 강의를 했는데(1995. 10. 14.) 그 그림 솜씨와 신기한 이야기에 모두들 탄복했다. 끝날 무렵 그는 나에게 다가와 『흙 속에 사는 생물(土の中の生き物)』이란 자신의 작은 저서를 건네주는 친절을 잊지 않았다. 이모저모로 신세를 진 나를 극진히 도와준 친구였다.

그는 응애(거미류의 작은 토양절지동물)의 대가이며 『토양동물학(土壤動物學)』이란 책으로 유명하다. 일본의 응애학과 토양동물학의 개척자라고 할 수 있다. 이 심포지엄에서 아오키 교수의 강연 "일본의 토양동물학의 연구 발전사와 현황"이 있은 다음 남궁준(南宮埈, 한국거미연구소) 선생의 "한국 동굴 생물의 연구 현황" 그리고 백종철(순천대) 교수의 "동물의 학명" 등의 강연이 이어졌다. 때는 마침 가을이 무르익는 10월이었다. 이 모임 초청장 글머리는 "풍성한 가을이 익어 갑니다. 낭만과 추억이 서린 낙엽이 초가을 바람에 나 뒹굴고 있습니다. 어느 틈엔가 낙엽이 다 없어졌습니다. 토양 동물이 모두 먹어 버렸습니다."로 시작되었는데, 말 그대로 계절의 정취를 물씬 담은 한 수의 시(詩)였다.

그 1년 후에 익산의 원광대학교에서 '한국토양동물학회'가 학술 대회를 열며 창립되었다(1996. 6. 15.). 학회장 최성식 교수의 요청으로 나는 "한국의 토양동물학의 현황과 과제"를 발표했다. 토양동물학이 이제 이 땅에 뿌리를 내리고 있었다. 그 중심엔 여전히 최성식 회장의 전력투구가 있었다. 이 글을 쓰는 지금(2015. 2.) 나는 이 학회의 잡지 《韓國土壤動物學會誌》 제18권을 받았다. 그간 연간(年刊)으로 꾸준히 발행되어 온 것이다. 펼쳐 보니 창립 때와 마찬가지로 임원진에 나를 고문으로 올려놓았다. 별로 도와준 게 없어 미안할 뿐이다.

생물다양성 문제와 관련해서 토양새물이 차지하는 비중은 날이 갈수록 커지고 있다. 지구 생물다양성의 4분의 1을 토양이 품고 있기 대문이다. 2015

년은 국제 연합이 정한 '국제 토양의 해(International Year of Soil)'이다. 국제 식량 농업 기구(FAO) 등을 비롯해 우리 학계에서도 이 분야에 대한 인식과 발전을 도모하고 있으니 앞으로 토양에 대한 연구와 기타 다양한 가능성이 열릴 것으로 보인다.

나에겐 두드러진 한 해였던 1995년

이해(1995)에는 굵직굵직한 일들이 일어났다. 학계가 국립자연박물관 설립 운동을 벌인 지 거의 5년 만에(1990. 9. 15.~1995. 6. 20.) 정부가 그 건립을 발표하고 준비 작업에 착수했다. 전북대학교에 추진하던 부설 생물다양성연구소가 개소되어 내가 소장 임명을 받았다. 그리고 한국이 '아시아-서태평양 생물다양성 사업(DIWPA)'의 5개 이사국 가운데 하나가 되고 내가 이사로 위촉됐다. 이 밖에 나는 다음 해 영국 케임브리지 대학교에서 개최될 '제2차 세계 자연 표본 보존 대회' 초빙 연사로 지명되었다. 한국의 동굴학 관계 단체인 한국동굴연구회와 한국동굴학회가 '한국동굴환경학회'로 병합하는 데 합의한 바도 특기할 만하다(그러나 이 병합은 후에 무산되었다. '동굴학회'에서 기술). 출판 작업으로는 윌슨 교수의 『자연주의자』와 『개미 세계 여행』의 번역이 완료됐고 공저 『인간은 유전자로 결정되는가』의 출간이 있었다. 생물다양성 이슈에 관련해 특강을 이화여대와 인하대에서 하고 외국 출장을 다섯 번(일본 세 차례, 태국, 싱가포르) 다녀왔다. 무엇보다 두드러진 일은 톡토기에 관한 연구 논문 8편이 나온(그 중 4편은 외국 잡지에) 일이다. 한국과학재단 지원으로 3개년 연구가 끝나면서 여러 편의 논문이 발표된 것이다. 결국 연도별로 볼 때 이해는 내가 일생에서 최다의 논문을 낸 해가 되었다. 비록 고달프고 다사다난(多事多難)했던 한 해였지만 생산성 면에서 1995년은 나에게 잊을 수 없는 한 해가 된 것이다.

'과학독서아카데미' 초기 참여

해가 바뀌면서 이번엔 새로운 천년이 시작됐다고 온 세상이 떠들썩했다. 정월 중순에 학과 사무실에서 연락이 왔다. 봄 학기에 강의할 '동물행동학'의 강의 계획서를 전산 입력하라고 했다(2000. 1. 17.). 과연 대학에서의 강의 역사상 획기적인 일이 아닐 수 없었다. 세상은 디지털 시대에 진입했고 따라서 모든 게 변하는 게 느껴졌다.

한편《동아일보》에서 과학부 기자로 오래 일하고 퇴임한 이용수 박사가 나를 만나자는 연락을 해 왔다(2000. 3. 7.). 매월 과학 관련 책 한 권을 읽고 토론하는 독서회로 전년 5월에 '과학독서아카데미'를 시작했고 매월 셋째 화요일 저녁 을지로 입구의 하나은행 21층 강당에 모인다고 했다. 그달에『신의 과학(The Science of God)』(Schroeder, 1997)을 다루니 토론자로 참가해 달라며 책을 건네주었다. 갑작스러운 제안이라 망설여졌지만 이 박사가 기자 시절에 나에게 투고할 기회를 여러 번 준 은혜를 생각해 거절할 수 없었다. 더구나 진화론의 관점에서 보는 신에 대한 문제는 내가 항상 관심을 갖고 있었기에 그러자고 응낙했다. 이 박사는 이 사업을 이제 막 시작한 터라 그런지 나의 이런 응답에 "천군만마(千軍萬馬)를 얻은 것 같다."라며 나를 치켜세웠다. 순간 이제 시작한 과학 독서 운동을 성공으로 이끌기 위해 천신만고하는 그의 진지한 모습에 감탄을 금할 수 없다. 나는 토론 날까지 불과 2주밖에 남지 않아 책을 부지런히 읽었다.

드디어 발표 당일이 되어(2000. 3. 21.) 나는 단상에 올라 세 가지를 지적하는 것으로 말문을 열었다. 우선『신의 과학』이란 제목의 모순성, 둘째로 저자는 생물의 계통상에 '결손 고리(missing link)'들이 있어 진화론에 문제가 있다고 지적했으나 사실은 이 결손 고리들이 현재 '미결손'으로 많이 밝혀지고 있다는 점, 그리고 셋째로 저자는 고생대에 생물이 '폭발적'으로 출현한 것을 스티븐 제이 굴드의 '단속평형설(斷續平衡說, Punctuated Equilibrium

Theory)'로 합리화하면서 신에 의한 창조가 과학적으로 설명 가능하다고 주
장하고 있으나 사실은 '점진적 진화'가 보편적임을 지적했다. 한마디로 이
책의 부제 "과학과 히브리 창조론의 지혜들의 수렴(收斂)(The Convergence of
Scientific and Biblical Wisdom)"은 '억지 꿰어 맞추기' 표현에 불과하다고 일갈
했다. 이렇게 강변을 편 나의 논리에 다음 토론자로 나선 김영길 창조과학회
장(한동대 총장)의 응수가 주목되었다. 그러나 그는 막상 단상에 오른 후에도
나의 세 가지 지적에 대해 한마디의 응수나 반론도 펴지 않고 다른 말로 토
론을 마쳤다. 참으로 싱거운 '토론'이 되었다. 몰라서인가 무시하는 건가 도
무지 알 수 없다.

어쨌든 그 두 달 후 이 자리에 참석했던 이광영(李光榮) 부국장(한국일보)과
윤실(尹實, 후에 이학 박사) 씨와 함께 점심을 같이할 기회가 있었는데 이 부국장
의 말이 "나의 서평 토론이 그날의 압권이었다."라고 한다. 물론 인사치레로
한 말이었겠지만 나의 발표가 결코 시시하진 않았던 모양이니 다행이다. 이
모임(www.sciencebook.or.kr)은 이덕환(서강대 화학과 교수) 회장과 이원중(지성
사) 사장 등의 끈기와 노력으로 지금(2014. 4.)까지 계속되고 있다.

사실상 나는 그사이 새로운 책 『자연사박물관과 생물다양성』을 내고(이
병훈, 2000a) 이 책을 주제로 그 모임에서 발표한 바 있고(2001. 6. 19.) 또 그로부
터 10여 년 후에 회고록으로 『한국에서의 생물다양성과 국립자연박물관 추
진의 현대사』(이병훈, 2013)를 내면서 역시 이 모임에서 주제 발표를 했다(2014.
2. 18.). 대여섯 명으로부터 질문이 들어와 토론이 활발해 재미있고 유익한 자
리가 되었다. 특히 원로 이창건 박사님의 재치있고 유머러스한 발언과 박승
덕 박사님의 조언으로 자리가 더욱 빛났다. 초대 회장 이용수 박사의 뜻이
10년도 훨씬 넘게 계속되고 있으니 축복할 일이고 승승장구하기를 바라 마
지않는다.

'국제동굴학연맹'과 '국제동굴생물학회' 활동

개인 자격 가입으로 시작된 '국제동굴학연맹' 활동

나의 연구 재료인 톡토기가 주로 토양에 살지만 동굴 속에서도 많이 산다는 점은 나의 학위 논문 준비 부분에서 이미 말한 바다. 즉 1966년에 일본 국립과학박물관의 우에노 슌이치 박사가 한국의 동굴을 답사하면서 각종 생물을 채집해 그 재료들을 세계 7개국 27명의 분류학자들에게 보내 동정을 의뢰함으로써 56신종을 포함해 모두 3문 50과 71속 101종을 밝혀 24편의 논문이 발표되었다(李炳勛, 1978a, 1978b). 그러나 당시 국내 학자들은 불과 몇 명을 제외하고는 이렇다 할 실적을 내지 못한 점이 나에게는 충격과 아쉬움으로 다가왔다. 어쨌든 나는 1966년 가을부터 몇 년 동안 주로 강원도의 동굴을 답사하면서 생태계로서의 동굴의 특수성과 진화생물학에서 본 흥미와 매력에 눈을 뜨기 시작했다. 나의 이러한 관심은, 내가 프랑스에서 한국산 톡토기를 연구하는 과정에서 같은 연구소에 있던 티보 박사가 동굴산 톡토기에 대해 여러 가지 재미있는 연구를 하는 것을 보고 더욱 깊어 갔다. 더욱이 그의 안내로 1974년에는 프랑스의 서쪽 스페인 접경 지역의 피레네 산맥에 있는 프랑스 국립지하연구소를 방문했는데 그곳에서 이뤄진 여러 가지 실험과 그곳의 시설은 동굴이 생물 진화의 살아 있는 실험장임을 실감하게 해 주었다. 당시 한국의 톡토기를 분류하던 나는 동굴산 톡토기에서 신종 하나를 포함한 5종을 확인하고 이 연구소가 발행하는 잡지《동굴학 연보 (*Annales de Spéléologie*)》에 발표하게 되었다(Lee, 1974c).

그해 여름에 귀국하여 학위 논문을 준비하며 한양대학교에 강의를 나가던 나에게 국제동굴학연맹(IUS)의 후베르트 트리멜 사무총장으로부터 편지 (1974. 12. 31.) 하나가 날아들었다. 나의 논문을 보고 한국에도 동굴 관련 인사가 있다는 것을 알게 되었는데 자기네 연맹에 개인 자격으로나 혹은 단체로 가입하기를 바란다는 내용이었다. 당시 서한에서 이 부분을 인용하면 다음과 같다. "저는 귀하가 개인적으로나, 혹은 동굴과 수직굴 관련 인사들을 대표하는 기관으로 우리 연맹과 협력하기를 간절히 바라며 귀하에게 삼가 본 서신을 보내는 바입니다(Je me permets donc de prendre contact avec vous la prière et avec l'invitation de collaborer avec notre Union soit personellement ou soit par une orgnaisation représentante les inétressés aux grottes et gouffres.)." 그러나 당시로서는 국내에 동굴 관련 단체(예, 한국동굴보존협회)는 있어도 소식지나 학회지 등 정기 간행물이 나오는 단체가 없어 나는 이 연맹에의 가입을 권유할 수 없다고 판단했다. 나는 그 대신 당시 일정한 예산과 간행물로 활동하고 있는 한국자연보존협회(회장 이덕봉)가 차라리 안정적인 학술 단체라고 보고 이 협회와 연락을 취해 보도록 종용하는 서신을 보내면서 동시에 그 사본을 한국자연보존협회에도 보냈다(1975. 5. 19.). 그러나 연맹 측으로부터 반년이 넘도록 아무런 반응이 없었다. 나는 국제 학계와의 소통을 위해 우선 나 개인 자격의 가입 신청을 하고 나서 차츰 수순을 밟아 나가는 것이 합당하다고 생각해 개인 회원 가입을 요청하는 서신을 보냈다(1975. 11. 20.). 이 서신 속의 해당 문구는 다음과 같다. "저는 귀 연맹에 우선 개인 자격으로 가입할 수 있는지 알고 싶으며 동의하신다면 가입 신청서를 보내주시기 바랍니다(I wonder if I can be affiliated with your Union on personal basis first and would like to have an application form from you.)."

그 2년 후인 1977년 9월에 영국 셰필드에서 제8차 국제동굴학연맹 총회가 열렸는데 한국이 이스라엘과 함께 단체 회원국으로 가입된 사실을 연맹의 소식지인 《국제동굴학연맹 회보(UIS-Bulletin)》를 받아 보고 알게 되었다. 다시 말해 나의 개인 회원 입회 신청이 어떤 경위에서인지 단체 회원 가입으로 받아들여져 처리된 것이었다. 그 후 동굴에 관한 순수 학술적 목적으로 '한국지하환경연구회'가 출범해 오영근 회장이 국제동굴학연맹에 나를 한국 대표로 추천하는 서신을 보냈다(1989. 8. 7.). 이것은 이 연맹에 한국이 단체 회원으로 가입함과 내가 한국 측 대표임을 확인하는 조처였다. 그 후 연맹 측이 각 회원국에 정(正)대표와 부(副)대표를 두는 규정에 따라 나는 오 회장에게 한국 측 부대표로 우경식(禹卿植, 강원대 지질학과) 교수를 추천했고 이에 따라 오 회장은 나와 우 교수를 각각 한국 측 정대표와 부대표로 지명하는 서신을 연맹 측에 보냈는데 그 결과가 연맹의 소식지에 게재되었다(UIS-Bulletin 39, p.13, 1994.).

내가 여기에 이러한 경위를 굳이 소상하게 밝히는 이유가 있다. 훨씬 후에 한국동굴환경학회가 발족되면서 한국의 국제동굴학연맹 가입 경위와 대표성에 대해 일부 인사가 문제를 제기했기 때문이다. 그래서 나는 그분들에게 구두로 설명한 것은 물론, 관련 증빙 자료를 복사로 첨부해 한국동굴 환경학회 안종환 이사에게 보낸 사실이 있다(1999. 5. 3.). 따라서 이 점에 관해 혹시 나의 독주가 있었던 것으로 곡해되는 일이 없기 바란다.

어쨌든 국제동굴학연맹의 한국 대표가 된 나는 매년 국내의 동굴학 관계 문헌을 수집하여 이 연맹에 보내야 했으며 보고 자료는 이 연맹이 매년 발행하는《동굴학 문헌 초록(Speleological Abstracts)》에 수록되었다. 나는 그후 1987년 8월에 태평양과학자회의(Pacific Science Congress)가 서울에서 열렸을 때 이 회의에 마침 국제동굴학연맹 사무총장 후베르트 트리멜(빈 대학교) 교수와 일본의 우에노 슌이치 박사, 뉴질랜드의 빅터 베노 메이어로초 (Victor Benno Meyer-Rochow, 와이카토 대학교) 박사 등이 참가했기에 이를 기회로 내가 조직 위원으로 있는 이번 대회의 J-1 섹션(곤충분류학 섹션)과, 한국동물분류학회의 공동 주최로 '지하 생태계 연구와 보존 세미나(Research and Preservation of Subterranean Ecosystem)'를 꾸며 나를 포함한 4개국 연사가 발표하는 세미나를 가졌다(《분류학회보》 제6호 1987. 10. 20. 및 Pacific Science Congress Newsletter, No. 6 & 7 참조). 우선 트리멜 교수는 국제동굴학연맹의 조직, 목표 그리고 활동을 소개한 데 이어 우에노 박사는 일본에서의 지하 생태계의 연구와 보전에 관해, 메이어로초 박사는 뉴질랜드의 경우에 대해, 그

사진 30. 제16차 태평양과학자회의에 참석한 국제동물학연맹 사무총장 트리멜 교수 부부(가운데), 우에노 박사 (오른쪽), 필자(왼쪽). 서울. 1987. 8.

리고 이어 나 역시 한국에서의 지하 생태계의 연구와 보전에 대해 각각 발표 했고 끝으로 동굴 사진 작가 석동일 선생이 한국의 동굴에 관한 슬라이드 쇼 를 가져 아름다운 동굴 내의 다양한 형성물을 보여 주었다. 이 가운데 메이 어로초 박사는 "나는 어떻게 해서 동굴생물학자가 되었나(How I have got to cave biologist)"에 대해 말하면서 파푸아뉴기니, 호주, 뉴질랜드, 일본의 동굴 답사와 동굴 생물 연구의 풍부한 경험을 바탕으로 열변을 토했다. 특히 뉴질 랜드의 한 해식 동굴의 천정에 깔린 파리류의 형광 발광 생태는 가히 흥미롭 고 감동적인 장면이었다.

    태평양과학자회의가 끝난 후 여세를 몰아 나는 "지하 생태계의 연구와 보 존"을 제목으로 서울역 앞 대우재단 빌딩에서 세미나를 열었다(1987. 8. 25.). 이에 참석한 사람은 나 이외에 김기문(한국과학기술장학재단), 남궁준(동굴거미학 자), 석동일(동굴사진가), 서무송(동굴지질학자), 오영근(연세대, 박쥐학자), 이해풍(동

3장 가르치고 연구하며 함께 배운 시절들

국대, 동굴생태학자), 한홍렬(청주사범대) 제씨였다. 이렇게 당시에 있었던 모임들을 열거하는 것은 이러한 움직임들이 곧이어 만들어진 동굴학 단체 형성의 토양이 되었기 때문이다. 나는 국제동굴학연맹의 한국 측 대표가 되면서 좀 더 관심을 갖게 되어 1986년 프랑스에 머물 당시 스페인 바르셀로나에서 개최된 제9차 국제동굴학연맹 총회에 잠시 참가했다.

이러한 국제적 행사들을 보면서 이 분야의 국내 활동들도 좀 더 체계화되어야 할 필요성이 절실히 다가왔다. 다시 몇 년 후인 1989년 8월에는 헝가리 부다페스트에서 열린 제10차 국제동굴학연맹 대회에 참가하여 발표하고 (Lee, 1989) 이 분야의 세계적인 경향과 추세를 좀 더 확실하게 감지할 수 있었다(이병훈, 1989c).

국내 동굴학계 인사들이 한국동굴학회와는 별도로 학술 활동을 우선하는 취지로 '한국지하환경학회'를 발족시켰고 소식지 1호가 《한국지하환경학회보》라는 명칭으로 출간되었다(1989. 12. 20.). 이 회보에는 오영근 회장(연세대)의 창간사와 제8회 국제박쥐학술회의 참관기 이외에 학회 정관과 박시룡 교수의 「사라져 가는 박쥐」, 우경식 교수의 「우리나라의 석회암 동굴」, 그리고 나의 「국제동굴학회와 동굴생물학회에 참석하고」가 실렸다. 여기에 게재된 회원 명단을 보면 남궁준, 김주필, 김항묵, 박시룡, 원종관, 윤명희, 정완호, 최무장 교수 등 28명의 동굴 관련 학자가 들어 있다. 이 학회는 이어 명칭을 '한국동굴환경학회'로 바꾸고 다음 해에 '한국 동굴 환경 보전의 현황과 문제점'이라는 심포지엄을 열었다(연세대 장기원기념관, 1990. 9. 7.). 발표 내용은 《한국동굴환경학회보》제2호에 실렸는데(1990. 9. 7.) 원종관 교수가 「동굴의 분포 및 개발」을, 김주필 교수가 「동굴의 환경 변화와 동굴 동물의 생태」를, 박시룡 교수가 「박쥐의 서식 현황과 보호」를, 우경식 교수가 「석회암 동굴의 환경」을, 그리고 내가 「국제 동굴학 활동과 동유럽에서의 동굴의 보존」을 썼다(이병훈, 1990b).

그 후 한국동굴환경학회는 건국대학교 홍시환 교수의 주도로 1973년에

사진 31. 한국동굴환경학회 주최 '한국 동굴 환경 보전의 현황과 문제점' 심포지엄 개최 기념 사진. 앞줄 왼쪽부터 박시룡, 원종관, 윤무부, 김주필, 오영근, 김창한 교수, 둘째 줄 가운데가 필자, 넷째 줄 왼쪽에서 두 번째가 우경식 교수. 연세대학교 장기원 기념관, 1990. 9. 7.

창립된 한국동굴학회와 통합을 모색해 수차례 모임을 가졌으나 성사되지 못했다. 한반도의 동굴 탐험과 연구에 대한 역사는 일본 학자 모리 다메조(森爲三)가 1929년에 평안도의 동룡굴을 답사한 일로 시작되었으며, 그 후부터 1990년까지의 역사에 대해서는 내가 루마니아와 프랑스에서 공동으로 발행된『동굴생물학백과사전(*Encyclopédia Biospéléologica*)』제3권(2001)에 「한국: 남한과 북한(Korea: South Korea and North Korea)」이란 제목으로 쓴 글(Lee, 2001a)에 요약되어 있다. 이후에도 한국동굴환경학회는 꾸준히 활동을 계속했다. 그러나 나의 정년 퇴임에 따라(2001. 8. 31.) 나는 국제동굴학연맹 차기 한국 대표로 종래 부대표였던 우경식 교수를 연맹에 추천하면서 우 교수에게 부대표로는 생물학 분야 인사를 지명할 것을 요청했다. 바로 일본동굴학회가 그렇고 다른 나라들도 대개 동굴생물학자와 동굴지질학자가 정대표와 부대표를 번갈아 가며 담당하는 대로였다. 그리고 이번 한국의 경우 부대표로 나는 박쥐의 사회 행동 전문가인 박시룡 교수를 추천했다. 그러나 우교수는 그의 대학 동문인 해양학자를 부대표로 지명했다. 우 교수의 그와 같은 독단적 태도는 그 후 국립자연박물관 건립을 추진하는 자연박물관연구협회 운영에서도 여실히 드러났다(이병훈, 2013). 나는 이러한 파행이 사라지고 혹시 있을 오해가 불식되고 모든 게 정상화되길 바라는 마음에서 그러한 경과를 여기에 써서 남긴다.

'국제동굴생물학회' 가입과 활동

나의 전공 재료인 톡토기는 주로 토양에 살지만 동굴 안에도 많이 살기때문에 나의 관심이 자연히 동굴에도 쏠리게 되었다는 점은 이미 말한 바와 같다. 그런데 나는 과거에 국내에서 톡토기를 연구하는 유일한 사람이었으므로 이에 관련된 정보와 국제적 경향, 학자, 토픽 등을 알아야 하는 점이무엇보다 급선무였다. 내가 국제동굴생물학회에 가입한 것은 이 때문이었고 시기는 1985년이었다. 당시에 이 학회는 단순히 동굴생물학회(Société de Biospéologie)로서 1979년 1월에 프랑스 서남부 스페인 접경 지역의 물리스에 있는 국립지하연구소에서 창립되어 명칭도 프랑스어로 되었다. 회원이늘어남에 따라 1986년에 로마에서 개최된 총회에서 국제 학회로 재편성된후에는 명칭도 '국제동굴생물학회(International Society of Biospeology)'로 바뀌었다. 1988년 10월에는 독일의 함부르크에서 '동굴 생물의 진화'를 주제로 심포지엄이 열렸으며 매년 《동굴생물학 논문집(Mémoires de Biospéologie)》을 1회 그리고 소식지 Bulletin de Liaison을 2회 발행해 왔다. 《동굴생물학 논문집》은 학회 명칭이 다시 국제지하생물학회(International Society of Subterranean Biology)로 바뀜에 따라 2003년부터 《지하생물학(Subterranean Biology)》로 개칭되어 연간으로 발행되고 있다.

나는 1986년 10월 로마에서 열린 51차 이탈리아 동물학 연맹(U.Z.I.) 학술 발표회 기간 중에(1986. 10. 6.~11.) 동굴생물학 심포지엄(1986. 10. 9.)과 국제동굴생물학회 총회(1986. 10. 11.)가 함께 열려 이 분야의 인사들을 처음으로 만날 수 있었다. 함부르크 대학교의 호르스트 빌켄스과 야코브 파르제팔, 이탈리아의 발레리오 스보르도니, 프랑스의 크리스티앙 쥐베르티, 이탈리아의 주세페 메세나(Giuseppe Messena), 스페인의 페드로 오로미마솔리베르(Pedro Oromi-Masoliver), 미국의 케네스 크리스티안센과 데이비드 컬버(David Culver) 등이 무대의 주역들이었다.

우선 이탈리아 동물학 연맹 심포지엄이 눈길을 끌었는데 '형태 형성과 진화(Morphogenesis and Evolution)' 세션에서 초파리에서의 '*Bithorax-Complex*'가 언급되는 등 동물계에서의 체형(體型, body plan)의 유형화가 초기 발생 단계에 *Hox* 유전자군에서 나타나는 간단한 돌연변이로 일어날 수 있는 가능성이 논의된 것이 인상적이었다. 이는 후에 등장한 진화발생생물학의 초기 '징후'이기도 했다. 한편 동굴생물학 분야의 발표와 논의는 '동굴생물의 종 분화와 적응: 점진적 진화와 단속적 진화(Speciation and adaptation to cave life: gradual vs. rectangular evolution)'를 표제로 한 세션에서 심포지엄으로 이뤄졌다. 동물학 분야에서나 동굴생물학 분야에서나 당시 과학계를 풍미한 발생과 진화의 새로운 이론들 그리고 단속평형설 등의 관점에서 동물계가 나타내는 현상을 조망하고 풀이하고 있어 '현대 생물학적 검토'가 이뤄진 것에 놀라지 않을 수 없었다. 왜냐하면 당시만 해도 국내 학계에선 이러한 주제들에 대해 인식이나 문제의식이 거의 없었고 더욱이 동굴생물학에서는 분류학적 기재와 생태가 고작이었기 때문이다.

이 심포지엄에서 하와이의 비숍 박물관에서 온 프랜시스 하워스(Francis G. Howarth)는 "비(非) 유존적(遺存的) 열대(熱帶) 진동굴성(眞洞窟性) 생물의 진화(The Evolution of Non-Relictual Tropical Troglobiotes)"를 발표하여 이른바 진동굴성 생물의 진화는 빙하기에도 동굴 속에 숨어서 살아남아 이뤄진다는

사진 32. 국제동굴생물학회에서 장마르크 티보 박사(왼쪽)와 함께한 필자. 로마 대학교, 1986. 10. 11. 필자는 티보 박사와 함께 공동으로 참굴톡토기 신과를 발표하였다(Lee and Thibaud, 1997).

종래의 유존설(遺存說, relictual theory)에 반하여 빙하기와 상관없이 얼마든지 가능하다는 주장을 펼쳤다. 말하자면 이 회의는 새로운 학설들에 대한 검토, 적용, 비판, 대안 제시의 열띤 공방장이었다고 할 수 있어 잠시의 참가였지만 나에게는 영향과 감동이 매우 컸다.

　나는 이 학회가 그 3년 후인 1989년 8월에 부다페스트에서 국제동굴학연맹 총회와 함께 열렸을 때에도 참석했다. 이 부다페스트 총회에서 임원 개선이 있었는데 운영 위원 선출에서 나는 프랑스의 티보 박사의 추천으로 운영 위원에 입후보되고 또 선출되어 운영 위원직을 2000년도까지 10년간 유지했다. 제10차 학회는 1992년 9월에 아프리카 서북쪽 대서양에 있는 카나리아 군도의 테네리페에서 열렸는데 나는 여기에 참석하여 논문을 발표하고 (Lee and Kim, 1992) 용암 분출로 이뤄진 이 섬의 독특한 생태계와 경관을 감상할 수 있었다. 이어 나는 1994년 8월에 이탈리아의 피렌체에서 열린 11차

사진 33. 강원도의 화암 동굴에서 톡토기를 채집하는 필자(왼쪽)와 대학원생 김진태 군. 1984. 1. 28.

회의와 1997년 4월에 모로코의 마라케시에서 열린 13차 회의에도 참석해 전자에서는 「동굴산 참굴톡토기의 형태 형질과 18S rDNA 염기 서열 분석에 기초한 계통적 위치(Systematic Position of Cave Collembola *Gulgastrura reticulosa* (Insecta) Based on Morphological Characters and 18S rDNA Nucleotide Sequence Analysis)」(Lee et al., 1995a)를, 후자에서는 「한국의 동굴산 참굴톡토기 신과 (New Family Gulgastruridae of Collembola (Insecta) from Korean Cave)」(Lee and Thibaud, 1997)를 발표했다.

이 학회는 2000년에 다시 '국제지하생물학회(International Society for Subterranean Biology, ISSB. 프랑스어로 Société Internationale de Biospéologie, SIBIOS)'(www.fi.cnr.it/sibios)로 개칭됐고 종래 발행하던 논문집 《동굴생물학 논문집》은 2003년부터 《지하생물학》으로 명칭이 바뀌어 연 1회 발간하고 있음은 이미 앞에 말한 바다. 그러나 그 후 다시 온라인 잡지로 바뀌어 회비를 내면 http://www.pensoft.net/journals/sutbiol에서 잡지를 내려 받을 수 있게 되었다.

이처럼 국제적인 발표회와 잡지 출간 등으로 세계 동굴생물학자들은 상호 활발히 교류, 협동하고 있었으나 한국에서는 한국동굴학회와 한국동굴환경학회가 각자 활동으로 나아갈 뿐, 저변 인구가 매우 적은데도 불구하고 규합, 단일화되지 못하고 있다. 반면에 이웃 일본에선 종래 동굴 탐험가들과 동굴 학자들(주로 동굴생물학자와 동굴지질학자)이 각각의 학회를 운영해 오다가 근래에 단일 학회로 통합해 협동하고 있음을 거울로 삼아야 할 것이다. 국내에서 동굴생물학자로 활동하는 사람은 수명에 불과한 실정이라 당분간은 밝은 미래를 기약할 수가 없다. 조만간 어떤 획기적 전기(轉機)가 조성되기를 바랄 뿐이다.

정년 퇴임 이후에도 학문은 계속된다

정년, 관조와 자유의 삶을 꿈꾸다

이제 2001년 9월부터는 정년 퇴임 후의 인생이 시작된다. '삶의 무거움'을 내려놓고 인생의 여백을 내 마음대로 채울 수 있는 해방의 시간과 공간만 남아 있다. 정처 없이 떠나는 나그네 신세가 되어야 할까? 아니면 설계도를 차분히 그려 평소의 그리움과 꿈으로 빼곡히 채운 규모 있는 삶을 살아야 할까? 다시 어린 시절로 돌아가서 가슴 설레던 동심의 무구(無垢)함이 다시 찾아온 것 같다.

그러나 이해 정년 퇴임 직후에 밖에서는 그 어디에도 비견할 수 없는 굉장한 사건이 일어났다. 알카에다 폭도들이 여객기를 납치해 뉴욕의 세계 무역 센터 쌍둥이 빌딩에 돌진하여 3,000명 이상의 희생자를 낸 이른바 '9·11 테러 사건'이 터진 것이다. 이것을 두고 미국의 부시 대통령은 이슬람 극단 세력이 미국에 선전 포고를 한 것이라고 선언해 전면전의 공포 분위기를 조성했다. 바로 새뮤얼 헌팅턴(Samuel P. Huntington)의 '문명의 충돌'이 현실로 일어난 게 아니냐는 주장도 나와 바야흐로 지구상에는 먹구름이 뒤덮힌 험악한 분위기였다. 나에게는 종교란 무엇인가, 자기희생이란 왜 일어나는가, 자기의 뜻이나 잘못과는 전혀 상관없이 그 무고한 사람들이 왜 갑자기 생명을 잃어야 하는가 하는 질문들을 던지며 나와 인간의 삶을 되돌아보는 계기가 되었다. 이것은 나만의 일이 아니었을 것이다.

그 얼마 후 어느 날, 서울대학교에서 퇴임하신 김제완 교수님으로부터 전화가 왔다. 추석 후에 만나자고 하셨다(2001. 9. 26.). 평소에 교류가 없던 터라 어리둥절했다. 얼마 후 한국과학문화재단(현재 한국과학창의재단)에서 만나 뵈니 박승덕 박사와 함께 나보고 재단의 1층에 있는 '과학 사랑방'의 운영을 맡아 달라고 하셨다. 갑자기 듣는 제안이고 생소한 일이라 얼른 내키지 않았으나 배워 가면서 해 보겠다고 했다. 그러나 이 일은 내가 과천과 전주를 오가는 생활을 하던 터라 실현되지 못했다.

나는 실상 오래전부터 혼자 생활을 많이 해 왔다. 대학이 있는 전주에서 아이 셋이 다 큰 다음 대학 진학으로 모두 서울로 이사하고 나만 혼자 남았기 때문이다. 그런데 이해 가을엔 유난히 외로움을 탄 듯하다. 정년 퇴임을 해서일까? 늙어서일까? 다음은 어느 하루의 일기이다. "혼자 있다는 것, 혼자 산다는 것, 독서와 일로 지루함을 달래려 해도 되지 않는다. 생각과 일로 메워 나가면, 그리고 독서로 내면 세계를 확장해 나가면 그 나름대로 보람을 느끼고 무료함을 달랠 수 있지 않을까? 그러나 정작 되지 않는다. 아마 사람은 누구와 함께 생각을 나누고 이야기하고 동고동락해야만 살아갈 수 있게끔 정서 작동의 틀이 짜여 있는 것이 아닐까? 내 모습을 보자. 가슴은 앙상하고 허벅지는 홀쭉해졌다. 눈은 푹 들어가고 어깨는 앙상하다. 앞으로 얼마나 살려나? 이 줄어드는 몸뚱이가 장차 어디로 갈 것인가? 죽음이라는 어둠과 절망의 피안(彼岸). 어디에 있는지 아무도 모르는 그곳. 노인이란 참으로 비참한 존재다.(2001. 10. 7.)" 아마 정년을 맞는 많은 사람들이 어느덧 찾아온 노년과 함께 이처럼 소스라치게 놀라는 일은 비단 나만 겪는 것이 아닐 것이다.

그러나 계속되는 출판과 특강

퇴임 직전에 생물과학부의 소상섭 학부장이 나보고 퇴임 후에도 강의를 해 달라고 청해 왔다. 사실상 나는 강의를 계속하는 것이 탐탁지 않았다. 그러나 퇴임 후에도 강의를 몇 개 맡는 것이 관행이었던 터라 사양하지 못하고 봉사한다는 셈치고 '진화학' 강의를 맡았다(2001. 9.). 내가 '봉사'라고 표현한 이유는 간단하다. '명예 교수'라 해 놓고 걸맞은 대우가 전혀 없기 때문이다. 과연 한 학기를 마치고 나니 강사료는 푼돈도 되지 않고 강의 준비라는 부담이 내내 머리꽁지를 잡아당겨 심리적으로 피로만 가중되었다. 말하자면 '퇴임'의 의미도, '명예 교수'의 뜻도 전혀 찾아볼 수 없었다. 그러니 퇴임후 강의는 대우를 제대로 해 주거나 아니면 아예 없어져야 할 폐단으로 생각된다. 그 이듬해 여름에 전북대학교 생물과학부의 여읍동 학부장으로부터 전화가 왔다. 2학기의 동물행동학을 강의해 달라고 한다. 나는 그분에게 미안한 일이지만 할 수 없다고 '매정하게' 거절했다. 명분도 실리도 없는데 '혹사'당할 이유가 없었다.

끊이지 않는 강의 요청들

대학 강의에 마침표를 찍은 듯했으나 나에겐 이런저런 형태의 주문이 끊이지 않았다. 이해 교내 영어 대화 교수 모임인 국제교수교류회(International Faculty Meeting, IFM)의 요청으로 "꿀벌의 자살 공격과 뉴욕 자살 테러"를 발표했다. 그러나 이것은 한 달 전《교수신문》(2001. 11. 5.)에 낸「꿀벌과 자살 테러, 무엇이 다를까?」(이병훈, 2001f)를 영어로 발표한 것에 불과했다. 그러나 파워포인트 그림을 보여 주며 말하자 참석자들은 의외로 재미있다며 큰 관심을 나타냈다. 추상적인 주제와 개념보다 구체적인 사례에 더 흥미를 느끼고 암시를 받은 것 같다.

그 1주 후 나는 전주 우석대학교 생명공학부 학술제에 초청되어 "생물다양성의 중요성"을 주제로 강연했다(2001. 11. 13.). 학생들이 만장을 이뤘고 내가 비추는 슬라이드 그림에 자못 흥미를 느낀 듯했다. 이 자리엔 이 대학 생물학과의 교수이면서 전북대학교의 나의 제자이기도 한 김명순(金明順) 교수, 그리고 한국동물분류학회의 중견 임원인 서지은(徐芝銀) 교수와 버섯 전공인 조덕현(趙德鉉) 교수가 함께 자리했다.

해를 넘겨 얼마 후, 나는 컬럼비아 대학교의 피터 그랜트(Peter Grant) 교수 부부가 갈라파고스의 새들을 관찰하고 실험한 것을 펴낸 책『핀치의 부리(The Beak of the Finch)』 읽기에 열중했다(2002. 2.). 진화의 역동성과 현재 진행형을 관찰과 기록의 축적을 통해 입증한 생생한 증언이었다. 그랜트 부부가 20여 년간 갈라파고스 섬에 다니면서 핀치새 개체마다 표지를 달아 시간 경과에 따라 추적 조사를 해서 잡종 형성을 통해 신종이 출현함을 관찰한 것이다. 이 책을 왜 진작 읽지 못했을까? 일찍 알았다면 나의 진화론 강의에서 진화의 메커니즘을 학생들에게 보다 현실감 있게 전달할 수 있었을 것을!

2002년 봄에《뉴욕 타임스》(2002. 5. 20.)가 하버드 대학교의 고생물학자 굴드 교수가 암으로 60세에 세상을 떴다는 소식을 전해 왔다. 내가 1986년 9월에 미국의 국립자연박물관에서 열린 '생물다양성 전국 토론회(National Forum of Biodiversity)'에 참석했을 때 굴드 교수는 같은 대학의 사회생물학자 윌슨 교수에 이어 두 번째로 등단해 기조 강연을 했는데 그 열정과 기염이 대단했다. 그런데 이렇게 일찍 죽었다는 게 믿기지 않는다. 그는 많은 논문과 글을 써 다작(多作)으로 알려져 있지만 진화의 기작으로 급격한 변화를 유도한다는 단속평형설을 주장해 유명해졌고 더욱이 그의 오래전의 저서『개체발생과 계통 진화(Ontogeny and Phylogeny)』(Gould, 1977)에서 발생이 진화에 중요하게 작용한다고 한 것이 초기 발생에서의 작은 변화가 급격한 진화를 유도할 수 있다고 알려진 최근 진화발생생물학의 주장과 맞아떨어져 그의 성가(聲價)가 한창 높아지고 있던 중이어서 그의 죽음은 안타까움을 더했다.

그는 암 투병 중에도 『진화 이론의 구조(*The Structure of Evolutionary Theory*)』라는 1,464쪽의 거작(巨作)을 남겨 학자로서의 열정과 집념을 끝까지 멈추지 않았다(Gould, 2002).

그 후 1년 6개월여가 지난 후 이번엔 전북대학교의 생물과학부 여읍동 부장으로부터 전화가 왔다. 이해 2학기에 '동물행동학' 강의를 해 달라고 했다(2003. 5. 6.). 강의를 끊은 지 1년이 지났는데 다시 제안이 온 것이다. 왜일까? 나는 다른 일들과 조정을 해 보아야겠으니 확답은 다음에 주겠다고 했다. 퇴임 후 강의를 1년 쯤 하다가 다음 위촉 때엔 매몰차게 거절했던 나다. 그러나 다시 부탁해 오니 이번엔 이유를 따질 것 없이 봉사하는 셈치고 2학기에 다시 강단에 서기로 했다. 그래도 쓸 데가 있다고 부탁한 것을 차마 거절할 수 없었다. 그나마 '유효 기간 만료'로 아직 '폐품 처리'가 되지 않은 것이 다행이라고 해야 할까?

이듬해 3월 새 학기에는 전북대학교 대학원으로부터 다시 '진화생물학 특론' 강좌를 맡아 달라는 부탁이 왔다. 첫 시간에 들어가 보니 26명이 출석했다(2004. 3. 5.). 나는 일기에 이렇게 썼다. "강의 준비에 마음은 바쁘지만 즐겁기 한이 없다. 강의 준비 자체가 흥겹고 학생들에게 무언가 알려주고 깨우쳐 준다는 게 흥이 나고 또 뜻있게 생각되기 때문인가 보다. 정년 퇴임 직후 강의를 했을 때는 무의미하고 귀찮기만 하더니 뒤늦게 이 무슨 변고인가? 여러 가지 자료를 파워포인트로 정리하여 비춰 주면서 얘기하는 것 자체가 재미있다. 몸은 늙어 가도 마음은 그대로인가 보다." 학생 중에는 인도에서 온 남학생와 중국에서 온 여학생이 각각 한 명씩 있었다. 슬라이드로 하는 강의라 대개는 알아들었겠지만 제대로 따라오지 못한 것 같아 강의가 끝난 후 이 두 명에게 따로 영어로 보충 설명을 해 주곤 했다. 강의한 날 저녁엔 그날 강의한 내용을 요약해 이메일로 모든 수강생에게 보내 주어 복습을 유도했다. 학생들의 반응이 매우 좋았다.

『위대한 진화론자들의 발자취를 따라』 공역 출간

이때를 전후하여 나는 출판사 '다른세상'의 황성혜 편집장의 요청으로 이수지 씨가 프랑스 책『위대한 진화론자들의 발자취를 따라(*Sur les traces des grands évolutionistes*)』를 우리말로 옮긴 원고를 검토했다. 현대 진화론의 역사를 문답식으로 엮어 놓은 것이 매우 독특하고 흥미진진하다. 그러나 생물학 전공이 아닌 사람이 번역한 것이라 손볼 데가 많았다. 황 편집장의 철저한 바로잡기 정신을 따라가다 보니 원고상의 수정이 한 달간 계속되었다. 결국 이 책은 이듬해 2월에 원래의 번역자에 내 이름이 추가되어 공역으로『진화론 300년 탐험』으로 출간되었다(Grimoult, 2002). 솔직히 나에게도 많은 공부가 되었다.

서울대 의대와 대구·경북 바이오포럼에서 한 특강

그런데 하루는 서울대 의과대학의 이동영 교수가 전화를 해 나보고 3월에 새 학기가 시작되면 의대생들에게 "과학철학 시각으로 본 의학"을 강의해 달라고 했다. 제목이 하도 거창해서 어렵겠다고 사양했으나 굳이 부탁해 나대로 줄기를 잡아 봤다. 그리고 강의 당일(2004. 3. 2.)에 현장에 가서 담당 조교에게 슬라이드 상영을 준비시켰다. 그런데 막상 강의실에 들어가 보니 계단식 강당에 의대 학부생 1, 2학년 180여 명이 모여 있었다. 나는 목소리를 높여 인간의 생물학적 본성을 이해하는 일이 현실 문제들을 파악하고 대처하는 데 얼마나 중요한가에 초점을 맞춰 100분 동안 강의했다. 나중에 이 강의를 학생들과 같이 들은 신좌섭 교수를 만났는데 바로 매트 리들리의『미덕의 기원(*The Origin of Virtue*)』를『이타적 유전자』로 번역한 사람이었다. 의학에서도 사회생물학에 관심이 클 뿐 아니라 최근 다윈 의학이 발전하고 있어 의학자도 진화생물학을 놓고 이야기할 거리가 많은 시대가 된 것이다. 나의 이 강의는 한 달 반 후에 의예과 학생들을 상대로 되풀이되었다(2004. 4. 16.).

그 한 달 후쯤에 나는 전북대학교의 영어 회화 교수 그룹인 국제교수교류회(IFM)에서 "현대 진화생물학이 본 인간(Human beings as seen from modern evolutionary science)"을 발표했다(2004. 5. 20.). 인간의 진화와 행동 유형에 대해 현대 진화학이 제시하는 유전자 중심적 해석이나 기계론적인 과학적 유물론이 이를 듣는 인문학자들에게 '황당'하면서도 재미있게 들렸다는 찬사와 반응이 이어졌다. 역시 소통과 융합이 필요하다는 시대정신이 투영된 자리였다.

『분자생물학사』의 공역자가 되다. 그러나

나와 오래전부터 알고 지낸 강광일(姜光一) 박사는 프랑스 파리 대학교에서 미셸 모랑주(Michel Morange) 교수의 지도로 분자생물학 박사 학위를 받고 돌아와 충남대에 연구 교수로 나가면서 생물학 사상 연구 모임에 나왔는데 나와 이정희 박사 보고 모랑주 교수가 쓴 『분자생물학사(Histoire de la biologie moléculaire)』(Morange, 1994)를 함께 번역하자고 제안해서 번역에 착수했다. 그러나 나는 번역을 조금 하다가 너무 힘들어 강 박사에게 넘겨주고 손을 떼었다. 그러고 나서 몇 년이 흘렀다. 강 박사는 그간 꾸준히 작업을 해 마침내 『분자생물학: 실험과 사유의 역사』를 2002년 8월에 출간했다(김광일·이정희·이병훈, 공역, 2002). 그런데 책에 나를 공역자로 넣어 이정희 박사와 함께 3인 공역으로 나온 것이다. 이정희 박사는 강 박사처럼 학부에서 생물학을 공부하고 프랑스의 파리 대학교에서 생물학사로 박사 학위를 했으니 정통 생물학사 전공자로서 강 박사와 공역자로 들어갈 만했다. 그러나 나는 그렇지가 않다. 동물 계통분류학을 하면서 거의 30년 전에 논문 쓰느라 프랑스에 약 2년간 머물며 프랑스의 생물학사가 장 테오도리데스(Jean Théodoridès)의 『생물학의 역사(*Histoire de la Biologie*)』(Théodoridès, 1971)를 번역해 그 후『생물학사』(이병훈 옮김, 1974)로 출간한 게 내가 생물학사를 공부한 전부다. 아마 이 점을 존중해서 선배 대접을 한 것 같은데 나로선 내 이름이 들어간 것이 양심에 찔리고 강 박사와 독자에게 미안할 뿐이다. 이 책은 전적으로 강 박사와 이정희 박사의 공역이었음을 밝힌다. 어쨌든 나는 강 박사의 호의에 감사할 뿐이다.

네 번째 잡지사 인터뷰

4월에 들어 월간《과학동아》의 박미용 기자가 인터뷰차 나를 찾아왔다 (2003. 4. 1.). 내가 무엇을 연구했으며 어떤 데 관심을 갖고 어떤 운동을 펴 나가고 있는지 그리고 왜인지 꼬치꼬치 물었다. 나는 '계통분류학-진화생물학-사회생물학'의 줄기와 '생물다양성-자연과 생명 존중의 윤리'의 줄기를 말해 주고 궁극적으로 자연박물관을 통한 사회 교육의 중요성을 말해 주었다. 요컨대 지나온 일들이 얽히고설킨 내 인생의 다발에서 회상의 실을 뽑아나갔다. 그 내용은 한 달 후《과학동아》5월호에 "5밀리미터 톡토기에서 진화를 추적하는 생물학자 이병훈: 생물다양성 보존 위한 국립 자연사박물관 설립 추진"이란 제목으로 6쪽에 걸쳐 인터뷰 기사로 나왔다.

그 몇 년 후엔《사이언스 타임즈》의 김홍재 기자가 와서 인터뷰해 간 것이 기사화되어 나왔다(www.sciencetimes.co.kr, 2007. 5. 14.). 내가 무엇을 연구했고(톡토기의 분류) 무엇을 위해 사회 활동을 했는지(국립자연박물관 건립 운동과 생물다양성 보전), 그리고 대학원생들이 학과 잡무에 얽매이지 않고 연구에만 몰두할 수 있도록 생활비가 포함된 장학금이 지급되어야 한다고 한 나의 주장 등이 소개되었다. 큰 인물 사진과 함께. 기사 제목은 "연구만도 어려운데 생활까지 걱정해서야"였다. 지난날 인터뷰 기사가 월간《신동아》(1996. 12.)와 《과학동아》(2003. 5.), 격월간《지성과 패기》(1997. 2.~3.)에 실렸었고 이것이 네 번째였는데, 번번이 나 스스로 반성하고 부족함을 느꼈다.

2007년 여름, 한국동물분류학회의 총무 간사인 황의욱(경북대) 박사가 전화를 걸어 와 여름 학회 때 '동물분류학의 역사'에 대한 특강을 해 달라고 했다(2007. 6. 28.). 불과 한 달 여유의 촉박한 기한을 두고 준비하라니 내 대답은 "못 하겠다."였다. 그러나 그는 할 사람이 나밖에 없다며 간청했다. 그리고 발표 요지를 다음 수요일까지 보내 달라고 했다. 단 1주일 기한이었다. 이건 차라리 모욕이라고 생각한 나는 거듭 거절했다. 그러나 황 박사는 의지를 굽히지 않았다. 하는 수 없이 내가 져 주기로 했다. 한국에서 매사 돌아가는 일이 이렇게 이뤄지는 경우가 많고 익숙한 터라 실무자의 고충을 이해하는 차원에서 받아들였다. 그러고 나서 한 달 동안 나는 '죽었다'. 만사 제치고 이 일에 매달려야 했다. 심리적으로, 정신적으로 받아들이고 수행하기 어려운 작업이었다. 아니, 정년 퇴임한 내가 이 나이에 왜 이런 고초를 겪어야 하나? 한숨이 절로 나왔다.

그해 여름에 나의 전주 아파트 거실 온도가 섭씨 30도(2007. 7. 26.)였고 그다음 날엔 남원이 섭씨 33.4도까지 올라갔다. 8월 중순에 드디어 '제62회 한국생물과학협회 주최 심포지엄'이 열렸다(2007. 8. 16., 서울 COEX). 이어 오후엔 '한국동물분류학회 주최 심포지엄'이 열려 나는 그간 벼락치기로 준비한 "동물분류학의 역사와 전통: 린네 탄생 300주년을 맞으며"를 발표했다(이병훈, 2007c). 그런데 이 발표를 듣고 난 김원(서울대) 교수가 뜻밖에도 그림들이 참 좋았다고 했다. 박경화 박사 역시 좋았다고 했다. 신숙(삼육대) 교수도 발표에 호평을 했다. 모두 인사치레로 그러려니 하면서도 애쓴 보람이 있는 듯해 뿌듯했다. 준비한 자료를 파워포인트 슬라이드로 만드는 데 전북대 교육대학원의 강원형, 강상규, 양휘훈 군들이 수고해 주었다. 내가 발표한 다음 날 다른 발표들이 계속 이어졌는데 "분자분류학에 기반한 환경 및 생태 연구의 현황과 전망"(이재성, 한양대), "범 절지동물을 중심으로 한 분자 계통 연구의 현황과 나아갈 길"(황의욱, 경북대), "분자 데이터를 이용한 분기 연대 추정법의 발전과 전망"(서태건, 도쿄대)에서 대체로 진화 속도, 모델 개발 등이 다뤄졌다. 이제는 계통분류학에서도 분자생물학을 모르면 조금도 나설 수 없는 세상이 되었다.

퇴임 후에도 일에 쫓기는 생활에 문득 허망함을 느끼고

지난 몇 달 동안 나는 발표 준비에 하도 쫓겨서 그런지 일기에 이렇게 썼다 (2007. 7. 19.). "어째서 명성, 명예의 노예가 되어야 하는가? 읽어야 할 책이 많은데 왜 사회와 학계는 나를 가만 놔두지 않는가? 그래서 시간과 정력을 쏟아 가며 '고생'을 하게 하는가? 아니 내가 배부른 소리를 하는 것인가? 어쨌든 이 한 몸 인생이란 배에 실려 살다가 내릴 때가 되면 무(無)로 돌아가는 그 허망함을 살고 있거늘!"

이 글을 읽는 독자는 내가 한심한 존재라고 생각할 것이다. 그러나 돈과 명예와 권력에서 끝장을 보려는 것이야말로 인간 본성(이기성)의 노예가 되는 게 아니고 무엇이겠는가? 업적을 쌓으면 평판이 '좋아지고' 그래서 각종 상과 명예와 연구비가 따른다. 그러한 반대급부를 받고 누리고자 전전긍긍하는 것이야말로 조건반사를 일으키는, 그래서 먹이나 종소리에 반응하는 개 한 마리가 되는 게 아니고 무엇이겠는가? 그래서 나는 다산(茶山) 정약용(丁若鏞)이 귀양 가기 1년 전인 1800년에 지은 글에서 "인간이 머무를 때 머무르고, 겸양하게 살면서 자족(自足)할 줄 알아야만 행복을 누리고 명대로 살 수 있다."라고 말한 대목에 전적으로 동감한다. 그가 해좌(海左) 정범조(鄭範祖)의 예를 들며, 끝까지 가기보다 아(亞)에 머무르는 것이 좋다고 말한 점이 마음에 와 닿는다.

정년 퇴임이 준 선물: 건강 악화라는 긴 터널에서 빠져나오다

건강 악화의 나락에 떨어지다

사실상 나의 건강이 나빠지기 시작한 것은 5~6년 전부터다. 벼르고 벼르던 한국과학재단의 우수연구센터(SRC)에 응모했는데 20개 신청 대학에 대한 3단계 심사 중 최종 후보 4개 대학엔 들어갔으나 결국 낙방하여 생물다양성의 아시아 허브를 만들겠다던 꿈이 사라졌을 때 받은 충격은 이루 말할 수 없었다. 게다가 내가 자연사박물관연구협회의 회장으로 주도한 국립자연박물관 건립 추진을 위해 최재천, 심정자, 조수원 교수 등과 함께 여러 차례 문화관광부를 방문하여 독촉했으나 해당 국·과장들의 잦은 경질로 답보 상태에 빠졌었다. 일상 근무와 잡다한 일들을 처리하면서 이러한 추진 운동을 한다는 것이 참으로 고달프고 난감한 일이었다. 나는 이런 일에 파묻혀 1998년이 연구년제(研究年制)였음에도 불구하고 동분서주하는 우직(愚直)을 범해 모처럼 찾아온 안식년을 날려 버렸다.

그래서 그런지 나 개인적으로는 불면증에다 자고 나도 피로가 풀리지 않고 다리가 무거운 증세가 생겨 몹시 괴로웠다. 진이 빠지고 맥이 없어 자동차 핸들도 돌리기 힘들 정도였다. 소화도 안 되고 저녁 식사 후에는 기력이 없어 독서는커녕 누워 있어야 했다. 서울대 보건대학원을 다니던 작은딸 꽃메가 서울대 병원의 진찰을 권유해 종합 검진을 받아 봐도 이렇다 할 진단이 나오지 않았다. 의사는 휴식과 스트레스 해소라는 처방을 내렸을 뿐이다. 따라서 나는 대학 부설 생물다양성연구소 소장직을 그만두고 생물다양성에 관련해 맡아 오던 국제적인 사업들을 모두 다른 사람들에게 인계했다.

어느 날의 일기에는 다음과 같이 썼다. "어쨌든 나의 몸 시스템이 무너지고 있으니 드디어 갈 날을 각오해야 하나 보다. 기막힌 일이다. 영문도 모르고 왔다가 어디로인지 모른 체 밀려 가야 하니 말이다."(2002. 9. 30.) "내가 앞으로 얼마나 살까? 많이 잡아야 3년? 그 안에 무엇을 해야 할까? 자손들을 위해 자서전을 써야 하는데!『자연사박물관과 생물다양성』의 개정 증보판과『진화론의 발전』도 써야 하고! 그러나 몸은 마르고 기운은 쇠잔해 간다."(2004. 3. 28.)

이렇게 건강 악화를 고민한 나머지 나 나름대로의 처방과 결단을 내리게 되었다. 전주 완산구에 새로 생긴 수영장에 다니기 시작한 것이다(2004. 4. 4.). 그러나 불면증이 여전해서 머리가 항상 띵하니 아프고 다리가 무거웠다. 소화도 안 된다. "비가 온다. 가랑비가 내린다. 항상 속이 부글거리며 식사 후 한 시간쯤 되면 명치 부분에 자극이 온다. 내년이면 우리 나이로 70이다. 나도 곧 갈 때인데 무엇을 준비하고 어떻게 맞이하여야 하나?"(2004. 7. 1.) 하루는 나의 머리를 깎아 주는 미용사가 나를 훑어보더니 "몸이 많이 마르셨네요." 했다. 실제로 거울을 보니 눈이 푹 들어가고 광대뼈가 앙상해 목불인견이었다. 나의 이런 모습은 지난해《과학동아》5월호에 나온 인터뷰 기사 속 사진들과 8년 전 월간《신동아》(1996. 12.) 기사에서도 여실히 드러났다. 이 시기 나의 체중은 56.5킬로그램(2004. 7. 14.) 안팎이었다. 바로 이때 중학교 동창 이충렬이 타계했다는 소식이 들려왔다(2004. 7. 14.). 이날 새벽 5시에 세브란스 병원에서 운명했다는데 당시 과천 집에 있었지만 피로감 때문에 문상 갈 수도 없었다. 그다음 날 역시 중학교 동창인《인천일보》오광철 주필의 출판 기념회가 있었지만 머리가 아프고 몸이 무거워 가지 못했다(2004. 7. 16.). 이쯤 되면 거의 인사불성이 아닌가! 주말이 지나고 다음 월요일에 전주 집 가까이 있는 미래내과에 가서 요 검사, 혈액 검사, 위 내시경, 간과 췌장 초음파 검사 등 여러 가지 정밀 검사를 거듭 받아 봤다(2004. 7. 19.). 하지만 이렇다 할 병이 없고 십이지장 쪽에 약간의 염증이 있을 뿐이라고 해 위장 과민을 다스리는 처방만 받아 왔다. 이날은 그것도 모자라 박 한의원이라는 한방 의원도 찾았다. 여러 가지 검사를 했으나 역시 별 이상이 없다고 했다. 다만 소화 능력을 높이고 양분 흡수가 잘 되도록 약을 지어 먹으라고 했다. 나는 그날 병원 두 군데를 다니면서 저승과 이승을 오갔다.

하루는 나의 꺼져 가는 몸을 다스리는 방법으로 무엇이 있을까 하며 여러 가지를 생각해 봤다. 그리고 나 자신에게 묻기도 했다. 무엇을 해 주어야 즐거우냐고. 그래서 2004년 봄부터 수영을 시작했고 2005년부터 서예와 탁구를 시작했으며, 그 후 독서거리로 주간지인《타임》,《사이언스》,《네이처》그리고 월간지인《연구(La Recherch)》(프랑스)와《내셔널 지오그래픽》을 구독하기 시작했다. 그 얼마 후에는 프랑스 시사 주간지《속보(L'Express)》도 신청했다.

정서 욕구와 체력 단련 그리고 지적 호기심을 충족하기 위해 나 스스로에게 내린 처방이었다. 처방을 실천하자니 비용이 적지 않게 들었지만 마지막 자가 처방이었다. 그 덕분에 아파트의 내 우편함에는 거의 매일 우편물이 와 있어 도착한 잡지들을 훑어보기에도 바빴다. 게다가《사이언스》와《네이처》는 이메일로 기사 내용을 미리미리 보내 줘 이를 대충 일람하기에도 바빴다.

그런데 그 한 달 후 인천고교 후배인 오성도(嗚成都, 전북대 원예학과), 이무삼 두 교수를 만나 저녁 식사를 하는데(2004. 8. 17.) 나보고 건강이 좋아 보인다고 했다. 지난 한 달간 병원 약을 먹고 운동을 한 덕분인가? 이틀 전 체중이 58킬로그램이었다. 5년 전에 55킬로그램까지 빠졌던 게(1999. 3.) 그사이 3킬로그램이 는 셈이었다. 희망이 보인다고 해야 할까? 반신반의였다. 약 열흘 후 이번엔 한솔비뇨기과의원을 찾았다. 의사는 여러 가지 검사를 해 보더니 '전립샘 비대'라고 했다(2004. 8. 26.). 늙어 가니 어쩔 수 없는 일이었다. 그래서 오줌 누기도 힘들었던 것 같다. 의사는 좌욕(坐浴)을 해 보고 그래도 안 되면 수술을 하자고 한다(2005. 9. 22.). 그야말로 좌충우돌에 정신을 차릴 수 없었고 사는 게 사는 게 아니다.

건강 회복 작전 개시

나의 서예 생활은 전화번호부를 뒤적여 '효자 3동 문화의 집'에 서예 교실이 운영된다는 것을 알고 찾아가면서부터 시작됐다. 내가 처음 출석한 수업 시간(2005. 1. 6.)에 만난 선생은 수암 김종대(樹菴 金鍾大) 씨로 당시 실력을 착실히 쌓아 나가고 있던 신예 작가였다. 글씨도 좋으려니와 무엇보다 하는 말이 구수해 마음을 끌어당기는 데가 있었다. 이와 함께 월말엔 수영도 다시 시작했다(2005. 1. 23.). 그런데 1주일에 두 번 나가는 서예 교실의 분위기와 수영이 나의 몸과 마음을 풀어 주니 나에게도 따스한 봄이 왔는가? 하루는 수영을 하고 체중계에 올라가 보니(2005. 3. 23.) 63.5킬로그램까지 나갔다! 해답은 운동과 마음의 평화에 있는 듯했다. 다음 달인 4월에 들어 중순이 되자 전주에 목련이 만발했고 하순엔 과천에 역시 목련이 활짝 피어 단아한 꽃들에서 향기가 짙게 풍겼다. 또 이즈음 나는 이 회고록 쓰는 데 흠뻑 빠졌다. 내 인생을 다시 한 번 사는 생생한 체험 같은 느낌이었다. 무언가 안정을 찾아선가 체중이 지난달보다 다시 1킬로그램이 늘어 64.4킬로그램이 되었다(2005. 4. 17.). 젊었을 때의 62킬로그램 이후 몇 년 전 55.5킬로그램으로 최악이었던 게 거의 9킬로그램이 늘어난 것이다. 그야말로 '배가 등에 찰싹 붙도록' 말랐던 나에게 이것은 '기적'이다 싶었다.

이달 초순에 인천고등학교 동창인 김형석(金亨錫, 경희대 의대 명예 교수) 교수가 이메일로 명화들을 보내왔다. 그 후 그 친구는 동서의 명화, 풍경 등 아름다운 장면들을 꾸준히 보내와 지금까지도(2014. 4.) 내 마음을 감싸고 풍성하게 해 주는 꿈과 위로의 양식이 되고 있다. 그러고 보니 그 친구가 이 글을 쓰는 지금까지(2014. 4.) 명화 메일을 보내온 게 어느새 9년이 되었다. 삭막한 나의 마음을 적셔 주는 한 줄기 샘물 같기도 하다.

5월에 들어서 봄이 한창 무르익자 내가 다니는 서예반에도 봄바람이 불어 우리는 전주 근처 모악산에 나들이를 갔다(2005. 5. 9.). 서예 선생 수암을 비롯해 10여 명이 등산복 차림으로 산중턱에 오르면서 풀과 나무들이 내는 싱그러운 향기를 맡았다. 몸과 마음이 일시에 상쾌해지고 맑아지는 듯하다. 아니 도시에서 가까운 이곳에만 와도 이렇게 상큼한 내음을 맡는데 자주 나오지 못하다니! 이러한 나들이 역시 매년 봄, 가을로 지금까지 이어져 또 하나의 행복의 원천이 되고 있다.

이즈음 나는 자크 모노(Jacques Lucien Monod)의 『우연과 필연(*Chance and Necessity*)』을 다시 읽었다. 전과 또 다른 느낌과 깨우침으로 다가온다. 사상의 진화 대목에선 도킨스의 '밈'의 모체라는 생각도 들고 종교와 신화를 말하는 부분에선 그것들의 허구성을 지적하면서 인간을 한갓 진화의 산물로 보고 있어 모노가 사실상 오늘날의 진화생물학과 사회생물학의 선구자라는 생각이 들었다.

커피 다시 마시고 술도 곁들이는 이 행복!

다시 새해 2006년이 되었다. "또 한 해가 시작되네. 그러나 새로운 흥분이라곤 없네. 모두가 시들하고 의문투성이네. 이런 삶과 세상을 사는 게 꼭 속임당하고 놀림당하는 것만 같네. 억울하네."(1월 1일 일기에서), "잘 잤다. 다리가 무겁지 않고 훨씬 가벼워졌다. 이대로만 나아 준다면 오죽 좋을까?"(1월 2일 일기에서) 오랜만에 나온 이러한 말은 전주의 박근영 의사의 처방이 나에게 적중한 덕분인 듯했다. 불면증 치료를 위해 오랫동안 여러 곳을 헤매다가 만난 행운인 듯했다. 우선 잠을 잘 자기 시작했다. 그러나 장담하기엔 일렀다. 좀 더 두고 보아야 했다.

이즈음 나의 생활은 오전에 회고록을 쓰고 오후엔 서예와 운동을 하고, 탁구나 수영은 격일로 했는데 어찌 생각하면 최고의 사치 생활이었다. 그래선지 체중은 얼마 전 60킬로그램에서 62킬로그램으로 다시 회복됐다(2006. 1. 25.~26.). 정월 그믐날 미국의 송현섭 교수님으로부터 답신 편지가 왔다

(2006. 1. 31.). 나를 전북대학교로 적극 유치해 주신 분이다. 나는 얼마 후 이 분에게 "꽃이 진다고 그대를 잊은 적이 없다."라는 말이 쓰인 한지(韓紙) 접시를 보냈다(2006. 2. 20.). 지금은 90을 훨씬 넘긴 이분과는 이 글을 마무리하고 있는 지금(2014. 4.)까지 서신을 주고받고 있다. 그 후 나의 운동, 서예, 독서 생활이 이어지면서 체중이 계속 늘어 한때 71킬로그램까지 올라갔다가 지금(2014. 4.)은 70킬로그램 내외로 안정권(?)을 유지하고 있다. 후배 이무삼 교수가 "운동을 하면 마른 사람은 체중이 올라가고 살찐 사람은 살이 빠진다."라고 했는데 이 의과대학 해부학 교수의 말이 나에게 적중한 셈이다. 게다가 의사를 잘 만나고 서예와 독서 등 자기 만족의 평온과 역동적 생활을 한 덕택에 내가 받은 '종합 선물'이 아니고 무엇이겠는가! 오래전부터 마시지 못한 커피를 다시 마시고 술도 약간 들 수 있는 이 행복! 인생 말년에 새 세상을 만난 것 같다.

지구촌의 절망과 비극에 눈을 두다

전 지구를 휩쓰는 자연재해와 전쟁들

보도에 따르면 이집트 여객선이 승객 1,400여 명을 태우고 홍해를 지나던 중 침몰하여 300여 명은 구조되었으나 1,000여 명이 익사하거나 실종되었다(2006. 2. 4.). 필리핀 레이테 섬에서 산사태로(2006. 2. 17.) 사람들이 10미터 높이 진흙더미에 깔려 300여 명이 죽고 1,500여 명이 실종되었다. 자연재해도 모자라 인재가 끊임없이 일어난다.

미국·영국 합동군이 이라크의 수도 바그다드를 점령했다는 보도가 있었다(2003. 4. 9.). 그 2년 전에 있었던 뉴욕의 9·11 테러 이후 대량 살상 무기 제거 목적으로 이라크를 침공한 지난 3월 20일로부터 3주 만이었다. 바그다드 시민의 환호성과 사담 후세인에 대한 지탄 장면이 생생하게 방영되었다. 그 닷새 후 이라크의 티크리트를 마지막으로, 미군의 250여 대 탱크가 진입해 이라크는 개전 26일 만에 미·영 합동군에 의해 완전 정복되었다. 결국 대량 살상 무기는 발견되지 않았지만 12월에 후세인은 생포된 후 재판을 받고 사형을 당했다. 강대국이 하기에 따라 세상이 이렇게 달라질 수 있구나 하고 생각하니 소름이 끼친다. 한편 아프가니스탄에선 최근에 미군의 한 병사가 민간인 집에 들어가 총을 난사(亂射)해서 열여섯 명이 목숨을 잃어, 미국은 아프가니스탄의 탈레반 소탕 중 많은 인명을 잃고도 아프가니스탄 국민으로부터 큰 저항에 부딪혀 위기를 맞았다(2012. 3.). 미국은 이라크 전쟁에서 2003년부터 2012년까지 10년간 4,486명(Wiki-Casualties of the Iraq War), 아프가니스탄 전쟁에서 2001년 이후 2,175명(Wiki-United States Forces casualties in the war in Afghanistan) 도합 6,661명의 젊은 군인의 목숨을 잃고도 어떤 뚜렷한 명분도 찾지 못했다. 또한 현지에선 혼란과 전쟁이 계속되고 있어 자못 초라한 모습이다.

2001년 9·11 테러의 배후 세력인 알카에다의 두목 오사마 빈 라덴이 파키스탄의 아부타바에 은신하던 중 미군의 넵튠 스피어 작전으로 사망했다(2011. 5. 2.). 2500만 달러의 현상금이 걸렸던 빈 라덴이 9·11 테러 발생 후 거의 10년 만에 사살된 것이다. 그사이 자행된 많은 자살 폭탄 테러는 빈 라덴 같은 근본주의자들의 극단적 이기주의가 낳은 극도의 배타주의나 다름없다. 어쩌면 이 같은 종교적 맹신주의자들의 자폭 테러는 꿀벌의 자살 공격과 다름없다는 생각이 든다(이병훈, 2001b).

'아랍의 봄'이 가져온 역설과 세월호 참사의
충격에서 종교를 재성찰하다

2010년 12월 17일 북아프리카의 튀니지에서 한 과일 행상이 경찰의 단속에 분개하여 분신 자살한 것을 계기로 민중 봉기가 일어나 마침내 민주 정부가 수립되는 혁명이 일어났다. 그 뒤를 이어 이집트와 리비아에서 30~40여 년의 독재가 무너졌다. 이러한 혁명은 예멘에서도 벌어졌고 시리아에서도 민중 봉기가 일어났다. 하지만 알 아사드 대통령의 무력 진압이 계속되어 반군과 정부군의 총격전과 정부군의 공습으로 2014년 4월 현재까지 2년간 사망자가 13만 명을 넘었다. 시리아에 앞서 튀니지, 이집트, 리비아에서 모두 국민 투표로 새로운 정부가 수립되었으나 이슬람 부족 간 권력 다툼이 심화되어 정정 불안과 충돌이 계속되었다. 시리아에서 알 아사드가 속한 종파인 알라위파(시아파의 분파)는 북부 산악 지대와 서부 해안 지대로 집결했다(2013. 1.). 한편 반군은 동부 대부분을 장악하고 다마스쿠스와 알레포에서 정부군을 공격했다. 정부군은 시아파 국가인 이란과 레바논 시아파 무장 정파 헤즈볼라의 지원을 받는 반면 반군은 수니파인 사우디아라비아, 터키, 카타르 등의 지원을 받아 동과 서의 '수니 대 시아' 종파 간 전쟁으로 변했다.

여기에 더해 쿠르드 군이 궐기하고 사담 후세인이 속했던 수니파 강경 세력이 이슬람 국가(IS)를 선포함으로써 결국 4개 세력이 각축전을 벌이는 복잡한 양상으로 변하였다. 2011년 3월에 시작된 내전 이후 2014년 4월 현재까지 국제 연합(UN) 추정으로 정부와 각 종파의 군인 사망자만 29만 2000여 명에 이르렀고 330만여 명의 난민이 발생했다. 그런데 이렇게 큰 희생이 같은 무슬림 사이에 일어났다. 게다가 언제 끝날지 모르는 상황에 앞길이 암담하기만 하다.

더욱이 과거의 십자군이나 1990년대 발칸의 코소보 등에서 일어났던 잔혹한 전쟁과 인종 청소는 기독교와 이슬람 사이에 일어난 살생이었다. 2001년의 9·11 테러를 비롯해 최근(2015. 1.) 프랑스에서의 풍자 잡지사 《샤를리 엡도(*Charlie Hebdo*)》에 대한 공격과 인질극 그리고 벨지움에서의 테러 음모 적발, 요르단 비행사에 대한 화형과 리비아에서의 이집트 기독교계 콥트교도 20여 명 참수 등 이른바 이슬람 국가 충성 군사들의 잔혹성이 하늘을 찌르고 있다. 이처럼 종교 간, 종파 간 전쟁과 테러는 끊임없이 일어나고 그 규모와 범위가 바야흐로 세계화되고 있는 양상이다. 한 자료에 의하면 2001년의 9·11 테러 이후 14년간 이슬람교도를 자칭하는 자들이 저지른 테러는 많은 자살 폭발을 비롯해 약 2만 5000번 일어났고 그로 인한 사망자만 16만여 명이나 된다(www.thereligionofpeace.com, 《동아일보》 2015. 1. 23. A18). 바야흐로 "종교가 세상을 지옥으로 만들었다."라는 표제(《한겨레》 2007. 7. 28.)가 실감나는 세상이 된 것이다.

10여 년 전 인도네시아에선 진도 8.9의 강진으로 해일이 일어나 인도네시아에서만 무려 22만 명 이상이 죽었고 그 파도는 인도, 스리랑카 그리고 동부 아프리카의 소말리아에까지 이르러 모두 합쳐 29만여 명의 사망자를 냈다(2004. 9.). 몇 해 전 이웃 일본에서도 지진과 해일(일본어로 쓰나미)로 2만여 명이 죽는 비극이 일어났다(2011. 3.).

이처럼 온갖 분쟁과 살육 그리고 자연 재해로 인해 마치 지구촌이 생지옥 아니면 도살장이 된 듯하다. 무고한 사람들이 희생되고 있다.

영국의 문호 셰익스피어가 "신들이 우리 인간을 대하는 것은 장난꾸러기 아이들이 파리를 대하는 것과 같다. 신들은 우리 인간을 반 장난 기분으로 죽여 버린다(As flies to wanton boys, are we to the gods. They kill us for their sport.)."(「리어왕」 4막 1장)라고 한 말이 맞다는 생각이 든다.

한편 국내에선 2014년 4월 16일 아침에는 고등학생 수학 여행팀 340여 명과 일반인과 승무원을 포함해 470여 명을 태운 여객선 세월호가 제주도로 항해하다가 진도 앞바다에서 침몰해 그 후 5개월이 지난 현재(2004. 9.) 학생 240여 명과 교사 4명을 포함해 244명이 희생됐다. 여타 일반인, 일부 선원까지 모두 합치면 300여 명이 수장(水葬)된 비극이 일어난 것이다. 어른도 그렇거니와 구명조끼를 입고 선실 안에 자리를 지키라는 안내 방송만 따르다가 처참하게 비명을 지르며 죽어 간 어린 넋들에 온 국민이 슬퍼하고 치를 떨었다.

　이 와중에 내가 주목한 것은 배가 침몰한 뒤에 300여 명이 선실 안에 갇혔으나 그 가운데 얼마쯤은 살아 있을 것이라 믿고 전 국민이 간절하게 기도했던 사실이다. 천주교, 기독교, 불교, 원불교 할 것 없이 아마 줄잡아 국민 1000만 명 이상이 성당, 교회, 절 등에서 오랫동안 애타게 기도했을 것이다. 그러나 구조된 생존자는 끝내 단 한 명도 나오지 않았다. 그럼 왜 기도의 효과가 전혀 없었을까? 왜 하느님이 있다면 이런 간절한 기도에 전혀 반응하지 않는단 말인가? 왜 하느님은 이렇게 무고한 인명이 고통스럽게 죽도록 내버려두는가? 하지만 이러한 질문과 의심을 던지는 목소리는 그 어디에서도 찾아볼 수 없었다. 국민의 절반이 종교를 믿는 이 나라에서 이러한 물음은 절대적 금기인 것이다. 사람들이 종교의 노예가 된 것은 아닌가? 기도란 도킨스가 말한 대로 자연 법칙이 깨져서 기적이 일어나기를 바라는 행위이며 따라서 이번 일로 기도가 효과가 없다는 것이 증명된 셈이다. 어쨌든 이번 참사로 나는 인간 하나하나가 얼마나 소중한 존재이며, 어린 청소년들을 볼 때마다 안타깝기 그지없고 얼마나 그들이 귀한 존재인가를 새삼 느끼는 또 다른 계기가 되었다. 그러면서 만약 신이 존재하고 말대로 전지전능하다면 수백 명의 인간이 그렇게 죄 없이 죽는 일이 일어날 수 있을까 의심하지 않을 수 없다. 역사는 문예 부흥의 르네상스를 거쳐 과학 혁명과 산업 혁명의 요원한 불길 속에 과학과 이성으로 무장한 계몽주의와 프랑스 대혁명을 거쳐 인본주의가 꽃피었다고 말하지만 많은 사람이 아직 지구가 평평하다고 믿던 중세의 암흑 속에 살고 있다. 앞에 말했지만 이제는 우주의 최초 물질인 힉스 입자가 발견되고 우주선이 30년 이상 우주 공간을 항해하며 태양계를 벗어나 우주의 베일을 하나하나 벗기고 있다. 그 밖에 GPS, 스마트폰, 제트 여객기, 현대 의학 등 우리가 누리고 있는 현대 문명의 이기(利器)들은 바로 인간의 이성과 과학적 방법의 성과이며 이것이 참에 이르는 길임을 증명해 왔다. 우리는 이제 중세의 신화와 맹신으로부터 벗어나 새로운 잣대와 기준, 이성과 과학을 기준으로 한 합리주의의 패러다임을 수용해야 한다.

그렇다면 세계적으로 기독교계(천주교, 이슬람교, 개신교) 종교인만 32억 명으로 70억 인구의 거의 절반으로 추정되고 한국도 1300만여 명으로 5000만 인구의 약 4분의 1이나 되는데 그 많은 신자를 비롯해 신부들 그리고 신학자들의 판단이 그르단 말인가? 그렇다고 유구한 역사의 기독교 문화와 고색창연한 거대 성당들과 교회들의 웅장함 그리고 하늘을 향한 높디높은 천정과 기둥이 주는 엄숙한 분위기에 압도되어 하느님을 믿어야 하나?

이러한 깨우침에 따라 영국의 리처드 도킨스는 무신론 보급에 앞장섰다. 『믿음의 종말』로 유명한 샘 해리스, 『신은 위대하지 않다』의 크리스토퍼 히친스, 그리고 『마법 깨뜨리기』 등을 쓴 대니얼 데닛 같은 무신론 이론가들이 함께 선두를 이끌고 있다. 데닛은 종교는 하나의 자연 현상이라며 학교에서 기독교를 가르치려면 모든 종교를 가르쳐야 한다고 주장했고 작가 알랭 드 보통(Alain de Boton)은 무신론자나 불가지론자들은 일요일마다 박물관에서 모임을 갖자고 제안했다(TED.com: Atheism 2.0).

무신론자들의 모임으로 미국엔 '무신론자 연대(Atheist Alliance)'가 생겼고(1991) 그 10년 후에 '국제 무신론자 연대(Atheist Alliance International)'로 세계화되었다(2001). 최근에는 무신론(atheism) 또는 불가지론(不可知論, agnosticism)으로 '커밍아웃'하는 목사가 늘고 있다. 그래서 무신론자 포털 사이트 '밋업(MeetUp)'이 생기고 그에 따라 '오아시스(Oasis)'라는 무신론 공동체가 런던의 '선데이 어셈블리(Sunday Assembly)'와 긴밀한 협조 속에 활동하고 있으며 선데이 어셈블리는 2014년 말까지 'Assembly(집회, 원래 종교적 집회나 회합을 뜻하는 단어다.)'를 15개국에 100개를 설립할 목표로 활동 중이다. 미국에는 이 어셈블리가 10여 개 운영되고 있는데 그 2배의 모임이 곧 개설될 예정이다. 이러한 추세에 따라 5년 전엔 무종교인이 미국인 6명 중 1명이었던 것이 지금은 5명 중 1명으로 늘었다(*Time*, 2014. 8. 18.).

이러한 경향은 한국도 비슷해서 최근 갤럽 조사에 따르면 2004년에 종교인 비율이 54퍼센트였던 것이 10년 후인 2014년엔 50퍼센트로 줄었다. 감소

경향은 젊은 층에서 나타났다.

한국엔 교회의 수가 약 6만 개나 되고 개신교도 수가 800만여 명에 이른 다는 추산이 있다. 어느 집이나 창문을 열면 교회의 십자가가 여기저기 보여 한국에는 세계 유례없이 교회의 밀도가 높다. 과연 기독교가 이웃 일본이나 중국과는 판이하게 다르게 그 융성이 정점에 이른 듯하다. 여기에 휩쓸릴 것 이냐? 아니면 정신을 차려 시대정신이 어디에 있는지를 직시할 것이냐? 각자 가 냉철히 생각해 자신의 우주관과 생명관을 똑바로 정립해야 한다.

다만 나는 종교가 인류 문화를 풍부하게 만든 하나의 큰 축이란 점에서 존중되어야 한다고 생각한다. 나는 결혼 당시 아내가 독실한 천주교 신자여 서 '부득이' 천주교에 입교했다. 그러나 그 후 공부하고 생각함에 따라 신이 있다는 증거를 찾아볼 수 없었다. 결국 나는 토머스 헉슬리가 말하고 찰스 다윈과 버트런드 러셀이 동참한 불가지론으로 남아 있는 상태다. 결국 회의 론자가 된 것이다. 나는 과학과 이성에 희망을 걸고 기다릴 것이다. 우주와 생명의 참모습이 희미하게나마 드러날 때까지.

퇴임 후 만끽한 독서와 글쓰기
그리고 발표의 기쁨은 젊은 시절과 다르지 않고

나는 이즈음 사회생물학의 후속판이라 할 수 있는 진화심리학에 빠져 『진화심리학 입문(*Introducing Evolutionary Psychology*)』(Evans and Zarate, 1999) 을 재미있게 읽고 있었다. 이 책은, 우리의 마음은 어떻게 진화했는가, 우리 의 조상들의 마음과는 어떻게 다를까, 유인원과는, 우리의 마음이 이기적 유전자로 이뤄졌다면 인간은 왜 그렇게 협동적일까, 같은 문제들을 중심으 로 만화를 곁들여 해설했다. 당시 내가 누린 즐거움이 있다면 단지 책을 읽으 면서 문득문득 무엇인가 깨우쳐 나간 것이다. 이 책을 읽은 다음엔 『인간이란 무엇인가?(*What is Man?*)』(Settanni, 1991)를 읽기 시작했다. 사람이 왜 존재하고 사는 이유와 목적은 무엇인지, 그리고 그 의미를 어디에 두어야 하는지를 짚어 보려는 기대에서였다. 그러나 결정론, 자유 의지, 인간은 선한가 악한가 등을 따져 나가는 이 과정은 과학과 철학이 복합적으로 얽혀서 꽤나 머리를 짜 가며 읽어야 했다. 그래도 새로운 지평을 보는 것 같아 매우 흥미로웠다. 이런 책을 진작 읽었어야 하는데! 그런데 지구상의 비극은 부단히 계속된다. 파키스탄의 인도와의 접경인 카슈미르 지방에서 강도 7.6의 지진이 일어나 3만여 명이 목숨을 잃었다(2005. 10. 8.). 중남미에선 허리케인과 함께 홍수와 산사태로 2,000여 명이 죽었다. 이듬해 5월 말에 인도네시아 족자카르타 지방에선 리히터 규모 6.2의 지진이 발생해 2만 5000여 명이 사망했다(2006. 5. 27.). 자바 섬의 메라피 화산도 폭발했다. 이런 비극이 무죄한 사람들에게 왜 일어날까? 도무지 이해되지 않는다.

이 모두가 '인간이란 무엇인가?'란 화두와 함께 나를 끊임없이 회의의 나락에 빠지게 한다.

친구들의 이메일이 더해 주는 삶의 향기

인천중학교 동기 동창인 남종우(南宗祐, 전 인하대 부총장) 교수가 이메일로 좋은 그림들을 보내왔다(2006. 12. 5.). 그 후에도 최근까지 계속 보내 주어 그 친구의 이메일을 열어 보는 것이 큰 재밋거리가 되었다. 갖가지 역사물과 세계 명소 등 귀한 자료들을 보며 그의 광범위한 자료 발굴 능력에 감탄해 마지 않았다. 이러한 메일은 인천고등학교 동기 동창인 김형석 교수로부터도 받고 있다. 갖가지 명화들을 보내 주어 나는 앉아서 세계의 미술관들을 돌아본다. 그 후엔 전북대 시절부터 가깝게 지내던 박형기(朴亨基, 축산과) 교수와 김준호(서울대 명예 교수) 교수 그리고 최근엔 권오길(權伍吉, 강원대 명예 교수) 교수로부터도 받아 왔는데 지금까지도(2015. 2.) 이 다섯 분으로부터 이메일을 계속 받고 있어 나의 마음에 양식이 됨은 물론이고 감성을 풍요롭게 하고 생활의 청량제가 되고 있다. 이러한 선배 교수님과 친구들을 두어 나는 행복하단 생각이 든다.

이즈음 나는 헬렌 켈러의 『사흘만 볼 수 있다면(Three Days to See)』(이창식·박에스더 옮김, 산해, 2005)을 읽고 있었다(2007. 3. 29.). 그녀는 눈을 뜬 다음 둘째 날 "나는 박물관을 찾을 생각입니다. 나는 가끔 뉴욕 자연박물관에 가서 거기 전시되어 있는 많은 것을 만져 보곤 했습니다. 그래서 눈을 뜨게 된다면 언제나 그곳에 전시되어 있는 지구의 압축된 역사와 그 주민들, 원시 자연 환경 속에 그려 넣은 동물이며 인간들을 내 눈으로 직접 보고 싶었습니다."라고 한 말은 인간의 타고난 지적 욕구와 함께 자연박물관의 의미를 되씹어 보게 했다. 후에 이화여자대학교 자연사박물관에서《자연사 소식》에 실을 원고를 청탁해 왔기에 나는 "헬렌 켈러의 간절한 소망 '자연박물관을 보고 싶다.'를 생각하며"라는 제목의 글을 써 보냈다(이병훈, 2007e).

2007년 4월 말 어느 날 나는 전북대학교의 영어 대화 교수 모임(IFM)의 요청으로 "동물 사회에서의 혼인 선물과 자살적인 성행위(Nuptial Gifts and Suicidal Sex in Animal Society)"에 대해 세미나 발표를 했다(2007. 4. 25.). 인문 사회 계통의 관념적인 주제가 아니라 실제 관찰과 실험에 의거한 동물 사회의 성 행동에 대한 것이어서인지 아니면 인간의 행동에도 시사하는 바가 커서인지 모두들 재미있다고 입을 모았고 실제로 질문도 많아서 발표한 나도 보람을 느꼈다.

'2007 생물학의 해' 칼럼 집필 위원회 진행

2007년 정월에 경북대에 있는 후배 강신성(姜信誠) 교수가 전화를 해 왔다(2007. 1. 22.). 그는 2007년이 국제적으로 '생물학의 해'라서 한국에서 개최할 기념 행사의 대회장을 맡고 있었다(한국생물과학협회, 2008). 사연인즉 3월부터 생물학계의 인사들이 《동아일보》에 칼럼을 쓰게 되어 있는데 이를 책임 맡아 진행해 달라고 했다. 그 일주일 후쯤에 '2007 생물학의 해' 칼럼 집필 위원회 예비 회의가 한국생물과학협회 사무실(과총 건물 내)에서 열렸다(2007. 1. 30.). 이 행사의 사무총장인 박은호(한양대) 교수 주관으로 동아사이언스의 허두영 부장과 과학콘텐츠센터의 장재열 소장이 와서 내용과 일정을 잡았다. 3월에서 10월까지 8명의 필진이 각각 200자 원고지 4매를 격주로 매월 2회 《동아일보》 과학 면에 게재하기로 했다. 그 후 김경진(서울대), 김병진(원광대), 김욱(단국대), 유장렬(생명공학연구원), 이상돈(이화여대), 이현숙(서울대), 오우택(서울대), 유욱준(KAIST) 그리고 내가 이해 3월부터 격주로 10월까지 각자 2회씩 써서 모두 16회가 《동아일보》 과학 면에 「생생 생물학」이란 칼럼 제목으로 실렸다. 그런데 생물 과학 분야의 다양한 영역에서 흥미롭고 시사성 있는 글들이 나왔으나 주어진 분량이 작아 지면의 한쪽 귀퉁이에 끼어 있는데다 격주로 실려 그 효과가 의문시되었다.

이러한 글쓰기 등 여러 가지 사업이 기획된 후 '생물학의 해' 선포식이 조직위원장 하두봉 교수, 대회장 강신성 교수, 사무총장 박은호 교수의 '3두 체재'하에 연말까지 운영될 행사의 시발로 과학기술회관에서 거행되었다(2007. 3. 19.). 김준민, 김창환, 김훈수 교수님 등 원로 교수들과 박성호, 이우철, 김우갑, 윤일병 교수 등을 반갑게 만났다. 본 회의 토론에 들어가 다양한 의견이 개진되었다. 이 행사의 사업들 가운데 출판 사업으로 '노벨 생리학·의학상 수상자 전기/업적집 출판'이 있었다. 그러나 그렇게 되면 진화생물학(분류학, 생태학 등), 지구과학, 천문학 등이 빠지게 된다는 사실에 나는 발언에 나섰다. 스웨덴의 한림원에서 노벨상 대상에서 빠져 있는 분야에 주는 '크라포르드 상(Crafoord Prize)'을 소개하며 그러한 분야들이 제외되는 일이 없도록 일괄 출판하자는 의견을 제시했다. 그러나 답변은 예산상 부득이하다는 이유로 채택되지 못했다. 나의 의견은 당연히 합리적이고 공정한 판단이라고 생각되나 나의 석사 학위를 지도한 하두봉 교수님이 지휘하는 사업인지라 더 이상 한마디 대꾸도 못하고 말았다.

회의가 끝날 무렵에 연세가 90을 넘긴 김준민 교수님이 건배사를 하시는데 카랑카랑한 목소리에 흐트러짐이 전혀 없었다. 다 같이 축배를 드는데 나는 그분의 만수무강(萬壽無疆)을 빌었다. 김 교수님은 그 후『들풀에서 줍는 과학』(지성사, 2006)을 출간하여 한국과학문화대상을 받으시는 등 노익장(老益壯)을 과시하셨으나 얼마 후 노환으로 타계하시어 애석하기 그지없다.

'생물학의 해' 기념 사업의 일환으로 시작된《동아일보》칼럼 시리즈에 나는 "치명적인 섹스"라는 제목으로 원고를 보냈더니 "사랑보다 강한 번식욕"이라는 제목으로 게재되었다(2007. 5. 4.). 두 번째는 진화 과정에 일어나는 '실수'에 대해 썼다.

예를 들어 폐어(肺魚)에선 콧구멍이 일반적인 형태처럼 몸 앞 위쪽에 나 있고 몸 가운데에는 입에서 시작해 몸 길이를 따라 물과 먹이 그리고 공기가 들어가는 통로가 나 있고 부레(허파)가 이 통로 아래의 배 쪽에 나 있다. 그러나 포유류에 이르면 부레가 허파로 변하면서 외부로의 출구, 즉 콧구멍을 찾아 통로의 위쪽에 연결되기 위해 부득이 중간의 통로를 가로질러 올라가야 한다(Futuyma, 1998). 그러니 음식을 삼킬 때 중간의 식도를 잠시 막는 장치가 있어야 한다. 우리가 음식을 먹다가 자칫 사레가 드는 것은 목구멍으로 넘긴 먹이가 폐로 연결되는 기도(氣道)로 잘못 들어갔기 때문이다. 그래서 우리는 들어온 먹이를 내뱉으려고 기침을 하게 된다. 만약 모든 생물을 창조주가 만들었다면 이것은 설계상의 중대한 차질이고 그래서 진화상의 '실수'라고 하는 것이다.

이 글을《동아일보》의 임소형 기자에게 보냈더니 재미있다고 한다. 이 글은 「사레, 맹점, 꼬리뼈, 진화의 사고」라는 제목으로 나왔다(2007. 9. 14.)(이병훈, 2007f). 그런데 바로 이날 박봉희라는 사람이 지적 설계론을 주장하며 나의 이 기사에 항의하는 메일을 보내왔다. 신의 창조를 부정하는 내용이니 그럴 만도 했다. 나는 진화생물학에 관한 책을 읽어 보라고 조언해 주는 것으로 답을 대신했다.

다윈은 39세 때 아버지 로버트 다윈이 병석에서 죽음을 맞이하게 되자 평소에 기독교를 의심하던 아버지의 사후 운명이 과연 어떻게 될까 고민하였다. 성경에 하느님을 의심하면 지옥의 불가마에서 헤어나지 못한다고 되어 있기 때문이다. 그 이듬해에 아버지는 운명하였다. 아버지는 다윈이 공부하고 활동하는 동안 끊임없이 재정 지원을 한 후원자였다. 다윈은 기독교의 그러한 불가마 속 처참한 형벌이 어떻게 한 종교의 교리가 될 수 있을까 의심하지 않을 수 없다. 다시 그 3년 후(1849)엔 딸 셋 중 맏인 앤(Anne)이 성홍열(猩紅熱)에 걸려 앓다가 2년 후에 죽자 다윈의 비탄은 극에 달했으며 나중에 기독교를 포기하고 교회에 나가지 않았다.

이때쯤 나는 칼 짐머(Carl Zimmer)의 『진화(*Evolution*)』(2002) 가운데 마지막 13장 「신에 관하여(What about god?)」를 재미있게 읽었는데 이와 비슷한 내용을 접했다. 창조 과학 논쟁과 지적 설계론의 허구성이 지적되고 찰스 다윈이 10세 된 딸이 죽자 "기독교를 버렸다."는 대목이 나온다. 그런데 우리나라 과학기술계의 대표 학자 모임인 한국과학기술한림원의 전 원장인 정근모 박사는 자식을 잃자 충실한 기독교인이 되었고, 역시 한국에서 대표적인 지성으로 꼽히는 이어령(李御寧) 이화여대 석좌 교수도 자식이 떠난 후 즉시 기독교인이 되어 이 두 분 모두 기독교를 믿고 찬양하는 책 『나는 위대한 과학자보다 신실한 크리스천이 되고 싶다』(정근모, 2010)와 『지성에서 영성으로』(이어령, 2013)를 각각 냈다. 다윈의 경우와 지극히 대조적이니 한국의 기독교와 종교라는 게 이렇게 '막강'한가에 새삼 놀라지 않을 수 없었다.

어쨌든 나는 신에 대한 여러 가지 독서 중에 있었으며 『무신론자의 우주』를 읽고 독후감을 써서 한국과학저술인협회에 투고했음은 전술한 바와 같다(이병훈, 2011d).

이즈음 나는 윌슨 교수가 쓴 『창조물』을 읽었다(우리나라에서는 『생명의 편지』(권기호 옮김, 2007)로 번역 출간되었다.). 「자연연구가를 어떻게 키울 것인가?(How to raise a naturalist?)」라는 대목이 흥미롭고 감동적이다. 나는 어린 시절에 자연 교육이 없이 자랐으니 자연연구가의 소양을 키워 가며 생물학자가 된 것이 아니다. 말하자면 나에게는 순서가 거꾸로 된 셈이었다. 그래도 40여 년간을 대학 교단에서 분류학, 생태학, 그리고 진화생물학을 가르쳤으니 기막힌 노릇이다. '신흥' 국가에서나 이뤄지는 웃지 못할 희극이다!

이때쯤 나는 리처드 리키(Richard Leaky)와 로저 르윈(Roger Lewin)의 『제6의 멸종(The Sixth Extinction)』을 다시 읽고 생물종 멸종의 어두운 장래를 곱씹으며 이 세상의 별난 모습들에 의문을 던지지 않을 수 없었다.

'린네 탄생 300주년 심포지엄' 발표

이듬해인 2008년 봄에 나는 한국과학사학회 학술 간사 이관수 교수로부터 한국-스웨덴 합동 린네 탄생 300주년 기념 국제 심포지엄(2008. 4. 26.)에서 '린네에 대한 한국적 조망(A Korean Perspective of Carl von Linn)'을 발표해 달라는 요청을 받았다(2008. 3. 19.). 딱 한 달 남짓 준비해야 해서 바쁘게 이리저리 자료들을 들춰봤다. 조선 후기 자연학 가운데 생물학사에 관해 영문으로 된 논문이 없는 것 같아 매우 놀랐다. 드디어 서울대의 한 소강당에서 홍성욱 교수의 사회로 내가 첫 번째 순서로 등단하여 발표하고 내려가니 (2008. 4. 26.) 나의 영어 발표가 괜찮았던지 송상용 교수가 "원더풀!" 했다. 후에 나는 이 논문을 다듬어서 《한국과학사학회지》에 「한국에서의 자연학과 PhyloCode의 도전을 받는 린네식 명명법과 분류학(Natural History in Korea and Linnean Taxonomy with His Nomenclature Challenged by Phylocode)」으로 실었다(Lee, 2008a). 원고를 작성하는 동안 사위 신동원(현재 KAIST 교수) 박사와 전북대 과학학과 신향숙 석사가 많은 조언을 해 줬다. 내가 《한국과학사학회지》에 처음 실은 논문이었지만 아마도 한국의 자연학의 역사에 대해 영문으로 쓴 첫 논문이 아닐까 생각된다.

학술지 읽는 즐거움

생활을 지루하지 않게 하고 활기를 불어넣자면 나에게 전공과 취향에 관련된 우편물이 많이 오게 하는 게 한 방법일 것 같았다. 그래서 몇 가지 외국 잡지를 주간과 월간으로 구독 신청한 것은 이미 말한 바와 같다.

프랑스 과학 월간지《연구》에서 론 에이먼드슨(Ron Amundson)의 「발생학의 부활(Le Retour de l'embryologie)」을 읽은 데 이어(2009. 2. 7.) 이즈음엔 에바 야블롱카의 「우리는 새로운 통일 이론을 발견할 것이다(Nous découvrirons une nouvelle théorie unificatirice)」와 리샤르 들릴(Richard Delisle)이 쓴 「우주 차원에서의 자연 선택(La sélection naturelle à l'échelle cosmique)」과 프레데리크 부샤르(Frédéric Bouchard)의 「에른스트 마이어와 종의 정의(Ernst Mayr et la Définition des Espèces)」를 읽은 것도 나에겐 큰 공부가 되었다.

과학 잡지에선 진화생물학, 생물다양성, 그리고 최근에 등장한 진화발생생물학과 후성유전학 관련 기사를 눈여겨본다. 기타 시사 잡지들에선 유럽과 온 세상에서 일어나는 갖가지 사건, 사고, 행사 들을 보았다. 호기심을 끄는 여러 가지가 나를 항상 깨어 있게 한다.

나는 이제 집(과천)에 갈 때 전주에서 수원까지 3시간 가는 기차 여행을 즐기는 듯하다(2009. 2. 2.). 현직에 있을 때엔 너무 지루했다. 그러나 이제 전주와 과천 집을 평균 한 달에 두 번 왕래하는 이 여행은 나에게 논문 읽기와 음악 감상 그리고 운동의 기회다. 무거운 가방을 메고 힘차게 걷기 때문이다. 더욱이 2011년 10월부터는 전라선에 KTX 열차 운행이 시작되어 전주에서 용산역까지 두 시간이면 가서 시간 부담이 별로 없다.

폐물이라 내치지 않고 불러 주는 고마움

전북대 국제교수교류회(IFM)에서 "지구 온난화와 생물다양성(Global

Warming and Biodiversity)"이라는 제목으로 50분간 강의하였다(2009. 3. 19.). 이를 듣고 진상범(독일어학과) 교수가 인문과 자연과학의 결합을 보는 것 같다고 말했다. 듣고 보니 그런 듯했다.

20여 일 후에는 이상태(성균관대학교) 교수의 부탁을 받고 수원의 성균관대학교 대학원생들을 상대로 "한국 동굴산 톡토기에 대해(Cave Animals from Korea)"를 제목으로 그 분류와 진화에 대해서 강의했다(2009. 4. 2.). 나 나름대로 파워포인트 준비를 해 1시간 10분간 강의했는데 30여 명의 대학원생이 들었다.

출판사 '상상의숲'의 황성혜 사장으로부터 전화가 오더니 제임스 나르디(James B. Nardi)의 『토양 속의 생명체(Life in the Soil)』(Nardi, 2007)의 번역 원고를 보내왔다(2009. 4. 10.). 이것을 감수(監修)하고 추천사를 써 달라는 부탁이었다. 이런 청탁도 청탁이려니와 토양 동물에 대한 연구가 한국에선 아직 초기 단계인데 이렇게 훌륭한 안내서가 번역되어 나온다는 게 반가웠다. 그 내용을 읽어 몇 군데 바로잡고 추천사로 「수많은 생물이 살아가는 소우주」(이병훈, 2009d)를 쓰느라 여러 날을 끙끙댔는데, 두 달 후에 『흙을 살리는 자연의 위대한 생명들』(노승영 옮김, 2009)이란 멋진 제목으로 430여 쪽의 두툼한 책으로 나왔다. 예쁘고 깔끔하게 편집한 황 사장의 솜씨가 그대로 묻어났다. 추천사는 나 이외에 후배 박해철(국립농업과학원) 박사도 썼는데 「협력과 동맹으로 이룬 공간」이라는 제목의 글이 아름다운 문장으로 빛났다. 황 사장은 그 후에도 회사 이름 '상상의숲'처럼 자연과 생명에 대한 양서를 계속 내고 있다.

지난 2008년 말에는 출판사 도요새의 하민주 씨가 전화로 『한반도 생태계의 전망』이란 책의 출간을 15명의 필자로 준비 중인데 그중에 「기후 변화와 생물다양성」을 써 달라고 한 적이 있다(2008. 12. 10.). 그러나 그 후 반년이 넘게 아무 말 없다가 이틀 전에 만난 최재천 교수가 나보고 「기후 변화와 생물다양성」에 관해 원고를 써 달라고 했다. 그리고 곧 이메일로 청탁이 왔다

(2009. 7. 5.). 회고록 쓰는 일에 바쁜데 원고 청탁이 들어오니 느긋이 살아야 할 내 노년 생활에 또 다른 긴장거리(스트레스)가 생겼다. 그 후 얼마 동안 나는 이 원고 쓰기에 전력투구하지 않을 수 없었다. 상이군인으로 전주의 진북동에서 살고 있는 동생 병길이 아파 내가 병원을 다니며 돌봐야 하는 일이 겹쳐 바쁘고 고달팠다. 1년 전에 국립생물자원관 개관 1주년 기념 국제 심포지엄에서 발표했던 「기후 변화와 생물다양성(Climate Change and Biodiversity)」이 영문 발표록으로 나온 게 있긴 했지만 이번엔 우리말로 쓰되 기획을 좀 더 심도 있게 잡자니 어렵고 힘들었다. 그래도 드디어 글자 크기 10포인트로 46쪽을 완성해 편집자인 최재천 교수에게 보냈다(2009. 7. 31.). 그 후 어떤 이유에선지 출판사 도요새는 편집에 9개월여를 보냈고 31명의 필자가 참여한 이 책은 이듬해 4월 하순에서야 『기후 변화 교과서』라는 631쪽의 두툼한 책으로 출간되었다(2011. 4. 20.). 처음 말이 나온 지 2년 4개월 만이다. 이해할 수 없을 만큼 참으로 오래 걸렸다. 나로서는 내 주 전공 분야가 아닌 곳에 떠밀리다시피 쓴 글이어서 부족한 점이 많았지만 이 분야 공부도 되어(이병훈, 2011f) 보람을 느꼈다.

내가 관심을 가진 사회생물학과 관련해 하버드 대학교의 윌슨 교수가 데이비드 윌슨과 함께 이미 2년 전에 쓴 「사회생물학의 이론적 기초를 재고하다(Rethinking the Theoretical Foundation of Sociobiology)」(Wilson and Wilson, 2007)를 뒤늦게나마 읽었다(2009. 8. 9.). 저자가 그렇게 칭송하던 해밀턴의 반수배수성에 기초한 혈연 선택과 포괄 적합도(inclusive fitness)에 의문을 제기하는 논문이다. 시대가 변하면 학설도 변하는 법이다. 그러나 반론도 만만치 않아 그 귀추가 주목됐다. 이에 대해서는 앞에 언급한 바 있다.

그사이 장대익(덕성여대, 현재 서울대) 박사가 11월 초에 열릴 '사회생물학 토론회'에서 나보고 "한국의 사회생물학의 회고와 전망" 특강을 해 달라고 메일로 요청해 와(2009. 8. 28.) 두 달 동안 원고 작성에 힘을 다했다. 기일을 이렇게 촉박하게 주는 게 보통이니 한심했다. 다행히 평소에 회고록 쓰느라 사회생물학에 대해 써 놓은 것과 생물학사상연구회에서 읽어 놓은 책들이 있어 도움이 되었다. '회고'를 하라 해서 가볍게 써 나갔더니 글자 크기 10포인트로 58쪽이나 나왔다. 완성된 원고를 장대익 박사에게 보냈다(2009. 11. 1.). 바로 1주일 후 '2009 사회생물학 심포지엄'이 "부분과 전체: 다윈, 사회생물학, 그리고 한국"이란 제목으로 이화여대에서 열렸다(2009. 11. 7.). 전부 7편의 발표가 이뤄졌는데 나의 발표는 청탁해 올 때는 '특강'이라 하더니 발표록 순서에는 제일 먼저지만 '일반 발표'로 되어 있고 주어진 시간도 다른 발표가 20분인 데 반해 나는 15분이었다. 나를 그저 인사치레로 끼워넣은 것 같았다. 그러나 상관없다. 국내에 전공자가 없을 때 사회생물학 소개를 위해 힘쓴 일들을 직접 알릴 기회이니 그것만으로도 다행이다. 여기에서의 발표들은 그 21개월 후(2011. 8.)에 출판사 이음에서 『사회생물학 대논쟁』이란 책으로 출판되었다. 나의 원고는 줄이고 줄여서 61쪽의 「한국에서는 사회생물학을 어떻게 받아들였나? 도입과 과제」로 나왔고(이병훈, 2011e) 그 내용은 이 회고록의 앞부분에 담겨 있다. 쓰느라 고생했지만 결과적으로 단맛이 우러나는 경험이었고 나의 뜻있는 발자국이 될 터였다.

어쨌든 인사나 도리상(?) 그러는지는 몰라도 여기저기서 이처럼 나에게 강의나 글을 부탁해 오니 황송하고 고마울 뿐이다. 그런데 한 가지 분명한 것은 정년 퇴임하면서 휴식과 자유 그리고 꿈을 기대했으나 막상 현실은 그렇지가 않았다. 도무지 가만 놔두질 않았다. 그나마 '폐품 처리'가 안 되었음을 다행으로 여겨야 할까? 불행으로 치부해야 할까?

이즈음 나는 논문과 책 읽기에 골몰했다. 한 줄 한 줄 깨우쳐 나가는 게 즐거울 뿐이었다(2009. 8. 22.). 그런데 이렇게 읽고 발표하는 등 애쓰는 것들이 도대체 무슨 의미가 있을까? 읽고 머리 쓰고 기쁨을 느끼고 그래서 계속 일하고. 결국 일함으로써 만족을 느끼도록 길들여지고 그것이 본능화된, 그래서 인간은 일의 노예로 진화된 때문이 아닐까? 그렇다면 일은 돈과 명예로 이어지는 것으로 보아 부자가 되고 명예를 얻고자 하는 것도 결국엔 인간의 본능으로 보아야 할까? 결국 인간은 타고난 이기주의의 산물인가?

어쨌든 책을 읽으며 공감 가는 부분과 새로운 깨우침에 스스로 감탄하는 것, 그래서 글로 옮기는 것만이 나에겐 최고의 기쁨이고 시간 경과에 값나가는 유일한 보상인 듯하다(2009. 9. 8.). "백발은 무정하여 노년에 들어섰지만, 푸른 등불 아래 책 읽는 재미는 어린 시절과 같다(白髮無情侵老境, 青燈有味似兒時.)."라는 송나라 육유(陸游)의 말이 절절히 다가온다.

가축 생매장에 노여움을 느끼며

2010년 초 구제역이 나돌자 석 달간 정부는 무려 350여만 마리의 소와 돼지를 살처분했는데 그것도 대부분 생매장했다. 축사에서 살다가 맨땅을 처음 밟아 보는 순간 아비규환 속에 죽임을 당한 것이다. 나는 피터 싱어의『동물 해방』을 읽고(2010. 9. 10.) 인간임이 창피하고 분한 생각이 들었다. 나는 비분강개(悲憤慷慨)한 나머지 "동물 복지와 생매장"이란 제목으로 글을 써서 신문에 투고했다. 이 글은 제목이 「이제 동물 복지도 생각할 때」로 개제(改題)되어 나왔다(《동아일보》, 2011. 2. 16.)(이병훈, 2011a). 도대체 지상의 뭇짐승을 지배하라는 성서의 가르침은 이러한 동물 학대의 원죄가 아니고 무엇이겠는가? 이러한 생매장뿐 아니라 동물들이 살아 있을 때의 밀집 사육이 문제이고 더욱이 새끼를 낳은 암퇘지를 옴짝달싹 못하게 좁은 철살 상자(?)에 가두어 키우는 일은 그야말로 목불인견(目不忍見)의 처참 그 자체다.

신문에 내 글이 나가자 남종우, 박형기, 황명택(黃命澤), 하두봉, 송상용 교수와 최동진 대사 등이 잘 봤다며 격려 전화를 해 왔다. 놀라운 것은 농촌진흥청의 민승규 청장이 앞으로 가축에 대한 복지를 최대한 개선하겠다는 간절한 뜻의 메일을 보내온 것이다. 고맙긴 하나 제발 일과성이 아닌 영구적 개선책이 강구되면 좋겠다는 생각이 들었다. 그 몇 년 후 구제역이 다시 돌아 소와 돼지를 많이 살처분하였으나(2014. 1.~2., 2015. 1.~2.) 안락사 조처가 아니라 생매장이었다. 달라진 게 없는듯해 안타깝고 한심하다.

늙을 틈이 없다, 새로 느낀 노년의 기쁨들

늘어난 체중의 '기적'

이날은 나의 신체 역사에 새 장을 연 날이다(2009. 5. 19.). 왜냐하면 이미 앞에서 언급했지만 체중이 평소의 60~62킬로그램에서 1999년 3월에 55.5킬로그램이라는 최하로 내려간 이후 만 10년 만에 평소 체중을 넘어 처음으로 70킬로그램을 상회한 날이기 때문이다(2009. 5. 19., 71.3킬로그램). 이처럼 체중이 늘어난 것은 정년 퇴임 후 스트레스가 훨씬 줄고, 서예를 즐기며 탁구와 수영을 규칙적으로 해 온 덕분인 듯하다. 피부도, 근력도 좋아진 것 같다. 늘 그막의 축복이라 감사할 뿐이다. 한때 배가 등에 달라붙었지만 이제 배가 약간 나와서 여유롭다.

암울하고 참담했던 시기에서 벗어나 아직까지(2014. 3.) 건강한 노경을 맞고 있으니 이 얼마나 큰 축복이고 감사할 일인가!

커피를 다시 즐길 수 있는 기쁨

본격적인 여름으로 들어서서 올해도 절반을 넘긴 시점이었다(2011. 7. 1.). 모처럼 내가 느낀 좋은 소식 하나는 몇 해 전 가을 발칸 여행(10. 7.~18.)을 다녀온 후부터 소화와 변통이 상당히 안정되었다는 것이다. 현직에 있을 때 10여 년 이상 만성 위염을 앓아 약을 달고 살다시피 하고 정서적으로 불안을 면치 못했다. 좋아하던 커피와 술도 끊고 김치도 매워 맹물에 헹궈 먹어야 했다. 이것은 스트레스의 연속인 데다 대인 관계에도 걸림돌이 되었다. 그런데 지난 8개월이 지나도록 속에 큰 탈이 없다. 무엇보다 커피를 다시 즐기게 되어 기뻤다. 원두 커피 분쇄기를 사서 짙은 커피향을 맡으며 내려서 마셨다. 술도 반주(飯酒) 정도로 즐길 수 있다. 이러한 오감 만족 속에 여유와 인생철학을 음미했다. 이것이 사는 맛이 아니고 무엇이겠는가! 그래서 이 여름에는 꽤 더웠지만 '더워야! 올 테면 오라!'는 식으로 겁이 나지 않았다. 5년 전부터 수영과 탁구를 꾸준히 해 온 것이 이제야 효과가 난 걸까? 나에게도 이런 행운이 따르다니! 늘그막에 굴러 들어온 더없는 행운이다.

스마트폰, 태블릿 PC, 아마존 킨들이 주는 풍요

한때 나는 새로 산 스마트폰에 푹 빠졌었다. 실은 몇 달 전에 스마트폰을 샀다가 오타(誤打)가 나는 등 다루기가 힘들어 전에 쓰던 2G폰으로 되돌아갔다. 그런데 그 후에 좀 더 큰 5인치 스마트폰(VEGA V)이 나와 화면이 크고 글씨도 커서 다시 스마트폰으로 돌아갔다(2011. 8. 1.).

스마트폰은 하나의 작은 컴퓨터에 카메라가 장착된 데다 위치 찾기가 되는 등 통신 장비와 카메라 그리고 GPS의 종합 기기일 뿐 아니라 국어, 영한은 물론 프랑스어와 일본어 사전도 내려 받아 쓰고 있으니 그야말로 '휴대용 백과사전'이요 '만병통치'의 마술 상자다. 태블릿 PC인 'Nexus 7'을 사면서 와이파이가 안 닿는 곳에서도 인터넷이 가능하도록 'egg'를 샀더니 그야말로 무소불위(無所不爲)요 무소부재(無所不在)다. 교보문고, 인터파크 등에서 전자책을 사서 '무한정' 담을 수 있다. 나는 아마존 킨들을 사서 여러 가지 전자책도 읽고 있다. 원서를 읽다가 모르는 단어가 나올 때엔 그 단어에 커서를 갔다 대면 단어 풀이가 뜨고 음성 읽기를 터치하면 단어의 발음이 들리고 게다가 읽기에 들어가면 책을 읽어 주기까지 한다. 더욱이 내가 갖고 있는 데스크톱 컴퓨터, 노트북, 넥서스 7, 스마트폰 모두에 구글 안드로이드(Google Android) 운영 체제가 깔려 있어 어떤 한 기기에서 이메일을 써도 나머지 기기들에도 그대로 입력되어 내가 집을 떠나 어디에서나 불편 없이 통신을 할 수 있어 편리하기 그지없다.

최근엔 프리 비디오 렉쳐(FreeVideoLecture, freevideolectures.com)에 들어가면 MIT나 하버드를 비롯해 40여 개 유명 대학의 강의를 듣고 볼 수 있어 나는 요즈음 분자생물학 강의를 듣고 있다. 칸 아카데미(Khan Academy) 같은 강의 전문업체에서 보는 학술 강의는 좀 더 이해하기 쉽게 되어 있다. 게다가 TED(www.ted.com)에 들어가면 『정의란 무엇인가?(*Justice: What's the right thing to do?*)』의 저자 마이클 샌델(Michael Sandel), 『21세기의 자본(*Le Capital au XXIe siècle*)』으로 한참 이름을 날리고 있는 토마 피케티(Thomas Piketty), 『마음은 어떻게 작동하는가』의 스티븐 핑커 등 저명한 학자를 마주 대하면서 그들의 새로운 이론을 압축된 강의로 들을 수 있다.

이 외에도 나는 국내의 각종 다큐멘터리들과 동영상 강좌들을 통해 예전에 미처 읽지 못한 고전들을 개념적으로라도 따라잡는다. 팟캐스트로 명강사들이 펼치는 『조선왕조실록』 해설은 흥미진진하기 그지 없다. 게다가 집 거실에 있는 텔레비전 뒤쪽의 단자에 크롬캐스트(Chromecast)를 달았더니 스마트폰이나 태블릿 PC에 뜨는 온갖 동영상과 강좌를 큰 텔레비전 화면과 스피커를 통해 생생하게 듣고 볼 수 있다. 실로 '기회'는 무궁무진하다. 나의 노년기가 이처럼 영상과 정보의 바다를 누빌 수 있는 인터넷 시대와 맞아떨어졌다는 게 나에겐 더 없이 큰 축복과 행운으로 여겨진다. 늙어서의 무료(無聊)함을 느끼기는커녕 배움과 깨우침의 희열을 만끽할 수 있으니 '늙을 틈이 없다.'는 게 나의 요즈음 소감이다. 그러나 중요한 건 건강이다. 나의 이러한 첨단 기기 사용은 초기에는 같은 과의 박승태 교수 덕분이었고 요즈음은 박 교수와 더불어 사위 신동원 박사가 가르쳐 주고 있다.

이래서 과학기술의 발전은 문화적 발전을 가속화하고 문명 발달과 함께 환경이 바뀌면 인간의 뇌는 그를 따라잡고 적응하느라 더 발달하는 것 같다. 최근의 디지털 환경의 출현과 변화를 보면서 나는 인간과 기계의 공진화를 실시간으로 보고 있다는 느낌을 받는다. 내가 만약 앞으로 10년을 더 산다면 세상은 어떻게 달라질까? 상상 불허다.

퇴임 후 다시 만난 톡토기의 인기

'한국 곤충분류학의 역사' 기조 강연

고려대학교 한국곤충연구소의 배연재 소장이 전화를 해 왔다(2011. 9. 7.). 오는 10월 27~28일에 한국곤충학회가 열리는데 "한국 곤충분류학의 역사"로 기조 강연을 해 달라고 했다. 내 대답은 "내가 정년 퇴임한 지가 꼭 10년이 넘어 내 앞에 자료와 인력이 없는데 어떻게 하겠는가?"였다. 그것도 기조 강연인데 준비 기간이 겨우 두 달이어서 더욱 그렇다고 했다. 나의 거절에 배 교수는 그만 의기소침한 듯 힘없는 목소리로 난감하다며 전화를 끊었다. 그런데 생각해 보니 후배가 필요해 현직을 떠난 지 10년이 넘은 이 '고물'에게 그래도 쓸모가 있다고 도움을 청하는데 이유야 어떻든 거절한다면 도리가 아니지 않는가? 경험을 먼저 쌓은 선배라면 후배가 필요할 때 도움을 주어야 하는 게 당연하지 않은가? 몇 시간 후 나는 배 교수에게 전화를 걸어 무슨 해결 방책을 찾았느냐 물었더니 그냥 적당히 하는 수밖에 별 도리가 없다고 했다. 나는 결국 생각을 바꾸어 1989년에 한국생물과학협회 심포지엄에서 내가 발표한 "한국의 동물학사" 속에 광복 이후 44년간의 곤충분류학 논문들 350여 편을 분석한 것이 있으니 그 이후 2010년까지 22년간을 추가하면 되겠는데 배 교수가 대학원생으로 도움을 준다면 해 보겠다고 하니 좋다고 했다. 그래서 그때부터 '불가능을 가능으로 만드는 작업'에 다시 뛰어 들게 되었다.

대학원생 강효정 양과 학부생 백학명 군이 나의 안내에 따라 구체적 작업에 들어갔다. 나는 1989년 논문(이병훈, 1989a)에서, 곤충분류학 논문들을 분류학 수준, 사용한 테크닉의 난이도, 그리고 에른스트 마이어가 설정한 방법론 등 이 세 가지(진화분류학, 수리분류학, 분지분석계통학) 방향에서 규정 짓고 이 각각을 기초 연구와 심화 연구로 구분하여 연도별 논문 수와 함께 분포의 변동을 밝혀낸 바 있다. 이 모델에 따라 1989년부터 2010년까지 22년간 발표된 논문들 600여 편을 분석해 그 결과를 선행 연구와 종합하면 되는 일이었다. 그러나 600여 편의 논문을 세 방향에서 규정 짓는다는 게 결코 쉬운 일이 아니었다. 봐야 할 논문이 꽤나 많았기 때문이다. 1989년의 선행 연구까지 합치면 1,250여 편을 총괄해야 했다. 그런데 이 일에 동원된 두 학생은 학회 1주일 전까지 일을 해냈고 나머지 1주일 사이에 파워포인트 자료 작성과 제작 그리고 요지 작성을 마쳐 심포지엄 요지록 제작 마감에 겨우 댈 수 있었다.

나는 학회 첫날(2011. 10. 28.) 기조 강연으로 "한국 곤충분류학의 발달사와 관정 조복성 교수 조명"을 발표했다(이병훈, 2011g). 마침 청중 속에서, 이 학회 서두에 축사를 해 준 국립생물자원관의 안연순 관장이 내내 경청했다. 곤충의 32개 목 중에 한국에서 보고된 적이 없는 목이 8개나 된다는 사실을 알고 관장으로서 무슨 생각이 들었을까? 나에게 강연을 청했던 배연재 교수는 이번 강연이 성공이라며 만족해 했다. 글쎄, 번갯불에 콩 구어 먹듯 벼락치기 작업을 한 결과가 그렇다니 이것은 거의 기적에 가까운 일이었다. 한국의 심포지엄 준비의 고질적 생태가 나의 9월과 10월을 모두 앗아 간 결과는 이렇게 끝났다.

"톡토기의 다양성과 신과 Gulgastruridae 창설에 대하여" 특강

지난 가을에 한국곤충학회에서 기조 강연을 하고 나서 얼마 후 이번엔 '고려대학교 계통분류학 세미나'에서 나에게 역시 기조 강연을 부탁해 왔다.

이 대학에는 과거 조복성 교수, 박만규 교수, 김창환 교수 등 쟁쟁한 대한민국 1세대 분류학자들이 가르친 전통이 있다. 그러나 분류학에 대한 인식 부족과 소홀로 김 교수님의 정년 퇴임 이후 침체기를 걷다가 생물다양성 이 시대적 이슈로 떠올라 분류학이 부활하면서 생명과학대학에 있는 김기중 교수와 배연재 교수 등 중진 분류학자가 이 세미나를 만들어 이번이 벌써 6회째에 이르렀다. 나는 이번 세미나의 조직 책임자인 배연재 교수의 부탁으로 나의 전공인 톡토기를 주제로 "톡토기의 다양성과 신과 Gulgastruridae 창설에 대하여"란 제목으로 세미나 발표를 했다(2012. 1. 13.)(이병훈, 2012).

고려대의 세미나 현장엔 30명은 족히 되어 보이는 대학원생들과 교수들이 모였다. 나는 그간 만든 파워포인트 슬라이드를 비추며 톡토기의 계통적인 위치와 형태적 다양성을 말한 데 이어, 히말라야산 톡토기 일종(*Paleonura spectabilis*)의 침샘 거대 염색체의 핵형 결정과 변이, 그리고 혹무늬 톡토기 일종(*Bilobella aurantiaca*)의 스페인산과 프랑스산의 침샘 거대 염색체의 변이성과 두 개체군 사이의 비교를 말하면서 외부 형태의 단순성에 비해 염색체 수준에서 차이와 다형 현상이 발달한 데 대해 일종의 '은밀한 종 분화(cryptic speciation)'의 사례가 아닐까 하는 평소의 생각을 피력하였다. 아울러 내가 보고한 2신속, 1신아과를 소개하고, 탈피 주기 조사, 연중 집단 동태 조사에 의한 생식 주기 분석, 효소 분석, 18S rDNA 분석의 결과 참굴톡토기는 보라톡토기과보다는 어리톡토기과에 가까울뿐더러 기존 분류군과의 사이에 상당한 분화(divergence)가 일어나 신과의 범주가 타당함을 증명함으로써 톡토기 공식 홈페이지에 등재되었음을 말했다. 발표가 끝난 후 몇 가지 질문이 있었고 모두 진지하게 들어주어 나로선 흡족했다. 다만 정년 퇴임한 지 11년이 지난 후에도 이렇게 젊은 대학원생들 앞에 선 것이 다행스럽고 꿈만 같았다고나 할까, 내 마음은 그저 뿌듯하기만 했다.

나의 이러한 강연 후엔 국립생물자원관의 이병윤, 최원영 박사, 농촌진흥청의 성기호 박사 그리고 지렁이 전공인 호주의 로버트 블레이크모어(Robert

Blakemore) 박사, 서울대의 임영운 박사, 예일 대학교의 이해림 박사 등이 다양한 접근의 흥미로운 방법을 쓴 주제들을 발표했다. 모두가 끝난 다음 대학 근처 한 식당에서 푸짐한 저녁 식사를 했는데 최근부터 대학 당국의 재정 지원을 받아 잘되고 있다고 했다. 분류학에 이런 시대가 오다니 참으로 감개무량하고 격세지감이 느껴질 뿐이었다. 내가 예기치 못한 또 하나의 낭보는 배연재 교수 연구실의 석사 과정 장규동 군이 톡토기의 계통분류학을 전공으로 잡아 내가 그 지도를 맡게 된 점이다. 정식 지도 교수로서는 아니지만 '폐기 직전의 고물'에게 이런 요청이 오다니 나에겐 행운이었다. 내 건강이 허락하는 한 최선을 다해 가르칠 것이다.

"톡토기의 계통분류학과 신과 Gulgastruridae 창설에 대하여" 특강

그리고 나서 석 달 후쯤에 이번엔 같은 고려대학교 생명과학대학 내에 있는 환경생태공학부의 조기종 교수로부터 세미나 의뢰가 왔다. 조 교수는 다양한 생물을 재료로 독성 실험을 하는데 그중에 내가 프랑스에서 한국산 톡토기를 분류하면서 신종으로 보고한 김어리톡토기(*Onychiurus kimi*)를 대량 사육하면서 연구해 여러 편의 좋은 논문을 냈다. 이 톡토기의 학명 중 *kimi*는 나의 박사 논문 지도 교수인 김창환 교수님의 성 '김(Kim)'을 의미하며 그분에게 헌정한 것이다. 나로선 더 이상 기쁠 수 없는 일이었다. 나는 10여 명의 대학원생들 앞에서 "톡토기의 계통분류학과 참굴톡토기 신과 (Gulgastruridae n.fam.) 창설에 대하여"를 발표했다(2012. 4. 13.). 그러나 실은 지난 1월에 한 발표와 같은 내용이었다. 독성학을 연구하는 학생들에게 직접 참고되는 이야기를 해 주지 못해 미안했으나 전공 밖이니 어쩔 수 없었다.

"톡토기의 생태와 분류" 특강

이번 세미나는 건국대학교 환경과학과의 독성학 전공인 안윤주 교수의 부탁으로 시행되었다. 수년 전에 나에게 톡토기 동정을 의뢰해 와 동정해 준 결과 밝혀진 꼬마흑무늬톡토기(*Lobella sokamensis*)를 재료로 대량 사육하면서 독성 실험에 쓰고 있었다. 그 후 내가 러시아 모스크바 사범대학의 포타포프(Mikhail B. Potapov) 박사로부터 받아 온 장님마디톡토기(*Folosomia candida*)를 일부 분양해 주었더니 역시 잘 키우면서 실험에 쓰고 있었다. 이번 세미나는 고려대학교에서와 조금 달리 "톡토기의 생태와 분류"를 주제로 했다. 내가 생태학에 대해 약간 공부하고 나의 톡토기 계통 분류 과정에서 실험도 해 보았으나 발표를 하자니 추가 공부가 필요했다. 나는 급한 대로 우선 스티븐 홉킨(Stephen Hopkin)이 쓴『톡토기의 생물학(*Biology of the Springtails*)』(Hopkin, 1997)에서 생태 부분에 나오는 도표와 그래프를 따서 파워포인트 자료를 만들어 톡토기의 분류에 대한 기존 자료에 추가했다. 대학원생 등 30여 명을 앞에 두고 나는 이 제목으로 1시간 30분을 강의했다(2012. 5. 17.). 몇 가지 질문을 받고 강의를 끝낸 후 안 교수의 실험실을 둘러봤다. 톡토기뿐 아니라 선충, 물고기 등 다양한 생물을 키우며 독성학 실험에 쓰고 있었다. 여러 명의 대학원생을 지도하며 각종 연구를 지휘해 나가는 안 교수의 능력을 높이 사지 않을 수 없었다.

톡토기의 뒤늦은 '인기'의 비결은?

나는 이처럼 뒤늦게 찾아온 톡토기의 '인기'에 놀랄 뿐이었다. 톡토기를 재료로 한 각종 연구는 물론이고 톡토기의 계통분류학을 공부하겠다는 대학원생들이 나타나니 크게 보면 '생물다양성 시대'의 도래와 '지구 온난화'의 덕택이었다. 또한 작게 보면 내가 박사 지도 교수를 잘 만나 남이 거들떠

보지도 않던 토양 속의 '미물(微物)'을 공부해 둔 덕택이기도 했다.

톡토기는 앞에 말한 것처럼 지구상 살지 않는 곳이 거의 없다. 그러나 몸이 매우 작고 다루기 힘들어 '무시'당하고 있었기 때문에 많이 보고되지 않았다. 그러나 그만큼 새로운 분류군, 즉 신종이나 미기록종이 발견될 확률이 높다고 볼 수 있다.

한편 이 톡토기가 독성 시험에 많이 쓰이고 있는 것은 어떤 독성 물질이 실험실에서 사육 중인 톡토기에 어떤 영향을 주는가를 알아내 독성 물질이 자연 환경에서 어떤 영향을 미칠 수 있는가를 예측할 수 있는 이점(利點)이 있기 때문이다. 즉 어떤 독성 물질이 자연계에 살포되기 이전과 이후에 톡토기에 어떤 영향을 주는지 미리 조사해 그 유해성의 여부와 정도를 알아낼 수 있다. 아울러 톡토기는 여러 가지 식육성(食肉性, carnivorous) 동물의 먹이가 되므로 생태계 영양 단계를 따라 에너지가 어떻게 전달되는지 조사할 수도 있다. 이러한 문제는 오늘날 환경 문제가 날로 심각해짐에 따라 인간과 자연의 안전을 지키는 차원에서 특히 주목받고 있다. 독성 물질로는 각종 살충제, 제초제, 살균제, 카드뮴, 구리, 아연, 그리고 대기 오염 물질에 이르기까지 매우 다양하다. 더욱이 지구 온난화가 진행되면서 톡토기 군집이 어떻게 반응하는지, 지표종(指標種, indicatior species)으로서의 가치는 얼마나 발휘되는지 조사와 연구가 매우 다양하게 이뤄지고 있다. 말하자면 지구상 환경 문제와 온난화 문제가 심각해질수록 톡토기는 비교적 짧은 생활 주기와 탈피 주기로 말미암아 더욱 적절한 연구 재료로 주목을 받을 것이다. 실제로 OECD 등 몇몇 국제 기관에서는 장님마디톡토기(*Folosomia candida*)를 독성 조사 표준종으로 채택하여 두루 활용하고 있다.

한반도에는 현재 250여 종의 톡토기가 알려져 있는데 극히 일부 채집된 부분에서만 나온 결과이며 앞으로 채집 범위를 넓힘에 따라 훨씬 많은 종들이 발견될 것이다. 이웃 일본에 380여 종, 광대한 중국에 220여 종에 불과하다는 것은(곽지섭, 2011) 새로 발견될 분류군이 무궁무진함을 말해 준다. 특히 최근 지구의 환경 유지상 지중(地中) 생태계의 기능과 식품 안전성이 중요시되면서 유엔은 2015년을 '국제 토양의 해(International Year of Soils)'로 정해 (www.fao.org/soils-2015) 각종 행사를 벌이고 있다. 토양 내 생물이 지구 생물 다양성의 4분의 1을 차지한다는 의미에서뿐 아니라 토양이 대기 중 탄소를 막대하게 저장한다는 점에서 지구 온난화 억제에 큰 역할을 수행해 토양 속 미생물을 비롯한 각종 무척추동물의 기능과 작용이 그 어느 때보다 중요시되고 있다. 그러나 이들에 대한 정보와 지식이 매우 부족해 토양 생물에 대한 분류학, 생태학, 독성학 등이 미개척의 처녀림 같은 기회의 '블루 오션(blue ocean)'이 되고 있다.

나의 공부와 글쓰기를 종합한다면

이제 그간에 내가 행한 연구와 글쓰기 활동을 종합해 보기로 한다. 현재 (2012. 9.)까지 논문 140여 편에 비논문(非論文: 학회 소식지와 신문, 잡지 등 대중 매체에 쓴 글) 190여 편을 썼으니 모두 합치면 330여 편이 된다.

연도별 출판 빈도를 그래프로 나타내니 다음 쪽의 표와 같다. 논문은 1973년에 프랑스 학술 잡지에 처음 낸 이후 정년 직후인 2004년까지 모두 140여 편인데 연간 발표 편 수가 들쭉날쭉하다. 1989년부터 1999년까지 13년간은 연 5편 이상이었는데, 그중에서도 1991년부터 1996년까지 6년간은 연 7편 이상 발표한 '전성기'로 나타났고 1994년에 11편을 발표해 최고 편 수를 보였다. 나의 주 전공인 톡토기의 계통분류학에 대한 논문이 가장 많이 발표된 해는 5편이 나온 1995년이다. 내가 연구 책임자로 김원(서울대) 교수 및 고홍선(충북대) 교수와 공동으로 톡토기의 분자계통분류학을 과제로 한국과학재단으로부터 3년간 연구비 지원을 받아 수행한 결과가 여러 편의 논문으로 나왔기 때문이다. 나의 논문 발표 '전성기'였던 1991~1996년은

이병훈 발표 도서, 논문 및 비논문 연도별 빈도

도서 20건, 논문 140건, 비논문 190건, 총 350건

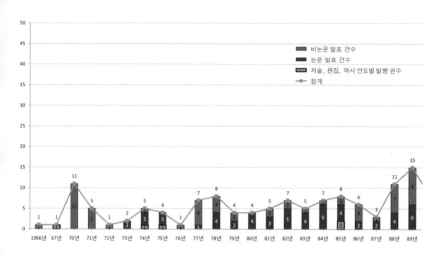

연도

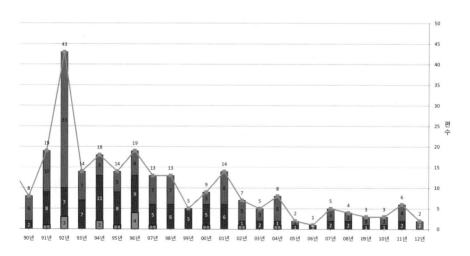

연도

내 나이 54~60세였다. 연간 논문 최고 11편을 낸 1994년에는 내 나이 57세였다. 내가 전북대학교에 와서 정착한 것이 1975년으로 40세였으니 그로부터 15년 넘게 지난 후다.

전북대 재직 기간을 포함한 전체 연구 기간에 발표한 논문 중에 톡토기의 다양성과 계통분류학에 관해 발표한 논문은 55편이었고, 기타 분야로 생물다양성, 환경 교육, 진화, 사회생물학 분야에서 쓴 논문을 합치면 앞에 말한 바와 같이 모두 140편이다. 지방 대학의 열악한 조건에서나마 이렇게 비교적 여러 편의 논문을 낼 수 있었던 것은 내가 프랑스에서 연구 생활을 하고 전북대학교로 온 다음 1990년 정월에 한국과학재단 국제협력위원으로 위촉되어 2년간 위원직을 수행하면서 과학재단에 잘 알려진 탓도 있고 또 부임 초기부터 전북대학교 부설 과학교육연구소장을 하고 그 훨씬 후엔 부설 한국생물다양성연구소장을 하면서 교육부와 과학기술부로부터 부과되는 연구 과제를 의무적으로 수행한 덕분이기도 할 것이다.

한편 비논문으로 쓴 190여 편 중에는 일간지(《동아일보》,《조선일보》,《한국일보》,《한겨레》,《중앙일보》,《서울신문》)에 기고한 논단 22편이 들어 있는데 대부분 국립자연박물관 건립을 촉구하는 글이고 그 밖에 생물다양성 보존에 이어 동물의 행동과 진화에 관한 이야기다. 기타로 창조 과학 비판, 동굴생물학과 동굴 생물의 보존, 각종 국제 학회와 모임 참관기, 그리고 정년 퇴임 후의 여행기들이 있다. 연도별로는 논문과 비논문을 합쳐 1992년에만 40편을 낸 것이 최고였는데 이해에는 《동아일보》에 「행동으로 본 동물 세계」를 매주 또는 격주로 연재했기 때문이다. 당시 내 나이 55세였다.

흔히 창의력의 정점은 20대 후반에서 50대에 걸쳐 나타나고 추상화 능력과 구성 개념 능력은 그 절정기가 50대에서 80대라고 한다. 많은 학자와 예술가, 정치가들이 80 고개를 넘어서도 인류 역사상 기념비적인 대업(大業)을 이룩한 사례는 많다. 최근에 캐나다의 퀘벡 대학교 일부 교수들이 1만 3700여 명의 대학 교수들이 2000년부터 2007년까지 발표한 연구 논문을 조사,

분석한 바에 의하면 교수들은 인문과 과학을 통틀어서 생산성은 28~40세에 급격히 증가했고 그 후 41~50세에는 완만한 증가세를 보이다가 정년이 되기까지 안정세를 유지했다(Gingras et al., 2008). 흔히 과학자들의 창의적 연구가 젊은 나이에 잘 나타난다고 하는 통념과는 달리 인용도가 높은 잡지와 논문에 인용되는 빈도는 55세 이후 정년 때까지 꾸준히 증가했다. 이 과학 성취도 조사 논문에 따르면 과학자들은 55세가 넘은 후에도 수준 높은 논문을 계속 발표하여 과학계에 공헌한다. 연구가 활발한 교수들은 60대에 들어서도 연평균 3편의 논문을 발표했다(Brumfiel, 2008). 이러한 자료들은 나이든 과학자들이 젊은이들 못지않다는 뜻이며 질적으로는 더 나은 연구를 하고 있기도 하다는 뜻이다. 감히 여기에 견줄 수 있을까마는 나의 논문 발표 최성기가 54~60세였으니 크게 빗나가지 않는 것 같다. 불행히도 한국에는 이러한 메타 조사가 아직 없어 어떤 비교도 할 수 없으나 초기의 열악한 환경에서 급격한 개선을 본 한국의 현대사에서 어떤 패턴이 나타날지 매우 궁금하지 않을 수 없다.

이런 점에서 한국에서는 교수들이 정년인 65세가 되면 연구실에서 무조건 쫓겨나고 연구비 신청 기회도 없어지는 현실은 문제가 아닐 수 없다. 미국에서처럼 교수의 희망과 능력에 따라 연구가 보장되는 제도적 개선이 필요하지 않을까?

이제 와 되돌아보면 나는 톡토기의 다양성과 계통분류학 그리고 진화생물학이 주 전공이었지만 부득이하게 과학 교육, 환경 교육에 대해 논문을 쓰고 기타 생물다양성, 생물학사와 자연박물관에 대한 글을 많이 썼다. 결과적으로 마당발식에다 팔방미인격으로 잡탕 연구를 한 셈이다. 따라서 한 우물을 깊이 파는 지조(志操)가 없었던 점을 탓할 수도 있겠지만 대학과 사회적 여건이 그렇지 못했다고 한다면 지나친 변명일까? 이것저것 기웃거리는 나의 방만한 호기심에도 책임이 있을 것이다. 그러나 이러한 천방지축(天方地軸)의 섭렵이 결국엔 나의 생명관과 자연관을 구축하는 데 복합적으로 기여한 듯해 특별히 아쉬움이나 후회는 없다. 다만 우리 한국에 국립자연박물관이 없어 계통분류학자들이 기준 표본을 보관할 장소도 없다는 결정적 장애를 타개하고자 1990년부터 그 설립 운동에 뛰어들어 20여 년간 지나치게 많은 시간과 정력을 쏟았다. 예를 들면 여기에 관련해 40여 년 전인 1970년부터 오늘날까지(2013. 9.) 쓴 글은 논문과 비논문 50여 편과 책 2권이 있다. 만약 국립자연박물관 건립 운동을 하지 않고 톡토기 연구에만 힘썼더라면 업적의 판도가 달라졌을 것이다. 그러나 나는 늦게나마 진화생물학과 사회생물학을 공부하면서 얼마나 생명의 신비와 인간 이해에 다가섰던가? 내가 배우고 깨우치면서 누린 기쁨과 설렘은 톡토기 연구의 미진함을 넘어서고도 남는다고 생각된다.

학문하는 사람은 "논문으로 말한다."라는 사람도 있고 "저서로 말한다."라는 사람도 있다. 만약 후자로 말한다면 나는 저술, 번역, 편집을 합해 20권밖에 되지 않는다. 그러나 나는 진화생물학 가운데 사회생물학에 매료되어 공부하는 의미와 기쁨을 누린 것에 더불어 나라 안에서 누구보다 앞서 새로운 학문 조류를 접하고 도입해서 보급했다면 그것도 값진 일이며 보람일 것이다. 나는 계통분류학의 한 방법론으로서 구미에 새로 등장한 분지계통학(phylogenetic systematics 또는 cladistics)을 국내에 처음으로 소개, 발표하고(이병훈, 1985) 이 방법을 톡토기에 세계에서 처음 적용해 논문으로 발표(Lee B.-H., 1985a)하였다. 그 후 이 분지계통학이 한때 수리분류학(numerical taxonomy 또는 numerical phenetics)과 경쟁 관계에 있었으나 오늘날까지 분류학과 진화생물학에서 필수적인 방법으로 두루 보편화되었음은 주지의 사실이다.

한편 나는 생물다양성의 개념을 한국에 처음으로 소개하고 이에 관련된 논문 70여 편(톡토기의 계통분류학 논문 포함)과 비논문 50여 편을 써 학계와 대중 홍보에 힘썼다. 그러나 한국에 생물다양성에 관한 협의체가 없어 이를 주제로 한 한국생물과학협회 주최 심포지엄 '생물다양성의 위기 현황과 과제'를 조직했으며 그 협의체인 '한국생물다양성협의회' 창립을 주도했고, 생물다양성에 관한 국가 간의 공동 세미나로서 '한국과 헝가리 간' 및 '한국과 폴란드 간' 공동 회의 추진으로 한국과학재단의 동구권 국가 진출의 교두보 확보의 개척자로 나섰으며 이 두 나라와의 세미나에서 한국 측 대표로 회의를 주관했다. 한국과학재단의 이러한 시도는 동남아 쪽으로도 추진되어 태국 국가과학위원회와 접촉하여 최초로 한국-태국 간 공식 협동 연구를 이뤄냈다. 다시 말해 동구권과 동남아권과의 협력 사업 개척에 선두 주자 역할을 한 셈이다.

이어 한국생물다양성협의회 회장 및 전북대학교 부설 한국생물다양성연구소 소장으로서 동아시아 및 미국 등 13개국이 참여한 대규모 국제 심포지엄을 조직하고 주관했다. 이 밖에 이에 관한 연구소를 국내 최초로 전북대학교에 창설하고 개소 기념 국제 심포지엄을 열었다. 한편 앞의 국제 회의를 주최한 후 국제생물과학연맹(IUBS) 산하 생물다양성 사업(DIVERSITAS)의 각종 회의(호주 다윈, 그리스 크레타, 런던, 뉴욕)에 초대되어 참여하고 발표했으며 국내에 소개했다. 결과적으로 생물다양성을 한국에 도입하고 그 연구를 국제화하는 데 힘썼다.

그 10여 년 후에 국립생물자원관이 환경부 산하에 발족되어(2007. 10.) 한반도 생물다양성 연구에 박차를 가하게 된 것은 나로선 더없이 기쁘고 반가운 일이었다.

내가 한 일 중에 (1) 계통분류학의 분지분석법 국내 도입과 (2) 생물다양성 국제 협력 추진과 시행에 이어 세 번째를 꼽으라면 보수적 신다윈주의로 분류되는 (3) 사회생물학의 국내 도입을 들 수 있다(이병훈, 1992, 1994c, 2011e; 이진희 등, 2014; 전중환, 2010). 우선 하버드 대학교 윌슨 교수의 『사회생물학: 축약판』을 공역으로 출간했다(Wilson, 1980). 진화생물학에 새로운 패러다임을 구축한 사회생물학은 그 내용이 복합적이고 범학문적이어서 번역이 매우 힘들었다. 그런데 독일에서 사회생물학으로 박사 학위를 한 박시룡 교수와 협조해 가며 번역하였다. 이어 사회생물학에 관한 책도 썼다(이병훈, 1994). 어쨌든 사회생물학은 지난 40여 년 사이에 현대 진화생물학의 한 주류로 자리 잡았다. 그 후 이를 미국에서 전공하고 돌아온 소장 학자도 나왔다. 이제 사회생물학을 빼놓고는 진화를 이야기할 수 없고 인간의 행동거지(行動擧止)를 설명할 수 없게 되었다. 물론 앞에 말했듯이 사회생물학에 대해 인문·사회 계열의 반대가 거센 상황이지만 그 수용은 시간문제일 것이다.

한편 나의 주 전공인 톡토기의 다양성과 계통 진화에 대한 연구를 요약 한다면 이미 앞의 1장에서 말한 바지만, 톡토기 등의 토양 동물 100신종을 밝혀내고 여기에서 2신속, 1신아과 및 1신과를 창설했음을 들 수 있다. 특히 1신과를 창설하는 데는 한국 동굴산 톡토기 1종(참굴톡토기(*Gulgastrura reticulosa*))의 외부 형태, 전자 현미경적 관찰, 탈피 주기와 온도 저항성, 집단 동태 조사를 통한 생식 주기 분석, 전기 영동에 의한 효소 분석으로 대립 유전자형의 구성과 빈도 확인, rDNA의 염기 서열 분석 등 다각적 연구를 수행 해 각각 발표하고 거기서 얻은 자료들을 종합, 분석함으로써 통합적으로 접근해 신과(新科, new family)에 대한 타당화(validation) 작업을 하여 두루 발표 했다(Lee and Thibaud, 1998).

바꿔 말해 토양 및 동굴산 톡토기의 분류와 계통 진화에 관한 연구와 강 의를 통한 교육과 더불어 생물다양성, 사회생물학, 분지계통학 등 새로운 학 문 조류의 국내 도입을 이뤄 냈다. 이 외에도 국립자연박물관 건립 추진과 생 물다양성 보급 및 국제 협력을 추진해 실현했고, 후자의 두 가지에 관해서는 나의 첫 번째 회고록 『한국에서의 생물다양성과 국립자연박물관 추진의 현 대사』에서 밝힌 바 있다(이병훈, 2013).

그런데 이렇게 작업한 연구와 강의 그리고 글쓰기의 궁극적인 의미는 어 디에 있는가? 나의 생명관, 자연관, 그리고 우주관의 구축에 있고 결국엔 자 아 발견 탐색의 궤적을 그려왔다고 본다. 그러나 일 자체를 허겁지겁 서둘러 진행하느라 그것들이 의미하는 바와 함의를 곱씹어 가치를 드러내고 그 바 탕 위에 미래를 전망하면서 스스로 방향타를 조종하는 사려 깊은 진행에는 미치지 못했다. 많은 독서로 지식 자원을 풍부히 하고 과학사와 과학철학을 천착해 배경 지식의 거울로 삼았더라면 과학하는 기쁨과 논문의 깊이가 좀 더 달랐을 것이다. 그래서 아쉬움이 크다. 그것이 '우물 안 개구리' 식의 답답함과 편견을 벗어나 학문을 즐기면서 할 수 있는 지혜로운 길이 아니었을까? 학문은 분명 앎과 지혜의 기쁨을 주지만 큰 돌덩이를 산꼭대기로 계속 굴려올려야 하는 시시포스의 고행(苦行)과 다를 바 없다. 공부와 학문은 흐르는 강물을 거슬러 올라가는 배와 같아서 계속 나아가지 않으면 후퇴하기 때문이다(學如逆水行舟 不進則退).

생물학사상연구회와
관산곤충연구회 활동

정년 퇴임 후에 나의 지적(知的) 자산을 유지하고 최신화(updating)를 하는 데는 끊임없는 탐구와 연찬이 필요했다. 아울러 지적 호기심을 자극하여 나를 계속 성장시키는 데는 적당한 긴장도 필요했다. 그러나 종래에 연구하던 톡토기의 분류와 진화는 정년 퇴임과 더불어 따라온 현미경 관찰력 저하와 필요 시설 사용 여건의 불비로 불가능해졌다. 수십 년간 익숙했던 지적 환경으로부터 쫓겨나다시피 갑자기 벗어나고 보니 나에게 맞는 새로운 지적 환경을 구축해야 할 필요성이 절실해졌다.

그래서 택한 것이 바로 책 읽기로 하는 공부였다. 내가 평소 하고 싶었던 생물학사(生物學史)와 진화생물학 공부를 위해 '생물학사상연구회'의 시작에 들어섰다(2000). 다른 한편으로는 나의 박사 과정 지도 교수 관정 조복성과 규산 김창환 두 분의 곤충학을 받들고 계승하고자 창립된 '관산곤충연구회'에 참여했다. 지금부터 이 두 가지에 대해 그간 내가 보고 겪은 바를 쓰고자 한다.

'생물학사상연구회'의 14년 회고

생물학사 연구 모임의 시작

새천년이 시작된 2000년 정월 하순에 들어서 프랑스에서 생물학사로 박사 학위를 받고 온 이정희 박사로부터 전화가 왔다(2000. 1. 24.). 생물학사를 공부하는 사람들이 첫 모임을 갖는데 나보고 합류해 달라는 말이었다. 그러나 나는 생물학사를 본격적으로 연구한 적이 없어 미안하고 망설여졌다. 그저 생물학사에 관한 작은 프랑스 책 하나를 번역했을 뿐이다(Théodoridès, 1971). 어쨌든 이렇게 불러 주는 것만도 고마운 일이었다. 드디어 이틀 후 서울 시청 건너편 프레지던트 호텔의 최상층 뷔페 식당에서 만남이 이뤄졌다 (2000. 1. 26.). 김기윤, 박희주, 정혜경, 이정희 박사는 모두 미국, 오스트레일리아 혹은 프랑스에서 생물학사로 박사 학위를 받은 신진 학자들이었다. 나까지 다섯 명이 모인 첫날의 주제는 'natural history'의 정의로 모아졌다. 김 박사가 조르주루이 르클레르, 뷔퐁 백작(Georges-Louis Leclerc, comte de Buffon)의 'Histoire Naturelle'의 정의에 대해 말해서 정 박사는 미국에 연락해서 뷔퐁과 'Histore Naturelle'에 대해 알아보기로 했다. 정 박사는 후에 "Natural History, 1670~1802"(Sloan, 1990)를 구해 주어 사안을 이해하고 바로잡는 데 큰 도움이 되었다. 결국 우리나라 저명한 과학사가인 전상운, 송상용, 박성래 교수 여러분이 '自然史'는 일본인들의 오역에 의한 것이라고 말한 것이 사실로 확인되어 '자연학' 또는 '자연지'로 옮기는 것이 옳다고 판단되었다(이병훈, 2000a, 2013).

이해 5월에 김기윤 박사는 프랑스의 분자생물학자이면서 생물학사가인 미셸 모랑주(Michel Morange) 교수의 「유전자 개념의 발전: 역사와 한계(The Developmental Gene Concept: History and Limits)」(Morange, 2000)의 내용을 소개하면서 캄브리아기에 새로운 생물들이 폭발적으로 증가할 때 과연 발생 유전자가 진화의 방향타 역할을 했는지 아니면 그저 master gene으로서 땜질 도구 구실만 했는지를 살펴봤다(2000. 5. 25.). 이어 8월 모임에선 정혜경 박사가 「미국에서의 거대 과학과 거대 정치: SSC의 죽음과 인간 유전체 계획의 삶에 대한 고찰(Big Science and big politics in the United States: Reflections on the death of the SSC and the life of the Human Genome Project)」(Kevles, 1997)을 간략히 소개했다(2000. 8. 26.). 이러한 유전자와 진화에 대한 주제와 관심은 이듬해 정월에 장대익(현재 서울대 교수) 씨가 종, 선택의 수준, 발생과 진화, 적응주의 등을 논의하고 이를 개괄하는 논문 「생명 이해하기: 생물철학의 최근 연구(Understanding Life: Recent Work in Philosophy of Biology)」(Sterelny, 1995)를 소개하는 것으로 이어졌다(2001. 1. 27.). 이해 3월엔 강광일 박사의 "과학 협동망의 구조(The Structure of Scientific Collaboration Networks)"(Newman, 2001)라는 특이한 주제의 소개로 이어졌다.

'다윈 120주기 기념 심포지엄' 개최

정년 퇴임한 뒤 이듬해(2002) 초에 나는 서울대학교 물리학과 김제완 명예교수님의 부름을 받아 과학문화진흥회(현재 한국과학창의재단) 내로 가서 만났다(2002. 1. 31.). '과학 사랑방' 프로그램으로 생물 분야를 편성해 보라고 하셨다. 15명 정도 모이면 식사와 강사료를 제공할 수 있게 지원하겠다고 하셨다. 나는 2000년 정월에 시작한 '생물학사 모임'을 이곳으로 인도하면 되겠다 싶었다. 이 모임은 시작한 지 만 2년이 지났지만 그간 모인 것은 11번뿐이었고 2002년 다윈 120주기를 맞아서도 이렇다 할 계획도 세우지 못한 채 지나고 있었다. 이해(2002. 1. 26.) 들어 처음 모인 것도 전년 9월 이후 석 달 만이었다. 이처럼 맥 빠진 모임에 외부로부터 자금이 지원되면 활성화에 도움이 되지 않을까 기대를 걸게 되었다. 그 후 나는 김제완 회장에게 '생물학 사상 세미나' 제안서를 장대익 씨의 수고로 제출하고 이해에 500만 원을 지원받

사진 34. '생물학사상연구회'가 "유전자 개념의 역사" 주제로 발표와 토론을 한 후 가진 자축회. 왼쪽부터 박형욱, 이성규, 필자, 이정희, 이상욱, 김기윤, 강광일 회원. 과학문화진흥회의 과학 사랑방, 2002. 3. 16.

왔다. 어쨌든 이 모임은 이해부터 매달 한 번씩 모였다. 그리고 3월 중순에 모임을 서울 강남구 삼성동에 있는 과학문화진흥회의 과학 사랑방에서 가졌다(2002. 3. 16.). 이날의 주제는 '유전자 개념의 역사'였고 토론은 이두갑(서울대 박사 과정, 현재 서울대 교수) 씨와 박형욱(서울대 박사 과정, 현재 싱가포르대 교수) 씨가 맡았다. 고정 회원 중에 송상용, 이성규, 이정희, 강광일 박사와 나 등이 참석했고 외부에서 홍성욱(서울대), 이상욱(한양대) 교수도 와서 토론이 활발하게 이뤄졌다. 그간 무기력했던 모임에 활기가 돌아 이제는 뼈대가 제대로 서지 않을까 기대되었다.

그다음 달 4월에는 "개체의 발생에서 유전자의 역할에 대하여"라는 제목으로 에벌린 켈러(Evelyn F. Keller)의 두 논문 「유전 프로그램을 해독하기(Decoding the Genetic Program)」와 「발생의 이해(Understanding Development)」가 발표됐고(강광일, 2002. 4. 20.), 이어 그다음 달엔 르원틴의 '진화론적 전체론'에 대해 "『삼중 나선(The Triple Helix)』을 읽고"를 제목으로 '유전자 결정론'을 비판하고 '진화론적 전체론'에 대한 평가를 다각도로 살폈다(장대익, 2002. 5. 25.). 7월 모임에선 사호트라 사르카(Sahotra Sarkar)의 「생물학적 정보: 분자생물학의 중심 도그마에 대한 회의적 견해(Biological Information: A Skeptical Look at Some Central Dogma of Molecular Biology)」(Sarkar, 1996)를 바탕으로, 오늘날의 유전 정보 전달에 관한 주요 이론들이 주로 단세포 생물을 대상으로 한 연구에서 도출되었음에 주목하고 복잡한 다세포 생물의 유전에 대한 설명에는 한계가 있음을 지적했다(김기윤, 2002. 7. 20.). 가을에 들어서 가진 첫 모임(2002. 9. 28.)에서는 폴 그리피스(Paul E. Griffiths)와 로빈 나이트(Robin D.Knight)의 「발생론자의 도전은 무엇인가?(What is the Developmentalist Challenge?)」(Philosophy of Science 65:253~258, 1998. 6.)와, 러셀 그레이(Russel D. Gray)의 「이기적 유전자인가 아니면 발생 시스템인가?(Selfish Genes or Developmental System?)」(In: Chapter 9), 그리고 『진화에 대한 고찰. 역사, 철학 및 정치학적 조망(Thinking about Evolution: Historical, Philosophical, and Political Perspectives)』(Cambridge U. P., 2001)의 요약 발표가 이루어졌다(김기윤). 모두 유전자의 독자적인 표현형 발현은 불가능하며 유전자 이외의 요소들이 개입된 시스템으로서의 발생 체계론을 주장하고 있다.

그 후 이 모임은 예정된 계획에 따라 진행되어 연말엔 이해의 결산으로 '다윈 120주기 기념 심포지엄: 진화와 유전, 그리고 발생에 관한 쟁점들' 모임을 가졌다(2002. 12. 28.). 먼저 과학문화진흥회 김제완 회장의 축사가 있었고, '제1부 다윈주의의 역사와 방법론적 쟁점들'에서 나의 "진화생물학의 의의와 전망"을 필두로 이성규, 김기윤, 정혜경, 김호연 박사가 각각의 주제를 발표했고 '제2부 유전자의 지위에 관한 쟁점들'에선 강광일, 장대익, 이상욱 박사와 최진아 석사 등 11명이 역시 각각의 주제를 발표하고 최종적으로 종합 토론을 가졌다. 아마도 국내 생물학사 전공자들이 가진 최초의 본격적인 학술 발표회가 아니었나 생각된다.

"환경, 진화 그리고 인간"을 주제로

2003년에 들어 3월 모임에선 "환경, 진화 그리고 인간"을 주제로 내걸고 앞으로의 주제에 대한 취급 방향을 논의했다(서울대 동원관, 2003. 3. 22.). 우선 김기윤 박사가 읽을거리로 『새 야생지 대논쟁(*The Great New Wilderness Debate*)』(Callicott and Nelson, 1998)을 추천하여 이것을 읽어 나가기로 했다. 그다음 4월 모임에서 이 책의 1부 「수용된 야생지 개념(The Received Wilderness Idea)」을 개괄했고(공진선, 2003. 4. 19.) 5월 모임에선 2부의 '앞부분'을 다루었으며(허윤섭) 같은 날 "자연 보존의 담론에 스며들어 있는 제국주의에 대한 성찰"이 발제되었다(김기윤, 2003. 5. 24.).

이어 6월엔 윌리엄 크로넌(William Cronon)이 쓴 『야생지의 문제, 즉 자연에 대한 오개념 추적하기(The Trouble with Wilderness, or, Getting Back to the Wrong Nature)』(1995)로 'wilderness' 개념을 재조명하고 문제점과 저자의 주장을 개괄했다(정혜경, 2003. 6. 28.). 이어 같은 날에 이상욱 교수가 이 책 제3부 가운데 캘리컷(J. Baird Callicott)이 쓴 「야생지 생각에 대한 재고: 지속 가능한 개발의 대안(The Wilderness Idea Revisited: The Sustainable Developmental Alternative)」(1991)에서 무조건적인 자연 보존(preservation)보다 지속 가능한 개발(sustainable development)을 통한 보전(conservation)의 대안적 가능성을 탐색했다. 여름에 들어서 7월에는 「자연, '그름'에서 '옳음'으로: 크로넌과 월러의 토론(Nature from 'wrong' to 'right': Cronin and Waller discussion)」 발표(강광일)에 이어 이 책의 4부 「야생지 개념을 넘어(Beyond the Wilderness Idea)」 중 「야생 지역은 생물다양성 보전 구역이 되어야 하나?(Should Wilderness Areas Become Biodiversity Reserves?)」(J. B. Callicott, 1996)와 「야생지라면 세계의 보존이 가능하단 말인가?(In Wildness is the Preservation of the World?)」(J. Turner, 1991)를 세부적으로 소개했다(이성규)(2003. 7. 26.).

대중화냐 학술 모임이냐의 기로에서

다음 달 8월에 들어서는 우리 회원들이 '시화호 갈대 습지 공원(경기도 안산) 생태 탐방'을 제목으로 야외 답사를 하는 특별 행사를 가졌다(2003. 8. 30). 말하자면 기분 전환용 나들이 겸 토론 주제에 맞춘 '환경' 체험이었다고나 할까?

이 행사에 곁들여 주요 안건이 논의되었는데, 이제까지 2년간 과학문화진흥회로부터 지원을 받았으나 그다음 3년째가 문제였다. 지원 기관의 입맛에 맞춰 대중화로 가느냐 아니면 본 세미나 구성원들의 희망에 따라 연구 그룹으로서의 본질을 살려 나가면서 적절한 지원 창구를 찾느냐의 양자택일의 기로에 선 것이었다. 바로 이날 모임에서 이 문제가 진지하게 논의되었다. 이 모임은 경기도 안산생태관, 즉 노천에서 이뤄져 나중에 막걸릿집에서 계속되었는데 나와 송상용 교수 외에 이성규, 김기윤, 박희주, 이정희, 정혜경, 공진선, 최진아 씨 등 모두 9명이 모였다. 그 후 10월 모임에서 내가 올해 말 모임에 과학문화진흥회 김제완 회장을 초빙해 계속 지원을 부탁하자고 제안했으나 한 사람이 대중화 방향으로 약속이 되면 곤란하다며 반대했다. 그 후 결국 독자 방향으로 의견이 모아져 다음 해부터는 외부로부터의 재정 지원 없이 적절히 해결해 나가는 쪽으로 가닥이 잡혔다.

'환경과 현실: 환경 운동의 새로운 대안을 향하여' 토론회

이해 가을에 들어서 본 연구회는 '환경과 현실: 환경 운동의 새로운 대안을 향하여'를 내걸고 주제 도서, 비외른 롬보르(Bjørn Lomborg)의 『회의적 환경주의자(Verdens sande tilstand)』(김승욱·홍욱희 옮김, 2003)에 대한 토론회를 가졌는데 주제 강연자로 나선 김기윤 박사가 "롬보르『회의적 환경주의자』의 논평"을 발표했고(2003. 10. 11.) 김선희(국토연구원) 박사, 박병상(풀꽃세상) 박사,

안병옥(시민환경연구소) 박사가 토론자로 나서서 활발한 토론의 분위기를 자아냈다. 이어서 11월엔 '환경/생태 문제에 있어 과학적 사실(Scientific Facts)의 의미'를 내건 모임에서 홍욱희(세민환경연구소) 박사의 "『회의적 환경주의자』 출간을 계기로 살펴보는 환경/생태 문제에 있어서 Scientific Facts의 의미" 발표가 있었는데 환경 비관론이 주류를 이루는 가운데 환경 낙관론도 등장하여 이 둘을 둘러싼 찬반 논쟁이 다양하게 이뤄짐을 소개하고 "생태주의의 지나친 범람을 우려한다."로 결론을 맺었다(서울대 동원관, 2003. 11. 15.). 이어서 남상민·이태동 씨의 "회의적 환경주의자: 통계로 조작해 낸 세상과 현실"이 라는 흥미로운 발표가 뒤따랐다.

이번 2003년에 벌인 '생물학사상연구회'의 활동은 「환경, 진화, 그리고 인간: 환경론과 진화론 속에서의 인간의 위치」라는 보고서로 묶여 이 연구회를 지원한 과학문화진흥회에 제출되었다(2003. 11. 30.).

다윈 읽기 첫 번째 책, 『인간의 유래』

전해(2003)의 화두가 '야생(wilderness)과 환경론의 논쟁'이었다면 2004년에 들어서는 진화를 화두로 찰스 다윈의 저서 읽기에 들어갔다. 우선 『인간의 유래(The Descent of Man and Selection in Relation to Sex)』(1871)를 택해 그 첫 순서로 서문과 1장 「인간이 하등동물에서 유래했다는 증거」에 대한 발표가 있었다(김기윤, 2004. 3. 27.). 다음 달엔 제3장 「인간과 하등동물의 심적 능력(mental power)의 비교」가 발표되고(이성규, 2004. 4. 24.) 5월엔 4장 「인간과 동물의 정신 능력 비교」(최진아)와 5장 「원시 시대와 문명 시대의 지적 도덕적 능력의 발달에 대하여」가 발표되었다(이정희, 2004. 5. 22.). 6월엔 2장 「하등동물부터 인간이 진화한 방식」이 발표되었다(박희주, 2004. 6. 26.). 이들 장에서 다윈은 동물과 인간의 언어, 도덕, 사회성의 출현이 점진적 진화와 획득 형질의 유전으로 가능했으나 주요인은 어디까지나 자연 선택에 있음을 일관되게 주장한다.

7월 모임에선 7장 「인종에 대하여」가 발표되었는데 인종(race)들이 사실상 별개의 종들이라는 주장과, 인종들 사이에 구별되는 형질들이 쉽게 변하는 것으로 보아 모든 인종들을 1개 종으로 보는 주장이 대립하고 있음이 드러났다(김기윤, 2004. 7. 24.). 같은 날 2부 「성 선택」으로 들어가서는 8장 「성 선택의 원리」와 관련해 '성 선택에 관한 철학(Philosophy of Sexual Selection)'을 주제로 (1) 자연 선택과 성 선택의 관계, (2) 성 선택 가설들 사이의 개념적 관계, 그리고 (3) 성 선택, 적응 그리고 적응주의의 항목 각각에서 벌어지고 있는 최근의 논쟁과 문제들이 논의되었다(장대익).

다음엔 이 책의 3부 「인간의 성 선택과 결론」으로 넘어가서 9장 「인간의 2차 성징」의 전반부(이성규)와 후반부(이정희)를 나눠 발표하면서 남녀의 지능의 차이, 음성과 음악성, 아름다움이 결혼에 미치는 영향, 인간에서 성 선택이 작용하는 방식 등을 열거하고 "다윈으로서는 인종 간 차이 역시 성 도태가 가장 큰 영향을 미쳤을 것으로 결론을 내렸다."라고 소개했다(2004. 8. 21.). 다윈의 『인간의 유래』 읽기는 대개 이 정도에서 마무리되었다.

그러나 나는 나름대로 이 책에 대한 소감을 다음과 같이 써 보았다.

우리가 읽은 책은 *The Descent of Man*의 제2판(1874)으로 초판(1871)이 나온 지 3년 만에 나온 수정 보완판이다. 이 역시 698쪽의 방대한 양이어서 여기서는 내 눈에 띈 대목들 몇 가지를 들고, 나의 견해를 언급하는데 그친다.

다윈은 서문에서 이 책을 세 가지 목적에서 썼다고 한다. 사람이 그전에 존재했던 어떤 형태에서 내려온 것인지, 사람의 발생 과정은 어떠했는지 그리고 인종 간의 차이는 무엇인지 탐색해 보려 했다. '1부 인간의 기원'에서는 인간이 외부 형태와 내부의 해부학적 구조에서 유인원과 비슷하며 정신 능력에서도 정도에 차이가 있을 뿐 질적으로 다른 것은 아니라고 한다.

'2부 성 선택'에서는 성 선택의 원리를 설명하고 이어서 곤충, 어류, 조류, 포유류가 나타내는 제2차 성징이 어떻게 출현하고 기능하는지 말한다. '3부 인간의 성 선택과 결론'에서는 인간에서의 2차 성징을 설명한다.

우선 다윈은 동물이 이성을 갖는 실례로서 다른 과학자들이 에스키모 개, 코끼리, 곰, 원숭이에 관해 발표한 내용을 다윈 자신의 자식들이 어렸을 때 어떤 행동을 나타내며 자랐는지와 비교하며 살펴본다(1장). 또한 유인원들은 어떤 식물이 독성을 나타내는지를 부모로부터 배우며(학습 능력) 동물이 즐거움과 고통, 행복과 비참 그리고 공포감, 용기, 의심 등을 느끼는 행동들이 인간의 경우와 유사해 그들이 심적 능력(mental power)에서 인간과 비교해 나타내는 차이는 정도의 문제지 질적으로 다른 것은 아니라고 한다(3장).

다윈은 사람과 하등동물 사이에 가장 큰 차이는 양심(conscience)의 존재 여부이며 적어도 30명 이상의 영국의 학자들이 인간의 도덕감의 기원에 대해 논문을 썼다고 소개한다(4장). 다윈의 관심과 연구가 인간의 도덕의 기원에까지 이른 것은 참으로 놀랍다. 또한 그가 당시의 과학계에 얼마나 통달하고 정보망이 방대했던가에 감탄하지 않을 수 없다.

다윈은 인간의 공동체에서 볼 수 있는 사회적 협동에 주목했는데, 동료의 칭찬을 받고 싶은 욕망이 습관적인 사회 행동을 초래했고 이러한 현상은 개나 야만인들에게서도 목격된다. 따라서 다른 동료들을 잘 도와주는 자들이 자연 선택되었을 것이다. 이것이 문명의 발단이 되었을 것이며 어째서 어떤 문명은 번성하는가 하면 다른 문명은 그렇지 못한가를 생각하게 한다(5장). 이러한 말은 다윈의 탐구가 문명의 기원에 이르도록 심대했으며 아울러 최근의 사회생물학에서 협동과 칭찬 그리고 평판을 사회적 협동의 원동력으로 보는 견해와 맞닿아 있는 듯하여 다윈이 이미 100년 앞을 통찰하고 있지 않나 생각하게 된다.

이어 다윈은 문명 사회의 전쟁이 최적자(最適者, fittest)를 퇴출시키는 반면 사회의 약자를 생존하고 번식하도록 돕는 활동을 이끌어내고 있다고 지적함으로써 문명 사회가 인위 선택으로 자연 선택에 반하는 역설적 상황을 조성하고 있음을 지적한다.

이어 6장에서 다윈은 인간과 하등동물 사이의 유사성을 들면서 특별 창조를 부정한다. 또한 당시에 다른 자연학자들이 자연계를 인간, 동물 그리고 식물의 세 가지로 나눈 분류 체계를 거부하면서 한두 가지 형질만 가지고 분류하는 것에 반대한다. 이 점은 린네식 분류에서 탈피하여 마치 자연 분류와 통합적 접근을 강조하는 현대 분류학의 뼈대를 미리 점치고 있는 듯하다.

다윈은 당시 학자들이 창고기의 배(胚, lancelet embryo)를 연구하여 창고기가 척추동물의 조상이 아닌가 추측하는 새로운 정보를 소개한다. 이 점 또한 계통 진화를 연구하는 데 발생 과정을 중시하는 현대 분류학과 '전 생물학적' 통찰을 보여 주는 전초로 생각되기도 한다.

다윈은 이 장의 마지막에서 고대의 해산 연충류(蟲類, marine worms)가 진화하여 척추동물이 되고 인간에 이르렀다고 말하면서 가장 하등한 동물도 구조적으로 놀라운 모습을 갖추므로 인간이 그런 하등동물에서 기원했음을 부끄럽게 생각해서는 안 된다고 한다.

마지막 7장에서 다윈은 동물들이 같은 집단 또는 문화권 내에서도 서로 다르지만 하등동물과는 달리 집단들 사이에서 상호 교잡이 가능하고 개체 간 차이는 인종 간 유사성에 비하면 아무것도 아니라고 한다. 다윈은 인종 간에 문화, 비구어적 언어(nonverbal language) 그리고 정신 과정의 유사함 때문에 인종들을 '아종'으로 부르기를 선호했다. 여기에서 다윈은 인간의 인종들 사이에 상호 교잡의 가능성을 동일 종의 근거로 내세움으로써 현대 분류학에서 말하는 '생물학적 종의 개념(biological species concept)'의 기본을 적용하고 아울러 인종들을 아종(亞種, subspecies)으로 지목하여 생물학적 종의 정의와 개체군 개념을 포괄하고 있다.

이처럼 자연 선택과 성 선택의 '위력'과 패러다임 창출에서 한 걸음 더 나아가 분류에 감정, 양심, 행동, 발생, 생식 등을 적용해 자연 분류에 도달하는 다윈의 통합적 안목과 통찰이 현대 생물학의 맥락을 꿰뚫고 있는 것 같아 다시금 그의 혜안에 감탄을 금할 수 없다.

다윈의『종의 기원(On the Origin of Species by Means of Natural Selection, or the Preservation of Favoured Races in the Struggle for Life)』이 출판되자 찬반의 열띤 토론이 벌어진 건 주지의 사실이다. 그러면 이『인간의 유래』(1871)에 대해서는 어땠을까? 나는 당시 연간(年刊)《애뉴얼 레지스터(The Annual Register)》(1871)에 난 논평 몇 가지를 살펴보았다.

다윈의 '종의 기원' 출간 당시는 신학과 과학의 사고방식이 첨예하게 대립하던 때여서 양 진영 간의 논의가 활발했다. 종교는 제거 불가능의 본능이므로 아무리 과학적 발견이 활발하게 일어나도 끄떡없이 버틸 판세였다. 이때『인간의 유래』는 심리 저변에까지 파고들어 도덕의 출현 과정과 사회의 기원에 대한 모든 질문에 영향을 미쳤다.

이 책은 인간이 형태와 발생 과정뿐 아니라 몸속의 기생충도 다른 고등 동물과 비슷하고 더욱이 사람이 지닌 여러 가지 흔적 기관들이 그 조상대에서는 정상 기관으로 기능했음을 암시했다. 그래서 반론도 만만치 않았다. 예를 들면 인간의 이성과 동물의 본능은 본질적으로 다른 것이라는 주장들도 나왔다. 동물에게 언어가 없다는 점도 큰 차이라고 했다.

요컨대 다윈은 그의『종의 기원』에서 자연 선택의 진화적 원리는 인간의 진화에 빛을 던져 줄 것이라는 한마디만 했을 뿐 인간의 진화 자체에 대한 논의는 하지 않았다. 그러나 13년 후에 나온『인간의 유래』는 인간의 진화를 본격적으로 '증명'해 낸 당시의 결정판이었다. 뿐만 아니라 현대의 분류학, 발생학, 심리학, 행동학, 사회생물학, 과학의 방법론 등 제반 분야에 대한 선견(先見)을 비춰 주고 있어 인류 문화의 걸작이라 하지 않을 수 없다.

서평으로 읽은 최신 과학의 흐름

2004년 가을 9월 모임에선 서평들을 다루기로 하고 먼저 김기윤 박사가 최근의 경향과 변화로 (1) 환경, 생태학, 우생학 관련 리뷰 크게 증가. 박물관 역시 눈에 띄는 새 주제, (2) 내적 과학사 전멸 또는 있어도 매우 비판적 평가를 받음, (3) 진화, 여전히 큰 주제이지만, 다윈으로부터 다양한 주변 인물로 확대, (4) 진화, 그 내용, 아이디어 자체보다는 사회 사상 및 사회과학과의 관계로 확장 등을 들었다(2004. 9. 18.). 아울러 김 박사는 마크 피틴저(Mark Pittenger)의 『미국 사회학자들의 진화 사상, 1870~1920(*American Socialists and Evolutionary Thought, 1870~1920*)』(Madison: University of Wisconsin Press, 1993)에 대해 그레그 미트먼(Gregg Mitman)이 펼친 서평을 소개하였다. 이 외에 조너선 하우드(Jonathan Harwood)의 『과학 사상의 스타일들(*Styles of Scientific Thought*)』 등 17권의 책에 대한 서평을 요약했다. 다음 11월 모임에선 팀 르윈스(Tim Lewins)가 『하나의 진화 과정으로서의 기술적 쇄신(*Technological Innovation as an Evolutionary Process*)』(Zimen, 2000)에 대해 쓴 서평을 요약해 와(이정희) 다 같이 읽었다(2004. 11. 20.). 그러나 모인 사람은 6명뿐이었으며, 다윈의 『인간의 유래』를 읽을 당시의 열띤 토론을 볼 수 없어 아쉬움을 남겼다. 한편 이해 여름에 회원 몇 명이 각자 「19세기 생물학 조직화 개념」(이정희), 「다윈의 자연 선택설과 유전자 개념의 역사」(이성규), 「진화적 혁신과 유전자: 이보디보(*Evo-Devo*)의 관점에서」(장대익), 「우생학: 이념으로서의 과학?」(김호연)을 써서 「유전자의 지위와 역할: 사회·역사·철학적 성찰」이라는 초벌 묶음을 내놓은 것(2004. 8. 9.)은 값진 결과물이라 할 것이다.

과학철학 입문서 『성과 죽음』를 읽고

다음엔 무엇을 읽을 것인가? 잠시 탐색전이 있은 뒤에 『성과 죽음: 생물철학 입문(*Sex and Death: An Introduction to Philosophy of Biology*)』(Sterelny and Griffths, 1999)를 읽기로 했다. 연구회 회원들은 이 책의 장별로 각자 흥미 있는 주제를 골라 발표에 임했는데, 김기윤, 조은희, 이정희, 김재영, 강광일, 이상욱, 박희주가 「유전 메커니즘에 대한 골턴(Galton) 이론의 전개 과정」을, 이성규, 김호연이 「우생 관련 참고 문헌」을, 그리고 내가 9장을(2005. 7. 16.), 박희주가 「미국 진화론 논쟁의 최근 쟁점: 지적 설계론」을, 나정민이 11장을, 김기윤이 12장을, 강광일이 마지막 13장을 각각 다뤘다(2005. 10. 15.).

이 책이 제기하는 문제들을 보면 생명 과학 자체에 대한 논의에 이어 진짜 인간 본성이란 존재하는가, 순전한 이타성이란 가능한가, 인간은 인간 자신이 갖고 있는 유전자들에 의해 운영되는가, 그리고 생물학적 원리들이 사회과학의 기본을 지배할 수 있는가 하는 식의 현대의 첨예한 문제들을 짚어 가며 나의 호기심과 흥미를 돋우었다. 게다가 유전자, 발생, 종, 적응 그리고 진화생물학의 최신판인 사회생물학과 진화심리학의 가능성을 파헤치고 마지막에는 '생명이란 무엇인가?'를 물으니 생물학을 하는 나로선 뒤늦게나마 읽어야 할 필독서였다. 이 책은 종래의 진화론을 거쳐 유전자 관점으로 본 진화, 개체와 종 그리고 적응을 검토하고 관련 이론들을 비판한 다음 우연과 진보의 개념을 살피고 생물학에 관련된 제반 이슈와 문제들을 새롭게 보고 포괄한 셈이다.

그러나 읽어 나가기가 만만치 않았다. 나는 철학적 기초도 그러려니와 과학철학의 방법론에도 익숙하지 않은 터라 국내외에서 이 분야를 전공한 다른 멤버들로부터 많은 것을 배웠다. 나에게는 사실상 이번이 본격적인 생물철학 책 읽기의 처음이어서 좋은 공부가 되었다. 아울러 모든 기성 학자들의 '정설'을 다른 각도와 관점에서 바라보는 비판적 안목을 터득하는 귀중한 계기가 되었다. 어쨌든 이렇게라도 읽을 기회가 주어진 게 다행이었다. 생물학의 주요 주제들을 성찰하고 그 의미를 되새기는 절호의 기회였다!

『현대 생물학의 사회적 의미』를 번역 출판하다

생물학사상연구회(생사연)는 다음부터는 읽은 책을 번역해 출판함으로써 모임에 구체적인 성과를 거두자는 데 의견이 모아져 이에 적합한 책으로 하워드 케이의 『현대 생물학의 사회적 의미: 사회다윈주의에서 사회생물학까지(The Social Meaning of Modern Biology: From Social Darwinism to Sociobiology)』 (Kaye, 1997)를 택하게 되었다. 2005년 연말 모임(2005. 12. 17.)에서 우선 서문 번역을 발표한 것을(이성규) 비롯해 1장 「사회다윈주의와 다윈주의 혁명의 실패(Social Darwinism and the Failure of the Darwinian Revolution)」(김호연, 2006. 1. 21.), 2장 「형이상학에서 분자생물학으로(From Metaphysics to Molecular Biology)」(조은희, 김기윤, 2006. 1. 21.), 3장 「분자생물학에서 사회이론으로(From Molecular Biology to Social Theory)」(이정희), 4장 「사회생물학: E. O. 윌슨의 자연신학(Sociobiology: The Natural Theology of E. O. Wilson)」(박희주, 강광일)을 각각 번역해 내놓고 용어 통일에 주의를 기울였다(2006. 4. 22.). 끝으로 5장 「사회생물학의 대중화(The Popularization of Human Sociobiology)」(나정민)과 「에필로그(Epilogue)」가 번역되어(김재영) 제시되었다(2006. 4. 22.).

이 책은 제목의 부제가 말하듯이 다윈주의와 사회생물학을 본격적으로 비판한 책이다. 사회다윈주의에서 다윈주의가, 분자생물학에서 사회 이론이 도출되고 사회생물학을 자연 신학으로 치부하는 비판 일색이며 아울러 그간에 대한 역사적 서술이기도 하다. 나에게는 먼젓번에 다뤘던 『성과 죽음』에 이어 문제를 다각도로 조명하고 비판해 보는 새로운 눈을 갖게 한 제2의 생물철학 책이어서 이렇게 읽을 기회가 주어진 것이 매우 다행스러웠다. 나는 윌슨의 책 『사회생물학』의 번역자(이병훈·박시룡, 1992)로서 그 내용에 매우 놀랐고 윌슨의 지론을 다시 보는 계기가 되었다(2006. 7. 30.). 또한 저자의 지적처럼 다윈이 결국 새로운 자연 신학을 낳고 라마르크주의에 빠졌다는 점을 되새겨보게 되었다(2006. 8. 18.). 평소 나는 과학철학과 과학사를 공부하지 못한 탓에 비판적인 안목을 제대로 키우지 못했던 것 같다. 어쨌든 이 모임은 나로 하여금 많은 것을 배우고 의미와 배경을 이해하고 깨우치게 했다. 나는 역자로 들어 있지 않지만 이렇게 여덟 명이 번역한 이 책은 2년 후에 『현대 생물학의 사회적 의미』로 출판되어(Kaye, 1997) 구체적인 성과와 빛을 발하게 되었다. 더욱이 스티렐니와 케이가 쓴 이 두 생물철학 책은 후에 내가 「한국에서는 사회생물학을 어떻게 받아들였나? 도입과 과제」(이병훈, 2011d)를 쓰는 데 큰 자원이 된 것은 물론이다.

해를 바꿔 2007년 첫 모임은 눈이 펄펄 내리는 날 북창동의 녹색아카데미에서 가졌다(2007. 1. 27.). 김기윤, 나정민, 이정희, 박희주, 정세권 그리고 송상용과 나 등 6명이 녹색아카데미 회원과 합동 모임을 한 것이다. 이 날은 케이의 책을 번역한 초벌 원고를 훑어보며 요약 설명하는 것으로 마쳤다. 그 다음 2월 모임에선 김재영 박사가 인공 생명에 관한 연구물을 읽을 것을 제안했고 이성규 교수는 굴드의 『진화 사상의 구조(*Structure of Evolutionary Thought*)』(Gould, 2002)를 윤독하자고 제안했다. 그 후 몇 달간 나는 몸 상태 등 사정으로 참석치 못하다가 가을에 들어서 그간 후쿠야마의 『후기 인간의 미래: 생명공학 혁명의 결과들(*Our Posthuman Future: Consequences of the Biotechnology Revolution*)』(Fukuyama, 2002)를 읽은 것을 요약해 발표했다(2007. 9. 29.). 연말의 모임에선(2007. 12. 29.) 모두 11명이 모인 가운데 이정희 박사가 앙드레 피쇼(André Pichot)의 『라마르크(*Lamarck*)』(Pichot, 1994)를 소개하고 다음 해 상반기에 라마르크를, 하반기엔 다윈을 읽기로 의견을 모았다.

린네 탄생 300주년, '한국–스웨덴 공동 심포지엄' 발표

2008년 4월 '생사연' 모임은 린네 탄생 300주년을 맞아 '한국–스웨덴 공동 심포지엄(Korean-Swedish Joint Symposium in Honor of Carl von Linn)'이 한국과학사학회 주최로 열려(서울대, 2008. 4. 26.) 이 국제 행사로 대치키로 했다.

이 심포지엄에서 6개의 주제가 발표되었는데 나는 제1세션에서 홍성욱 교수의 사회로 "A Korean Perspective of Carl von Linné and His Science in Challenge"를, 그리고 점심 시간 후 오후의 제2세션에서는 박희주 박사의 사회로 김기윤 박사가 "A Review: Historians of Science on Carl von Linné"를 발표했다. 나로서는 발표를 준비하는 두어 달 사이에 린네의 업적을 살피고 검토하면서 분류 방식에서 그의 특출한 발상을 엿보고 공부할 수 있는 기회가 되었다. 나의 발표는 그 후 《한국과학사학회지》에 "Natural History in Korea and Linnean Taxonomy with His Nomenclature Challenged by Phylocode"라는 논문으로 나왔다(Lee, 2008a).

다윈 읽기 두 번째 책, 『종의 기원』

2008년 6월에는 단 5명이 모였고 다윈의 『종의 기원』에 대해 개괄적으로 이야기하는 것으로 끝냈다. 8월 모임에서 김기윤 박사가 이 책의 서론과 1장을 발제하고(2008. 8. 30.) 그다음 달엔 2장을 조은희 교수가, 3장을 김호연 박사가 발표했다(2008. 9. 27.). 이해 마지막인 연말 모임에선 박희주 박사가 "다윈의 자연 선택 이론 도달 과정"을 발표하는 것(2008. 12. 27.)으로 다윈의 『종의 기원』 읽기가 계속되었다. 이날 정민걸 교수는 "진정한 우연을 받아들일 때 자연주의적 오류를 범하지 않아 유전자로 사람 사회를 설명하는 시도의 함정"이라는 흥미로운 글을 배포했다. 이날 출판사 상상의숲의 황성혜 사장이 출석해 관심을 보였고 송상용 교수는 100만 원을 쾌척해 이 모임에 활기를 불어넣었다. 그 후 조은희 교수와 나도 100만 원씩 내놓았다. 자금줄이 없으니 비용을 스스로 마련하는 수밖에 없었다.

2009년 정월의 첫 모임엔 모두 11명의 회원에 출판사 궁리의 직원 한 분이 동석해 전달에 이어 출판사들이 이 모임에 관심을 나타냈다(2009. 1. 31.). 우선 『종의 기원』의 6장 「이론의 어려움(Difficulty on Theory)」이 발제(정민결)된 데 이어 2월 모임에선 7장 「본능(Instinct)」(김재영)과, 8장 「잡종 형성 (Hybridism)」(강광일)이 발제됐는데, 주제들이 흥미로웠고 저자 다윈의 추론, 상상력 그리고 관찰과 광활한 정보 능력에 두루 감탄하면서 활발한 논의가 이뤄졌다. 다음 3월 모임엔 참석자가 6명뿐이어서 김기윤 박사의 주재하에 자유 토론을 하고 말았다(2009. 3. 28.). 이어 4월과 5월 모임이 있었으나 참석 자는 5~6명에 그친 가운데 책의 장별 발제가 계속되어 이 책을 끝냈다. 사실 상 나는 이 책을 평소 필요할 때마다 드문드문 읽었을 뿐 통독한 적이 없었 다. 그러나 이번에 그래도 꼼꼼히 읽어 보고 그 의미와 과학사적 함의를 탐색 할 수 있어 늦게나마 좋은 기회가 된 셈이었다. 여기에 이 책을 보면서 나 나 름대로 눈에 띈 대목과 소견을 간략히 적어 본다.

　　다윈의 『종의 기원』은 대를 이어 일어나는 변이들의 축적과 여기에 가해 지는 자연 선택으로 인해 새로운 종들이 분화해 나가는데 곧 이것이 신종 출현의 원인임을 강조한다. 즉 주어진 환경에 적합한 적응 형질들이 선택되 어 그 생물의 생존을 가능하게 한다. 이러한 점은 여러 가지 가축에 대한 인 위 선택으로 다양한 품종이 만들어짐을 통해 간접적으로 증명된다.

　　다윈이 주장하는 '변화를 수반하는 혈통 계승(descent with modification)' 이야말로 왜 많은 종들이 서로 비슷한가를 설명할 뿐 아니라 이들이 한 종 으로부터 파생되었거나 한 공통 조상 종에서 진화되었음을 시사한다.

　　자연 선택과 신종 출현의 주요인으로 지리적 격리를 들 수 있는 것은, 섬 들에서는 그 섬 특유의 고유종들이 많이 발견되는 반면 대륙에서는 종들 이 넓게 분포한다는 사실이 그것을 뒷받침해 주기 때문이다.

　　따라서 다윈은 '종들이 환경에 적응하고 있는 것은 창조주의 지적 설계 때문'이라는 자연 신학의 주장을 거부하고 이러한 적응을 가져온 것은 바 로 자연 선택임을 강조한다. 여러 가지 적응들이 유전된다는 다윈의 생각 은 그의 이론의 핵심이기도 하다. 그러나 다윈은 변이가 어떻게 일어나는

지 그리고 자연 선택으로 변화된 종들 사이에 불임 장벽(不姙障壁, barriers to fertility)이 어떻게 생기는지는 설명하지 못하고 있다. 이것은 당시에 다윈이 생물의 유전에 대한 메커니즘을 알지 못했기 때문에 불가피했다.

서로 다른 변이체들 사이에 가해지는 자연 선택의 이득은 선택된 종이 더 많은 자손을 얻을 수 있다는 데 있으며 이런 의미에서 생존 경쟁은 자연 선택이 거쳐야 할 필터인 셈이다.

다윈의 눈으로 볼 때 자연은 적자를 선택하는 '좋은' 거름 장치이긴 하지만 변이체들 가운데 '최적자'만을 걸러내는 제한적 기능으로 인해 '냉혈한'의 비정함을 나타낸다는 해석도 있다.

다윈은 관찰과 실험을 바탕으로 결론을 수렴하는 과학적 방법을 사용했다는 점에서 그는 과학적 탐구가 어떻게 발견과 지식 그리고 진리에 도달할 수 있는지를 보여 주고 있다.

다윈은 자연 선택과 변화된 혈통의 계승이 결국 자연계를 보다 완벽한 상태로 진보시킨다고 봤다.

다윈은 이 책에서 인간의 진화에 대해 직접 언급하지는 않지만 인간의 손과 팔을 박쥐의 날개와 돌고래의 팔 지느러미에 비교함으로써 인간도 다른 생물종의 출현 방식에서 벗어나지 않음을 시사하여 결국 인간을 다른 생물계와 동떨어진 특별한 존재로 봤던 종래의 구분을 흐리게 만들었다.

다윈은 그의 이론이 과학계에 혁명을 초래할 것이라고 주장했다. 그는 또한 심리학자들이 지능과 본능을 설명할 때 자연 선택을 고려하면 인간 사회를 더 잘 이해하고 그 기원을 추적할 수 있게 될 것이라고 했다. 아울러 창조주가 하나 또는 그 이상의 기원 종에 '생명을 불어넣었을지도 모른다고' 말하고 있다. 그러나 그의 이론은 사실상 그 첫 생명체의 출현 과정에 대해서는 전혀 말하지 않고 있다. 다시 말해 다윈은 종교적 교리와 진화 사이의 관계에 대해 의문의 여지를 남겨 놓은 셈이다. 그러나 첫 생명체의 출현에 관해서 실험적 증거나 추론을 내놓기엔 당시의 과학이 아직 '미숙'했기 때문이라는 상황적 설명이 온당할 것으로도 생각된다. 간략히 말하면 다윈의 공적은 당시의 시대정신, 즉 기독교적 우주관에서 벗어났을 뿐 아니라 당대의 자연 신학과 자연 철학을 거부하고 과학적 유물론으로 생명관을 확립한 데 있다 할 것이다. 물론 진화의 유물론적 해석에는 라마르크가 최초였다는 주장도 있기는 하지만 말이다.

사실상 다윈의 '변화를 수반하는 혈통 계승'은 생물의 분류에도 새로운 의미와 조망을 던져 주었다. 이와 같은 다윈의 사상은 과학계에 큰 혁명을 불러왔으나 그의 사후(死後)의 일이었고 우리는 멘델 유전학과 돌연변이설이 등장하여 유전적 변이의 기작이 밝혀지면서 비로소 어떻게 자연 선택이 이뤄질 수 있는지 그 바탕을 알게 되었다. 다만 변이의 우연성과 자연 선택의 구체적 메커니즘에 대한 논란은 오늘날에도 현재 진행형이다.

다윈은 마지막 장에서 처음으로 "진화(evolved)"라는 말을 쓰고 그 앞 장들에서는 "분화(divergence)"나 "변화를 수반하는 혈통 계승"을 자연 선택의 결과로 쓰고 있다. 그가 'evolution'이란 말을 쓰기를 피한 것은 아마도 그 이전에 라마르크나 로버트 체임버스(Robert Chambers)에 의해 오도된 '진화'로 인해 말썽을 일으키지 않을까 꺼려서 그랬을지도 모른다는 해석이 있다.

단적으로 말해 다윈의 이 책은 종의 기원에 대해 신이나 어떤 초능력자의 개입을 배제하고 자연주의적이면서 기계론적인 유물론의 결정판을 제시함으로써 결과적으로 나 개인에게는 생명관과 우주관 그리고 인생관을 바닥부터 정리하게 만든 책이다. 또 이 책은 내가 윌슨의 『사회생물학』과 도킨스의 『이기적 유전자』, 『만들어진 신』 그리고 데이비드 밀스의 『우주에는 신이 없다』를 읽으면서 받은 영향 이상으로 당시의 지식 계급에 큰 충격을 주었을 것이다. 당시의 시대정신이었던 기독교적 도그마를 무너뜨린 혁명의 불씨가 되었기 때문이다.

'일본생물학사학회' 참관

나는 평소 생물학사상연구회 회원으로서 생물학사 연구가 이웃 일본과 중국에서는 어떻게 이뤄지고 있는지 매우 궁금했다. 생물학사상연구회의 생물학사 전공자들에게 물어봤으나 별다른 대답이 없었다. 그래서 나는 인터넷으로 일본과학사학회 홈페이지에 들어가 '생물학 분과(Biological Unit)'가 이 학회 산하에 있어 약 200명의 회원이 학회지《生物學史研究(The Japanese Journal of the History of Biology)》를 연 2회 발간하기까지 한다는 사실을 알아냈다(2008. 6. 21.). 나는 즉시 린네 분류 체계와 다윈주의가 일본에 도입된 과정에 대한 논문 별쇄를 요청하는 메일을 띄웠다. 그 6개월 후 마침 이 학회가 다윈주의를 주제로 오사카 근교의 모모야마가쿠인(桃山學院) 대학교에서 심포지엄을 연다기에(2008. 12. 8.) 당일 아침에 출국해 간사이 국제 공항에 내린 다음 오후 3시부터 시작되는 심포지엄 '다윈 진화론의 탄생과 파문(ダーウィン進化論ノ誕生ト波紋)'에 겨우 참석할 수 있었다. 이 대학 토마스관(館)의 한 소형 강당에서는 30여 명이 모여 총회를 끝내고 심포지엄 준비에 들어가고 있었다. 모두가 생면부지(生面不知)였으나 사전에 교신한 사카노 도루(坂野徹, 니혼 대학교 경제학부) 박사와 세토구치 아키히사(瀬戶口明久, 오사카 시립대 경제학부) 박사를 만나게 되어 친절한 안내를 받을 수 있었다. 우선 마쓰나가 도시오(松永俊男, 모모야마가쿠인 대학교 사회학부) 일본과학사학회 생물학사 분과회장의 인사말이 있은 후 심포지엄 발표가 시작되었는데 발표자와 제목은 다음과 같았다.

1. "ダーウィン研究の現狀: 資料紹介を 中心に": 松永俊男(桃山學院大學 社會學部)

2. "ダーウィンわ 古生物學者": 矢島道(東京醫科齒科大學 敎養部 非常勤)

3. "生物の地理的分布からどうして 進化が 着想されたのか- ダーウィンとウ

オレスの比較を 通して": 野尻(桃山學院大學 經濟學部)

4. "ソビエト·ダーウィニズムの2つの潮流": 藤岡毅(總合敎育文化學院)

5. "ダーウィン記念 :日本にをける進化論受容をめぐる 歷史認識の 誕生": 瀨戶口 明久(大阪市立大學 經濟學部)

· 總合司會: 鈴木善次(大阪 市立大學 名譽敎授)

일본에 생물학사 그룹(History of Biology Group)이 발족한 것은 1954년이고(Setoguchi, 2009) 이듬해부터 《생물학사 연구 노트(生物學史研究ノート, Notes on the History of Biology)》가 발행되기 시작했다. 이 그룹은 원래 좌경 진보주의인 '민주주의과학자협회 생물학부회(民主主義科學者協會 生物學部會)' 산하에 속했다. 그러나 협회가 쇠퇴하면서 생물학부회는 1964년에 '일본과학사학회 생물학사 분과회(日本科學史學會 生物學史分科會)'로 재편되고 잡지도 《生物學史研究》로 바뀌었다(www.ns.kogakuin.ac.jp/~ft12153/hisbio/.). 현재 회원은 약 200명이며 《生物學史研究》(연 2회) 발행 이외에 여름 학교(夏ノ學校) 연 1회, 가을과 겨울 사이에 심포지엄 1회, 그리고 연 6회 정도의 '연구회(研究會)'를 열고 있다.

그러나 한국에서는 초두에 말한 것처럼 생물학사 연구자 5명이 2000년 1월에 '생물학사상연구회'로 월례회를 시작한 이후 평균 7~8명의 모임으로 유지되어 왔으나 이런저런 이유로 더 이상 발전하지 못하고 있다. 나는 이번 일본의 학회 참관으로 그들의 생물학사 학계의 저변과 조직에 놀랐고 자극을 받지 않을 수 없었다. 한국의 생물학사는 언제 발전하여 그들과 교류할 수 있을까? 나는 이 학회에 입회해서 현재까지 이 학회의 유일한 외국인 회원이다. 우리 연구회에 재원이 있어서 일본과 그리고 다음엔 중국이나 타이완과 교류한다면 재미도 있고 상호 시너지 효과도 기대할 수 있지 않을까? 참으로 안타깝기만 하다.

다윈 읽기 세 번째 책, 『인간과 동물의 표정과 감정』

2009년 몇 달을 쉰 뒤 9월 모임을 이화여대 진관 회의실에서 가졌다. 이번에 우리가 읽을 책으로 다윈의 저서 중에서는 세 번째 책으로 『인간과 동물의 감정 표현(*The Expression of the Emotions in Man and Animals*)』(Darwin, 1872)을 택했다. 우선 이정희 박사는 서론의 내용을 소개하는 동시에 이 책의 출간 당시에 나온 서평(1870년대 초)과 함께 1950년대와 1990년대 말에 나온 서평들의 내용을 요약해 다각도로 본 해석을 발표했다. 이어서 인공 생명에 관심이 많은 김재영 박사는 제시카 리스킨(Jessica Riskin)의 『돌아온 창세기: 인공 생명의 역사와 철학 논집(*Genesis Redux: Essays in the History and Philosophy of Artificial Life*)』(Riskin, 2007)의 내용을 살피고 관련 논문들을 소개했다.

이날의 토론 역시 활발했지만 모인 사람은 5명뿐이었다(2009. 9. 26.). 이래서야 모임이 유지되겠나 싶었다. 10년 역사가 무너지는 게 아닌지 위태로운 생각마저 들었다. 그러나 그 후에도 모임은 계속되었다.

인공 생명에 관한 발제는 박희주, 정민걸 두 사람으로 이어졌고 '감정의 표현'에 관해서는 김호연 박사로 계속되었다(2010. 1. 23.). 2010년 정초에는 정민걸 교수가 「대규모 개발 사업의 양면성: 4대강 사업의 환경철학적 논점」이라는 논문을 이메일로 회람시켜서 읽어 보니 문제 이해에 큰 도움이 되었다. 이어 3월 모임에서는 정민걸, 조은희 두 사람의 발표가 있었다(2010. 3. 27.).

같은 날 집에 와서 인터넷으로 《사이언스》 뉴스란에 들어가 보니 "복원과 황폐화(Restoration or Devastation)"라는 제목으로 정민걸 교수가 《사이언스》 기자와 면담한 기사가 국내 2,000여 명 학자들의 4대강 공사 반대 사실과 함께 크게 보도된 것을 보고 '생사연' 회원들에게 이메일 첨부로 회람시켰다(2010. 3. 27.).

크로닌의『개미와 공작: 이타주의와 성 선택론의 역사』

2010년 4월부터는 헬레나 크로닌(Helena Cronin)의『개미와 공작: 다윈부터 오늘에 이르는 이타주의와 성 선택의 역사(The Ant and the Peacock: Altruism and Sexual Selection from Darwin to Today)』(Cronin, 1991)로 들어갔다. 김기윤 박사가 그 첫 발표를 맡아 1장과 2장을 요약해 다윈 이전의 진화 사상을 훑어봤다(2010. 4. 24.). 그러나 참석 인원은 여러 달 전부터 여전히 5명뿐이었다. 참여도가 이렇게 저조하니 바람에 가물거리는 촛불과 같았다. 이 책의 서두를 읽어 보니 다윈 이전에서 다윈을 거쳐 도킨스에 이르기까지 진화론이 걸어온 생물학사 책이었다. 읽어 나갈수록 다윈주의의 심연으로 빠져드는 느낌이었다.

6월 모임(2010. 6. 26.)에선 조은희 교수가 이 책의 3장을 그리고 이어 7월(2010. 7. 24.)엔 김재영 박사가 5장과 6장을 발제했다. 그리고 8월 모임(2010. 8. 21.)은 이화여대에서 있었는데 참석자가 네 명뿐이었다. 그 후에 가진 모임은 아마도 이해 12월 11일에 있었고 박희주가 9장, 김기윤이 10장을 맡았는데 이것을 마지막으로 긴 휴면에 들어갔다.

크로닌의 이 책은 1부「다윈주의와 라이벌」로 우선 다윈주의의 작금(昨今)을 비교하는데, 전에는 개체 생물(organism) 중심이었으나 오늘날에는 유전자 중심으로 이동하여 그 해석의 방향과 차원이 퍽이나 차이가 남을 드러내며 라마르크, 다윈, 월리스, 피셔, 홀데인 그리고 해밀턴과 굴드 등에 이르는 거장들의 주장을 현대 생물학의 눈으로 비교 분석한다. 2부「공작」과 3부「개미」는 각각 성 선택과 이타주의를 상징하고 대표하는 '등장인물'들이다. 공작의 번거로운 장식과 거창한 크기가 생존에 불리한데 어째서 진화할 수 있었느냐에 대해 다윈은 암컷으로부터 선택받기(female choice) 위해 생존상의 불리를 무릅쓰고 수컷 간의 경쟁에서 이기느라 화려하고 큰 날개가 진화되었다고 한 반면, 월리스는 수컷의 화려함은 건강한 생리 조건의 부산물

일 뿐이고 암컷의 수수함은 알을 품을 때 천적으로부터의 보호를 위해 적
응된 것으로 오직 자연 선택이 있을 뿐이라고 주장했다. "월리스가 다윈보
다 더 다윈적"이라고 말하는 이유이기도 하다. 반면에 이타주의의 본보기
가 되는 개미의 경우는, 현대의 '유전자 중심의 관점'에서 볼 때 이타성 개체
들의 희생을 통해 다른 자매 개체(일개미)들이 살아남아 그들의 유전자를 대
물림할 수 있어 이득이 된다. 이것을 설명하는 개념이 혈연 선택(血緣選擇, kin
selection)과 포괄 적합도(包括適合度, inclusive fitness) 개념이다. 이타 행위가 혈
연 간이 아니고 남들 사이에 일어나더라도 남에게 도움을 주면 다음 기회에
도움을 받음으로써 처음 도왔을 때의 비용을 보상받는다. 이것을 상호 이타
성(相互利他性, reciprocal altruism)이라고 한다.

그러면 다윈은 인간 사회에서의 도덕적 행동을 어떻게 봤을까? 동물에서
의 사례를 들면서 인간의 경우도 다름 아닌 자연 선택의 산물로 봤다. 반대
로 월리스는 인간이 지능과 도덕적 능력을 행사하는 것은 자연 선택이 아니
라 별도의 정신(Spirit) 능력에서 기원했다고 보았다. 결국 이러한 연유로 다윈
은 월리스와 달리 혈연자 간의 이타 행위나 도덕의 기원을 자연 선택에 둔 점
에서 이번엔 "다윈이 더 다윈적이다."라는 평가를 받았다.

이처럼 이 책은 그 초점이 다윈과 월리스의 생각을 역사와 현대 과학으로
재조명하는 데 있다 싶을 정도로 두 사람을 대비시킨다. 이 책이 출판된 해
에 《뉴욕 타임스》는 '올해의 우수 저술 9편'의 하나로 내세우며 미국의 진화
생물학자 마크 리들리(Mark Ridley)의 서평을 실었다(Ridley, 1992). 그러나 역
시 진화생물학자이며 고생물학자인 굴드는 크로닌이 인간의 이타주의를 자
연스러운 것으로 설명했다면서 이 책이 오류, 탈락, 잔재주, 수사(修辭) 투성이
라고 맹공을 퍼부었다(Oeijiord, 2003). 유전자 중심주의와 사회생물학, 진화
심리학 등에 대한 열렬한 반대자인 굴드의 이러한 비판에 대적해 메이너드
스미스와 대니얼 데닛이 크로닌 옹호에 나섰고 과학사가 데이비드 헐(David
Hull)은 크로닌이 지난날의 논쟁들에 대한 현대적 이해를 소개하면서 재조

명하고 있다며 호평하였다. 나는 이 책이 진화를 공부하는 사람들에게 꿈과 상상을 뭉게구름처럼 피어나게 하는 계몽서이면서 필독서라는 생각을 떨칠 수 없었다.

한편 '생사연' 모임이 이처럼 참여율이 저조해진 데 대해 심각하게 우려하지 않을 수 없었다. 생각해 보니 지난 10여 년간 회장 없이 지내 왔다는 게 도무지 믿겨지지 않았다. 구심점이 없어 응집력을 기대할 수 없고 정체성과 존재감마저 위태로워진 것은 하나의 필연이었다고 해도 과언이 아니다. 나는 생각 끝에 그동안 이 모임에 명맥이라도 유지하는 데 핵심적 역할을 한 김기윤 박사를 회장으로 추천하자는 메일을 돌렸다(2011. 1. 19.). 그러나 일부 회원으로부터 얼마 동안 휴식을 갖고 암중모색하면서 재기를 위한 힘을 축적해 보자는 제안만 돌아왔다. 그리고는 2011년 한 해가 금방 흘러갔다. 그래도 일부 불씨를 살리려는 회원들의 발의로 연말에 모임을 가졌고(연남동 매화식당, 2011. 12. 17.) 김재영 박사는 모랑주의 『생명, 진화 그리고 역사(La Vie, l'Evolution et l'Histoire)』(Morange, 2011)를 소개했다. 다음 읽을거리로 추천하려는 취지에서였다. 그러나 그 책은 프랑스어로 된 터라 채택되지 못했다. 이 자리에서 앞으로 '생사연'을 어떻게 진행할 것인가를 논의한 결과 결국 분기별로 3개월마다 한 번씩 모임을 갖자는 쪽으로 가닥을 잡았다.

이듬해 첫 모임은 2월에 서울대 소담마루에서 열렸다(2012. 2. 18.). 송상용, 이성규, 김기윤, 조은희, 박희주, 이정희, 김호연, 강광일, 박상준, 김재영 그리고 나 등 11명이 출석했다. 오랜만에 성황을 이룬 셈이다. 모두가 심기일전(心機一轉)해서였을까? 위기의식에서 온 새로운 다짐 때문이었을까? 이날 발표는 새로 들어온 하정옥 박사가 자신의 학위 논문 「한국 생명 의료 기술의 전환에 관한 연구: 재생산 기술로부터 생명공학 기술로」(서울대 대학원 사회학과)(하정옥, 2006)의 요약으로 이뤄졌다. 이어 이날 나는 1년 전에 메일로 돌렸던 내용을 다시 들춰 김기윤 박사를 회장으로 추대할 것을 제안했다. 일은 조직이 하는 것이고 조직에는 구심점이 있기 마련이다. 모두들 박수로 만장일치를 표했고 총무로는 김재영 박사가 계속 수고해 주기로 했다. 그리고 나는, 지난 1년 전 모임에서 생사연을 3개월마다 열기로 했으나 그렇게 하면 장시간의 단절로 읽을거리의 진행과 분위기에 지속성을 기하기 어려울 뿐 아니라 생사연의 존재감도 흐려지므로 격월제가 어떠냐고 물었다. 이에 김호연 박사의 동의를 시작으로 모두가 찬성해 주었다. 모임 참석이 저조했던 최근으로 말하면 지난 12년 전의 2000년 정월 첫 모임의 초심은 어디로 간 것일까? 마치 살얼음 위를 걷는 것 같아 맥이 빠졌다. 그래도 지난 1년간 '안식년'을 지나고 났으니 심기일전하여 부활을 꿈꾸어 볼 만했다.

『생물학과 이데올로기: 데카르트에서 도킨스까지』를 함께 읽다

이달 모임에서는 전에 박희주 박사가 읽을거리로 거론한 『생물학과 이데올로기: 데카르트에서 도킨스까지(*Biology and Ideology: From Descartes to Dawkins*)』(Alexander and Numbers, 2010)의 서론이 발표되었다(김재영). 도킨스에 반대하는 신학자의 글이 들어 있는 등 매우 흥미로운 장 제목들이 많이 눈에 띄었다.

다음 4월 모임엔 10명이 출석했는데 미국에서 학위 받고 울산대학교에 취직이 된 박형욱 박사가 『노화와 성장』을, 그리고 정민걸 교수가 『생물학과 이데올로기』의 10장 「진화와 사회적 진보 사상(Evolution and idea of social progress)」(M. Ruse)을 발표했다. 이어 여러 가지 질문과 논의가 활발해져 소비한 시간에 값나간 듯했다. 이 같은 발표가 끝난 후 나는 우리가 앞으로 1년 중 6회 모임을 갖게 되는데 그중 절반인 3회엔 관심 주제와 관련해 외부 인사 초청 발표를 갖는 게 어떠냐고 의견을 물었더니 모두들 찬성하여 그러기로 하였다.

나는 다음 모임의 초청 연사로 미국에서 진화심리학으로 학위를 받고 경희대학교에 재직 중인 전중환 박사를 소개했다. 이에 모두 좋다고 하여 그분

을 다음 6월 모임 초빙 강사로 정했다.

초여름에 들어선 6월 모임엔 10명이 모였다(2012. 6. 16. 11:00, 소담마루). 읽기로 한 『생물학과 이데올로기』의 8장 「유전학, 우생학과 홀로코스트 (Genetics, eugenics and the Holocaust)」(Paul Weindling)가 발제되었다(이성규). 제목이 제목이니만큼 다각적인 관점에서의 질문과 답변이 활발하게 이뤄졌다. 다음으로 초빙 연사 전중환 박사가 "집단 선택 논쟁(Group Selection Controversy)"을 슬라이드를 비춰 가며 설명했다. 진화심리학을 "모든 심리 현상을 진화적으로 접근, 연구하는 것"이라고 소개한 후 도킨스와 윌슨 사이에 집단을 보는 관점의 차이와 함께 집단 선택의 여러 가지 유형을 설명하고 데이비드 윌슨이 제창한 '신(新) 집단 선택'(=다수준 선택) 이론을 소개했다. 이 새로운 이론에 에드워드 윌슨도 가세한 것은 매우 흥미로운 부분이며 해밀턴의 포괄 적합도 개념을 부정하고 나선 것은 더욱 그랬다. 이 발표가 있은 후 많은 질문이 쏟아졌는데 평소에 사회생물학을 불신하던 정민걸 교수로부터 반대 질문이 쏟아져 이날 토론에 '활기'를 불어넣었다.

한여름의 8월 모임(2012. 8. 18.)에선 조은희 교수의 이색적인 발표로, 과학의 작동과 본질을 설명하는 다큐멘터리 「과학의 본성 교육을 위한 어느 과학 다큐멘터리의 타당성: 과학이 어떻게 작동하는지에 관한 간접 경험(Validation of a Science Documentary to Teach NOS: Indirect Experience of How Science Works)」의 소개가 있었다. 예쁜꼬마선충의 발생과 행동에서 실험을 통해 새로운 현상을 밝혀내는 과정이 흥미롭게 다뤄지며 과학의 본성(Nature of Science, NOS) 탐구에 접근해 갔다. 과학적 소양 교육에 초점을 두고 있어 과학교육과에서 학생들을 가르치고 있는 조 교수의 역할에 부합하는 걸작으로 보였다.

다음엔 10월에 모였고(2012. 10. 20.) 역시 『생물학과 이데올로기』의 13장 「최근 무신론자의 변증론에서 보이는 진화생물학의 이데올로기적 사용 (The ideological uses of evolutionary biology in recent atheist apologetics)」(Alister E.

McGrath)가 소개되었다(박희주). 앨리스터 맥그래스는 도킨스의 이론에 반대하여 『도킨스의 망상』(2007)을 낸 옥스퍼드 대학교의 신학자로, 과학적 유물론과 특히 도킨스의 밈 이론을 비판하며 초월적 존재로서의 신의 부재에 대한 반론을 폈다. 회원 10명이 모인 이 자리에서 찬반의 토론이 활발하게 일어났다.

2012년 마지막 모임 역시 서울대 소담마루에서 시작되었다(2012. 12. 15.). 회원 9명 외에 윤대용(고려대) 박사와 원정현(서울대 과사철 박사 과정) 선생 그리고 초빙 연사 조광현 교수 등 모두 12명이 모여 '성황'을 이뤘다. 우선 『생물학과 이데올로기』의 7장 「생물학과 영미 우생학 운동의 출현(Biology and the emergence of the Anglo-American Eugenics movement)」(E. J. Larson)이 소개되었다(김호연). 다음 초빙 연사 조광현(KAIST) 교수의 "세포는 생각할 수 있는가?(Can the Cell Think?)"가, '생명체는 창발적이고 동력학적'이라는 개념 아래, "생물학적 변환 연결망에서의 결정 행위의 출현(Emergent decision-making in biological transduction networks)"이라는 부제를 달고 발표되었다. 나로선 생물학이 이 정도로 전문화되었나 하고 놀랄 뿐 이해에 이르지는 못했다. 이 점에선 송상용 교수도 동감이었다. 이날의 토론은 창발론에 모아졌는데 송상용 교수가 환원주의와 창발론의 역사에 대해 열변으로 그 줄거리를 정리해주었다.

다시 해를 넘겨 생사연은 2월 모임을 가졌다(2013. 2. 23., 소담마루, 11명 참석). 전해에 이어 『생물학과 이데올로기』의 3장 「인문과학 형성에 나타난 18세기 생기론의 활용(Eighteenth century uses of vitalism in constructing the human sciences)」(P. H. Reill)에 대한 발표(이정희)와, 11장 「미녀와 야수? 진화론에서의 성의 개념화(Beauty and the beast? Conceptualizing sex in evolutionary narratives)」(E. L. Milam)에 대한 발표(하정옥)가 있었다. 이날 송상용 교수는 고대 희랍의 생기론(生氣論, vitalism)이 16~17세기의 과학 혁명을 거치면서 데카르트가 동물을 기계로 보고 쥘리앙 오프루아 드 라 메트리(Julien Offray de La Mettrie)가

『인간 기계론(*L'homme machine*)』을 쓰는 등의 과정을 밟은 역사를 설파했다. 결국 오늘날에 와서는 내가 보기에 분자생물학의 발달과 함께 동물 복제는 물론 유전자 치환과 DNA 편집 등으로 생물을 '마음대로' 조작하는 시대에 이르러 생기론은 발붙일 곳이 없어 보인다.

그러나 생명체를 이해하는 데 지나친 환원주의적 방법론이 한계를 드러 냄에 따라 전일론(全一論, holism)과 창발론(創發論, emergentism)이 다시 등장 하게 된 최근 추세로 볼 때 앞으로 어떠한 새로운 '생기론'의 '변형체'가 나올 지 예측 불허이다.

4월 모임은 『생물학과 이데올로기』의 5장 「다윈주의 이전의 인종, 제국 그 리고 생물학(Race, empire, and biology before Darwinism)」(S. Sivasundaram)이 발 표되는 것(김기윤)으로 시작되었다. 제국주의적 식민지 시대에 노예들을 포 함해 여러 인종들에 대한 생물학적 해석과 개량 가능성, 그리고 이들에 대 한 차별적 견해가 논의되었다. 학자에 따라 인간이 기후, 생활 양식 등에 따 라 갈라졌다고 보거나 노아의 방주가 안착했던 코카서스 지역의 백인종이 인류의 기원이라고 보기도 했다. 영국의 철학자 데이비드 흄(David Hume, 1711~1776)이 사람을 구분하는 데는 신체가 아니라 도덕적, 사회적 요인을 기 준으로 해야 한다며 인도주의적인 방식을 제안한 것은 당시로선 단연 돋보 이는 인간 철학이었다. 그다음 발표는 『생물학과 이데올로기』와 별도로 "자 체 발생설과 다윈의 선택"이라는 제목으로 진행되었다(김재영). 많은 학자들 이 생물학은 좋든 나쁘든 사회·정치적 이데올로기 안에 얽혀 있다고 주장 한 데 반해 진화생물학자 에른스트 마이어는 "자연 선택에 의한 진화를 통 해 엄청난 변화가 일어났다고 했다. '신의 손'은 자연 과정의 작동으로 대치 되어 버렸다."라고 선언하여 생물학의 이데올로기화의 필연성을 부인했다. 독일의 과학사가 니콜라스 루프케(Nicolaas A. Rupke)는 '다윈의 선택'을 자체 발생설(autogenesis, autogeny)을 중심으로 논의했는데, 다윈 이전에 이미 종의 기원에 대한 자연주의적 이론이 있었으며 그 예로 18세기 중엽에 뷔퐁 백작이 창조론의 대항마로서 자연으로부터 부모 없이 생명이 생겨났다는 이론을 폈다. 아울러 리처드 오언(Richard Owen)은 다윈의『종의 기원』이전에, 다윈식으로는 아니지만 자연학적인 진화 이론이 제시됐다는 사실을 상기시켰다. 이어 주제에 관련해 '생명이란 무엇인가?'에 관한 여러 가지 이론이 소개되었다.

2013년 6월 모임에선『생물학과 이데올로기』의 12장「창조론, 지적 설계론 그리고 현대 생물학(Creationism, intelligent design, and modern biology)」(Ronald L. Numbers)이 발표되었다(박상준)(2013. 6. 22.). 원서 본문 서두를 보면 "다윈이 1859년『종의 기원』에서 특별 창조의 도그마를 무너뜨리고자 감행한 혁명적 시도는 종교계로부터 연성(軟性)에서 강성 분노에 이르는 광범한 반응을 촉발했다."로 이 글의 전체적인 방향을 제시한다. 발표 자료 앞쪽의 "이 글의 전체 내용"에 따르면 저자는 (1) 다윈의 진화론에 반대했던 창조론, 창조 과학, 지적 설계론의 역사를 소개하고, (2) 영미권, 특히 미국의 상황에 주목하면서 이와 관련된 많은 사람들의 주장을 서술하고 있다. 6쪽에 이르는 이 자료는 서두에 우선 저자에 대한 소개가 나오고 다윈 시대 이후 여러 가지 이론의 주장을 개조식으로 간결하게 정리한 뒤 맨 끝에, 창조 과학으로 가장 시끄러웠던 미국에서 펜실베이니아 주 도버 교육청이 지적 설계론을 진화와 함께 중학교 과정에서 가르치도록 허용하자 연방 정부 판사가 지적 설계론이 과학이 아니므로 학교에서 이를 가르치는 것은 위헌이라고 판결하는 장면이 나온다. 발표자는 이 장면과 관련 있는 영상 자료를 입수해서 소개해 용의주도한 준비성을 보여 줬다.

나는 이 글에 나오는 많은 창조론이나 지적 설계론에서 빅토리아 시대의 자연 신학과 독일에서의 자연 철학이 20세기에 들어서서도 되살아나고 있다는 인상을 받는 등 배운 것이 많았다. 또한 미국에서 1963년에 발족한 창조 연구회(Creation Research Society)의 창립 멤버 10명 중 7명이 석·박사 학위를 가진 생물학자들이었다는 점을 처음 알게 되어 자못 놀라지 않을 수 없었다. 왜냐하면 나는 같은 생물학자지만 창조 과학을 비판하고 부정하는 칼럼을 몇 차례 쓴 적이 있기 때문이다(이병훈, 1988c, 1991). 또 미국에서 1986년에 72명의 노벨상 수상자들과 미국 전역의 7개 과학 단체 및 17개 주의 과학 협회들이 미국 최고 재판소에 진화의 진실을 증언한 진술서 서명 목록에는 진화생물학자 굴드와 유전학자 프란치스코 아얄라(Francisco J. Ayala)를 비롯한 다수의 저명한 생물학자는 물론이고 노벨상을 수상한 핵물리학자 머리 겔만(Murray Gell-Mann) 등 각 분야의 과학자들도 포함되어 있었기 때문이다.

이날의 초빙 강사 김영준(연세대 시스템생물학과) 교수는 후성유전학에 관련해 "후성유전체 연구: 환경과 인간의 건강(Epigenomic Studies: Environment and Human Health)"을 제목으로 파워포인트 자료를 비춰 가며 발표했다. 발표에 따르면, 우선 먹는 음식과 스트레스 및 감정을 포함한 다양한 환경 요인들이 돌연변이를 유발하여 암 등 질병을 일으킨다고 알려져 있으나 여러 가지 임상 조사와 역학적 조사를 통해 DNA가 전부가 아님을 알게 되었다. 즉 유전체가 같은 일란성 쌍둥이도 자라 온 환경 요인에 따라 유전자 발현이 다르게 나타나는데 여기에는 후성유전학적 현상 두 가지, 즉 DNA 메틸화와 히스톤(Histone) 단백질상 변화가 관여한다. 예를 들어 뇌종양의 80퍼센트가 DNA 메틸화에서 유발된다. 또한 어미가 먹은 영양 공급 상태 여하에 따라 태아에 미친 영향이 그 3대까지 대물림된다. 결국 영양소들이 메틸 그룹들로 변하여 당뇨, 암, 비만 등이 유발됨을 알게 된 것이다. 또한 사람의 두뇌 내에서 클루코코르티코이드 수용체(glucocorticoid receptor)의 후성유전적 조절이 아동학대의 후유증으로 나타난다는 것도 밝혀졌다. 나는 후성유전학이, 특히 진화적 관점에서 '획득 형질의 유전'의 부활이라는 복고조(復古調)의 가능성이 내가 구독하고 있는 잡지들에 자주 회자되어 특별히 관심을 갖게 되었다. 이에 따라 나는 『후성유전학 혁명(Epigenetic Revolution)』(Carey, 2011)을 사서 대충 읽어 개념적인 이해를 얻었으나 이번 생사연 모임에선 일선에서 직접 이 분야를 연구하는 사람의 발표를 듣게 되어 그 의의와 중요성을 더 한층 실감하게 되었다. 연사의 소개로 그 이틀 후 이에 관한 다큐멘터리 「퍼펙트 베이비」(2012. 6. 24., EBS 21:50)를 보고 캐리의 책에 나오는, 제2차 세계 대전 말기 마지막 겨울에 네덜란드 서쪽 지방에서 독일군의 보급로 차단으로 인해 2만 2000여 명의 아사자가 발생한 사건(The Dutch Hunger Winter)(Carey, 2011)을 다시 확인하게 되었다. 이 극도의 기근 중 임신 상태에서 살아남은 여성들의 후손들에 대해 건강 기록들을 조사한 결과 비만, 당뇨, 심장 질환 발생이 빈번함을 알게 되었다. 즉 후성유전학이 작동한 것이다. 또 생물의 초기 수정란에서 DNA는 같으면서 서로 다른 모양과 기능의 세포들이 분화되는 과정에 바로 이 후성유전학이 관여한 것이다. 후성유전학은 이제 캐리의 책 제목에서처럼 생명 과학에 '혁명'을 가져올 것으로 기대되어 그 귀추가 주목되지 않을 수 없다.

다시 두 달 후인 8월 모임에선 『생물학과 이데올로기』의 9장 「소련에서의 다윈주의, 마르크스주의 그리고 유전학(Darwinism, Marxism, and Genetics in the Soviet Union)」(Nikolai Krementsov)이 소개되었다(원정현, 서울대 과학사·과학철학 협동 과정)(2013. 8. 10., 서울대 호암관, 8명 참석). 다윈 사상이 소련에 어떻게 도입되었으며 정통 유전학이 마르크스·엥겔스의 생물학적 이론과 부합되지 않는다는 이유로 거부되고 어떻게 트로핌 리센코(Trofim Lysenko, 1898~1976)의 '소련의 창조적 다윈주의(Soviet Creative Darwinism)'가 탄생하게 되었는가가 생동감 있게 서술되었다. 노벨상 수상자(1904)인 이반 파블로프(Ivan Pavlov, 1849~1936)는 개를 재료로 한 조건 반사 실험으로 유명하거니와, 그는 자신의 실험 조수가 다룬 이 개의 조건 반사 실험 결과 그다음 세대들에서는 차츰 무조건 반사화되어 대물림되었다는 관찰을 근거로 획득 형질의 유전설을 지지하는 발표를 했다. 그러나 그는 정통 유전학자의 반론에 부딪혀 라마르크주의를 부인하는 우여곡절(迂餘曲折)을 겪었다. 그가 획득 형질의 유전을 발표했을 때 러시아의 정통 유전학자들은 크게 당황했다. 마르크스주의자들이 이러한 획득 형질의 유전 실험 결과가 자기들의 이데올로기에 부합한다며 적극 지지하고 나섰기 때문이다.

이 장을 읽으면서 나의 흥미를 끈 것은 생물학이 얼마나 사회 현상을 설명하거나 지지하는 수단으로 이용되어 이데올로기의 도구로 쉽게 변할 수 있는가, 즉 어떻게 현실 정치에 깊숙이 관여하여 혁명 도구로 이용될 수 있는가였다. 결국 리센코 논쟁이 벌어졌고 그는 스탈린의 지지를 얻어 1940년에 소련 과학 아카데미 산하 유전학 연구소의 소장이 되어 정통 유전학과 진화의 신종합설을 뒤엎고 리센코주의(Lysenkoism)를 내세우게 됐다. 그러나 이처럼 멘델 유전학 반대의 선봉에 섰던 그는 결국 그의 주장이 거짓임이 드러나 리센코주의는 1948년에 불법화되고 소련의 유전학을 크게 후퇴시킨 결과를 가져와 역사적 범죄를 저지른 장본인이 되었다. 소련의 생물학자들은 1960년대 중반에 들어서야 마침내 리센코주의를 말끔히 제거하고 정통 유전학을 제도상으로 회복하는 동시에 마르크스주의와 다윈주의를 분리하는 데 성공하게 되었다.

또 한 가지 나의 흥미를 끈 것은 파블로프가 획득 형질의 유전을 지지하는 발표를 하자 정통 유전학자들이 완강히 거부한 가운데 라마르크주의자들이 정통 유전학이 현대판 전성설(前成說, preformationism)에 불과하다며 폄하하는가 하면 자신들의 획득 형질의 유전설은 일종의 후성설(後成說, epigenesis)이라고 주장한 점이다 오늘날 일종의 라마르크주의의 가능성으로 보는 후성유전학의 관점에서 볼 때 파블로프의 실험이나 리센코의 밀의 춘화(春化, rejuvenation) 처리가 전혀 엉뚱한 것만은 아니지 않았나 의심해 보지 않을 수 없다. 아니 이런 문제에 관한 조사나 주장이 이미 어디에 있을 것 같다. 아마도 후성유전학은 이제 시작 단계나 다름없으므로 앞으로 많은 새로운 사실을 발견할 것이다. 어쨌든 획득 형질의 유전에 근거한 리센코 소동이나 그전에 독일에서 일어난 나치의 우생학에 기반한 유태인 학살 등을 볼 때 과학이 아무리 가치 중립적이라지만 생물학은 쉽사리 정치적으로 이용되는 취약점을 드러내고 있는 듯하다. 어쨌든 나는 이 글을 읽으면서 우여곡절과 변화무상으로 점철된 역사 소설 아니면 흥미진진한 탐정 소설을 읽는 느낌이 들었다.

다음 10월 모임에선『생물학과 이데올로기』의 4장「자연 신학에 기여한 생물학: 페일리, 다윈, 그리고 브리지워터 논고들(Biology in the service of Natural Theology: Paley, Darwin, and the Bridgewater Treatises)」(Jonathan R. Topham)이 발표되었다(김재영)(2013. 10. 19., 서울대 호암관, 9명 참석). 제목 맨 앞에 나오는 윌리엄 페일리(William Paley, 1743~1805)는『자연 신학, 즉 신의 존재와 속성의 증거들(Natural Theology, or Evidences of the Existence and Attributes of the Deity)』(Paley, 1802)의 저자로서 영국에 복음주의가 부흥하는 가운데 토머스 페인(Thomas Paine, 1737~1809)이 이신론(理神論, deism)을 주장하던 시대적 배경에서 등장했다. 그에게 생명체는 다양한 부분이 서로 적응해 있는 기능적 전체로서 기계적 개념에 바탕하고 있다. 그래서 생명체는 처음에 그런 모습으로 창조되고 고정 불변의 특성을 가졌다. 그 30여 년 후에 나온 브리지워터 논고『창조에 나타난 바와 같은 신의 힘, 지혜와 선에 관한 브리지워터의 논고들(The Bridgewater Treatises on the Power, Wisdom and Goodnss of God as Manifested in the Creation)』(1833~1840)은 이거튼(Francis Henry Egerton, 1756~1829, Earl of Bridgewater)의 유언과 유산으로 아홉 사람이 집필하여 9권으로 출간된 대작이다. 말하자면 창세기에 나온 대로 동식물, 광물은 물론 소화의 효과, 인간의 손의 구성 등 신의 작품과 함께 예술, 과학과 문학 전체에서 고금에 걸쳐 발견된 모든 논의들을 담아낸 것이다. 다만 지질학이라는 새로운 과학과 특히 고생물학과 비교해부학에 주목하여 설계의 새로운 사실들을 제시하며 페일리의 책에 없던 시간 차원을 도입한 것이 특징이다. 프랑스의 조르주 퀴비에(Georges Cuvier, 1769~1832)가 고생물학과 지층학에 대한 연구를 통해 지구가 일련의 격변을 겪었다고 하여 '자연의 역사화'를 강조한 데 이어 이 논고의 일부 저자들이 "창조는 수백만 년 전에 일어났다."라며 창조의 역사성을 강조한 것 등은 페일리의 정적(靜的)인 창조와 매우 대조되는 점이다. 아울러 논고 III편 「천문학과 일반 물리학(On Astronomy and General Physics)」을 쓴 윌리엄 휴얼(William Whewell, 1794~1866)은 사실에 근거한 논고를 강조했다.

이 논고가 나옴으로써 페일리의, 기적으로 창조된 정적인 생명 체계와의 경계가 흐려졌으나 일부 저자들이 종의 기원에 대해 자연주의적 이론을 제시함으로써 그러한 경계가 다시 뚜렷해졌다. 여기에다 그 20여 년 후에 다윈의 『종의 기원』이 나옴으로써(Darwin, 1859) 자연 신학은 그 명맥을 잇기가 어렵게 되었다.

어쨌든 이 논고는 발표 자료에서처럼 자연 신학에 대해 비판적었던 반면 과학의 성과를 통해 이미 갖고 있던 신에 대한 믿음을 확인하는 것을 목표로 씌어진 것 같다. 결론적으로 내가 보기에 브리지워터의 논고는 자연 신학이 『종의 기원』으로 이행해 가는 과정에서 과도기적 중간 단계를 상징하는 것 같았다.

발표자 김재영 박사는 발표 자료 서두에 '도입'을 두어 읽을거리를 소개하고 말미에선 '생각해 볼 점'을 두어 다윈이 어째서 '생명의 기원'에 관한 서술을 피했는지 등에 대해 고찰하고 주제 관련 자료들을 추가한 점이 돋보였다.

2013년 마지막 모임은 12월 21일에 열렸다(서울대 호암관, 10명 참석). 우선 정민걸 교수가 "4대강 사업과 생태적 기본 소득"이란 제하에 이명박 정부가 추진한 4대강 사업을 파워포인트 자료로 보이며 그 불합리성, 반생태성, 그리고 막대한 국가 예산(22조원)의 비효율적 낭비에 관해 설명했다. 이어 오헌미 박사가 "19세기 진화론과 페미니즘"에 대해 발표하였다. 이 두 가지 모두 시사성이 농후한 이색 발표로 자못 흥미로웠다.

생물학사상연구회의 새로운 시작

그런데 이 모임에 한 가지 문제가 있었다. 다음 해에 지출할 예산 확보가 그것이었다. 나는 얼마 전 송상용 교수와 이야기하다 이 문제가 나와서 '한국학술협의회의 소모임 지원 사업'에 신청하되 송 교수와 내가 협의회 사무국을 한 번 방문해 봄이 어떨까 협의한 적이 있었다. 그래서 12월 21일 모임에서, 두 사람의 예정된 발표가 끝난 다음 나는 김기윤 회장에게 한국학술협의회에 독서 소모임 지원 신청을 한다면 송 교수와 내가 협회 사무실에 방문하여 지원을 요청해 보겠다고 하니 김 회장은 물론 회원들 모두가 좋다고 했다. 이틀 후 오전에 나와 송 교수는 서울역 앞 대우재단 건물에 있는 한국학술협의회 사무실을 찾아갔다. 그러나 박은진 사무국장은 없고 직원 공소현 씨뿐이어서 사정을 말하고 국장이 해외 출장에서 돌아오면 말해 달라며 우리의 명함을 내놓고 돌아왔다. 12월 27일이 신청서 접수 마감이니 닷새밖에 남지 않았다. 그사이에 김기윤 회장과 하정옥 박사 등이 부지런히 움직여 신청서를 작성해 접수시켰고 그 한 달 후쯤 채택 통보를 받았다. 액수는 비록 연 200만 원에 불과했지만 우선 제도적으로 지원을 받는 입장이 되니 명분이 섰고 열심히 진행한다면 계속 지원을 보장받을 수 있을 터였다. 그래서 생물학사상연구회는 초기 2년간 과학문화진흥회의 지원을 받은 이후 10년 만에 안정을 되찾았다고나 할까? 아무튼 이번의 '쾌거'는 순전히 송 교수 덕택이었다. 지명도 높은 송 교수의 업석과 활약을 사무국장이 잘 알고 있었기에 가능했다. 이제 2014년부터는 지원 신청시 제출한 계획서에 따라 종래 격월 모임이 월례 모임으로 도로 바뀌게 되었다. 책을 더 부지런히 읽어야 하게 생겼지만 회원들이 활력을 되찾고 더 자주 만나게 되니 나로선 뿌듯하기만 했다.

다시 기술할 기회가 있겠으나 이 글을 최종적으로 다듬고 있는 2014년에도 이 모임은 13년째 '생물학사상연구회'라는 명칭으로 맥을 이어 오고 있다. 눈 깜짝할 사이에 13년이 흘렀지만 그 시간은 나에게 나의 생물학을 다소나마 역사적으로 통찰하고 그 함의들을 곱씹어 보는 금쪽같은 기회가 되었다. 그 후 식구가 늘거나 줄어드는 등 회원들의 출입이 잦았지만 지금은 송상용 교수와 나를 비롯해 이성규, 김기윤, 박희주, 정민걸, 강광일, 조은희, 박상준, 김호연, 이정희, 김재영, 하정옥, 오현미 박사 등 열네 명 정도의 고정 멤버로 정착된 듯하다.

'생사연'은 나로 하여금 정년 퇴임 후에 언제나 책을 읽도록 적당한 긴장을 유지해 주는 자극제와 활력소가 되었다. 다시 말해 지난 14년간 나에게 끊임없이 문제의식과 함께 지적 향기와 호기심의 원천이 되어 나를 항상 살아 있게 만든 것이다.

'관산곤충연구회' 활동

그 시작은 미미했으나

내가 박사 과정을 밟은 고려대학교 생물학과의 분류학 교실 출신들은 '觀庭 趙福成 교수와 奎山 金昌煥 교수의 학문 정신을 이어받아 동물분류학 연구와 학술 토론 및 정보 교환과 친목 도모를 위해' '觀庭'과 '奎山'에서 한 글자씩을 따 '觀山 세미나'를 조직하고 그 첫 모임을 '1차 관산 세미나'라는 명목으로 전북대학교의 나의 연구실에서 가졌다(1989. 2. 9.). 이에 앞서 두 차례 준비 모임을 갖기도 했다. 그런데 이 세미나의 사실상의 동기는 그 1년 전 김창환 스승님의 생신을 맞아(1988. 5.) 나와 남상호, 이종욱 교수가 인사차 방문했을 때 교수님이 학술 토론 세미나를 해 보는 게 어떻겠느냐고 간곡히 말씀하셨기 때문이다. 또한 당시는 동물분류학이 기초 중의 기초 분야로 거의 자연학(natural history) 수준의 인식이 팽배해 전공 당사자들로서는 무언가 지향점과 구심점을 찾아 학문적 가능성과 잠재력을 확인하고자 하는 욕구가 컸던 때였다. 오늘날처럼 '생물다양성'과 '기후 변화'라는 전 지구적 화두 속에서 국내외적으로 각광을 받고 취직이 제법 잘 되는 '태평성대'가 오리라고는 상상도 못 한 때였다. 그 첫 모임은 김창환 스승님과 김진일, 박중석, 김

사진 35. 관산 세미나 첫 모임. 앞에 앉은 분이 김창환 교수님. 뒷줄 왼쪽부터 김병진, 박중석, 필자, 김진일, 이종욱, 김미량 박사. 전북대학교 생물교육과 실험실, 1989. 2. 9.

병진, 이종욱, 김미량 박사 그리고 나 등 7명이 참석 가운데 추운 겨울에 연탄 난로로 난방을 하는 나의 실험실에서 이뤄졌다. 이날에는 나의 "한국 곤충분류학의 과제와 전망" 발표에 이어 이 세미나의 운영 방안이 논의되었다. 즉 세미나를 연 2회 여름 방학과 겨울 방학에 열고 여름 세미나는 합동 채집회를 겸해서 한다는 내용이었다. 일동은 이 세미나의 '주관'으로 나를 선임하고 '업무'에 이종욱 교수를 지명했다. 저녁이 되어 학교 앞 전라회관에서 식사를 마친 후 역시 학교 앞의 한성여관에 투숙해 이른바 '방석 세미나'로 이어졌다. 이날 저녁 세미나 주제는 '생물학을 어떻게 하면 재미있게 가르칠 수 있는가?'였고 다양한 의견이 나왔다.

그 후 세미나와 채집 행사는 매년 전국에 걸쳐 돌아가며 회원 소속 대학 연구실과 인근 산에서 시행되었다. 그 10년 후인 1998년부터는 모임의 이름이 '관산곤충연구회'로 개칭되고 소식지《관산 세미나》가 발행되기 시작했다(1998. 2. 2.). 이듬해에 나온 소식지 1면에는 규산의 저서『생명체 탐구의 즐거움: 곤충과 살아온 반세기』(지성사, 1998)에 대한 서평이 실렸는데 필자인 김훈수(서울대) 교수는 "그가 곤충을 대상으로 다각적인 연구 활동을 한 과정

사진 36. 관산 세미나 첫 모임에서 "한국 곤충분류학의 과제와 전망"을 발표하고 있는 필자. 1989. 2. 9.

그리고 그 후의 독서 중에 생물학적 사색을 해 온 과정을 중심으로 그의 생애
의 진수를 기술한 자서전이라고 필자는 감히 말한다."라는 평가로 책의 성격
과 핵심을 이야기해 규산의 품격과 성찰을 높이 사고 소식지에 무게도 실었다.

그 수년 후 충북 영동에서 가진 하계 모임에는 21명이 참석했고(2001. 8.
4.~5.) 그달 말에 마침 내가 정년 퇴임하는지라 이를 기념하여 나에게 '행운
의 열쇠'(금제)가 주어지기도 했다. 그 후 경과에 대해서는 내가 수시로 메모
해 놓은 것을 여기에 적기로 한다.

얼마 후 '관산곤충연구회'가 진주의 진양호 레이크사이드 호텔에서 열렸
다(2005. 7. 29.). 여기서 나는, 그전에 국제박물관협의회(ICOM)의 자연박물관
분과회(NatHist) 연례 회의가 핀란드에서 열려 거기에 다녀온 경험을 "나의
자연박물관 여행"이란 제목의 글로 발표했고 남상호(南相豪) 회장은 "베트남
의 자연과 문화"를 다뤘다. 김병진, 박중석, 이종욱, 안기정 박사와 대학원생
등 모두 19명이 참석했다. 안개 자욱한 진양호의 풍경이 마치 꿈속 같았다.

그다음 해엔 관산곤충연구회가 유성 동학산장에서 열렸는데 김병진(원광
대) 교수와 배연재(서울여대) 교수가 발표했다(2006. 2. 6.). 다음 날 일대에 눈이

와 설경이 아름다웠다. 안기정(충남대) 박사로부터 김영진(충남대) 교수가 타계했다는 소식을 들었다. 나의 톡토기 연구에 전기 영동법을 가르쳐 준 분인데 참으로 안타까웠다.

이해 여름에는 관산곤충연구회가 강원도 원주에서 약간 떨어진 매산관 광농원에서 열렸다(2006. 7. 14.). 나의 개회사가 있은 다음 한호연 교수가 "곤충 표본의 바코드"에 대해, 그리고 문태영 교수가 "법 곤충학과 생태학"에 대해 발표했다. 모두들 제자들을 데려와 만장의 성황을 이뤘다.

'관산곤충연구회' 선임 회원들의 맹활약

관산곤충연구회가 이렇게 모임을 갖다가 충남 서산의 한서대학교에서 열리게 되었다(2011. 7. 29.). 제1회 '창립' 모임이 1989년에 내가 있던 전북대학교에서 열리고 내가 초대 회장을 했는데 어느덧 22년이 흘렀다. 그때 7명이 모였으나 오늘 보니 50명은 넘을 듯 만장을 이뤘다. 사회자가 나보고 초대 회장으로서 인사말을 하라고 해 "(1) 내년에 열릴 국제곤충학회를 대구로 유치한 것도(김병진, 권용정, 권오석 교수 등), (2) 국립생물자원관의 주요 사업인 '생물지 사업'(김정규 교수)과 '자생 생물 발굴 사업'(배연재 교수)을 주관하는 것도, (3) 한국에서 처음으로 영국 왕립곤충학회 운영 위원(Fellow)을 배출한 것(김병진 교수)도 모두 관산의 쾌거이고, 회원들이 한국의 곤충학계는 물론 세계적으로도 괄목할 활동을 하고 있으니 여기 모인 모두들 관산 회원임에 긍지를 갖고 서로 협력하고 친분을 두텁게 하여 곤충학 발전에 매진하자."라고 했다. 이어 사회자가 나에게 건배사를 주문해 "오직 바라는 바가 마음대로 되기를!"하며 "오바마!"를 외쳤더니 모두 폭소하며 잔을 기울였다. 좌중에서 내가 가장 연장이라 이런 일을 해야 했으니 이른바 '나잇값' 하기가 결코 쉬운 게 아니다.

김창환 스승님에 대한 몇 가지 회상

이 연구회가 김창환 스승님의 가르침에 따라 시작되었음은(1989) 이미 앞에서 말한 바다. 나의 박사 과정 지도 교수로서 그 초기에 내가 여러 해 동안 톡토기에 대한 논문을 못 내고 채집만 하고 다닐 때 가끔씩 만나면 "어떻게 되어 가고 있는가?"라는 한마디만 던지실 뿐 재촉하지 않으셨다. 믿고 기다려 주신 점에 그 너그러움과 고마움을 잊을 수 없다. 프랑스에 가서 논문을 발표해 보내 드리니 받아 보시고 귀국해서 학위 논문을 제출하라고 하신 편지에 나는 하늘 같은 은혜와 감사함을 느꼈다.

내가 전북대학교에 부임하고 특강 연사로 모셨을 때 학생들에게 가르침도 주셨고 나의 제자 박경화의 박사 학위 논문 심사 때 주심으로 오셔서 지도도 해 주셨다. 심사가 끝나고 다음 날(1994. 12. 13.) 나는 김병진(원광대) 교수의 차로 스승님을 모시고 변산의 해변으로 나들이를 갔다. 겨울 해변의 찬바람이었지만 머리칼을 휘날리며 바닷가를 걷고 사진 촬영을 하던 때가 엊그제 같다. 언제나 학문에 진지하고 열정으로 일관하시는 스승님의 모습에서 무언의 가르침을 받았다.

다시 15년이 흘러 규산의 구순(九旬) 생신 모임이 낮 12시에 한미리에서 열렸다(2009. 6. 6.). 김우갑, 이경로, 김학렬 교수 등과 관산곤충연구회 회원들이 모였다. 스승님은 휠체어를 타고 나오시는데 안색이 좋고 건강해 보이셨다. 원로 교수님들의 인사 말씀이 있은 후 사회자가 나보고 관산 모임을 대표해 한마디 하라고 했다. 나는 스승님의 지(智), 덕(德), 체(体)를 고르게 갖추신 인격을 따르자고 했다. 정년 퇴임 후 출판하신 책이 5권이나 되니 규산의 건강 비결은 뇌 운동에 의한 에너지 대사에 있음이 틀림없다고 하며 오늘의 구순 생신이라는 장수의 이러한 비결을 다 같이 본받자고 했다.

그 이듬해 그분을 뵐 때마다 부쩍 늙어 가시는 모습이 매우 안타까웠다. 그분이 90세의 고령에 이르렀을 때 고관절(股關節) 골절로 병상에 누워 계신적이 있었다(2010. 7.). 고려대학교 안암 병원으로 문병을 갔는데 "이게 다 가는 코스네."라고 농담까지 하시며 의연함을 잃지 않으셨다. 마지막 길에 하시는 말씀 같아 애틋한 마음 금할 길 없었다.

내가 이분의 지도와 은덕으로 톡토기를 연구하고 학위를 받은 것에 대해서는 이분의 미수(米壽) 기념 때 나온 문집에 썼다(이병훈, 2007d). 그리고 이어 이해에 규산이 내신 저서 『몸과 마음은 하나다』에 대한 서평을 대한민국학술원 소식지에 냈다(이병훈, 2007g). 그러나 스승님은 기다려 주지 않으셨다. 구순 기념 모임이 있은 지 몇 년 후 2013년 4월 5일에 스승님은 눈을 감으셨다. 나의 박사 지도 교수로서 나의 연구 방향을 잡아주셨을 뿐 아니라 학문과 인격에서 정신적 지주임을 보이시던 분이 돌아가시니 내 마음 쓸쓸하고 허전하기만 하다. 장례식의 추도사에서 하두봉(대한민국학술원 회원) 교수는 규산의 높은 업적과 고매한 인격을 칭송하셨고(하두봉, 2013) 남상호(대전대) 교수는 이분의 생애와 업적을 소상히 썼으며(남상호, 2013) 나는 한국곤충학회 영문 잡지에 역시 조사(弔辭)를 썼다(Lee, 2013).

관산곤충연구회의 지난 23년 세월을 돌아보건대, 초년도(1989)에 6명이었던 것이 지난해 2011년에는 50여 명으로 늘어났으니 앞으로도 갈 길이 창창하고 일취월장(日就月將)할 것이냐.

'24회 국제곤충학회'를 보고

관산곤충연구회 멤버들의 활약은 '제24회 국제곤충학회'를 한국으로 유치하는 데서도 빛났다. 이 국제곤충학회는 4년마다 열려 이번에 24회이니(ICE, 2012) 역사도 오래고 질적, 양적으로 규모도 광범하다는 것은 잘 알려져 있다. 나는 오래전인 1980년 8월에 제16회 대회가 일본 교토에서 열릴 당시 톡토기에서 구기(口器, mouthparts)와 침샘의 거대 염색체 사이에 병행 진화가 보인다는 소견을 발표하고자 초록을 제출했으나 여비 등을 마련하지 못해 참석하지 못한 적이 있다. 그 후 제19회 대회가 1992년 6~7월에 중국 베이징에서 열렸을 때엔 한국자연보존협회의 지원을 받아(김창환 스승님의 추천으로 가능했음) 톡토기의 형태 및 동위 효소 데이터의 분지 분석 비교(박경화 공저)를 발표하러 참가한 적이 있다. 당시 대형 강당에 꽉 찬 군중을 보고 눈이 휘둥그레졌다. 이번 대구 대회는 그 이후 내가 참석한 가장 큰 학회였다.

이렇게 큰 모임을 한국의 곤충학자들이 10여 년의 끈질긴 노력으로 유치에 성공해 동양에선 일본, 중국 다음으로 열게 된 것이다. 대회엔 97개국에서 2,000여 명이 왔고 한국 학자들까지 합치면 2,400여 명이 참가한 것이니 실로 엄청난 성과를 거둔 것임을 먼저 밝혀 둔다.

대회 전날 저녁 행사인 개회식에서 김병진 교수(원광대, 관산곤충연구회 제4대 회장)가 대회장 겸 조직 위원장으로서 환영사를 실감나게 한 것은 매우 인상적이었다. 한국의 곤충학자들이 국제곤충학회를 유치한 것은 가히 역사에 남을 대성공 스토리이다. 물론 이것은 권용정, 남상호 교수 등 대회 자문 위원과 대회 조정 위원회의 박호영 한국곤충학회장, 조수원 충북대 교수 그리고 윤치영(대전대 교수) 대회 사무국장, 권오석(경북대 교수, 관산곤충연구회 회원) 대회 출판 위원장 등 국내의 여러 중견 곤충학자들이 열정과 성심을 바쳤기 때문에 가능했으며 나는 곤충학 선배로서 이 모든 분들에게 감사와 치하를 보내지 않을 수 없었다.

나는 이렇게 대회 전야 행사에 참석한 후 이튿날, 즉 대회 발표 첫날 일찍 있은 기조 강연에 참석했다(ICE, 2012). 연사인 후카쓰 다케마(深津武馬, 일본 국립 고등 산업 생물학 및 기술 연구소) 박사는 "생물다양성, 공생, 그리고 진화(Biodiversity, Symbiosis and Evolution)"를 제목으로 생물의 다양화와 진화에 공생의 기작이 어떻게 기여했는지를 실감나게 발표해 평소 생물다양성에 관심이 큰 나에게 많은 정보와 깨우침을 주었다. 더욱이 젊은 연구자가 그사이 그처럼 광범하게 연구를 수행했다는 것이 놀라웠다. 이어서 나는 심포지엄 섹션 1의 S101인 '21세기의 세계화된 곤충분류학: 현황과 전망(Globalized

Insect Taxonomy in the 21st Century: Current Accomplishments, Future Prospects)'을 들었는데 분류학자인 나에겐 이 분야의 앞을 내다보는 뜻깊은 강의였다. 오전 중 모두 10개의 주제가 발표되었는데 생물다양성과 분류학에 분자생물학과 컴퓨터 과학이 어우러진 새로운 기법과 방법론 그리고 통합적 접근 등이 제시되어 과연 시대의 변화와 급속한 발전을 실감할 수 있었다.

24일에 열린 심포지엄 S115 '육각류(六脚類)의 기원과 초기 분지(分枝) (Origin and Early Splits of Hexapods)'는 내가 다루는 톡토기의 초기 진화에 대한 발표들이었다. 문헌을 통해서만 알았던 낫발이 전문가인 덴마크의 닐스 크리스텐센(Niels P. Kristensen) 박사의 "육각류의 기원에 관한 견해들의 시작(Origin of Views on Origins of Hexapods)"을 들을 수 있었고 또 마치다 류이치로 박사의 "비교발생학에서 관찰된 육각류의 초기 분지(Early splitting of Hexapods reviewed from the comparative embryology)"도 들을 수 있었다. 이분의 발표에선 초기 발생으로 보아 낫발이와 톡토기는 서로 가까우나 좀붙이(Diplura)는 외악류에 가깝다는 이견(異見)을 내놓았다. 이분은 나와 오래전부터 교신을 해 왔고 또한 나의 제자 최금희 양이 석사 과정 중에 일본으로 찾아가자 좀의 분류를 친절히 도와줘 최 양이 석사 논문을 쓰도록 해 준 분이다(1장에서 언급했다.). 이 밖에 문헌과 소식지로만 접한 프랑스 국립자연박물관의 시릴 다세(Cyrille A. D'Haese) 박사는 "톡토기 계통 진화 밝히기 (Unravelling Collembola Phylogeny)" 발표에서 그의 분자생물학적 연구 결과를 유창한 영어로 발표했다. 나의 프랑스 친구들인 톡토기 연구자 티보 박사와 다르방 박사와 한 연구실에서 일하는 사람이다. 한편 중국 상하이의 인 교수의 제자인 루안 윤시아(Luan Yun-Xia) 박사는 "초기 육각류의 분자적 진화 (The molecular evolution of basal hexapods)"로 눈길을 끌었다. 이젠 톡토기보다 작은 낫발이에 대해서도 분자생물학적 기법을 쓰지 않으면 명함도 못 내미는 세상이 되었다. 이 점에서 중국은 최근에 대약진을 보이고 있다. 인 교수를 오래만에 만날 수 있을까 하는 기대는 그녀의 불참으로 어긋났다. 인 교수는 낫발이 전공자이지만 낫발이가 종래엔 톡토기와 함께 무시류(無翅類, Apterygotes) 곤충으로 간주되어 이탈리아와 폴란드 등지에서 있은 '국제 무시류 곤충 세미나'에서 종종 만난 적이 있었다.

어쨌든 나는 일본, 프랑스, 중국의 이 세 발표자와 이분들의 연구실에서 함께 온 동료들 그리고 독일 등지에서 온 이 분야의 참석자들을 모두 부근의 한 식당에 점심 초대하여 잠시나마 반갑게 서로 이야기할 기회를 마련했다. 마침 나는 제자인 박경화 박사와 강상규 조교에게도 합류하자고 해서 모두 17명이 점심을 같이했는데 물론 식대는 내가 냈지만 음식이 '보쌈 정식'이어서 각자에게 나온 삶은 삼겹살과 구운 꽁치를 어떻게 맛봤는지 알 수가 없었다. 그들은 인사치레로나마 맛있다고 해 다행이긴 했지만 말이다. 회의장으로 돌아오는 길에 1층에서 일동 촬영을 했는데 아마도 그때 나온 사진이 나름대로 각자의 한 토막 추억거리가 되지 않았을까 생각된다.

이날 저녁 드디어 폐회식과 송별 만찬이 있었다. 나는 주최 측의 배려로 무대 쪽 제일 앞줄의 한 테이블에 앉았다. 내 왼쪽엔 페루에서 온 중년 여성 두 명, 오른쪽엔 브라질에서 온 노 부부가 있어 잠시나마 이국적인 분위기의 대화가 오갔다. 폐회식에서도 대회장인 김병진 교수는 다시 한번 영어 연설 실력을 과시했고 4년 후 제25회 대회 개최지인 미국의 플로리다에서 다시 만나자는 말로 끝을 맺었다. 그런데 공식 순서가 끝난 다음 이날의 백미(白眉)는 여흥 프로그램 중에서도 한 여성 바이올리니스트의 신나는 독주였다. 연주자가 섹시한 동작과 함께 무대를 온통 누볐고 끝 무렵엔 모두가 무대 앞으로 나가 음악에 맞춰 함께 춤을 추었다. 나 역시 페루에서 온 젊은 부인을 무대로 초대해 함께 추었다. 말이 춤이지 그냥 몸을 흔든 것이었다. 이게 얼마만인가! 어줍은 춤이었지만 이렇게 폐회식에도 참석하고 외국 참가자에게 파트너가 된 것이 이 대회를 유치하는 데 고생한 후배 곤충학자들에 대한 응원이고 협조였을 것이다. 결론은 대회가 대성공으로 끝났다는 것이다.

내가 이렇게 대구에 몇 날을 묵으며 대회에 참석할 수 있었던 것은 모두 대회 사무국장 윤치영 교수와 조직 위원회 여러분의 친절한 배려 덕분이었으며 나는 이분들에게 진심으로 감사드린다. 덕분에 나는 앉아서(?) 세계에서 가장 큰 학회에 참석해 나의 전공 분야의 발표들을 듣고 즐기는 영광을 누렸다. 어쨌든 이번 국제 학회를 유치하고 행사를 성공적으로 치른 데는 관산곤충연구회 회원들이 주축을 이뤄 맹활약했으니 축하를 드리지 않을 수 없다.

노년은 인생의 절정: 새로 찾은 행복의 원천들

건강 회복의 '기적'을 낳은 운동

나는 어려서부터 운동과는 담을 쌓았다. 음악도 마찬가지였다. 다만 인천 중학교 시절 길영희(吉瑛羲) 교장님의 일인일기(一人一技) 방침에 따라 탁구를 조금 쳤고 나의 바로 위의 병철(炳徹) 형을 따라다니며 수영을 약간 배웠을 뿐이다. 그런데 정년 퇴임 직전과 직후에 나의 건강이 최악으로 치닫자(1999년, 키 172센티미터, 체중 55.5킬로그램) 마지막 카드로 뽑아든 것이 어릴 때 배운 수영과 탁구였다. 그리고 규칙적으로 운동을 시작한 지 4~5년이 지나서야 건강이 호전되고 체중이 늘기 시작했다. 몸무게가 겨우 55.5킬로그램이어서 걸음걸이가 휘청휘청했던 내가 체중이 차츰 늘어 약 10년 후에는 70킬로그램에 육박하는 '기적'을 낳았다. 탁구는 재미가 있어 열심히 쳤고 수영 역시 전신 운동으로 기분 전환에 으뜸이었다. 두 가지 모두 나에겐 심리 치료사 역할도 한 것이다. 나의 전주 집에서 차로 10분 거리에 완산수영장과 탁구장이 있었던 게 일등공신이었다. 운동이 어째서 지덕체(智德體)라는 세 가지 덕목 중에 하나인지를 이해할 수 있을 것 같았다. 그래서 나는 후배들이나 집안의 어린 조카나 손주들을 볼 때마다 인생은 장기전(長期戰)이니 젊어서부터 운동으로 신체를 단련하기 바란다고 말한다. 건강을 잃으면 모두를 잃는다. 운동을 하면 하루가 짧아질지 모르나 인생은 길어진다는 말도 있다. 나는 체험상 이 말을 믿지 않을 수 없다.

묵향(墨香)의 즐거움을 준 서예(書藝)

내가 초등학교에 다닐 때엔 습자(習字) 시간이 있어 붓글씨를 배웠다. 그런데 해방 후에도 아버님은 담임선생님께 부탁하여 특별히 지도를 받게 하셨다. 아버님 자신이 서예를 하셨기 때문에 특별히 신경을 쓰셨던 것 같다. 그러나 아버님이 일찍 돌아가신 후 중단되었다. 이제 정년 퇴임한 지 여러 해가 지난 2005년 70세가 되던 정월에 전화부에서 전주의 효자3동 사무소에 있는 '문화의 집'을 찾아 물으니 서예 교실을 운영한다기에 들어가 글씨 공부를 새로 시작하게 되었다. 그러나 쓰느라 애쓰긴 했지만 전력투구를 안 해선가 아니면 소질이 없어선가 그 후 7~8년이 되도록 발전이 없다.

서예반 회원에 변동이 많았지만 지금(2014. 3.) 수암(樹菴) 김종대(金鐘大) 선생의 지도를 받는 사람은 학정(鶴庭) 김상문(金相汶), 소석(素石) 이문수(李文水), 금당(錦堂) 안해숙(安海淑), 서향(瑞香) 현정안(玄貞安), 청연(靑蓮) 양정자(梁正子), 덕재(德齋) 박재홍(朴宰弘), 연검(鍊劍) 김봉성(金奉成) 그리고 나(波浪 李炳勛) 등 8명이 고정 멤버로 정착이 된 듯싶다. 나는 이분들로부터 배울 게 많다. 각자 개성이 있으면서 남과 자신이 하는 일에 배려와 최선을 다하는 생활 태도에 진지함이 묻어나 존경심이 절로 우러난다. 비록 매주 월요일, 목요일 이틀의 오전에 두 시간씩 만나 글씨를 쓰고 점심을 함께하며 담소(談笑)를 나누지만 각자의 희로애락(喜怒哀樂)을 이야기하며 인생철학을 말하니 이것이 나에겐 큰 즐거움을 주는 일상의 맑은 샘물이 된다. 또한 이는 서예가 주는 서정성과 함께 생활의 활력소가 되어 나는 이분들께 항상 감사하고 있다. 나는 비록 글씨를 잘 쓰지 못하지만 수암 선생이 글씨 쓸 때의 운필(運筆)과 다른 대가들의 글씨를 보면 그 아름다움을 느낄 수 있어서 마음이 흐뭇

사진 37. 향묵회 일동. 왼쪽부터 덕재, 파랑(필자), 금당, 수암, 청연, 학정, 소석. 수암 김종대 선생님의 지도로 수묵 동연전을 열다. 전주교육문화회관 전시실, 2014. 12. 19.

사진 38. 향묵회 나들이. 왼쪽부터 필자, 소정, 청연, 수암. 전북 완주군 옹기마을 편백나무 숲, 2011. 2. 17.

하다.

또 이러한 서예 생활을 통해서는 늘 아름답고 철학적이고 교훈적인 글귀를 대할 수 있다는 것도 빼 놓을 수 없는 소득이다. 나도 모르게 정서 순화와 수양을 하게 되는 셈이다. 그래서 기서여인(其書如人)이라 하지 않던가! 글씨를 통해 인품을 키워 나간다면 금상첨화(錦上添花)일 것이다. 또 신언서판(身言書判)이란 말은 당나라 때 과거 시험에서 그 사람의 용모와 언행, 문필 그리고 판단력을 보고 뽑았다는 데서 온 말이다. 그래선가 글씨에는 내 몸과 마음을 바로잡게 하는 비방(秘方)이 숨어 있는 것 같다.

2007년부터는 서예반에서 전시회를 가졌는데 첫 회는 국립전주박물관에서 9월에 열렸다(2007. 9. 18.~10. 13.). 나는 실력이 형편없었으나 선생이 내라니 어쩔 수 없이 냈다. 나의 출품은 "知之者 不如好之者 好之者 不如樂之者"였다. 『수묵 삼천에 펼치다: 수묵동연전(水墨同緣展)』이란 도록까지 나왔다. 낯이 뜨겁지만 어쩔 수 없었다. 그래도 아들 범에게 알렸더니 축하로 커다란 양란(洋蘭) 화분을 보내왔다.

이 모임의 이름은 청연(青蓮)이 향묵회(香墨會)라 지어 모두 즐겨 부르고 있다. 그 3년 후에 향묵회가 다시 국립전주박물관에 각자의 작품을 걸었는데(2010. 9. 6.) 나는 "宇宙 自然 生命"을 써냈다. 그러나 형편없었다. 내 스스로 소질이 있을 거라는 예상은 빗나갔다.

이렇게 글씨 쓰는 서예반에서는 철마다 산과 들에 나들이 가서 풍류와 낭만도 즐기는 멋을 잊지 않았다. 한겨울 어느 날 몇몇 사람이 마침 내린 눈으로 세상이 온통 하얗게 덮인 설경을 감상하고자 전북 완주군 상관면 옹기마을의 편백나무 숲을 찾았다(2011. 2. 17.). 수암, 소석, 청연, 소정 그리고 나까지 5명이었다. 백색 천지에 나뭇가지들이 눈의 무게를 못 이겨 축축 늘어져 있었고 세상의 시끄러움은 다 눈 속에 파묻힌 듯 적막강산(寂寞江山)이었다. 눈밭 위에 털썩 주저앉아 수암 선생이 사온 소주로 축배를 들었다. 이때 내가 찍은 사진을 그다음 주 월요일에 돌렸더니 수암 선생은 하나의 작품 같다고 하고 다른 사람들도 감탄해 마지 않았다. 나도 흡족했다. 그 한 달 후 봄이 되자 서예반에서 다시 나들이에 나서 전남 광양시 다압면 항동의 매화마을로 갔다(2011. 3. 28.). 일행은 수암, 소석, 희연당, 청연, 소정, 연검 그리고 나까지 7명이었다. 한참을 달려 현지에 이르러 매화동산에 올라 내려다본 풍경은 가히 무릉도원(武陵桃源)이었다. 나중에 이곳을 떠나면서 차가 10여 분 넘게 달렸지만 매화 밭은 끝없이 펼쳐졌다. 매화가 만개하여 별천지를 이루니 꿈속을 지나는 기분이었다. 이날 우리가 본 풍경과 느낀 감흥은 오래오래 꿈속의 추억으로 남을 것이다.

나의 아호가 파랑(波浪)이 된 연유

이렇게 지내다 보니 글씨 쓰는 사람은 모두 아호(雅號)를 갖고 있는 것을 알게 되었다. 작품에 써 넣어야 하기 때문이다. 곰곰이 생각한 끝에 나는 '파랑(波浪)'으로 지었다. 지난날 풍파를 하도 겪어 '인생은 생로병사(生老病死)의 고해(苦海)'라는 뜻을 살린 것이다. 그런데 친구이며 사군자(四君子)에 일가를 이룬 의당(義堂) 임낙룡 교수는 이를 보더니 그 대신 '일파(一波)'를 권했다. '파랑'의 어감이 좋지 않기 때문인 듯했다. 그러나 나는 임 교수에겐 미안하지만 '파랑(波浪)'을 고집하여 쓰기로 했다. 내가 그러는 데는 우리말로서의 '파랑'이 일반적으로 사람들이 제일 좋아하는 색으로 알려져 있기도 하지만 나의 죽은 큰딸 푸른메가 대학 다닐 때 그림을 좋아해 동아리 전시회도 열고 했는데, 유독 파란색을 좋아했기 때문이다. 내가 여름에 출생한 큰딸의 이름을 '푸른 산'을 상징해 "푸른메"로 지은 것이 묘하게 맞아떨어진 것이다(나는 '한글 사랑' 정신으로 봄에 태어난 작은딸을 '꽃메'로, 막내로 낳은 아들을 '범'으로 지었다.). 그러나 순 한글 이름을 지으려던 나의 뜻은 큰아버님(의사)의 반대에 부딪혀 큰딸 이름을 미아(美雅)로 지어 호적에 등록했었다. 그러나 큰아버님이 돌아가신 후 대학에 들어간 큰딸은 직접 법원에 호소하고 절차를 밟아

'푸른메'를 되찾았다. 당시는 개명이 쉽지 않았던 때다. 그만큼 큰딸은 푸른 색을 좋아했다. 큰딸은 전주의 근영여고를 졸업한 후 서울대 조경학과에 입학해서 졸업한 다음 한 대기업의 설계실에서 일하다가 종종 있던 야근이 싫어선지 마음을 바꿔먹고 서울대 영어영문학과에 편입 시험을 치러 합격한 후 2년을 공부하고 졸업했다. 따라서 학사 학위가 두 개인 셈이다. 그러나 뒤늦게 시집간 큰딸은 딸 예별('예쁜 별'의 약어, 엄마인 '푸른메'가 지음)을 낳은 후 우울증에 시달려 치료에 힘썼으나 극복하지 못하고 마흔네 살에 세상을 떴다 (2007. 11. 18.).

그림과 음악을 좋아했던 '꿈 많은 한 젊은 예술가'의 이상을 현실로 채워주지 못한 게 꼭 이 아비 탓이라고 생각되어 가슴 아프기 그지없다. 그러나 이런 말을 누구에게도 할 수 없다. 자식이 죽으면 부모는 자식을 가슴에 묻는다는데 나는 늘 딸이 그리워 호를 '파랑'으로 지어 마음에 담아 두고 싶다. 이러한 아비의 절절한 심정을 그 누가 알랴! 나는 딸 푸른메가 태어나기 이전의 '무(無)' 상태로 돌아갔다고 믿는다.

자유로운 여행이 주는 행복

퇴임 후 여행을 여러 번 했는데, 여행은 다른 문화와 세상을 보는 새로운 눈, 인간과 인생이란 어떤 것인가를 살피는 눈을 뜨게 하고, 나 자신과 대화하는 시간을 갖게 하고 휴식과 함께 상상의 날개를 펴 새로운 꿈을 꾸게 한다. 일상을 벗어나 세계의 명승지와 역사 유물과 자연 그리고 사람 사는 모습을 보는 것은 역사 공부요 자연학이며 인생철학 탁마(琢磨)다. 과거 현직에 있으면서 다닐 때의 여행은 문자 그대로 출장이어서 여행의 참맛을 느낄 수 없는, 문자 그대로의 비즈니스 여행이었다. 출장지를 열거하면 미국의 10여 개 도시, 멕시코시티, 캐나다, 유럽의 프랑스, 영국, 독일, 네덜란드, 폴란드, 헝가리, 러시아, 스위스, 이탈리아, 스페인, 그리스, 아프리카의 모로코, 그리고 동남아의 필리핀, 태국, 말레이시아, 보르네오, 인도네시아, 중국, 타이완, 홍콩, 또 일본과 오스트레일리아 등 줄잡아 20개국의 60여 곳은 되는 것 같다. 출장을 가려면 발표할 논문 준비는 물론, 재단이나 문교부에 여비 신청을 비롯해 대학 당국에 출장 계획서에다 보강 계획서를 내야 하고 귀국 후에는 귀국 보고서를 내고 그동안 못한 강의를 '보강(補講)'해야 했다. 일상에 밀려 못한 일들이 많아 비행기 안에서도 열심히 쓰거나 읽어야 할 때가 많았다. 그러니 이때의 관광(觀光)은 그야말로 눈코 뜰 새 없이 지나는 길에 구경한 꼴이니 기껏해야 주마간산(走馬看山) 격이었다. 정년 퇴임을 하고 나서야 광막한 시간과 공간 속에 자유롭게 몸을 내맡길 수 있었다.

퇴임 후 다닌 여행 중에 이집트 여행(2010. 2.)이 가장 풍성하고 기억에 남는다. 타임머신을 타고 5,000년을 거슬러 고대 역사와 문명을 이리저리 누비는 시간적, 공간적 여행 때문이었을 것이다. 그다음으로는 캄보디아의 앙코르와트와 인도 그리고 발칸 여행(2009. 10.)이 있다. 종교란 무엇인가? 인간은 왜 싸우고 서로 죽이는가? 왜 인간은 그림과 조각으로 아름다움을 추구하는가? 끊임없이 묻는 인간 탐구의 시간이다. 누군가 "진정한 행복을 찾기 위해선 독서와 여행 그리고 사색의 시간이 필요하다."라고 했다. 왜 그럴까? 물론 여행을 하되 어떤 사전 준비와 마음가짐을 하고 떠나느냐에 달렸겠지만 말이다.

정년 퇴임 후 지난 10여 년 사이에 다닌 곳을 적어 보면 다음과 같다.

- '자연박물관 분과회' 발표차 핀란드의 헬싱키와 야코브스타드, 스웨덴의 스톡홀름, 노르웨이의 오슬로 방문(2005. 6.).
- 백두산 여행, 그러나 길이 얼어 등정에 실패(2006. 10.).
- 중국의 옛 수도 시안(西安), 비경(秘境) 장자제(張家界) 그리고 산과 강이 곡선미를 자랑하는 구이린(桂林) 방문(2007. 4.).
- 수수께끼투성이의 인도 여행, 그러나 대륙의 한 모퉁이만(2007. 11.).

사진 39. 수영하고 있는 필자. 필리핀 보라카이 한 호텔의 풀에서. 2015. 2.

- 국제박물관협회(ICOM)의 자연박물관 분과회(NatHist) 참석차 모스크바 여행(2008. 6.).
- 아버님이 다니신 도쿄 수의학교(東京獸醫學校) 옛터를 방문(2008. 12. 9.).
- 5,000년 꿈의 이집트 여행(2010. 2.).
- '유럽의 화약고' 발칸 여행(2010. 10.).
- 서유럽 '재수(再修)' 여행(2011. 6.).
- 필리핀 보라카이 수영 여행 (2015. 2.).

　어쨌든 여러 차례의 여행은 나를 되돌아보고 인생을 성찰하는 절호의 기회가 되었다. 국제박물관협회(ICOM)의 자연박물관 분과회 참석차 갔던 핀란드와 모스크바 여행에 대해선 회의 참관기를 써서 각각 한국자연박물관협회의 홈페이지(naturekorea.org)에 기고했다(그 후 이 사이트는 폐쇄된 것 같다.). 아내와 함께한 이집트와 발칸 여행은 다녀온 후 각각 여행기를 써서 한국과학저술인협회가 발행하는 『과학 발명 칼럼·논문집』에 실었다(이병훈, 2010b, 2011b). 알베르 카뮈는 "나는 여행을 통해 나의 내면을 바라보고 내 자신과 깊이 있는 대화를 나눈다."라고 하지 않았던가!

관조(觀照)의 독서

독서는 나에게 끊임없이 새로운 지식과 깨우침을 준다. 그런 점에서 노년기를 사는 나에게 생명력과 삶의 기쁨을 주는 원천이 된다. 독서의 즐거움을 누리면 삶은 바빠져 '노년기의 지루함'은 생각할 수도 없다. 청년기에 읽었어야 할 고전들을 읽는 뗌질 독서가 있고 세상의 아름다움과 비정(非情)을 우려내는 인생철학의 독서가 있고 새로운 지식과 정보를 통해 과거와 미래를 내다보는 관조(觀照)의 독서가 있다. 그래서 나는 정년 퇴임 후 아마존과 교보문고에서 책을 많이 샀고 두어 번 클릭으로 즉시 수중에 들어오는 전자책들도 사서 아마존 킨들과 태블릿 PC에 담아 읽고 있다. 게다가 이미 언급한 바와 같이 시사 주간지《타임》을 비롯해 대여섯 가지의 영어와 프랑스어 잡지를 구독하고 있다. 물론 이들을 모두 읽는 건 아니다. 극히 일부만 읽는다. 그래도 마음은 부자이고 읽으면 재미있는 기사와 논문들이 넘쳐난다. 그러니 조금 과장해 말하면 늙음을 생각하거나 고민할 시간도 없다.

"백발은 무정하여 노년에 들어섰지만, 푸른 등불 아래 책 읽는 재미는 어린 시절과 같다(白髮無情侵老境, 靑燈有味似兒時)."란 문구가 떠오른다. 공자는 "한 주제에 깊이 열중하다 보면 밥도 잊어 버리고, 나아가는 길에 즐거워하며 삶의 시름마저 잊어 버려서, 앞으로 황혼이 찾아오는 것조차 의식하지 못한다(發憤忘食, 樂以忘憂, 不知老之將至云爾)."라고 했다. 나의 지금 삶도 그러한 노년이라 생각한다면 지나친 착각일까? 아닌 게 아니라 희랍의 철학자 에피쿠로스는 "노년이 인생의 절정이자 최상의 단계"라고 했다. 또 미국의 저술가인 대니얼 클라인(Daniel Klein)은 "운이 좋은 사람은 젊은이가 아니라 일생을 잘 살아온 늙은이"라고 했다. 건강하게만 산다면 이런 진리가 또 어디에 있겠는가!

이제까지, 그리고 지금부터

이제 인생 말년에 이르러 지난날을 돌아본다. 우선 출생부터 한국 전쟁 이듬해 아버님이 타계하신 때(1951. 4., 내가 고등학교 1학년)까지는 '평탄한 성장기'를 누렸다. 물론 태평양 전쟁과 일제 강점기의 초등 교육 그리고 한국 전쟁의 발발이라는 아픔이 있었지만 어린 나로서는 특별히 문제될 게 없는 시기였다. 그러나 아버님이 돌아가심으로 경제적 파탄이 왔고 따라서 대학 생활, 군 복무, 대학원 석사 과정 졸업(1962) 때까지 매우 어려운 삶이 계속되었다('교육 시련기'). 대학원은 졸업했으나 자리를 잡지 못하여 중학교 교사와 과학 잡지사 편집부 직원 생활을 하는 등의 '방황기'도 있었다. 그러다가 국립과학관 연구원으로 취직(1966. 3.)한 후 미국 하와이에서 '박물관 관리 과정'을 이수하고(1968. 9.~1969. 8.) 이어 프랑스 국립자연박물관에서 톡토기 분류 훈련을 받은(1972. 9.~1974. 6.) 시기는 모두 합쳐 장차의 연구와 활동을 위한 '전문성 기초 훈련기'로 규정할 수 있다. 프랑스에서 귀국한 후 전북대학교에 정착하면서(1975. 3.) 나는 비로소 생활과 연구 활동에 안정을 찾을 수 있었다. 그러나 전북대학교의 신설과에 부임한 나는 곧바로 활발한 연구를 진행할 수 없었으니 1990년까지의 15년간은 부득이 '발전 준비기'라 할 수밖에 없다. 물론 그 기간에 나는 생물다양성과 분지계통학의 국내 도입이라는 나나름의 활동을 폈다. 나의 교수 생활 최성기는 1990년(내 나이 55세)부터 2001년 정년 퇴임(65세)하기까지의 10여 년간이라 할 수 있는데, 우선 사회생물학을 국내에 도입했고 이와 동시에 국립자연박물관 설립 운동이라는 '끝나지 않을 전쟁'을 시작해 온갖 시련을 겪었으나 나의 톡토기 연구 또한 최성기를 이루었던 때여서 이 시기를 '절정기'로 이름 붙일 수 있을 것이다. 바로 공자의 지천명(知天命)과 이순(耳順)의 나이를 걸친 때인데 '발전'하고 '투쟁'하느라 그러한 품격 있는 인성 철학적 수양에는 근접도 해 보지 못하고 지나갔다.

나의 톡토기 연구는 자연학 시대의 기재분류학에서 시작해 집단 동태와 세포학 그리고 분지계통학(cladistics)과 DNA 분류학에 이르기까지 두루 편력하며 55편의 논문으로 집약되었다.

이어 지난날의 연구들을 훑어볼 때 곤충분류학-생물다양성-진화생물학-사회생물학-생명애착-자연 사랑이라는 흐름도를 그리게 된다. 내가 고등학교와 대학 학부 시절에 열중했던 어학(영어, 프랑스어)은 그 후의 석사 과정과 박사 과정의 입학 시험과 졸업 시험 때마다 수월하게 통과하는 데 한몫했다. 특히 프랑스어 덕을 톡톡히 봤는데 전 세계적으로 연구 문헌을 수집하던 중에 프랑스 국립자연박물관으로부터 초빙을 받는 등의 행운을 낚았다는 점에서 "준비된 자에게 기회가 온다."라고 한 루이 파스퇴르의 명언이 나에게서 실증된 셈이다. 또한 고등학교와 대학 시절에 재미를 들였던 화학과 생화학은 나의 전공인 톡토기의 계통분류학과 진화생물학 공부에 주효(奏效)한 안내자가 되었다.

요컨대 이러한 도구 과목들과 전공이 맞물린 덕분에 나는 그간 벌여 온 톡토기와의 싸움에서 생명체를 이루는 분자부터 개체군 그리고 종과 기타 상위 분류군에 이르는 생명 형태들의 역동적인 진화의 모습을 입체적으로 체험함으로써 생명에 대한 이해와 감각을 다소나마 갈고 닦는 데 도움이 되었다. 이것이 바로 그간 내가 얻은 소득이며 이것은 나의 생명관, 자연관과 우주관의 기본을 다지는 데 크게 기여했다.

이 과정에서 동물분류학이 나에게 진화생물학에 눈뜨게 함으로써 생명과 인간의 유래, 즉 '나의 역사'를 되돌아보고 천착하게 했으니 전공으로 생물학을 선택하고 그중에서도 동물분류학과 진화생물학을 공부하게 된 것은 천만다행이었다. 그러나 무엇보다 중요한 것은 화가 고갱의 유명한 그림의 제목인 "나는 어디서 왔고, 나는 무엇이고, 어디로 갈 것인가?(D'ù Venons Nous, Que Somme Nous, Où Allons Nous?)"를 생각하고 탐구하는 일이었다. 나는 결혼 당시에 '부득이' 가톨릭에 입교했으나 과학을 하고 진화생물학을 공부하면서 신의 창조와 만물에 대한 섭리를 믿을 수 없게 되었다. 종교란 번개와 벼락이 왜 일어나는지, 일식과 월식은 어떻게 생기는지, 썰물과 밀물, 화산 폭발과 지진 그리고 해일은 왜 일어나는지 설명할 수 없어 두려움에 떨며 어떤 초월적 존재에 의지해야 했던 태고 시절, 즉 땅덩이가 평탄하다고 믿었던 시대의 의존물이었다. 이제는 우주선들이 화성에 착륙해 갖가지 조사 활동을 벌이며 막대한 데이터를 보내오고 태양계의 가장자리를 벗어나 항진을 계속하는 한편, 입자 가속기로 우주의 시초 물질인 힉스 입자를 발견하고 빅뱅이 사실임을 알아내는 시점에 이르렀다. 인간을 포함한 생명체의 기본 정보 단위인 DNA를 발견한 이후 오늘날엔 인공 DNA를 만들어 복제를 유도하는 데 성공하고(Gibseon et al., 2010) 염색체 합성에(Annaluru et al., 2014) 이어 곧 세포 합성을 이뤄낼 전망이다(Malyshev et al., 2014). 즉 인간의 유전자를 편집하여 전염병 치료와 백신 개발 및 세포 치료 등 갖가지 유전성·비유전성 질환에서 벗어나는 것(Ruder, W., 2011)은 물론 인간 개조까지 벼르고 있는 시대다. 이에 따라 종교적 신비주의(영생, 계시, 기적, 천당과 지옥 등)와 정신과 육체의 이원론(二元論)은 이미 설 자리를 잃고 대신 과학적 유물론이 득세하는 형국이다.

결국 나로서는 종교들 가운데서도 계시 종교를 부정하는 입장이 되었다. 그렇다고 신이 없다고 하는 무신론(無神論)은 아니다. 무신론을 과학적으로 증명할 수 있을 때까지 유보할 수밖에 없다. 결국 나는 앞에 언급한 것처럼 토머스 헉슬리와 버트런드 러셀의 불가지론(不可知論, agnosticism)에 든 상태다. 나는 나의 기독교에 대한 불신을 이미 앞에 말했고 짧은 글로 몇 번 발표도 했다(이병훈, 1988c, 1991, 2011d).

그런데 예를 들어 앞으로 100년 후 과학과 기술이 '극도'로 발달한 시점에서의 우주관과 생명관은 어떠할까? 찰스 다윈은 자식과 후손들을 위해서 자서전을 썼다고 했는데(Barlow, 1958) 나의 경우 손자는 물론이고 그 후손들이 성인이 되어 그때의 지성을 갖춘 상태에서 혹시 이 할아버지의 이 회고록을 읽는다면 어떤 판단과 소회를 갖게 될까? 자못 궁금하고 흥미진진하지 않을 수 없다. 절대 진리란 존재한다기보다 변할 수 있음을 역사가 말해 주고 있기 때문이다. 그러나 코페르니쿠스가 로마에서 월식을 처음 경험한 1,500년 이후 우주에 중심이 없다고 밝힌 지 500여 년이 흘렀지만 그사이 갈릴레오와 브루노 등 자연과학이 얻은 진실을 주장한 사람은 종교계에 번번이 거부당하고 핍박을 받았다. 그러나 그들 이후 이뤄진 근·현대 문명의 눈부신 발전은 과학과 이성의 논리가 승리한다는 것을 무수히 증명해 왔다. 우주물리학자 스티븐 호킹은 "지식의 가장 큰 적(敵)은 무지(無知)가 아니라 지식에 대한 환상"이라고 말해 과학에 대한 맹신을 경고했으나 최근의 발전을 보면 그것은 결코 꿈이 아니고 단지 미래의 현실일 뿐이라는 생각이 든다.

책을 읽는 한, 아름다움을 느낄 수 있는 한,
사람은 늙지 않으리

예전엔 정년 퇴임을 하면 환갑이 지난 지 5년 후라 그만큼 산 것만도 축하를 받을 만했다. 그러나 시대는 달라져 회갑연은 물론 칠순 잔치도 하지 않는 게 보통이다. 그만큼 건강들이 좋아졌다는 뜻이다.

2005년에 들어서 2월 말에 아들 범이 나에게 물어 왔다(2005. 2. 28.). 사연인 즉은 그해가 내 나이 70인데 지인들을 초청해서 칠순 기념 모임을 갖는 게 어떠냐는 것이었다. 그러나 나의 답은 이랬다. 지금 회고록을 쓰고 있으니 만약 한다면 상황을 보아서 다음 해에 하자고. 아들이 생각이 깊어 그런 제안을 해 오니 고마웠지만 선뜻 받아들이지 못해 미안하다는 생각이 들었다.

그런데 내가 말했던 『회고록』은 그 후 8년이 지나서야(2013. 7.) 마무리해 그 '제1부'를 이태 전에야 출판했다(2013. 12.). 지금 현재(2015. 1.) 나는 그 '제2부'를 끝내고 있으며 곧 출판사로 보내야 한다. 그 후엔 '제3부'를 써서 완성해야 한다. 이렇게 할 일이 있고 그래서 읽어야 할 책들이 있다는 게 얼마나 다행하고 뿌듯한지 모르겠다. 책을 읽어 인류의 역사와 사상을 누비고 지구를 공간적으로도 편력할 수 있으니 이 얼마나 무한대의 즐거운 여행인가! 발견하고 깨닫고 익힘으로써 나는 정년 후 이 노년에 들어서야 비로소 지적 쾌락(知的快樂)을 만끽하고 있는 셈이다.

칸트는 말하기를 머리 위에는 별이 빛나는 밤하늘이 있고 지상의 내 마음에는 도덕률과 이성(理性)이 반짝이고 있다고 했다. 눈이 허락하고 의식이 살아 있는 한 책을 읽고 글을 쓰는 기쁨을 만끽하자는 게 나의 결론이고 그것이 최선일 것이다. 공부하여 깨우치면 미소와 충만감이 절로 나와 행복을 느낀다. 조선 정조(正祖) 때의 실학의 대가였던 다산 정약용은 자기를 아끼던 정조가 타계하자 유배를 갔는데 1811년 흑산도에서 역시 유배 생활을 하던 둘째 형 정약전(丁若銓)에게 쓴 편지에서 "고요히 앉아 마음을 맑게 하고자 하다 보면 세간의 잡념이 천 갈래 만 갈래로 어지럽게 일어나 무엇 하나 파악할 수 없으니, 마음 공부(治心之工)로는 저술보다 나은 게 없다는 것을 다시 깨닫습니다."라고 했다. 그래서 나도 평소에 읽고 싶었던 책을 읽고 쓰고 싶었던 책을 쓰는 것이다. 그리하여 궁극적으로 자연과 생명 사랑으로 남들에게도 도움이 된다면 이보다 더 좋은 '마음 공부'는 없으리라.

다행히 나에겐 그간 사둔 책이 많고 저명한 학술 잡지들도 오고 있다. 시간이 안 되어 그렇지 모두 읽고 싶다. 게다가 아름다운 그림을 보고 음악을 들을 수 있는 기회도 널려 있다. 인터넷 시대를 만난 덕분이다. 앞에서도 말했지만 텔레비전에 크롬캐스트를 꽂았더니 스마트폰이나 태블릿에 나오는 영상과 소리가 텔레비전 화면과 스피커에서 그대로 재생되어 세계의 명연주와 음악회를 생생하게 보고 들을 수 있다. 호화스런 신년 음악회를 보러 오스트리아 빈까지 갈 필요가 없다. 앉아서 환상적 아름다움에 빠져들 수 있기 때문이다.

그런데 아름다운 것은 왜 아름다울까? 시와 그림, 음악과 무용은 우리에게 어떻게 감동을 주어 우리의 마음을 맑고 아름답게, 그리고 진실되게 만드는가? 멍청한 질문 같지만 나에겐 자못 호기심 돋우는 '중대한 문제'다. 요약해서 지적 탐구와 심미적 추구가 나의 여생에 새로운 가능성과 세계를 열어주고 있다. 프라하의 실존주의 작가 프란츠 카프카는 "사람이 아름다움을 느낄 수 있는 한 늙지 않는다."라고 하지 않았던가! 그러나 이러한 호화로운 꿈도 건강해야 누릴 수 있다. 건강에 힘써야 한다.

마지막으로 찰스 다윈의 사상을 시(詩)로 찬미하고 삶의 아름다움을 노래한 미국의 여류 시인 에밀리 디킨슨(Emily Dickenson, 1830~1886)의 시 한 구절을 떠올려 본다.

두 번 다시 없을 거야
이토록 아름다운 삶은.
가당찮은 걸 믿는 건
신나는 일이 아니잖아.

— 에밀리 디킨슨,
「두 번 다시 없을 거야(That it will never come again)」

감사의 글

나는 이 회고록 2부를 끝내면서 지난날 나의 지적(知的) 성장과 인생사에 깨우침을 일궈 준 분들에게 감사해야겠다. 지금이 이렇게 고마움을 표할 마지막 기회가 될지도 모르기 때문이다.

우선 초등학교 6학년 담임 연홍희 선생님의 인자한 미소가 떠오른다. 인천중학교에 입학한 후에는 길영희(吉瑛羲) 교장님이 "지식은 사회의 등불, 양심은 민족의 소금"이란 표어로 용맹한 도전의 기상과 사회 정의감을 심어 주고 일인일기(一人一技)로 지덕체(智德體)의 덕목을 심어 주셨다. 인천고등학교 3학년에 오르자 담임으로서 나를 영어 과목으로 끊임없이 이끌어 주신 이승우(李承雨) 영어 선생님의 사도(師道)가 간절하게 와 닿는다. 나에게 화학을 재미있는 과목으로 선사하신 김영석 선생님과 생물에 맛들여 주신 김정석(金鼎錫, 현재 경상대 명예 교수) 선생님도 잊을 수 없다. 서울대학교에 들어가선, 교양 영문학으로 꿈과 낭만의 멋스러움을 일깨워 주신 이인섭(李寅燮) 교수님과 불문학의 김붕구(金鵬九) 교수님 그리고 생화학 강의와 매주 퀴즈로 고달팠지만 생물학의 단맛을 알게 해 주신 이종진(李鐘珍) 교수님을 잊을 수 없다. 물론 휴전 후 혼란기의 불비한 여건에도 나에게 생물학의 기틀을 놓

355

아 주신 생물학과 강영선(姜永善), 이민재(李敏載), 조완규 교수님과 동물생리학으로 나의 석사를 지도하신 하두봉 교수님 등 모든 분께도 마음에서 우러나는 감사를 드린다. 강 교수님은 내가 대학원에 입학한 후 흑석동의 낙양중학교(현 중앙대 부속중학교)에 교직을 알선해 주시고 나중에 국립과학관 연구원으로, 그리고 다시 내가 고려대학교 박사 과정으로 진학할 때 추천서를 써 주셨다. 한편 조 교수님은 후에 내가 이화여중 교사로 옮기도록 추천해 주셨고 그 후엔 한양대학교의 전임 강사직을 마련해 주시기도 했다. 이 밖에도 내가 여러 스승님들께 입은 은덕은 이루 다 말할 수 없을 정도다.

석사를 마친 나는 잠시 월간 과학 잡지《과학세기》를 내는 과학세계사 편집부에 근무했다. 이때 만난 지기운(池起雲) 편집장은 내가 이 잡지사를 떠나 국립과학관의 연구원으로 있으면서 박물관 운영 연수차 하와이에 파견되어 있는 도중에 내가 지방의 한 중학교로 발령나자 비분강개(悲憤慷慨)한 나머지 국립과학관으로 찾아가 요원 파견으로 나가 있는 사람을 그렇게 좌천시키면 어떻게 하느냐고 엄중히 항의했다. 아무리 막역한 친구라도 그러기 어려운 일이다. 영문학과 출신인 그는 편집부에서 같이 일하는 동안 나에게 문학적 서정과 글짓기의 철학을 가르쳐 주었다. 이때 알게 된 편집부의 윤실(尹實, 후에 이학 박사) 씨와 이웃 한국일보사의 이광영(李光榮) 과학부장은 틈틈이 나를 도와준 벗들로 잊을 수 없는 추억의 안국동 친구들이다. 내가 하와이 '동서센터'로 '태평양 박물관 관리 과정' 연수차 떠날 수 있었던 것은 당시 휴전선 생태계 연구차 한국에 머문 미국 스미스소니언 국립자연박물관의 에드윈 타이슨(Edwin L. Tyson) 박사의 추천 덕분에 가능했고 여기에 김계중(펜실베이니아 주립 대학교) 교수가 추천서를 써 주어 힘을 보탰다. 이 두 분께도 마음 깊이 감사한다. 하와이 동서센터에서 훈련 받는 동안 하와이 대학교 대학원에서 전공 과목을 들을 때 곤충학자로 유명한 엘모 하디(Elmo Hardy) 교수는 '의용곤충학' 강의로 부족한 나의 곤충학을 보완해 주었다. 또한 한 학기가 끝난 뒤 다른 훈련생들이 모두 떠나고 나서 내가 한 학기 강의 추가 수강을 원하자 기꺼이 추천서를 써 주어 내가 한 학기 더 머물며 '고등 계통분류학'을 수강할 수 있도록 조처해 주었다. 지금은 작고하신 하디 스승님께도 진심의 감사를 드린다.

내가 프랑스 국립자연박물관 생태학연구소에 있을 때 톡토기 분류의 기초를 가르쳐 준 자에 마수드(Zaher Massoud) 박사와 장 마리 베치(Jean Marie Betsch) 박사에게 특히 감사하고 싶다. 연구소 안에 침실이 있어 1년 9개월간 기거하는 동안 나에게 여러 가지로 배려를 아끼지 않은 연구소장 들라마르드부테빌(Claude Delamare Deboutteville) 교수님께도 마음속 깊이 고마움을 표한다. 나의 경제적 어려움을 고려해 '톡토기 카탈로그 작성'이라는 일감을 만들어 나로 하여금 기본적으로 받는 외무성 장학금 이외에 국립과학연구센터(Centre National de Recherche Scientifique: CNRS)의 시간제 근무로 추가 급료까지 받게 해 주셨다. 특히 사모님은 거의 주말마다 나를 가족 식사에 초대해 한 식구처럼 대해 주셨다. 나의 귀국 이듬해 두 분 모두 일본에 학회 차 오셨다가 한국의 나의 집에 다녀가셨으나 그 후 모두 돌아가셨으니 내 마음 착잡하고 안타깝기 그지없다.

그 밖에 이 연구소의 장마르크 티보(Jean-Marc Thibaud) 박사는 나와 북한산 톡토기의 분류 논문을 공저로 작업하여 발표했는데, 특히 한국의 동굴산 참굴톡토기의 탈피 주기와 온도 저항성의 연구 등으로 참굴톡토기 신과 창설 작업에서 공동 연구라는 게 어떤 것인가 몸으로 실천하며 시범을 보여 주었다. 이 톡토기를 보러 한국에 두 번이나 다녀간 그는 지금도 나와 안부를 물으며 지내는 끈끈한 사이다. 그 외에도 이 연구소의 토양 선충 전문가인 피에르 아르팽(Pierre Arpin)과 프랑수아 아르팽(Françoise Arpin) 박사 부부는 겨울에 나의 침실이 추울까 봐 담요를 더 갖다 주는 등 따뜻한 배려를 아끼지 않았다. 주말마다 돌아가며 집에서 하는 회식에 나를 초대해 준 이 연구소의 다른 연구원들 역시 내가 잊을 수 없는 친구들이다. 밤늦게까지 계속된 만찬에서 나는 각자 한마디씩 던져오는 질문에 매번 답을 해야 했다. 초기엔 프랑스어에 서툴렀던 나에게 고역이었으나 주말 모임이 계속되자 호된 프랑스어 강훈련의 기회가 되었고 귀국 전 연구소가 베풀어 준 송별회에서 내가 감사의 '연설'을 무난히 해낸 바탕이 되었다. 뿐만 아니라 주말 식탁에서 벌어지는 토론과 대화를 통해서 나는 프랑스인의 센스와 문제의식 그리고 문화적 향기와 더불어 그들의 삶과 인정(人情)을 느낄 수 있었다. 한편 내가 그 후 다시 프랑스로 건너가 서남쪽의 툴루즈에 있는 폴사바티에 대학교에 6개월 있는 동안 다르방(현재 프랑스 국립자연박물관 선임연구원) 박사는 스페인산과 프랑스산 흑무늬톡토기의 침샘 거대 염색체의 변이성 비교 연구를 나와 공저로 발표할 수 있게 도와주었다. 그의 부인 안(Anne) 씨도 나에게 모든 배려를 아끼지 않아 고맙기 그지없다. 그러나 나의 톡토기 침샘 세포의 DNA 총량(genome size) 측정 작업이 실패로 돌아가 실험 재료 채집을 적극 도왔던 그와의 공저 논문을 내지 못했다. 따라서 그의 주도로 먼저 냈던 공저(Deharveng and Lee, 1984)에 대해 '답례'하지 못한 셈이 되어 매우 미안한 마음 금할 길 없다.

이 밖에 폴란드 크라코프 소재 동물 분류 및 진화학 연구소 반다 바이네르(Wanda Weiner) 박사와 주디트 나슈트(Judith Najt) 박사는 내가 신아과로 발표한 그물톡토기 아과(Caputanurinae) 중 북한산으로 신속을 발견해 나의 성(Lee)을 따서 *Leenurina* 속으로 명명하였다. 같은 톡토기 학자로서 각별한 감사를 느낀다.

한편 이웃 일본에선 교토 대학교의 요시이 료조(吉井良三) 교수가 한국과 가까운 일본의 톡토기 문헌을 잔뜩 보내 주어 결정적인 도움을 주었다. 도쿄 치과의과대학의 이마다테 겐타로(今立源太郎) 교수는 나의 제자 임미경 양이 낫발이의 계통분류학으로 석사를 하는 데 전폭적인 지원을 아끼지 않았다. 또 쓰쿠바 대학교의 마치다 류이치로(町田龍一郎) 교수 역시 나의 제자 최금희 양이 현지에 가서 돌좀의 분류를 배우는 데 열과 성을 다해 주었다. 한편 내가 일본과학진흥회의 지원을 받아 일본에 가서 이바라키(茨城) 대학교에서 특강을 하고 홋카이도부터 남쪽의 규슈에 이르기까지 여러 연구실을 방문(1984)토록 주선해 준 다무라 히로시(田村浩志, 이바라키 대학교, 톡토기 전공) 교수에게 특히 감사하고 싶다. 그 밖에 일본 국립과학관의 우에노 슌이치(上野 俊一) 박사와 가고시마 대학교의 야마네 세이기(山根正氣) 교수 등도 나를 초청하고 도와주어 마음속 깊이 감사한다.

프랑스에 있는 동안 나의 톡토기 논문이 나오자 이를 받아보시고 귀국해서 박사 논문을 내라고 하신 지도 교수 김창환 스승님의 은혜는 나에겐 태산 같다. 학위 논문을 제출하자 심사 위원으로 모든 수고와 도움을 아끼지 않으신 김훈수(서울대), 이창언(경북대), 정용재(이화여대), 박상윤(성균관대) 교수님께 뜨거운 감사를 표한다. 심사 위원장인 지도 교수 김창환 교수님은 내가 식사에 쓰시라고 소액을 드렸지만 심사가 끝난 후에 나에게 돌려주셨다. 또 한 번 심금을 울리는 교훈을 주셨다.

박사 학위를 마치자 전북대학교 사범대학 송현섭 학장은 서울대학교로 조완규, 하두봉 두 교수를 찾아가 나를 전북대학교로 오도록 주선하는 배려를 베푸셨다. 당시 교무과장이었던 장대운 교수도 같은 수고를 해 주셨다. 이분들의 성의와 배려를 내가 어찌 잊을 수 있겠는가! 이어 전북대학교 박사 학위 소지자 특채 과정에서 추천서를 써 주신 조완규, 하두봉, 강만식(姜萬植) 세 교수님의 은공을 잊을 수 없다. 이 세 분은 그 후 내 인생에서 규산 김창환 스승님과 더불어 학문적으로나 인격적으로 나의 정신적 지주가 되어 주셨다. 내가 전북대학교 사범대 생물 교육 전공으로 오자 이미 이곳에 먼저 부임한 임낙룡, 박승태 교수는 타향으로 온 나를 음양으로 돕고 감싸 줘 나의 전주 정착에 큰 힘이 되어 주었다. 임 교수와 박 교수는 소상섭 교수와 함께 지금도 나와 자주 만나 환담을 나누고 있고, 정보통인 박 교수의 세상사 이야기와 컴퓨터 강좌를 열심히 들으며 짙은 우정을 쌓아 나가고 있다. 내가 전북대에 왔을 때 한국과학사학회 회원으로 전에 알았던 오진곤(전북대) 교수와 한양대학교에서 같이 근무했던 이무삼 교수를 다시 만났는데, 이분들도 내가 전주에 자리 잡는 데 물심으로 도와주셨다. 이 모든 분에게 간절히 감사드린다. 또한 서울에서 초등학교를 다니다가 전주로 온 나의 삼남매 자식들을 전주교육대학교 부속초등학교에 편입토록 힘써 주신 교육학과의 변홍규(卞烘圭) 교수님의 알선과 노고에도 감사하지 않을 수 없다.

전북대학교에 와서 내가 부설 과학교육연구소 소장을 맡게 되자 사범대 출신으로 천문학 전공인 이영범(李榮範) 교수는 연구소 간사직을 맡아 나를 도와주었다. 이 교수는 그 후 고인이 되고, 평소 점심 친구로 막역하게 지낸 지구과학 전공인 김광호(金光鎬) 교수 역시 타계해 이 두 분에 대한 안타까운 심정을 이루 말할 수 없다. 그 후 나는 대학의 유사 과들의 통폐합 정책에 따라 자연대학 생물과학부로 옮겨(1995) 20여 동료 교수를 새로 만나게 되었는데 이분들의 적극 협조와 따뜻한 눈길이 없었다면 나는 아마도 낙동강의 외톨이가 되었을지 모른다. 이 모든 분들에게 뜨거운 감사를 전하고 싶다.

다음은 나의 제자들에게 고맙다는 말을 할 차례다. 나의 첫 박사 제자는 박경화(6회) 양으로 톡토기의 분류를 나에게서 배웠으나 계통 진화에 필요한 새로운 연구 기법을 습득하기 위해 서울대(김원 교수, 황의욱 씨(현재 경북대 교수)), 인하대(양서영 교수), 충남대(김영진 교수) 등 다른 대학에 가서 틈틈이 전기 영동과 DNA 염기 서열 분석에 관한 훈련을 받았다. 그 덕분에 내 교실에서 톡토기의 계통 진화에 대한 분자생물학적 연구 논문이 나올 수 있었다. 박 박사는 나와는 톡토기에 대한 15편의 논문을 공저로 발표하며 박사 학위를 받고 전북대학교 교수 공채 시험에 합격하여 지금은 교수로 있다. 그다음 제자는 김진태(7회) 군인데 역시 나와 15편의 논문을 공저로 발표했다. 실험실에서 온갖 궂은일을 도맡아 처리하며 연구했다. 강원도 정선군 반륜산 산호동굴의 톡토기 월별 집단 동태(動態) 조사 때엔 매월 현지에 가서 편도 3시간을 등산해 동굴에 이르느라 2년간 고생도 많이 했다. 이렇게 하여 박사 학위를 받은 이 두 사람에게 나는 특별히 고마움을 표하며 이들의 도움이 없었으면 나의 오늘이 불가능했음을 말하지 않을 수 없다. 김 박사는 현재 전라북도 보건환경연구원 원장으로 있다.

사진 40. 필자의 동물분류학 교실원들의 작업 광경. 왼쪽부터 시계 방향으로 서광석, 김윤정, 임미경, 박경화(머리만 보임), 김진태, 최금희. 거의 모두 석·박사 과정의 학생들. 1990년 겨울.

　이 밖에 낫발이 분류로 교육학 석사를 하고 현직 교사로 근무하고 있는 임미경(10회) 선생과 돌좀으로 역시 교육학 석사를 한 최금희(12회) 선생을 들 수 있다. 두 사람 모두 명석한 두뇌로 훌륭한 논문을 써서 석사를 마쳤다. 또 임성택(1회), 김종국, 서광석(10회), 김준수(12회) 군들이 나의 지도로 교육학 석사를 마치고 현재 교직에서 활동하고 있다. 이 밖에 1회 출신으로 최영숙 선생, 5회 출신으로 윤효순, 기경자, 6회 출신으로 최영은, 이준, 7회 출신으로 신순주, 이자경, 8회 출신으로 김남근(포천중문의대 교수), 오경자, 이영, 9회 출신으로 김현숙, 서정호, 오미경, 임금숙이 있는데, 임금숙은 김진태 박사의 부인이 되어 현직 교사로 근무 중이다. 그 밖에 수고한 제자로 정의상, 최광오, 김윤정, 전용숙 등 여러 명이 있다. 이들은 사범대 생물교육과 학부 시절에 나의 동물분류학 연구실에 들어와 모든 잔심부름과 야외 톡토기 채집으로 수고하는 등 나의 연구 수행을 밑받침해 줬기에 내가 각별히 고맙다는 뜻을 전하고자 한다. 그 후 나는 자연대학 생물과학부로 자리를 옮겨(1995) 톡토기 연구를 잇지 못하고 이내 정년 퇴임했으나 아직까지 박경화 교수와 고려대학교 대학원에서 나로부터 톡토기 분류 훈련을 받아 석사를 한 장규동 군이 뒤를 잇고 있는 셈이다. 지금 되돌아보니 모두 보고 싶은 얼굴들이며 내가 좀 더 잘해 주지 못한 것이 아쉬울 뿐이다.

끝으로 지난 여러 해 동안 이메일로 나에게 끊임없이 세계의 명화를 보내 온 인천고등학교 동창 김형석(경희대 의대 명예 교수) 교수와, 명화와 함께 진귀한 역사물과 아름다운 풍경을 보내온 인천중학교 동창 남종우(화공학, 전 인하대 부총장) 교수 그리고 나의 전북대 친구 박형기 교수도 그저 고맙기만 하다. 박 교수는 나의 형님같이 따뜻하고 인간미 넘치는 소인영(전북대 농생물과 명예 교수)과 함께 지금도 자주 만나 인생 만사를 논하는 사이다. 얼마 전부터는 대학교 선배이신 김준호(서울대 명예 교수, 대한민국학술원 회원) 교수께서도 여러 가지 의미 있는 역사물을 이메일로 보내 주신다. 최근엔 권오길(강원대 명예 교수) 교수도 좋은 글과 그림을 보내 주고 있다. 이 모두 분명 나에게 생명과 인간에 대한 성찰의 시간을 줄 뿐 아니라 심미안(審美眼)을 키워 주고 정신적 청량제가 되어 활력을 불어넣어 주고 있다. 이 모든 분에게 마음 깊이 감사하고 싶다. 여기에 빼놓을 수 없는 두 분이 있는데, 황명택(전북대 경상대 명예 교수) 교수와 소웅영(전북대 생명과학과 명예 교수) 교수는 한때 나와 한국 춤을 배우러다닌 각별한 인연으로 지금도 자주 만나 인생철학을 논하며 끈끈한 우정을 나누고 있다.

끝으로 채산성 없는 회고록을 내주겠다고 나의 원고를 선뜻 받아 주고 장황한 글을 다듬으며 지적해 준 (주)사이언스북스의 편집부에 진심 어린 감사를 드린다. 어쨌든 이 감사의 글을 쓰고 나니 어찌나 가슴 뿌듯하고 행복한지 모르겠다.

나는 나의 회고록에 "파랑(波浪)의 인생 회고 3부작"이라는 제목을 붙였다. 현재 1부는 『한국에서의 생물다양성과 국립자연박물관 추진의 현대사』(다른세상, 2013년)라는 제목으로 출간되었고, 2014년 대한민국학술원 우수학술도서로 선정되었다. 이 책은 2부이며, 3부는 『진화, 인간이란 무엇인가』라는 제목의 글에 나의 출생에서 대학원 석사까지의 이야기를 쓰고 나의 이력, 업적, 발표한 신종 명단을 보태 출간을 준비 중이다. 앞의 책들에서 다루지 못한 이야기들을 좀 더 자세히 다룰 예정이다.

참고 문헌

한국어 번역본은 원서(구미본)에 인용됨

강시환, 구자공, 노재식, 박경윤, 서윤수, 이병훈, 이정학, 조강래, 1992. 『환경 변화와 환경 보전』(한국과학기술진흥재단, 1992).

강영선, 1982. 『霞谷 姜永善 博士 停年退任紀念論文集』, pp.214-228.

김종목, 2014. 「윌슨의 '다수준 선택' 지지하실분 없나요」, 《경향신문》, 2014. 2. 7.

곽지섭, 2011. 「한국산 톡토기 강의 종 목록」, 2011, 전북대학교 교육대학원 석사 논문.

김광억, 1994. 「문화적 존재로서의 인간」, 《과학사상》, 겨울호 권두 논문: pp.6-25, 1994.

김동광, 2009. 「한국의 통섭 현상과 사회생물학」, "2009 사회생물학 심포지엄 '부분과 전체: 다윈, 사회생물학, 그리고 한국'"(서울대 사회과학연구원, 이화여대 통섭원, 한국과학기술학회 공동 주최), 이화여대, 2009. 11. 7., pp.119-129.

김동광, 김세균, 최재천, 2011. 『사회생물학 대논쟁』(이음, 2011).

김윤덕, 2010. 「현각이 한국을 떠난 까닭은?」, 《조선일보》, 주말 섹션 B1, 2010. 12. 11.

김환석, 2009. 「생물학적 환원주의와 사회학적 환원주의를 넘어서」, "2009 사회생물학 심포지엄 '부분과 전체: 다윈, 사회생물학, 그리고 한국'"(서울대 사회과학연구원, 이화여대 통섭원, 한국과학기술학회 공동 주최), 이화여대, 2009. 11. 7., pp.61-75.

남상호, 2013. 「한국곤충학회 초대 회장 규산 김창환 박사의 생애와 업적」, *Entomological Research Bulletin* 29, 1:1-17, 2013.

文化財管理局, 『非武裝地帶 隣接地域 綜合學術報告書』, 1972.

박시룡, 1996. 『동물행동학의 이해』(민음사, 1996).

복거일, 2004. 「도덕을 잘 지키는 일이 생존에 이로운 이유」, 《동아일보》 "복거일의 생각" 2, A32, 2014. 7. 8.

서울대 사회과학연구원, 이화여대 통섭원, 한국과학기술학회, 2009. "2009 사회생물학 심 포지엄 '부분과 전체: 다윈, 사회생물학, 그리고 한국'", 이화여대, 2009. 11. 7.

서유헌, 홍욱희, 이병훈, 이상원, 황상익, 1995. 『인간은 유전자로 결정되는가』(명경출판사, 1995), "생물학적 결정론의 내용과 사회적 함의"(대한의사학회와 한국과학사학회 공동 주최 심포지엄 발표록), 서울시 동숭동 서울대 의대, 1994. 10. 11.

신재식, 2013. 『예수와 다윈의 동행: 그리스도교와 진화론의 공존을 모색한다』(사이언스북 스, 2013).

신재식, 김윤성, 장대익, 2009. 『종교 전쟁』(사이언스북스, 2009).

양휘훈, 2009. 「운문산 톡토기의 분류학적 연구」, 2009, 전북대학교 교육대학원 교육학 석 사 논문.

윤동철, 2014. 『새로운 무신론자들과의 대화: 종교 혐오 현상에 대한 기독교적 답변』(새물 결플러스, 2014).

이병훈, 1970a. 「과학 공부가 즐거운 시카고 과학산업박물관」, 《학생과학》, 2월호, 1970.

이병훈, 1970b. 「과학 박물관 따라 3만 마일」, 《세대》, 3월호, 1970.

李炳勛, 1978a. 「韓國産 地下性動物의 檢討와 目錄: I. 無脊椎 動物(昆蟲類 제외) 및 哺乳 類」, 《韓國動物學會誌》, 21, 3:103-125, 1978.

李炳勛, 1978b. 「韓國産 地下性動物의 檢討와 目錄: II. 昆蟲類」, 《韓國昆蟲學會誌》, 8, 2:1-13, 1978.

이병훈, 1978. 「환경과학 교육의 현황과 추세」, 《과학교육》, 9호, "환경 문제와 과학 교육 세 미나", 전북대학교 과학교육연구소, 1978.

이병훈·최영연, 1982. 「피아골 극상림의 토양 소동물의 밀도와 생물량: 절지동물과 선충의 조사」, 《韓國自然保存協會 調査報告書》, 21:163-177, 1982.

이병훈, 1983. 「생태계의 파괴와 환경 교육의 자세」, 《생물교육》, 11(2);147-179, 한국생물교 육학회, 1983.

이병훈, 1985. 「分枝系統學의 理論과 實際」, "생물 과학 심포지엄 '系統分類學의 現代的 照 明'", 6, 1:15-29, 한국생물과학협회, 순천, 1985. 11. 9.

이병훈, 1986a. 「윌슨, 社會生物學의 새로운 綜合(1975)」, 《新東亞》, 1월호 별책 부록, 1986.

이병훈, 1988c. 「창조론과 진화론」, 《전자시보》, "차 한 잔의 생각", 1988. 5. 19.

이병훈, 1989a. 「韓國動物學史: 1945년 이후 分類學·生態學」, 《생물과학협회 심포지엄》, 10집, pp.28-53, 1989.

이병훈, 1989c. 「국제동굴학회와 동굴생물학회에 참석하고: 8월 헝가리, 부다페스트에서」, 《한국지하환경학회보》, 1호, 1989. 12. 20.

이병훈, 1990b. 「한국 동굴 환경 보전의 현황과 문제점, 제5주제: 국제 동굴학 활동과 동유 럽에서의 동굴의 보존-헝가리의 사례」, 《한국지하환경학회보》, 2호, 1990. 9. 7.

이병훈, 1991. 「과학적 근거 없는 창조 과학」, 《시사저널》, 1991. 12. 12., p.64.

이병훈, 1992d. 「세계 국립자연사박물관 3: 네덜란드 국립자연사박물관」, 《과학과기술》, 11
월호, 1992.

이병훈, 1992g. 「생물다양성의 보전과 인간의 미래」, 『환경 변화와 환경 보전』(한국과학기
술진흥재단, 1992), pp.53-67.

이병훈, 1992h. 「생물다양성 보전 사업의 국제 동향과 우리의 과제」, 《과학과기술》, 8월호,
1992.

이병훈, 1993a. 「프랑스 국립자연사박물관」, 《코스모스피어》, 5월호, "세계의 자연사박물
관" 2, 1993.

이병훈, 1993c. 「인간 행동 주체성 되묻는 논쟁적 생물학, 사회생물학 문제점 정면 공박 눈
길 끌어」, 《출판저널》, 135호, 『우리 유전자 안에 없다』 서평, 1993. 9. 20.

이병훈, 1993d. 「진화론의 현대적 이해: 다위니즘에서 사회생물학으로」, 《과학사상》, 겨울
호, pp.143-157, 1993.

이병훈, 1993e. 「DNA 발견 40주년에 드리운 빛과 그늘」, 《과학과기술》, 5월호, 1993.

이병훈, 1993f. 《출판저널》, 135호, 『우리 유전자 안에 없다』 서평, 1993. 9. 20.

이병훈, 1994a. 「윌슨의 사회생물학」, 《한국논단》, 6월호, pp.140-144, 1994.

이병훈, 1994b. 「사회생물학의 행동학적 기초와 쟁점들」, 《과학사상》, 겨울호, pp.48-65,
1994.

이병훈, 1994c. 『유전자들의 전쟁: 행동으로 본 사회생물학의 세계』(민음사, 1994).

이병훈 · 김진태, 1994. 「近代 西洋 生物學의 國內 導入에 관한 연구: 동물분류학을 중심으
로」, 《한국동물분류학회지》, 10(1):85-95, 1994.

이병훈, 김준호, 김훈수, 이상태, 1994. 「西洋 近代 生物學의 國內 導入에 關한 硏究: 1992년
도 자유 공모 과제 학술 연구 조성비 최종 보고서」, 1994. 1.

이병훈, 2000a. 『자연사박물관과 생물다양성』(사이언스북스, 2000).

이병훈, 2001a. 「인간의 본성과 문화 들여다보는 새로운 창」, 《출판저널》, 294호, p.17, 『인간
본성에 대하여』 서평, 2001. 1. 20.

이병훈, 2001b. 「꿀벌과 자살 테러, 무엇이 다를까?」, 《교수신문》, 2001. 10. 29.

이병훈, 2007c. 「동물분류학의 역사와 전통: 린네 탄생 300주년을 맞으며」, "2007 제62
회 한국생물과학협회 정기 학술 대회, 한국동물분류학회 주최 심포지엄", 서울 COEX,
2007. 8. 16., 「Programme and Abstracts」, p.63.

이병훈, 2007d. 「규산의 지도와 격려로 시작된 나의 톡토기 인생」, 『米壽 記念 奎山 文集』,
pp.70-87, 2007.

이병훈, 2007e. 「헬렌 켈러의 간절한 소망 '자연박물관을 보고 싶다'를 생각하며」, 《자연사
소식》(이화여자대학교 자연사박물관, 2007. 9.), 40: 1.

이병훈, 2007f. 「사례, 맹점은 진화의 '사고'」, 《동아일보》, 2007. 9. 14.

이병훈, 2007g. 《대한민국학술원 통신》, 172호, 『몸과 마음은 하나다』 서평, 2007. 11. 1.

이병훈, 2009b. 「한국의 사회생물학의 회고와 전망」, "2009 사회생물학 심포지엄 '부분과 전체: 다윈, 사회생물학, 그리고 한국'"(서울대 사회과학연구원, 이화여대 통섭원, 한국 과학기술학회 공동 주최), 이화여대, 2009. 11. 7., pp.5-39.

이병훈, 2009d. 추천사 「수많은 생물이 살아가는 소우주」, 『흙을 살리는 자연의 위대한 생 명들(Life in the Soil)』(James Nardi, Chicago U.P., 2007; 노승영 옮김, 상상의 숲, 2009).

이병훈, 2010b. 「이집트에서 본 파라오와 과학」, 『과학 발명 칼럼 · 논문집』(한국과학저술인 협회, 2010), pp.23-38.

이병훈, 2011a. 「이제 동물 복지도 생각할 때」, 《동아일보》, 2011. 2. 16.

이병훈, 2011b. 「발칸에서 본 전쟁의 상처와 그 기원의 과학」, 『과학 발명 칼럼 · 논문집』(한 국과학저술인협회, 2011), pp.16-41.

이병훈, 2011d. 「『우주에는 신이 없다』를 읽고」, 《한국과학저술인협회보》, 제11호, 2011. 5. 30.

이병훈, 2011e. 「한국에서는 사회생물학을 어떻게 받아들였나? 도입과 과제」, 김동광, 김세 균, 최재천, 『사회생물학 대논쟁』(이음, 2011), pp.173-234.

이병훈, 2011f. 「기후 변화와 생물다양성」, 최재천, 최용상 편, 『기후 변화 교과서』(도요새, 2011), pp.89-141.

이병훈, 2011g. 기조 강연 「한국 곤충분류학의 발달사와 관정 조복성 교수 조명」, "한국곤 충학회 추계 정기 학술 대회 및 관정 조복성 박사 기념 심포지엄: 우리나라 곤충분류학 의 과거 · 현재 · 미래", 고려대학교 하나스퀘어, 2011. 10. 28., 「프로그램 및 발표 논문 초 록」, p.3.

이병훈, 2012. 「톡토기의 다양성과 신과 Gulgastruridae 창설에 대하여」, "제6회 고려대학 교 계통분류학 세미나", 고려대학교 녹지관, 2012. 1. 13., p.1.

이병훈, 2013. 『한국에서의 생물다양성과 국립자연박물관 추진의 현대사: 파랑(波浪)의 인 생 회고 1부』(다른세상, 2013).

이상원, 2007. 『이기적 유전자와 사회생물학』(한울, 2007).

이인식, 2014. 『통섭과 지적 사기』(인물과 사상사, 2014).

이정덕, 2009. 「사회생물학에 의한 지식 대통합이라는 허망한 주장에 대하여: 문화를 중심 으로」, "2009 사회생물학 심포지엄 '부분과 전체: 다윈, 사회생물학, 그리고 한국'"(서울 대 사회과학연구원, 이화여대 통섭원, 한국과학기술학회 공동 주최), 이화여대, 2009. 11. 7., pp.89-105.

이진희 · 김하규 · 김동린, 2014. 『대학으로 가는 길』(풀빛, 2014).

이화여자대학교 에코과학연구소, 2008. "지의 통합/통섭에 대하여: 한국과 일본에서의 E.O. 윌슨 이해를 중심으로", 이화여자대학교 통섭원 심포지엄: 2. 한 · 일 국제 학술대회, 이화여자대학교 LG컨벤션홀, 2008. 11. 22.

임경순, 1995.「사회생물학 논의 활발했던 한 해」,《시사저널》, 1995. 1. 5.

장대익, 2009.「진화론적 환원주의와 사회생물학의 진화」, "2009 사회생물학 심포지엄 '부분과 전체: 다윈, 사회생물학, 그리고 한국'"(서울대 사회과학연구원, 이화여대 통섭원, 한국과학기술학회 공동 주최), 이화여대, 2009. 11. 7., pp.43-59

장대익, 2010.「진화론 '제자백가'…… 다윈의 선택은?」,《프레시안》, "프레시안 Books",『찰스 다윈, 한국의 학자를 만나다』(최종덕 지음, 휴머니스트, 2010) 서평, 2010. 8. 27.

전북대학교 과학교육연구소, 1980. "환경과학 교육과 교사 교육 세미나", 전북대 과학교육연구소, 1980. 12. 12.

전중환, 2009.「인간 문화의 진화적 이해」, "2009 사회생물학 심포지엄 '부분과 전체: 다윈, 사회생물학, 그리고 한국'"(서울대 사회과학연구원, 이화여대 통섭원, 한국과학기술학회 공동 주최), 이화여대, 2009. 11. 7., pp.79-88.

전중환, 2010.『오래된 연장통』(사이언스북스, 2010).

전중환, 2013.「옮긴이 머리말」,『적응과 자연 선택』(나남, 2013).

전중환, 2013.「극성 팬이었기에 실망도 크다! 위대한 학자의 '헛발질'」,《프레시안》, "프레시안 Books", 2014. 1. 24.

정연교, 1995.「진화론의 윤리학적 함의」, 한국분석철학회 편,『철학적 자연주의』(철학과현실사, 1995), pp.252-295.

정연보, 2004.『인간의 사회생물학』(철학과 현실사, 2004).

趙福成, 1929.「鬱陵島産 鱗翅類」,《朝鮮博物學會雜誌》, 8:8, 1929.

최금희, 2002.「한국산 돌좀목(곤충강)의 계통분류학적 연구」, 2002, 전주대학교 대학원 이학 박사 학위 논문.

최재천, 1999.『개미 제국의 발견』(사이언스북스, 1999).

최재천, 주일우, 2007.『지식의 통섭: 학문의 경계를 넘다』(이음, 2007).

최재천 외 10명, 2008.『사회생물학, 인간의 본성을 말하다』(산지니, 2008).

최재천 외 18명, 2009.『21세기 다윈 혁명: 우리 사회 지성 19인이 전하는 다윈 혁명의 현장』(사이언스북스, 2009).

최재천, 2013.「해설」,『지구의 정복자』(이한음 옮김, 사이언스북스, 2013).

최정규, 2004.『이타적 인간의 출현: 게임 이론으로 푸는 인간 본성 진화의 수수께끼』(뿌리와 이파리, 2004).

최정규, 2009.「사회과학과 사회생물학의 만남: 통섭의 과거, 현재, 그리고 미래」, "2009 사회생물학 심포지엄 '부분과 전체: 다윈, 사회생물학, 그리고 한국'"(서울대 사회과학연구원, 이화여대 통섭원, 한국과학기술학회 공동 주최), 이화여대, 2009. 11. 7., pp.109-117.

최종덕, 2004.「생물학적 이타주의 가능성」,《철학연구》, 64집, 봄호, 2004.

최종덕, 2007.「통섭에 대한 오해」. "한국철학회 생물철학 집중 세미나", 2007. 7. 20.

최종덕, 2010.『찰스 다윈, 한국의 학자를 만나다: 진화론은 한국 사회에서 어떻게 진화했는가』(휴머니스트, 2010), p.466.

추종길, 1991.『곤충의 사회 행동』(민음사, 1991).

하두봉, 2013.「奎山 金昌煥 先生님을 追悼하며」,《大韓民國學術院通信》, 239:8-9, 2013. 6. 1.

한국과학기술한림원, 2007. "통섭(統攝)과 의생학(擬生學)", 제39회 한림과학기술 포럼, 서울대, 2007. 9. 21.

한국생물과학협회, 2008.『2007 생물의 해 백서』, 2008. 8.

한국자연보전협회, 2003.『自然 保全 40年史』, 2003.

홍성욱, 2009.「진화론은 세상을 어떻게 바꾸었는가?」, "다윈 200주년을 맞아 인간과 사회를 생각한다", 서울대학교 민주화교수협의회, pp.1-11.

황정희, 1999.『죽을 각오로 성사시킨 신의 사망 신고』(청조사, 1999).

일본 저자 문헌

佐倉統, 1998.「韓國における社會生物學の受容と現狀(豫報)」,《横浜經營研究》, XIX, 2:72-82.

横山輝雄, 2008.「일본에서의 윌슨: 지의 통합」, "지의 통합/통섭에 대하여: 한국과 일본에서의 E. O. 윌슨 이해를 중심으로", 이화여자대학교 통섭원 심포지엄: 2. 한·일 국제 학술대회, 이화여자대학교 LG컨벤션홀, 2008. 11. 22.

구미어 문헌

Abbot, P., et al., 2011. "Inclusive fitness theory and eusociality", *Nature*, 471:E1-E4, 24 March 2011.

Alcock, J., 2001. *Triumph of Sociobiology* (Oxford Univ. Press, 2001); 김산하, 최재천 옮김,『다윈, 에드워드 윌슨과 사회생물학의 승리』(동아시아, 2013).

Alexander, D. R. and Numbers, R. L., 2010. Eds. *Biology and Ideology: From Descartes to Dawkins* (Univ. of Chicago Press, 2010).

Annaluru, N., et al. (78), 2014. "Total Synthesis of a Functional Designer Eukaryotic Chromosome", *Science*, 344:55-58, 4 April 2014.

Augros, R. and Stanciu, G., 1987. *The New Biology*; 오인혜, 김희백 옮김,『새로운 생물학』(범양사, 1994).

Axelrod, R., 1984. *The Evolution of Cooperation* (Basic Books, 1984); 이경식 옮김,『협력의 진화』(시스테마, 2009).

Barash, D. P., 1982. *Sociobiology and Behavior* (Elsevier, 1982).

Barkow, Cosmides, Tooby, 1992. *The Adapted Mind: Evolutionary Psychology and the Generation of Culture* (Oxford Univ. Press, 1992).

Barlow, G. W. and Silverberg, J., 1980. Ed. *Sociobiology: Beyond Nature/Nurture?* (Westview, 1980).

Behe, M. J., 1996. *Darwin's Black Box: The Biochemical Challenge to Evolution* (Simon & Schuster, 1996); 김창환 외 옮김, 『다윈의 블랙박스: 생화학이 다윈에게 던지는 질문, 다윈의 진화론은 영원한가?』(풀빛, 2001).

Berry, W., 2000. *Life is a Miracle* (Counterpoint, 2000); 박미경 옮김, 『삶은 기적이다』(녹색평론사, 2006).

Betzig, L., 1997. Ed. *Human Nature: A Critical Reader* (Oxford Univ. Press, 1997).

Birkhead, T., 2000. *Promiscuity: An Evolutionary History of Sperm Competition* (Harvard Univ. Press, 2000); 한국동물학회 옮김, 『정자들의 유전자 전쟁』(전파과학사, 2003).

Blackmore, S., 1999. *The Meme Machine* (Oxford Univ. Press, 1999); 김명남 옮김, 『밈』(바다출판사, 2010).

Blanc, M., 1982. "Les théories de l'évolution aujourd'hui", *La Recherche*, 13, 129:26-40.

Boyd R. and Richerson, P. J., 1985. *Culture and the Evolutionary Process* (Univ. of Chicago Press, 1985).

Breuer, G., 1982. *Sociobiology and the Human Dimension* (Cambridge Univ. Press, 1982).

Brumfiel, G., 2008. "Older scientists publish more papers", *Nature*, 455:1161, 30 October 2008.

Buss, D. M., 1994. *The Evolution of Desire-Strategies of Human Mating* (Basic Books, 1994); 김용석, 민현경 옮김, 『욕망의 진화』(백년도서, 1995).

Buss, D. M., 2003. *The Evolution of Desire-Strategies of Human Mating* (Basic Books, 2003); 전중환 옮김, 『욕망의 진화』(사이언스북스, 2007).

Burt, A., Trivers, R., 2006. *Genes in Conflict* (Belknap Press, 2006).

Callicott, J. B. and Nelson, M., 1998. Ed. *The Great New Wilderness Debate* (Univ. of Georgia Press, 1998).

Carey, N., 2011. *The Epigenetics Revolution: How Modern Biology is Rewriting Our Understanding of Genetics, Disease and Inheritance* (Icon Books, 2011).

Cassagnau, P. and Lee B.-H., 1982. "Les Chromosomes Polytènes de *Paleonura spectabilis* (Collembola, Insecta)", *Trav. Lab. Ecobiol. Arthropodes Edaphiques*, 3(3):12-18.

Chagnon, N. A. and Irons, W., 1979. Ed. *Evolutionary Biology and Human Social Behavior: An Anthropological Perspective* (Duxbury Press, 1979).

Choe, J. C. and Crespi, B. J., 1997a. Eds. *The Evolution of Social Behavior in Insects and Arachnids* (Cambridge Univ. Press, 1997).

Choe, J. C. and Crespi, B. J., 1997b. Eds. *The Evolution of Mating Systems in Insects and Arachnids* (Cambridge Univ. Press, 1997).

Crean, T., 2007. *God is No Delusion: A Refutation of Richard Dawkins* (Ignatius, 2007).

Cronin, H., 1991. *The Ant and the Peacock. Altruism and Sexual Selection from Darwin to Today* (Cambridge Univ. Press, 1991).

Cuisin, M., 1971. *Qu'est ce que l'écologie?*; 이병훈 옮김, 『생태학이 란 무엇인가?』(전파과학사, 1975).

Cuisin, M., 1973. *Le comportement animal* (Bordas, 1973); 이병훈 옮김, 『동물의 행동』(전파과학사, 1985).

Darwin, C., 1859. *On the Origin of Species by Means of Natural Selection, or the Preservations of Favoured Races in the Struggle for Life* (Murray, 1859), 1st ed.

Darwin, C., 1871. *The Descent of Man, and Selection in Relation to Sex* (Murray, 1871), 2nd ed.

Dawkins, R., 1976. *The Selfish Gene* (Oxford Univ. Press, 1976); 이용철 옮김, 『이기적 유전자』(동아출판사, 1992); 홍영남 옮김, 『이기적 유전자』(을유문화사, 1993).

Dawkins, R., 1982. *The Extended Phenotype* (Oxford Univ. Press, 1982); 홍영남 옮김, 『확장된 표현형』(을유문화사, 2004).

Dawkins, R., 1985. "Sociobiology: the Debate Continues", *New Scientist*, pp.58-59, 24 February 1985.

Dawkins, R., 1986. *The Blind Watchmaker* (Longman Scientific and Technical, 1986); 과학세대 옮김, 『눈먼 시계공』(민음사, 1994); 이용철 옮김, 『눈먼 시계공』(사이언스북스, 2004).

Dawkins, R., 1995. *River Out Of Eden: A Darwinian View Of Life* (Basic Books, 1995); 이용철 옮김, 『에덴의 강』(사이언스북스, 2005).

Dawkins, R., 2006a. "Introduction to the 30th Anniversary Edition", *The Selfish Gene* (Oxford Univ. Press, 2006), pp.vii-xiv.

Dawkins, R., 2006b. *The God Delusion* (Houghton Mifflin, 2006); 이한음 옮김, 『만들어진 신』(김영사, 2007).

Dawkins, R., 2012. "Descent of Edward Wilson. Null. A new book on evolution by a great biologist makes a slew of mistakes"(book review of *The Social Conquest of Earth* by E. O. Wilson), *Prospect*, 24 May 2012.

de Chadarevian, S., 2007. "The selfish gene at 30: the origin and career of a book and its title", *Notes Rec. R. Soc.*, 61, 1:31-38, 22 Jan. 2007.

Deharveng, L. and Lee B.-H., 1984. "Polytene Chromosomes Variability of *Bilobella aurantiaca* (Collembola, Insecta) from St. Baume Populati (France)", *Caryologia*, 37(1-2):51-67.

Deharveng, L., Bedos, A. and Weiner, W. M., 2011. "Two new species of the genus *Leenurina* Najt & Weiner, 1992 (Collembola, Neanuridae, Caputanurinae) from Primorskij (Russia)", *Zookeys*, 115:39-52.

Dennett, D., 2006. *Breaking the Spell: Religion as a Natural Phenomenon* (Penguin, 2006); 김한영 옮김, 『주문(呪文)을 깨다』(동녘사이언스, 2010)

Donghui W. and Yin W., 2007. "New record of the genus *Caputanurina* Lee, 1983 (Collembola: Neanuridae) from China, with description of a new species", *Zootaxa*, 1411:43-46.

Dupré, J., 1998. "Unification Not Proved", *Science*, 280, 5368:1395, 29 May 1998.

Eberhard, W. G., 1996. *Female Control: Sexual Selection by Cryptic Female Choice* (Princeton Univ. Press, 1996).

Ehrlich, P. R., 2000. *Human Natures: Genes, Cultures, and the Human Prospect* (Island Press, 2000); 전방욱 옮김, 『인간의 본성들: 인간의 본성을 만드는 것은 유전자인가, 문화인가』(이마고, 2008).

Evans, D. and Zarate, O., 1999. *Introducing Evolutionary Psychology* (Icon Books, UK, 1999; Totem Books, USA, 2000), p.176.

Fehr, E. and Gächter, S., 2002. "Altruistic punishment in humans", *Nature*, 415:137-140.

Fisher, H., 1992. *Anatomy of Love* (Norton, 1992).

Frank, S. V., 2010. "Belief, Reason, and Insight", *Science*, 329:279-280, 16 July 2010.

Freedman, D. G., 1979. *Human Sociobiology* (Free Press, 1979).

Fukuyama, F., 2002. *Our Posthuman Future: Consequences of the Biotechnology Revolution* (Picador, 2002).

Futuyma, D., 1998. *Evolutionary Biology* (Sinauer, 1998).

Gadagkar, R., 1997. *Survival Strategies: Cooperation and Conflict in Animal Societies* (Harvard Univ. Press, 1997); 전주호, 강동호 옮김, 『동물 사회의 생존 전략』 (푸른미디어, 2001).

Gibson, D., et al. (23), 2010. "Creation of a Bacterial Cell Controlled by a Chemically Synthesized Genome", *Science*, 329:52-56, 2 July 2010.

Gingras, Y., Larivièere, V., Macaluso, B., Robitaille, J.-P., 2008. "The effects of aging of scientists on their publication and citation patterns", *PLoS ONE*, 3(12):e4048, 29 Dec. 2008.

Gould, S. J., 1977. *Ever Since Darwin: Reflections in Natural History* (Norton, 1977); 홍동선, 홍욱희 옮김,『다윈 이후: 생물학 사상의 현대적 해석』(범양사, 1988).

Gould, S. J., 1977. *Ontogeny and Phylogeny* (Harvard Univ. Press, 1977).

Gould, S. J., 1981. *The Mismeasure of Man* (W. W. Norton, 1981); 김동광 옮김,『인간에 대한 오해』(사회평론, 2003).

Gould, S. J., 2002. *The Structure of Evolutionary Theory* (Belknap Press, 2002).

Grafen, A. and Ridley, M., 2006. *Richard Dawkins: How a Scientist Changed the Way We Think* (Oxford Univ. Press, 2006); 이한음 옮김,『리처드 도킨스: 우리의 사고를 바꾼 과학자』(을유문화사, 2007).

Gregory, M. S., Silvers, A. and Sutch, D., 1978. Eds. *Sociobiology and Human Nature* (Jossey-Bass, 1978).

Grimoult, C., 2002. *Sur les traces des grands évolutionistes* (Editions Breal, 2002); 이수지, 이병훈 공역,『진화론 300년 탐험』(다른세상, 2004).

Gros, F., 1989. *La Civilisation du Gène* (Hachette, 1989).

Hamilton, W., 1964. "The genetical evolution of social behaviour. I. and II.", *Jour. Theoretical Biology*, 7, 1:1-16 & 7, 1:17-52.

Harman, O., 2010. *The Price of Altruism: George Price and the Search for the Origin of Kindness* (Norton, 2010).

Harris, S., 2004. *The End of Faith* (Norton, 2004).

Harris, S., 2006. *Letter to a Christian Nation* (Vintage, 2006).

Haught, J. F., 2008. *God and the New Atheism: A Critical Response to Dawkins, Harris, and Hitchens* (Westminster John Knox Press, 2008).

Hawking, S. and Mlodinow, L., 2010. *The Grand Design* (Bantam Books, 2010); 전대호 옮김,『위대한 설계』(까치, 2010).

Hennig, W., 1966. *Phylogenetic Systematics*, translated by Davis, D. D. and Zangeri, R. (Univ. of Illinois Board of Trustees, 1966).

Herrnstein, R. and Murray, C., 1994. *The Bell Curve* (Free Press, 1994).

Hitchens, C., 2007. *God is not Great: How Religions Poisons Everything* (Twelve, 2007); 김승욱 옮김,『신은 위대하지 않다』(알마, 2008).

Hölldobler, B. and Wilson, E. O., 1990. *The Ants* (Harvard Univ. Press, 1990).

Hölldobler, B. and Wilson, E. O., 1994. *Journey to the Ants* (Harvard Univ. Press, 1994); 이병훈 옮김,『개미 세계 여행』(범양사, 1996).

Hopkin, S., 1997. *Biology of the Springtails* (Oxford Univ. Press, 1997).

Hrdy, S. B., 1977. *The Langurs of Abu: Female and Male Strategies of Reproduction* (Harvard Univ. Press, 1977).

Harman, O., 2010. *The Price of Altruism* (Norton, 2010).

Huxley, J., 1940. "Introduction", Huxley, J., Ed. *The New Systematics* (Oxford Univ. Press, 1940).

ICE, 2012. XXIV International Congress of Entomology, Daegu, Korea. "New Era of Entomology", 19-25 Aug. 2012. Program.

Imadate, G., 1974. *Fauna Japonica: Protura* (Keigakusha, Tokyo, 1974), pp.351.

Jablonka, E. and Lamb, M., 2005. *Evolution in Four Dimension* (MIT Press, 2005).

Janvier, P., 1980. "Le Cladisme", *La Recherche*, 11,117:1396-1406.

JUN, T. and KIM J.-Y., 2009. "Local Interaction, Altruism and Evolution of Networks", The 3rd International Symposium of the National Institute of Biological Resources Darwin, Evolution and Life (National Institute of Biological Resources: NIBR), pp.95-103.

Kaplan, A. L., 1978. Ed. *The Sociobiology Debate. Readings on Ethical and Scientific Issues* (Harper & Row).

Kaye, H. L., 1997. *The Social Meaning of Modern Biology: From Social Darwinism Sociobiology* (Transaction Publishers); 생물학의 역사와 철학 연구 모임 옮김, 『현대 생물학의 사회적 의미: 사회다윈주의에서 사회생물학까지』(뿌리와이파리, 2008).

Keller, L. 1999. *Levels of Selection in Evolution* (Princeton Univ. Press).

Kelves, D., 1997. "Big Science and big politics in the United States: Reflections on the death of the SSC and the life of the Human Genome Project", *Historical Studies in the Physical and Biological Sciences*, vol. 27, no. 2.

Kim J.-T., Rojanavongse, V. and Lee B.-H., 1999a. "Systematic Study on Collembola (Insecta) from Thailand II. Nine New Species of *Callyntrura* (Paronellidae)", *Korean J. Entomol.*, 29, 1:37-54.

Kim J.-T., Park K.-H., Rojanavongse, V. and Lee B.-H., 1999b. "Systematic Study on Collembola from Thailand. I. Eight New Species of *Dicranocentroides* (Paronellidae) and *Lepidocyrtus* (Entomobryidae)", *Nat.Hist.Bull. Siam Soc.*, 47:207-224.

Kimball, J. W., 1983. 4th ed. *Biology* ; 길봉섭, 김두영, 김영식, 박승태, 박영순, 소상섭, 송형호, 오석흔, 이병훈, 임낙룡, 최병래 공역, 『킴볼 생물학』(탐구당, 1985), pp.873.

King's College Sociobiology Group, 1982. *Current Problems in Sociobiology* (Cambridge Univ. Press).

Kropotkin, P., 1902. *Mutual Aid* (William Heinemann, 1902; Forgotten Books,

2008).

LeBrun, E. G., Jones, N. T. and Gilbert, L. E., 2014. "Chemical Warfare Among Invaders: A Detoxification Interaction Facilitates an Ant Invasion", *Science*, 343:1014-1017.

Lee B.-H., 1973a. *A Study of Science Museums with Special Reference to their Educational Programs* (Smithsonian Institution, Washington, D.C.), pp.80, Special Publication.

Lee B.-H., 1973b. "Etude de la Faune Coréenne des Insectes Collemboles I. Liste des Collemboles de Corée et Description de Trois Espèces Nouvelles", *Revue d'Ecologie et Biologie du Sol.*, 10(3):435-449.

Lee B.-H., 1974a. "Etude de la Faune Coréenne des Insectes Collemboles II. Description de Quatre Espèces Nouvelles de la Famille Hypogastruridae", *Nouvelle Revue d'Entomologie*, 4(2):5-18.

Lee B.-H., 1974b. "Etude de la Faune Coréenne des Insectes Collemboles III. Description de Huit Espèces Nouvelles de la Famille Neanuridae et Onychiuridae", *Bull. Mus. Nat. Hist. Nat.*, 3(22):573-598.

Lee B.-H., 1974c. "Etude de la Faune Coréenne des Insectes Collemboles V. Inventaire des grottes de Corée et étude sur les Tomoceridae cavernicoles avec la description d'une nouvelle espèce", *Annl. Spéléol.*, 29(3):403-418.

Lee B.-H., 1975a. "A Study on Korean Fauna of Collembola", 고려대학교 대학원 이학 박사 학위 논문.

Lee B.-H., 1975b. "Etude de la faune Coréenne des Insectes Collemboles VI. Sur la Famille des Tomoceridae, édaphiques, avec la description de quatre nouvelles espèces et une nouvelle sous-espèce", *Bull. Mus. Nat. Hist. Nat.*, 3(317):945-961.

Lee B.-H. et Thibaud, J.-M., 1975. "Etude de la Faune Coréenne des Insectes Collemboles VII. Hypogastruridae de Corée du Nord", *Nouv. Rev. Entomol.*, 5(1):3-11.

Lee B.-H., 1977. "A study of the Collembola fauna of Korea IV. The family Isotomidae (Insecta) with description of five new species", *Pacific Insects*, 17(3-4):155-169.

Lee B.-H., 1980a. "Polytene chromosomes and salivary glands of *Morulina triverrucosa* (Collembola, Insecta) from Korea", *Commem. Papers Prof. C.-W. Kim's 60th Birthday Anniv.*, Seoul, pp.209-217.

Lee B.-H., 1983a. "A New Subfamily Caputanurinae with Two New Species of Neanurid Collembola from Korea and the Evolutionary Consideration", *Korean J. Entomol.*, 13(1):27-36.

Lee B.-H, 1983b. "A New Genus *Tetraloba* of Neanuridae, Collembola from Korea", *Korean J. Entomol.*, 13(1):37-41, 1983.

Deharveng, L. and Lee B.-H., 1984. "Polytene Chromosomes Variability of *Bilobella aurantiaca* (Collembola, Insecta) from St. Baume Population (France)", *Caryologia*, 37(1-2):51-67.

Lee B.-H., 1985a. "Cladistic analysis of Neanuridae (Collembola) using character weighted and character unweighted approaches", *Korean J. Syst. Zool.*, 1:3-20.

Lee B.-H., Kim Y.-J., Yang H.-Y. and Park K.-H., 1985. "A Systematic Investigation of Korean Entomobryidae (Collembola)", *Korean J. Entomol.*, 15(2):7-16.

Lee B.-H. and Park K.-H., 1986. "Three New Species of Onychiuridae (Collembola) from a Korean Cave", *Korean J. Syst. Zool.*, 2(1):11-20, 1986.

Lee B.-H. and Thibaud, J.-M., 1987. "A critical review of the taxonomy of *Gulgastrura reticulosa* (Collembola: Hypogastruridae), a cave springtail from Korea", *Syst. Entomol.*, 12:73-79.

Lee B.-H. and Rim M.-G., 1988. "Acerentomid Proturans (Insecta), with Two New Species and Two New Records for Korea", *Korean J. Sys. Zool.*, 4(1):1-11.

Lee B.-H., 1989. "Speleology in Korea with Special Reference to Biological Surveys", *Proceed. 10th Intern. Congr. Speleol.*, Budapest, Hungary, 3:762-765, 1989.

Lee B.-H. and Rim M.-G., 1989. "A Systematic review of *Berberentulus* complex of Protura using Numerical Cladistics", *3rd Int. Seminar on Apterygota*, p.69-77.

Lee B.-H. and Park K.- H., 1989. "Systematic Studies of Chinese Collembola (Insecta) I. Four new species and three new records of Entomobryidae from Taiwan", *Chinese J. Entomol.*, 9:263-282, China.

Lee B.-H. and Kim J.-T., 1990. "Systematic Studies of Chinese Collembola (Insecta) II. Five New Species and Two New Records of Neanuridae from Taiwan", *Korean J. Syst. Zool.*, 6(2):235-250.

Lee B.-H. and Choe G.-H, 1992. "Two New Species of Microcoryphia (Insecta) from Korea", *Korean J. Syst. Zool.*, 8(1):19-34.

Lee B.-H. and Park K.-H., 1992a, "Cladistic Analysis of Phenotypic and Allozyme Data of Korean Entomobryid Collembola (Insecta)", *Proc., XIX Int. Cong. Entomol.*, 29 Jun.-4 Jul., Beijing, China.

Lee B.-H. and Park K.-H., 1992b. "Collembola from North Korea II. Entomobryidae and Tomoceridae", *Folia Entomologica Hungarica*, LIII:93-111, Hungary.

Lee B.-H. and Kim J.-T., 1992. "Systematic Biology of *Gulgastrura reticulosa* (Collembola, Insecta) from a Korean Cave", *Intern. Symp. Biospeol.*, 9-12 Sept., Tenerife, Spain, Abstract. p.31.

Lee B.-H., Kim B.-J. and Kim J.-T., 1993. "Collembola from North Korea III. Isotomidae", *Korean J. Syst. Zool.*, 9(2):281-292.

Lee B.-H. and Kim J.-T., 1995. "Population Dynamics of Springtail, *Gulgastrura reticulosa* (Collembola, Insecta), from a Korean Cave", *Spec. Bull. Jpn. Soc. Coleopterol.*, 4:183-188.

Lee B.-H., Hwang U.-W., Kim W., Park K.-H. and Kim J.-T., 1995a. "Systematic Position of Cave Collembola, *Gulgastrura reticulosa* (Insecta) Based on Morphological Characters and 18S rDNA Nucleotide Sequence Analysis", *Mémoires de Biospéologie*, vol.22:83-90.

Lee B.-H., Hwang U.-W., Kim W., Park K.-H. and Kim J.-T., 1995b. "Phylogenetic Study of the Suborder Arthropleona (Insecta: Collembola) Based on Morphological Characters and 18S rDNA Sequence Analysis", *Polskie Posmo Entomol.*, 64:261-277, Poland.

Lee B.-H. and Thibaud, J.-M., 1997. "New Family Gulgastruridae of Collembola (Insecta) from a Korean Cave", XⅢ International Symposium of Biospeleology, Marrakesh, Morocco, 20-27 April 1997, Abstract, p.48.

Lee B.-H. and Thibaud. J.-M., 1998. "New Family Gulgastruridae of Collembola (Insecta) Based on Morphological, Ecobiological and Molecular Data", *Korean J. Biol. Sci.*, 2:451-454.

Lee B.-H., 2001a. "Korea (South Korea and North Korea)", *Encyclopaedia Biospeleologica*, III:1869-1881, Moulis-Bucarest.

Lee B.-H., 2008a. "Natural History in Korea and Linnean Taxonomy with His Nomenclature Challenged by Phylocode", *Journal of Korean History of Science Society*, 30, 2:333-351.

Lee B.-H., 2013. "Obituary. KIM Chang-Hwan(1920-2013)", *Entomological Research*, 43.6:311, November 2013.

Lewin, R., 1991. "La Naissance de l'Anthropologie moléculaire", *La Recherche*, 22:1242-1251.

Lewontin, R. C., 1991. *Biology as Ideology: The Doctrine of DNA* (Harper

Perennial); 김동광 옮김, 『DNA 독트린』(궁리, 2001).

Li, J. and Hong, F., 2003. "Science as Ideology: The Rejection and Reception of Sociobiology in China", *Journal of the History of Biology*, 36, pp.567-578.

Lorenz, K., 1966. *On Aggression* (Harvest Book); 송준만 옮김, 『공격성에 관하여』(이화여대출판부, 1986).

Malyshev, D., et al. (7), 2014. "A semi-synthetic organism with an expanded genetic alphabet", *Nature*, 509:385-388, 15 May 2014.

Mcgrath, A., 2005. *The Dawkins' God: Genes, Memes, and the Meaning of Life* (Blackwell).

McGrath, A. and J. C., 2007. *The Dawkins Delusion?* (IVP Books); 전성민 옮김, 『도킨스의 망상: 만들어진 신이 외면한 진리』(살림, 2008).

Mendes, L. F., 1990. "On a new species of *Pedetontinus* Silvestri, 1943 (Microcoryphia, Machilidae) from North Korea", *Garcia de Orta, Sér.Zool.*, Lisboa, 17(1-2):53-58.

Mendes, L. F., 1991. "New contribution towards the knowledge of the Northern Korean thysasnurans (Microcoryphia and Zygentoma: Insecta)", *Garcia de Orta, Sér. Zool., Lisboa*, 18:67-78.

Miller, G., 2001. *The Mating Mind: How Sexual Choice Shaped the Evolution of Human Nature* (Anchor Books); 김명주 옮김, 『메이팅 마인드: 섹스는 어떻게 인간 본성을 만들었는가?』(소소, 2004).

Mills, D., 2006. *Atheist Universe* (Ulysses Press); 권혁 옮김, 『우주에는 신이 없다』(돋을새김, 2010).

Morange, M., 1994. *Histoire de la biologie moléculaire* (Editions la Découverte & Syros, Paris, 1994); 강광일, 이정희, 이병훈 공역, 『분자생물학사』(몸과마음, 2002).

Morange, M., 2000. "The Developmental Gene Concept: History and Limits", Beurton, Peter J. and Falk, Raphael and Rheinberger, Hans-Jorg, Ed. *The Concept of the Gene in Development and Evolution: Historical and Epistemological Perspectives* (Cambridge Univ. Press, 2000), pp.193-216.

Morange, M., 2011. *La Vie, l'Evolution et l'Histoire* (Editions Odile Jacob).

Morris, D., 1967. *The Naked Ape* (McGraw-Hill); 김석희 옮김, 『털 없는 원숭이』(정신세계사, 1991).

Nagl, W., 1978. *Endopolyploidy and Polyteny in Differentiation and Evolution: Towards an Understanding of Quantitative Variation of Nuclear DNA in Ontogeny and Phylogeny* (Elsevier Science).

Najt, J. and Weiner, W. M., 1992. "*Koreanurina* new genus, *Leenurina* new genus, and *Caputanurina* Lee, 1983 (Collembola: Neanuridae) from North Korea", *The Pan-Pacific Entomologist*, 68(3):200-215.

Newman, M. E. J., 2001. "The Structure of Scientific Collaboration Networks", *PNAS*, 98, 2:404-409.

Nowak, M., 2006. "Five Rules for the Evolution of Cooperation", *Science*, 314, 1560-1563, 8 December 2006.

Nowak, M. and Sigmund, K., 1998. "Evolution of Indirect Reciprocity by Image Scoring", *Nature*, 393:573-577, 11 June 1998, p.95.

Nowak, M., Tarnita, C. and Wilson, E., 2010. "The evolution of eusociality", *Nature*, 466:1057-1062, 26 August 2010.

Nowak, M., Tarnita, C. and Wilson, E., 2010. "Nowak et al. reply", *Nature*, 471:E9-E10, 24 March 2011.

Oakley, B., 2007. *Evil Genes: Why Rome Fell, Hitler Rose, Enron Failed, and My Sister Stole My Mother's Boyfriend* (Prometheus Books); 이종삼 옮김, 『나쁜 유전자: 왜 사악한 사람들이 존재하며, 왜 그들은 성공하는가?』(살림, 2008).

Oeijiord, N. K., 2003. *Why Gould Was Wrong* (Universe Inc.).

Okasha, S., 2006. *Evolution and the Levels of Selection* (Oxford Univ. Press).

Paley, W., 1802. *Natural Theology, or Evidences of the Existence and Attributes of the Deity* (R. Faulder, London).

Pennisi, E., 2009. "On the Origin of Cooperation", *Science*, 325, 5945:1196-1199.

Pichot, A., 1994. *Lamarck* (GF-Flammarion, Paris).

Pinker, S., 1999. *How the Minds Work* (Norton); 김한영 옮김, 『마음은 어떻게 작동하는가』(소소, 2007).

Pinker, S., 2002. *The Blank Slate: Modern Denial of Human Nature* (Penguin Book); 김한영 옮김, 『빈 서판: 인간은 본성을 타고 나는가』(사이언스북스, 2004).

Potter, S., 2010. *Designer Genes: A New Era in the Evolution of Man* (Random House).

Pusey, J., 2009. "Global Darwin: Revolutionary Road", *Nature*, 462, 7270: 162-163.

Queller, D. C., Ponte, E., Bozzaro, S. and Strassmann, J. E., 2003. "Single-Gene Greenbeard Effects in the Social Amoeba *Dictyostelium discoideum*", *Science*, 299:105-106, 3 January 2003.

Richerson, P. J. and Boyd, R., 2005. *Not by Genes Alone: How Culture Transformed Human Evolution* (Univ. of Chicago Press); 김준홍 옮김, 『유전자만이 아니다』(이음, 2009).

Ridley, M., 1992. "Why It Pays to Dress Well", *The New York Times*, Books, 13

September 1992.

Ridley, M., 1993. *The Red Queen: Sex and the Evolution of Human Nature* (Penguin).

Ridley, M., 1996. *The Origins of Virtue: Human Instincts and the Evolution of Cooperation* (Penguin); 신좌섭 옮김, 『이타적 유전자』(사이언스북스, 2001).

Ridley, M., 2000. *Genome* (Fourth Estate).

Ridley, M., 2003. *The Agile Gene: How Nature Turns on Nurture* (Fourth Estate).

Riskin, J., 2007. Ed. *Genesis Redux: Essays in the History and Philosophy of Artificial Life* (Univ. of Chicago Press).

Rose, R. R., Lewontin, C. and Kamin, L. J., 1984. *Not in Our Genes: Biology, Ideology, and Human Nature* (Pantheon); 이상원 옮김, 『우리 유전자 안에 없다』 (한울, 1993).

Rose, H. and Rose, S., 2000. *Alas, Poor Darwin* (Harmony Books).

Ruder, W., Lu, T., Collins, J., 2011. "Synthetic Biology Moving into the Clinic", *Science*, 333:1248-1252, 2 September 2011.

Ruse, M., 2000. "On E. O. Wilson and His Religious Vision"(A book review of *Life is a Miracle: An Essay Against Modern Superstition*), *Science*, 290, 5493:943, 3 Nov. 2000.

Sahlins, M., 1976. *The Use and Abuse of Biology: An Anthropological Critique of Sociobiology* (Univ. of Michigan Press).

Sakura, O., 1998a. "Similarities and Varieties: A Brief Sketch on the Reception of Darwinism and Sociobiology in Japan", *Biology and Philosophy*, 13:341-357.

Sakura, O., 1998b. "The Reception of Sociobiology in Japan, with a Preliminary Comparison to Germany and Korea", Abstracts of the European Sociobiological Society (ESS) Moscow Annual Meeting 1998, 31 May-3 June 1998, Moscow.

Sarkar, S., 1996. "Biological Information: A Skeptical Look at Some Central Dogma of Molecular Biology", Sakar, S., Ed. *The Philosophy and History of Molecular Biology: New Perspectives* (Springer, 1996), pp.187-231.

Schroeder, G., 1997. *The Science of God* (The Free Press); 이정배 옮김, 『신의 과학』 (범양사, 2000).

Segerstråle, U., 2000. *Defenders of the Truth: The Battle for Science in the Sociobiology Debate and Beyond* (Oxford Univ. Press).

Segerstråle, U., 2006. "An Eye on the Core: Dawkins and Sociobiology", Grafen, A. and Ridley, M., Ed. *Richard Dawkins: How a Scientist Changed the Way We*

Think (Oxford Univ. Press), pp.75-97.

Settanni, H., 1991. *What is Man?* (Peter Lang).

Simillie, C. S., Smith, M. B., Friedman, J., Cordero, O.X., David, L. A. & Ahn, E. J., 2011. "Ecology drives a global network of gene exchange connecting the human microbiome", *Nature*, 480:241-244. 19 September 2011.

Simpson, G.G., 1961. *Principles of Animal Taxonomy* (Columbia Univ. Press).

Singer, P., 1975. *Animal Liberation* (Harper Collins); 김성한 옮김, 『동물해방』(인간사랑, 1999).

Singer, P., 1981. *The Expanding Circle: Ethics and Sociobiology* (Farrar Straus & Giroux); 김성한 옮김, 『사회생물학과 윤리』(인간사랑, 1999).

Smocovitis, V. B., 1992. "Unifying Biology: The Evolutionary Synthesis and Evolutionary Biology", *J. History of Biology*, 25,1:1-65.

Sober, E. and Wilson, D. S., 1998. *Unto Others: The Evolution and Psychology of Unselfish Behavior* (Harvard Univ. Press).

Sober, E., 2000. *Philosophy of Biology* (Oxford Univ. Press); 민찬홍 옮김, 『생물학의 철학』(철학과현실사, 2004).

Sokal, A., Bricmont, J., 1997. *Impostures Intellectuelle* (Odile Jacob).

Sterelny, K., 2001. *Dawkins vs. Gould: Survival of the Fittest* (Icon Books); 장대익 옮김, 『유전자와 생명의 역사』(몸과마음, 2002).

Sterelny, K., 1995. "Understanding Life: Recent Work in Philosophy of Biology", *British J. for the Philosohphy of Science*, 45, 2:155-183.

Sterelny, K. and Griffths, P. E., 1999. *Sex and Death: An Introduction to Philosophy of Biology* (Univ. of Chicago Press).

Stock, G., 2002. *Redesigning Humans: Our Inevitable Genetic Future* (Houghton Mifflin).

Tanaka, S., 1978. "Collembola from Akiyoshi-dai Plateau. I. Description of a New Species of the Genus Morulina (Neanuridae)", *Bull. Akiyoshi-dai Mus. Nat. Hist.*, 13:62-66.

Tanaka, S., Suma, Y. and Hasegawa, M., 2014. "A New Speiceis of the Genus Caputanurina (Collembola: Neanuridae) from Japan", *Edaphologia*, 94:15-19.

Tautz, D., 2013. "Cultural War over Genetic Engineering", *MaxPlanckResearch*, 1/13, Viewpoint-Biotechnology.

Testard, J., 1992. *Le Désir du Gène* (Champs Flammarion).

Théodoridès, J., 1971. *Histoire De La Biologie*, Que Sais Je? n°1 (PUF, 1971); 이병훈 옮김, 『생물학사』(전파과학사, 1974).

Tinbergen, N., 1953. *Social Behavior in Animals* (Methuen & Co, London, 1953); 박시룡 옮김, 『동물의 사회 행동』(전파과학사, 1991).

Tooby, T., 1988. "The Emergence of Evolutionary Psychology", Pines, D., Ed. *Emerging Synthesis in Science* (Santa Fe Institute, N.M.).

Toshio, M., 2002. "Evolutionism in Early Twentieth Century Japan", *Historia Scientiarum*, 11, 3:218-225.

Trigg, R., 1987. *The Shaping of Man* (Schocken); 김성한 옮김, 『인간 본성과 사회생물학』(궁리, 2007).

Trivers, R., 1974. "Parent-offspring Conflict", *American Zoologists*, 14:249-264.

Vogel, G., 2014. "FDA Considers Trials of Three-Parent Embryos", *Science*, 343:827-828, 21 February 2014.

Veuille, M., 1986/1997. *La Sociobiologie*, Que Sais Je? (PUF).

Wade, N., 1976. "Sociobiology: Troubled Birth for New Discipline", *Science*, 191:1151-1155.

Watson, J. D. and Crick, F., 1953. "Molecular Structure of Nucleic Acids: A Structure for Deoxyribose Nucleic Acid", *Nature*, 171: 737-738, 25 April 1953.

Wiley, E. O., 1981. *Phylogenetics: The Theory and Practice of Phylogenetic Systematics* (Wiley-Interscience).

Williams, G. C., 1966. *Adaptation and Natural Selection: A Critique of Some Current Evolutionary Thought* (Princeton Univ. Press); 전중환 옮김, 『적응과 자연 선택』(나남, 2013).

Wilson, D. S. and Wilson, E. O., 2005. "Evolution 'for the Good of the Group'", *American Scientist*, 96:380-389.

Wilson, D. S. and Wilson, E. O., 2007. "Rethinking the Theoretical Foundation of Sociobiology", *Quarterly Review of Biology*, 82, 4:327-348, Dec. 2007.

Wilson, E. O., 1975. *Sociobiology: The New Synthesis* (Harvard Univ. Press).

Wilson, E. O., 1978. *On Human Nature* (Harvard Univ. Press); 이한음 옮김, 『인간 본성에 대하여』(사이언스북스, 2000).

Wilson, E. O., 1980. Abridged Ed. *Sociobiology* (Harvard Univ. Press); 이병훈 · 박시룡 옮김, 『사회생물학』 I · II (민음사, 1992).

Wilson, E. O., 1984. *Biophilia* (Harvard Univ. Press).

Wilson, E. O., 1985. "Time to Revive Systematics", *Science*, 230, 4731:1227; 이병훈 옮김, 「지금은 계통분류학을 부활시킬 때」, 《분류학회보》, 3:1, 1986. 4. 20.

Wilson, E. O., 1986. "Forword", Kim K.C. and Knutson, L., Ed. *Foundations for a National Biological Survy* (Association of Systematic Collections).

Wilson, E. O., 1988. *Biodiversity* (The National Academy Press).

Wilson, E. O., 1994. *Naturalist* (Island Press); 이병훈, 김희백 옮김,『자연주의자』(민음사, 1996).

Wilson, E. O., 1998. *Consilience: The Unity of Knowledge* (Knopf); 최재천, 장대익 옮김,『통섭』(사이언스북스, 2005).

Wilson, E. O., 2000. "Sociobiology at Century's End", Wilson, E. O., 25th Anniversary Ed. *Sociobiology: The New Synthesis* (Harvard Univ. Press, 2000).

Wilson. E. O., 2004. The New "Preface", Wilson, E. O., *On Human Nature* (Harvard Univ. Press, 2004).

Wilson, E. O., 2005. "Kin selection as the key to altruism: its rise and fall", *Social Research*, Spring 2005.

Wilson, E. O., 2006. *The Creation: An Appeal to Save Life on Earth* (W. W. Norton & Company); 권기호 옮김,『생명의 편지』(사이언스북스, 2006).

Wilson, D. S. and Wilson, E. O., 2007. "Rethinking the Theoretical Foundation of Sociobiology", *Quarterly Review of Biology*, 82, 4:327-348, Dec. 2007.

Wilson, E. O., 2012. *The Social Conquest of Earth* (Liveright Publishing Corporations); 이한음 옮김,『지구의 정복자』(사이언스북스, 2013).

Wolfe-Simon, F., Blum, J. S., Kulp, T. R., Gordon, G. W., Hoeft, S. E., Pett-Ridge, J., Stolz, J. F., Webb, S. M., Weber, P. K., Davies, P. C. W., Anbar, A. D. & Oremland, R. S., 2010. "A Bacterium That Can Grow by Using Arsenic Instead of Phosphorus", *Science*, Online, 2 December 2010; *Science*, DOI:10.1126/science.1197258.

Wright, R., 1994a. *The Moral Animal: Why We Are, the Way We Are: The New Science of Evolutionary Psychology* (Vintage); 박영준 옮김,『도덕적 동물: 진화심리학으로 들여다 본 인간의 본성』(사이언스북스, 2003).

Wright, R., 1994b. "Our Cheating Hearts", *TIME*, pp.32-40, 15 Aug. 1994.

Wright, R., 1995. "The Evolution of Despair", *TIME*, pp.40-46, 28 Aug. 1995.

Wu D. H., Yin W. Y., 2007. "New record of the genus *Caputanurina* Lee, 1983 (Collembola: Neanuridae) from China, with description of a new species", *Zootaxa*, 1411:43-46.

Wuketits, F., 1990. *Gene, Kultur und Moral: Soziobiologie-Pro und Contra* (Wissenschaftliche Buchgesellschaft, Germany, 1990); 김영철 옮김,『사회생물학 논쟁』(사이언스북스, 1999).

Wynne-Edwards, V. C., 1962. *Animal Dispersion in Relation to Social Behaviour* (Oliver and Boyd).

Yosii L. and Lee C,-E., 1963. "On Some Collembola of Korea with Notes on the Genus Ptenothrix", *Contr. Biol. Lab.* (Kyoto University), 13:1-37.

Yosii, R., 1966. "Results of the Speleological Survey in South Korea 1966, IV. Cave Collembola of South Korea", *Bull. Nat. Sci. Mus. Tokyo*, 9, 4:541-561.

유전자 전쟁의 현대사 산책

1판 1쇄 찍음 2015년 3월 25일
1판 1쇄 펴냄 2015년 4월 15일

지은이 이병훈
펴낸이 박상준
펴낸곳 (주)사이언스북스

출판등록 1997. 3. 24.(제16-1444호)
(135-887) 서울시 강남구 도산대로1길 62
대표전화 515-2000   팩시밀리 515-2007
편집부 517-4263   팩시밀리 514-2329
www.sciencebooks.co.kr

ISBN 978-89-8371-727-6 93400